战略性新兴领域"十四五"高等教育系列教材

纳米材料与技术系列教材　　　　总主编　张跃

纳米催化材料与电化学应用

郭　林　李丽东　蔡　智　康建新　胡鹏飞　陈　科　编

机械工业出版社

由于纳米材料具有比表面积大、活性位点多等优势，在电催化领域有广泛应用。本书全面而系统地归纳了纳米催化材料的特性、合成、表征、电催化基本原理及各种电化学应用方面的基础知识。全书共分8章，第1章介绍了纳米催化材料的基本概念及特性，包括纳米材料发展历史、结构特性及纳米催化剂的优势。第2章概述了纳米催化材料的合成方法，包括化学合成和物理合成方法。第3章介绍了纳米催化材料的表征，包括形貌表征、成分表征、结构组成分析。第4章介绍了电催化基本原理，包括表面结构、粒子组成以及催化剂载体对电催化反应的影响。第5~8章分别阐述了纳米催化材料在电解水、燃料电池、二次电池、工业电催化等方面的应用。

图书在版编目（CIP）数据

纳米催化材料与电化学应用 / 郭林等编. -- 北京：机械工业出版社，2024.12. --（战略性新兴领域"十四五"高等教育系列教材）（纳米材料与技术系列教材）.
ISBN 978-7-111-77659-8

Ⅰ. TB383；TQ426；O643.3

中国国家版本馆 CIP 数据核字第 2024W0D918 号

机械工业出版社（北京市百万庄大街22号　邮政编码100037）

策划编辑：丁昕祯　　　　　　　　责任编辑：丁昕祯
责任校对：曹若菲　张　薇　　　　封面设计：王　旭
责任印制：任维东
河北环京美印刷有限公司印刷
2024年12月第1版第1次印刷
184mm×260mm・17.25印张・426千字
标准书号：ISBN 978-7-111-77659-8
定价：65.00 元

电话服务　　　　　　　　　　　网络服务
客服电话：010-88361066　　　机 工 官 网：www.cmpbook.com
　　　　　010-88379833　　　机 工 官 博：weibo.com/cmp1952
　　　　　010-68326294　　　金 书 网：www.golden-book.com
封底无防伪标均为盗版　　机工教育服务网：www.cmpedu.com

编　委　会

序

人才是衡量一个国家综合国力的重要指标。习近平总书记在党的二十大报告中强调："教育、科技、人才是全面建设社会主义现代化国家的基础性、战略性支撑。"在"两个一百年"交汇的关键历史时期，坚持"四个面向"，深入实施新时代人才强国战略，优化高等学校学科设置，创新人才培养模式，提高人才自主培养水平和质量，加快建设世界重要人才中心和创新高地，为2035年基本实现社会主义现代化提供人才支撑，为2050年全面建成社会主义现代化强国打好人才基础是新时期党和国家赋予高等教育的重要使命。

当前，世界百年未有之大变局加速演进，新一轮科技革命和产业变革深入推进，要在激烈的国际竞争中抢占主动权和制高点，实现科技自立自强，关键在于聚焦国际科技前沿、服务国家战略需求，培养"向极宏观拓展、向极微观深入、向极端条件迈进、向极综合交叉发力"的交叉型、复合型、创新型人才。纳米科学与工程学科具有典型的学科交叉属性，与材料科学、物理学、化学、生物学、信息科学、集成电路、能源环境等多个学科深入交叉融合，不断探索各个领域的四"极"认知边界，产生对人类发展具有重大影响的科技创新成果。

经过数十年的建设和发展，我国在纳米科学与工程领域的科学研究和人才培养方面积累了丰富的经验，产出了一批国际领先的科技成果，形成了一支国际知名的高质量人才队伍。为了全面推进我国纳米科学与工程学科的发展，2010年，教育部将"纳米材料与技术"本科专业纳入战略性新兴产业专业；2022年，国务院学位委员会把"纳米科学与工程"作为一级学科列入交叉学科门类；2023年，在教育部战略性新兴领域"十四五"高等教育教材体系建设任务指引下，北京科技大学牵头组织，清华大学、北京大学、浙江大学、北京航空航天大学、国家纳米科学中心等二十余家单位共同参与，编写了我国首套纳米材料与技术系列教材。该系列教材锚定国家重大需求，聚焦世界科技前沿，坚持以战略导向培养学生的体系化思维、以前沿导向鼓励学生探索"无人区"、以市场导向引导学生解决工程应用难题，建立基础研究、应用基础研究、前沿技术融通发展的新体系，为纳米科学与工程领域的人才培养、教育赋能和科技进步提供坚实有力的支撑与保障。

纳米材料与技术系列教材主要包括基础理论课程模块与功能应用课程模块。基础理论课程与功能应用课程循序渐进、紧密关联、环环相扣，培育扎实的专业基础与严谨的科学思维，培养构建多学科交叉的知识体系和解决实际问题的能力。

在基础理论课程模块中，《材料科学基础》深入剖析材料的构成与特性，助力学生掌握材料科学的基本原理；《材料物理性能》聚焦纳米材料物理性能的变化，培养学生对新兴材料物理性质的理解与分析能力；《材料表征基础》与《先进表征方法与技术》详细介绍传统与前沿的材料表征技术，帮助学生掌握材料微观结构与性质的分析方法；《纳米材料制备方法》引入前沿制备技术，让学生了解材料制备的新手段；《纳米材料物理基础》和《纳米材料化学基础》从物理、化学的角度深入探讨纳米材料的前沿问题，启发学生进行深度思考；《材料服役损伤微观机理》结合新兴技术，探究材料在服役过程中的损伤机制。功能应用课程模块涵盖了信息领域的《磁性材料与功能器件》《光电信息功能材料与半导体器件》《纳米功能薄膜》，能源领域的《电化学储能电源及应用》《氢能与燃料电池》《纳米催化材料与电化学应用》《纳米半导体材料与太阳能电池》，生物领域的《生物医用纳米材料》。将前沿科技成果纳入教材内容，学生能够及时接触到学科领域的最前沿知识，激发创新思维与探索欲望，搭建起通往纳米材料与技术领域的知识体系，真正实现学以致用。

希望本系列教材能够助力每一位读者在知识的道路上迈出坚实步伐，为我国纳米科学与工程领域引领国际科技前沿发展、建设创新国家、实现科技强国使命贡献力量。

张跃

北京科技大学
中国科学院院士

前　言

在当今日新月异的科技世界中，纳米科学与技术的飞速发展正引领着材料科学、化学、能源及环境科学等多个领域迈向新的高度。其中，由于纳米催化材料独特的物理化学性质，其在电化学应用中表现出传统催化剂所不具备的高活性、高选择性和高稳定性，展现出非凡的产业化潜力和价值。正是在这样的背景下，本书应运而生，旨在为读者提供一份全面、系统、深入的纳米催化材料与电化学应用的学习指南。

本书首先介绍了纳米催化材料的基本概念、特性及其制备方法，全面而系统地归纳了纳米催化材料的特性、合成、表征方面的基础知识，使读者能够深入理解纳米催化材料的独特之处和制备要点。在此基础上，本书进一步探讨了纳米催化材料在电化学领域中的广泛应用，通过具体的研究工作，展示了纳米催化材料在电化学领域中的巨大潜力和实际应用价值。

全书共分8章，第1章介绍了纳米催化材料的基本概念及特性，包括纳米材料发展历史、结构特性及纳米催化剂的优势。第2章概述了纳米催化材料的合成方法，包括化学合成和物理合成方法。第3章介绍了纳米催化材料的表征，包括形貌表征、成分表征、结构组成分析。第4章介绍了电催化基本原理，包括表面结构、粒子组成以及催化剂载体对电催化反应的影响。第5~8章分别阐述了纳米催化材料在电解水、燃料电池、二次电池、工业电催化等方面的应用。

在编写过程中，我们力求做到内容全面、系统、深入，同时注重理论与实践相结合。我们不仅介绍了纳米催化材料的基础知识和理论，还通过大量的实验数据和案例分析，让读者能够更直观地了解纳米催化材料在电化学领域中的应用。此外，我们还特别注重教材的实用性和可操作性，为读者提供了丰富的实验指导和操作技巧，使读者能够在实际操作中更好地掌握纳米催化材料与电化学应用的知识和技能。

我们希望通过本书，能够为广大读者提供一本全面、系统、深入的纳米催化材料与电化学应用的教材。无论是对于从事纳米催化材料与电化学应用研究的科研工作者，还是对于对这一领域感兴趣的学者或学生，我们都希望能够通过本书，激发他们对纳米催化材料与电化学应用的兴趣和热情，共同推动这一领域的持续发展和创新。

编者

2024 年 8 月

目　录

第1章

纳米催化材料的基本概念和特性

1.1 纳米材料的定义

本书主要讲述纳米材料相关的科学知识，首先要明确什么是纳米材料。纳米材料，顾名思义就是在纳米尺度下研究的相关材料。张立德教授给出了更为准确的定义："纳米科技是研究由尺寸为 0.1~100nm 之间的物质组成的体系的运动规律和相互作用以及可能的实际应用中的技术问题的科学技术"。1981 年诺贝尔化学奖得主 Roald Hoffmann 称纳米科技是错综复杂而又精确可控的科学技术。

了解纳米技术之前，首先需要对纳米这一概念有所了解。纳米是个长度单位，由 Nanometer 音译而来，符号为 nm，$1nm=10^{-9}m$。米相较于纳米，就数量级而言，相当于太阳直径（$1.39 \times 10^9 m$）与小学一年级学生身高（1.3~1.4m）的对比。可是 1nm 有多长呢？粗略地来说，1nm 大概为 10 个氢原子并排的宽度。如图 1-1 所示，可以更为直观地体现纳米尺度的大小。由此观之纳米尺度之小，不禁让人想到庄子曾言"一尺之棰，日取其半，万世不竭"。对于研究纳米技术的科研人员来说，"一尺之棰，日取其半，月至纳米"更为准确。

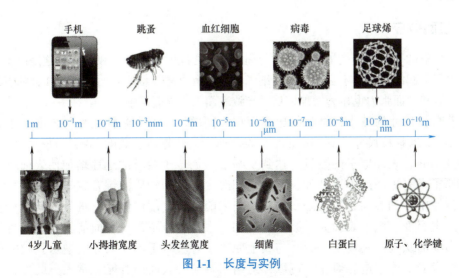

图 1-1　长度与实例

由此观之，纳米尺度之小，故纳米技术无不谓之精细。那么纳米技术究竟是研究什么呢？笼统地说，纳米技术主要研究三个方面：①纳米材料自身的结构与物理化学性质；②纳米级操纵、制备（加工）与表征检测；③利用各种纳米级构造基元发展新型功能材料与器件。因此也产生了许多与之相关的学科，例如纳米化学、纳米物理学、纳米生物学、纳米电子学等，如图 1-2 所示。

图 1-2　纳米技术相关学科

不论是哪种技术或学科，都离不开纳米材料作为研究对象和应用载体。那么什么是纳米材料？广义上讲，纳米材料是指在三维空间中至少有一维尺寸在纳米尺度范围的材料或由它们作为基本单元构成的具有特殊功能的材料。

1.2　纳米材料的基本特性

随着粒径的减小，纳米颗粒的表面原子数、表面能和表面张力急剧增加，从而呈现出表面效应、小尺寸效应、量子尺寸效应和宏观量子隧道效应等独特特性。以下对这些性质进行详细介绍。

1.2.1　表面效应

纳米材料的表面效应是指纳米颗粒与周围环境之间的相互作用和影响，这是由于其较大的比表面积引起的。相对于宏观材料，纳米材料具有更高数量的表面原子，并且随着尺寸减小，表面能和表面张力也显著增加，从而导致表面效应显著增强。

随着颗粒尺寸的减小，材料的比表面积急剧增加。纳米微粒尺寸与表面原子数的关系见表 1-1。当颗粒尺寸达到 10nm 时，表面原子的数量占总数的 20%。进一步将颗粒尺寸减小至 1nm，表面原子的数量将达到 99%。表面原子数量的迅速增加使表面原子相对于体相原子具有更高的不饱和度，因为它们改变了原始物质的键合状态。这种变化会产生许多活性中心和表面结构缺陷，这些缺陷未能被完全配位饱和，进而使纳米材料的化学性质发生突变。由于表面原子数量的增加，表面配位不足，表面能较高，使得这些表面原子高度活跃且极不稳定，容易与其他原子结合。对于不同尺寸的纳米颗粒的表面能与表面结合能的比值进行对比，可以知道纳米颗粒的表面结合能非常大。此外，大量表面原子的存在和表面张力的增大会导致纳米粉末材料和传统材料的性能之间的巨大差异，这就是所谓的表面效应。

表 1-1　纳米微粒尺寸与表面原子数的关系

纳米微粒尺寸 d/nm	包含原子数	表面原子所占比例（%）
10	3×10^4	20
4	4×10^3	40
2	2.5×10^2	80
1	30	99

纳米材料的表面效应具有以下特征：

1）增强的化学反应性。纳米材料的高比表面积增强了表面原子和周围分子之间的相互作用。这导致纳米材料在催化、吸附和化学反应方面表现出更高的活性和选择性。

2）界面吸附和分离效应。纳米材料的表面效应使得其对气体、液体或其他物质的吸附能力增强。这可用于吸附分离技术，例如气体吸附剂、离子交换树脂和分子筛等。

3）界面电荷分布。纳米材料的表面效应可以导致电荷分布发生变化，进而影响电荷转移、电子输运和电化学反应。这对纳米电子学和能量转换等领域的应用具有重要意义。

4）光学性质的改变。纳米材料的表面效应对光学性质具有显著影响。纳米颗粒的表面等离子共振和光子能带结构的变化导致其吸收、发射和散射光谱发生改变，进而影响其在光电子学和生物成像等领域的应用。

1.2.2　小尺寸效应

当固体颗粒的尺寸趋近或小于德布罗意波长时，会出现小尺寸效应，导致固体颗粒在声学、光学、电磁学和热力学方面呈现新的特性。其中，纳米粒子的熔点是小尺寸效应的重要表现之一。举例来说，金的熔点约为 1337K，但当金颗粒尺寸缩小至 2nm 时，其熔点降低至约 600K。对于诸如 CdS 的半导体材料，如图 1-3 所示，当它们的尺寸减小到几纳米时，它们的熔点甚至更显著地降低。实验表明，几种纳米尺寸的 CdS 颗粒的熔点已降至 1000K 左右，而 1.5nm 的 CdS 粒子的熔点甚至低于 600K。这些结果表明，纳米材料的尺寸对其熔点具有显著影响，并显示出纳米颗粒独特的热学性质。

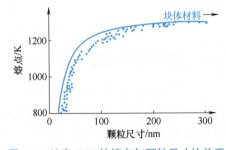

图 1-3　纳米 CdS 的熔点与颗粒尺寸的关系

当尺寸减小到微纳米级，与光波波长接近时，许多贵金属纳米粒子会呈现黑色。这种现象可通过纳米贵金属材料的等离子体共振效应来解释。等离子体共振是指光线在纳米金属表面产生全反射并形成消逝波，与纳米金属内部存在的等离子波发生共振，从而对紫外可见光表现出强烈的吸收。同时，相邻金属颗粒的反射光线由于相位关系而相互消光，降低了反射光的强度，这种对光的强烈吸收导致了这些贵金属材料呈黑色。然而，随着尺寸进一步减小，纳米金属材料除了呈现黑色，还能产生其他颜色。这是由于它们对特定波段的吸收现象。例如，具有 10~20nm 尺寸的金粉呈现红色外观，这是因为它们对红光具有较强的吸收能力。这种现象展示了纳米级金属材料在光学上的独特特性，不仅能够表现出黑色，还能呈现多样的颜色效果。

对于非晶材料，这种结构变化也会导致表面原子密度的急剧降低，这些变化将使超细颗粒表现出新的小尺寸效应，这些效应反映在声、光、电、磁、热和力学性能上，使得纳米材料在各个领域具有广泛的应用前景。

1.2.3　量子尺寸效应

量子尺寸效应是指当物质体系的尺寸缩小到与电子波长级别相当时，量子力学效应开始发挥显著的影响，从而导致材料性质发生改变。在这种情况下，原子和分子之间的相互作用会受到限制，电子能级也会发生变化，因而会导致材料的电学、光学、磁学、热学、力学等性质发生变化。

根据金属能带理论，电子能级通常是连续的，尤其在宏观尺度上。因为金属中的原子数趋近于无穷大，使电子数接近无穷大（即 $N \to \infty$）。这导致能级之间的能隙趋近于零，表现为连续性。然而，对超微金属粒子而言，当粒子减小到一定尺寸时，所含原子数量变得有限，N 值减小，导致一定的能隙，此时费米能级附近的能级发生分裂。这种由于尺寸减小导致能级分裂的现象称为量子尺寸效应。当能隙高于热能、磁能或入射光子能时，必须考虑量子尺寸效应。因此，这种效应在纳米尺度下尤为显著，对于纳米材料的电学、光学和磁学性质产生了重要影响。在这种情况下，材料性质将显著受量子尺寸效应的影响。

对于纳米半导体粒子，它的一个显著特点是，电子的最高占据轨道（HOMO）和最低占据有轨道（LUMO）之间的能隙明显增大，这也是量子尺寸效应的一种表现。量子尺寸效应极大地改变了纳米金属粒子的性质，使之异于常规金属。例如，普通银是优良的电子导体，但粒径小于 20nm 的纳米银会转变为绝缘体。此外，常规绝缘体如二氧化硅在纳米尺度下也会发生电子导体的转变。这些例子表明，在纳米尺度下，量子尺寸效应对材料的性质产生了重要影响，使其与宏观尺度下的材料有明显的差异。

1.2.4　宏观量子隧道效应

宏观量子隧道效应是指在宏观尺度上出现的量子力学现象，即粒子能够以经典力学所不允许的方式穿越或穿透能垒。根据经典力学，当粒子遇到一个高于其能量的势垒时，它应该被完全反射或无法通过。然而，在量子力学中，粒子可通过隧道效应，以概率性地穿越势垒，使其能量低于势垒高度。

宏观量子隧穿效应能够解释许多涉及纳米尺度的现象，如超小的镍粒子如何在低温下保持超顺磁性。研究发现，Fe-Ni 薄膜中，在某一临界温度以下，畴壁速度几乎不受温度影响。因此，一些学者在量子力学中提出了零点振动的概念，认为它在低温下可能产生类似于热起伏效应。这种效应可导致微粒在接近零温时，磁化矢量重新定向，并保持有限的弛豫时间。即使在绝对零度时，仍存在着非零的磁化反转率。

研究宏观量子隧穿效应具有重要意义，它给现有微电子器件的进一步缩小设定了限制，同时也将成为未来微电子器件的基础。这些研究成果有助于推动微电子技术的发展，拓展其应用领域，并为未来的量子计算和信息技术奠定基础。

1.3　纳米材料在催化中的应用及优势

纳米材料在催化反应中的广泛应用得益于其独特的形貌和结构特点。下面将从金属纳米材料、硫化物纳米材料、氧化物纳米材料、碳纳米材料和纳米酶等方面讨论纳米材料在催化反应中的应用和优势。

1.3.1　金属纳米材料

多相催化是一种应用广泛的催化技术，已有几百年的历史。它在许多工业过程中得到应用，通常需高温和高压条件。一些著名的例子包括水 - 气转换反应、甲醇合成和氨生产。不同的金属，尤其是贵金属，由于其特殊的性质，适用于特定的应用领域。当涉及结构敏感的反应时，改变金属纳米晶体的表面结构，可以提高催化剂的活性和选择性。催化剂的表面结构受多种因素共同影响，包括晶面的类型、缺陷类型、晶粒大小和晶体结构。本节将重点介绍在催化反应中应用的几种金属催化剂，包括 Cu、Ag、Pt 和 Pd。这些金属具有不同的特性，使它们在特定的催化应用中表现出色。

Cu 在许多催化反应中得到广泛应用，如氧化反应和 CO_2 还原反应。Ag 常用于有机合成和氧化反应中，其催化性能优异。Au 由于其良好的稳定性和选择性，在氧化还原和氢化反应等方面具有重要应用。Pt 和 Pd 是重要的催化剂，广泛应用于氢化、氧化和氨合成等多种反应中。通过对这些金属催化剂的研究和改进，人们可以调控表面结构，优化催化剂的性能，提高催化反应的效率和选择性。这种对金属催化剂的理解和改造有助于推动催化科学和工程的发展，为可持续发展和绿色化工提供技术支持。

1. 纳米铜催化剂

近年来，研究人员对利用地球上丰富的廉价金属制备纳米材料的兴趣日益增长。这种趋势源于对替代传统商业化学过程中使用的稀有而昂贵的贵金属催化剂的迫切需求。相比之下，廉价金属纳米材料展现出与其块状材料不同的活性，这归因于其特定的尺寸和形状所带来的独特量子特性。其中，铜纳米粒子备受关注。

铜作为一种 3d 过渡金属，具备引人注目的物理和化学性质。铜基材料可以催化并参与各种反应，其氧化态广泛涵盖 Cu^0、Cu^I、Cu^{II} 和 Cu^{III}，从而为单电子和双电子反应途径提供可能。铜基纳米催化剂由于其独特的特性和性质，在纳米技术领域广泛应用，包括有机转化、电催化和光催化等领域。然而，制备高活性、选择性、稳定性、鲁棒性和经济性的纳米催化材料是当前的主要挑战之一。一种经济实用的方法是将铜纳米材料（如 Cu、CuO 或 Cu_2O）固定在氧化铁、SiO_2、碳基材料或聚合物等载体上。此外，铜具有高沸点的特性，使其适用于高温高压化学反应，包括连续流动反应、微波辅助反应、气相反应以及各种有机转化。这种独特性质的存在为反应性和选择性催化体系的发展提供了机遇，使得铜及其合金成为过去最有价值的金属之一，并且预示着在未来仍将扮演重要角色。这些研究和发展的推进将推动可持续且经济可行的催化技术的进步，为实现可持续发展做出贡献。通过利用地球上丰富的廉价金属，可以开辟新的可能性，促进可持续化学工艺的发展，以应对资源稀缺和环境挑战。

电催化反应在可持续发展和技术进步中具有重要的地位，因为它涉及电荷转移过程。电化学过程可以实现许多重要的化学反应，例如，将 CO_2 还原为合成液体燃料、水分解生成氢气和氧气，以及燃料电池和太阳能电池中的能量回收等。多年来，少数稀有且昂贵的贵金属催化剂，如铂和铱，在许多重要的催化反应中扮演关键角色，因为它们具有出色的反应活性。然而，近年来的研究发现，各种纳米材料，特别是碳基材料、过渡金属氧化物和硫族化合物，在许多电催化反应中表现出卓越的催化活性，且比贵金属更稳定。

优异的电催化剂可以降低过电位，增大电流密度，从而提高反应速率。此外，电催化剂可通过促进特定的电子转移过程并抑制其他过程来提高选择性。它还可以在特定电极电位下调控产物的生成，优先生成所需的产物，从而提高工艺的选择性。因此，电催化反应和铜基纳米材料的研究为开发高效、可持续的电催化体系奠定了重要的基础，具有推动能源转换和环境领域创新的潜力。这些发现为实现可持续发展目标，促进清洁能源和可持续化学工艺的发展提供了巨大机遇。

纳米电催化材料的研究是一个引人瞩目的领域，其中铜基纳米材料在二氧化碳还原等电催化反应中显示出了重要的潜力。随着对可持续发展和环境保护的需求的不断增长，探索高效电催化材料以促进关键反应的转化变得至关重要。在传统的电催化反应中，贵金属催化剂（如铂和铱）通常被广泛应用，因为它们具有优异的反应活性。然而，这些贵金属催化剂的高成本和有限资源性限制了它们的广泛应用。因此，寻找廉价、丰富的替代材料成为研究的重点之一，而铜基纳米材料由于其丰富性、低成本和独特性质而备受关注。铜是一种过渡金属，具有丰富的氧化态，可参与多种电子转移过程。在二氧化碳还原反应中，铜基纳米材料展现出了出色的催化活性和选择性。与其他金属相比，铜在二氧化碳还原中具有更高的碳氢化合物形成能力和 C—C 键形成的促进作用。这使得铜基纳米材料成为实现 CO_2 转化为有机化合物（如甲烷、乙炔和乙醇）的理想催化剂。

纳米材料的特殊性质可以归因于其尺寸和形状的调控。纳米尺寸效应和表面活性位点的增加使铜基纳米材料具有更高的表面积和更多的活性位点，从而增强了其催化性能。此外，通过调控铜纳米材料的形貌、结构和晶体取向，可进一步优化其电催化性能。例如，通过合成多面体或纳米线状的铜纳米结构，可以增加催化活性和选择性，同时提高反应速率。另一个重要的研究方向是将铜基纳米材料与其他功能材料进行复合，以进一步提高其电催化性能。例如，将铜纳米颗粒嵌入碳基材料（如石墨烯、碳纳米管）或氧化物载体（如二氧化硅、氧化铁）中，可提高催化活性和稳定性。这种复合材料的设计可实现协同效应，通过相互作用和协同作用改善催化性能，同时提供良好的电子传输和质子传导通道。

与其他贵金属如铑、铂和钯相比，铜对 CO 的吸附能力较弱，这有利于电催化剂的长期稳定性。在诸多电催化反应中，CO 作为副产物或中间体的生成是难以避免的。例如，在二氧化碳还原过程中，CO 经常作为反应的中间体出现；而在以有机化合物为燃料的燃料电池中，有机物的完全电化学氧化也需要将其转化为 CO。然而，CO 的存在会增加反应所需的过电位，并降低在特定电极电位下的电流密度，还可能引发催化剂的中毒现象。

然而，要实现铜基电催化剂的卓越性能，仍面临着一些挑战。其中之一是提高铜基催化剂的能量转换效率，以降低过电位并提高反应速率。另一个挑战是增强特定反应中间体的稳定性，从而实现更高的选择性。为了解决这些问题，对铜基纳米结构体系进行深入探索具有重要意义，这涉及纳米结构形貌、晶体结构、尺寸效应和界面特性等因素的精确调控。通过精心设计和调控铜基纳米材料的形貌和结构，例如，合成多孔结构或进行合金化处理，可以增加催化剂的活性位点数量和表面积，进而提高其催化性能。此外，通过表征技术如透射电子显微镜、原位光谱学和电化学表征等手段，可深入研究铜基电催化剂的表面反应动力学和电子转移过程，为其性能优化提供理论指导和实验依据。

1）燃料电池相关电催化。铜一直以卓越的催化潜力在有机化合物电氧化反应领域备受关注。无论是作为电极材料还是修饰层，铜都展现出对各类有机化合物高效氧化反应的出色催化性能，包括碳水化合物、氨基酸、脂肪族二醇、简单醇、胺和烷基聚氧基醇洗涤剂等。其稳定性和灵敏度使得铜成为广泛研究的焦点。在碱性介质中，铜表面被 Cu_2O 修饰，形成了至关重要的 CuO 层，对于有机化合物的电催化氧化反应起关键作用。有学者提出了一种被称为水合氧化物 / 合原子介质（IHOAM）模型的机制，旨在解释铜在低过电位下催化氧化的能力。该模型认为，Cu 颗粒表面形成 CuO 层，吸附产生活性的·OH 自由基，这些自由基推动有机化合物发生氧化反应。由此可见，铜催化剂在低过电位下表现出卓越的活性，而纳米结构的铜预计将展现更强的催化效果。进一步的研究由一些学者进行，他们运用 IHOAM 模型探索了铜在碱性介质中低过电位下的电催化活性。研究结果显示，催化活性主要发生在缺陷位点，这些位点被视为活性位点，能够为能量物质（如附着原子或簇）提供来源。特别值得注意的是，在纳米结构材料中，随着粒径的减小，晶格配位数减少，从而增加了催化活性，同时也提高了表面自由能。因此，高活性的表面金属原子以及其氧化相，尤其是早期形成的水合氧化物，在电化学反应中扮演着重要的介质角色。这些研究成果不仅揭示了铜基纳米材料在碱性介质中实现有机化合物电氧化的潜力，而且为催化剂性能的优化提供了重要的理论指导。通过精确调控纳米结构的形貌和尺寸，能够增加催化剂表面可用活性位点的数量，并提高其电子传递效率，从而显著降低过电位，实现更高的催化选择性。这些成果将为电化学催化技术在能源转化、环境保护和可持续化学合成等领域的应用带来新的突破，推动实现更可靠、高效的能源转换以及减少碳排放的目标。

2）还原二氧化碳转化为液体燃料。铜是少数几种能够将水中的二氧化碳电化学还原为有机化合物的材料之一，这种化学转化具有重要的战略意义，可以将二氧化碳转化为可再生的高能量密度液体燃料。然而，将这一过程实际应用到工业生产中面临着一些挑战。二氧化碳电化学还原的主要难题之一是水中氢气的生成竞争反应。在低过电位下，氢气的生成往往优先于二氧化碳的还原，因此需使用较大的过电位来抵消这种竞争。此外，为了实现高效转化，还需提高所需产物的法拉第效率，即电流密度中实际用于二氧化碳转化的比例。法拉第效率是评估电化学反应效率的重要指标。近年来，研究人员进行了大量工作，以提高铜催化剂在二氧化碳电化学还原中的性能。例如，一些研究表明，在水溶液中使用纳米晶铜作为催化剂，可实现高效的二氧化碳还原反应。通过不同的还原方法，可获得活性更高、选择性更好的氧化物衍生纳米晶铜材料。这些材料在二氧化碳还原中表现出重要的催化活性，可生成乙醇、丙醇、醋酸酯、乙烯和乙烷等有机化合物。这些研究结果表明，纳米晶界对催化二氧化碳还原具有重要的影响。进一步的研究和探索将有助于深入了解铜基纳米材料的结构特性与催化性能之间的关系，并有望为提高二氧化碳电化学还原的效率和选择性提供更广阔的空间。

3）电催化水分解。铜基纳米材料在水分解过程中扮演着重要的角色，既可作为阴极（析氢）催化剂，也可以作为阳极（水氧化）催化剂。然而，在水氧化反应中，铜很容易被氧化而发生腐蚀，因此无法直接使用零价铜。另一方面，铜基催化剂的表面只有在较高电位下才能驱动水氧化过程，因此必须确保金属相稳定存在以防止金属溶解。研究人员成功地在铜衬底表面制备了坚固的保护层和活性层。这些薄膜由 CuO 和 Cu(OH)$_2$ 组成，能有效阻止铜衬底的电腐蚀，使催化水氧化反应持续进行而不会导致表面降解。在 580mV 的过电位下，制备的薄膜能够实现 $10mA \cdot cm^{-2}$ 的电流密度。此外，研究人员还证明浓缩的 CO_3^{2-} 溶液作为电解质，可有效抑制催化剂的腐蚀。

此外，利用具有核壳结构的铜纳米棒可制备高效的析氧阳极。通过磷酸离子的介导，Cu$_2$O 的（光）电还原过程能够制备出高效的析氢催化剂，并形成 Cu/Cu$_2$O 层。研究人员在不同的衬底上（如碳纸、氟掺杂氧化锡和涂有钼的玻璃载玻片）沉积薄膜，然而，在高电流密度下进行析氢反应时，催化剂层与衬底之间的黏附性成为一个主要问题。通过使用钼涂层的玻璃载玻片，可以提高薄膜的机械稳定性。得到的薄膜具有较低的过电位（约为 30mV），并表现出良好的催化活性。这些研究结果表明，通过设计特定的结构和合适的保护层，铜基纳米材料可以在水分解中的阴极和阳极反应中实现高效的催化性能。进一步的研究将有助于深入了解铜基催化剂的表面特性和催化机制，并为开发高性能的水分解催化剂提供指导和启示。

4）气相催化。近年来，随着环境保护和可持续发展的意识不断增强，研究人员开始思考如何减少化学反应中溶剂的使用。在这个背景下，气相反应作为一种无溶剂或低溶剂的替代方案引起了广泛的关注。气相反应的优势在于无需使用液体溶剂，从而降低了对环境的影响。此外，相较于溶液相反应，气相反应在某些情况下可能具有更高的反应速率和选择性。然而，气相反应也面临一些挑战，例如反应物在气相中的分散性、催化剂的稳定性和活性等问题。

在气相催化反应中，铜基纳米材料展现出巨大的潜力。铜基催化剂可用于反应中的阴极（析氢）和阳极（水氧化）过程。然而，由于铜易于氧化，金属腐蚀问题使得我们无法直接使用零价铜作为催化剂。为了解决这个问题，研究人员开发了各种方法来制备稳定的金属相催化剂，以防止铜的溶解和腐蚀。其中一种方法是在铜表面形成坚固的保护层和活性层，如 CuO 和 Cu(OH)$_2$。这些层的形成可有效阻止铜衬底的电腐蚀，实现持续的催化水氧化反应而不导致表面降解。此外，纳米结构催化剂在气相反应中展示出明显的优势。纳米结构催化剂具有较大的比表面积和更多的活性位点，从而提高了反应的效率和选择性。此外，纳米支撑材料，如沸石和介孔金属氧化物，能够防止催化剂的团聚，提供良好的分散性和稳定性。此外，纳米多孔材料还能增加被困在孔中的反应物与催化活性位点的接触时间，进一步提高反应效率。

具体而言，对铜在气相反应中的催化作用进行的研究已经取得了重要进展。通过密度泛函理论（DFT）计算和实验验证，研究人员能够评估铜表面上氧的吸附和稳定性，并发现氧化铜相在气相催化反应中表现出良好的催化活性和稳定性。综上所述，气相反应作为一种无溶剂或低溶剂的替代方案，具有环境友好性和可持续性的优势。铜基纳米材料以及纳米结构催化剂的设计和应用为气相催化反应提供了新的途径和策略。未来将进一步探索气相催化反应的机理和优化催化剂设计，推动绿色化学和可持续发展的进程。

5）Cu 和 Cu（Ⅱ）氧化物／氢氧化物纳米材料作为析氢反应（HER）的助催化剂。半导体光催化是一种极具前景的方法，利用太阳能作为唯一的能量输入，通过水或生物燃料的析氢反应（HER）产生氢气。然而，未经修饰的原始半导体光催化剂的光生电子 - 空穴对的复合速率较快，因此其氢气产率受到限制。其中一种解决方法是通过在半导体上修饰贵金属（如铂）纳米颗粒，以促进光生载流子的分离。考虑贵金属的高成本和稀缺性，寻找其他廉价材料非常可取，这些材料以地球上丰富的廉价金属为基础，但具有类似的功能。最近的研究表明，铜纳米颗粒是贵金属催化 HER 的合适替代品，例如 Cu-TiO$_2$ 体系。由于金属铜的费米能级位于 TiO$_2$ 的导带以下，因此 TiO$_2$ 中的光生电子很容易转移到铜纳米颗粒上。界面电子转移增加了光生电子 - 空穴对的分离程度，从而增强了光催化活性。

6）CuO$_x$ 纳米材料的自清洁。半导体基光催化技术已成为传统方法（如高温煅烧）的有效补充，用于降解有机污染物。光催化或自清洁方法可以通过降解吸附在 Cu$_2$O 纳米线上的有机化合物来实现，而 Cu$_2$O 纳米线则作为可见光下有效的光催化剂，能降解亚甲基蓝等有机污染物。金属铜能促进光生电子 - 空穴对的分离，进而提高 Cu$_2$O 的活性。此外，碳量子点 /Cu$_2$O 复合材料还可利用近红外（NIR）光催化降解亚甲基蓝。这种催化活性主要归因于碳量子点的上转换光致发光效应。除了 Cu$_2$O 纳米线和碳量子，Cu$_2$O 纳米颗粒与宽带隙半导体（如 TiO$_2$ 和 ZnO）的耦合也形成了一种增强光催化活性的复合半导体材料，可用于水中多种有机化合物的去除，如苯酚、甲基橙和 4- 硝基苯酚。这些研究结果表明，半导体基光催化技术在有机污染物降解方面具有巨大潜力。通过设计合适的半导体材料和复合结构，可提高光催化剂的活性和稳定性，为环境治理和水处理等领域提供有效的解决方案。

2. 纳米银催化剂

为了应对能源危机和可持续发展的需求，人们正积极研发太阳能、风能和潮汐能等可再生能源，以减少对不可再生能源，特别是矿物燃料的依赖。过度使用不可再生能源不仅会导致资源枯竭，还会引发严重的能源危机。目前，一些过渡金属基纳米催化剂在多种电化学转化反应中表现出优异的催化性能，包括 CO$_2$ 的电还原、氧还原、氮还原、析氢和甲醇的电氧化反应。然而，由于氢气的竞争析出，这些催化剂在电化学转化过程中面临一些挑战，如法拉第效率较低、过电位较大和产物选择性较差。通过调控 Ag 纳米材料的形态、大小和组成，可轻松调节其电催化效率。与聚合体相比，分散的 Ag 纳米颗粒提供了更多的活性位点，从而增强了催化转化效果。在过去的 20 年里，人们已经研究了多种类型的 Ag 纳米材料在电催化应用中的潜力，包括析氢反应（HER）、析氧反应（OER）、氧还原反应（ORR）、二氧化碳还原反应（CO$_2$RR）、氮还原反应（NRR）、甲醇氧化反应（MOR）和乙醇氧化反应（EOR）等。此外，Ag 纳米材料还可应用于甲酸氧化反应、H$_2$O$_2$ 的电氧化以及电化学传感器等领域。综上所述，Ag 纳米材料在电催化中具有广泛的应用，能促进清洁燃料的生产，这些研究为未来能源领域的发展提供了有益的指导。

（1）纳米银催化剂用于 HER　氢气作为一种清洁、可再生且能量密度高的可持续能源，近几十年引起了广泛的关注，被认为是替代传统化石燃料最具前景的选择之一。为了满足不断增长的可再生电力储存的需求，产生可持续氢气被视为最有希望的方法之一，其中水电解槽技术被广泛应用。实现可持续的氢气生产是实现氢经济和未来氢能源的关键先决条件。在金属电极表面进行 HER，通过电化学还原质子产生氢燃料。尽管铂和基于铂的催化剂被认为是 HER、OER 和 ORR 中最有效的电催化剂，但其高成本和稀缺性限制了其广泛应用。为了找到低成本的高效制氢电催化剂，研究人员提出了许多廉价且丰富的金属或非金属的催化系统。相较于其他铂族金属，银具有较高的导电性和导热性，成本相对较低且储量丰富，因此，纳米银结构及银基催化剂被广泛应用于电催化析氢反应。

（2）纳米银催化剂用于 ORR　研究银基催化剂时，科学家们对银纳米复合材料的结构、形状和尺寸进行了详细研究，发现它们在电化学 ORR 中起重要作用。研究表明，在碱性溶液中，立方体状相较于球形银纳米颗粒对 ORR 的催化效率稍高。这是因为立方体结构具有更多活性位点，可更高效地吸附表面氧。此外，研究人员还将银纳米团簇支持在碳纳米点上，通过四电子途径实现 ORR 的催化。这些混合银纳米团簇表现出良好的催化性能，并且具有蓝色荧光特性，可在生物成像和传感器技术等领域发挥作用。银基催化体系不仅在 ORR 方面表现出改善，还在阴离子交换膜燃料电池（AEMFC）中展示出更出色的性能。AEMFCs 是一种采用阴离子导电膜的燃料电池，能够在碱性环境下运行，相对于传统的质子交换膜燃料电池（PEMFC）具有更高的碱性稳定性。银基催化剂在 AEMFC 中显示出更高的活性和稳定性，为实现更高效、可持续的能源转换提供了潜在的解决方案。因此，银基催化剂在电化学 ORR 中具有巨大的潜力。通过优化银纳米复合材料的结构和形状，以及与其他材料的合金化，可进一步提高其催化活性和稳定性。这些进展有望推动燃料电池和其他能源转换装置的发展，促进可持续能源的应用和推广。

（3）纳米银催化剂用于 OER　OER 是一种涉及四电子/四质子转移途径的阳极反应，是电化学水氧化反应中耗能较大的步骤之一。在碱性燃料电池和金属-空气电池等电化学能量转换和储存装置中，OER 起至关重要的作用。为了提高 OER 的效率，科学家们研究了多种贵金属和非贵金属基的电催化剂。Ag 纳米材料作为一种电化学 OER 催化剂，展现出出色的电催化性能，具有高活性、良好的耐受性、长期的催化稳定性和较长的使用寿命。由于 Ag 纳米复合催化剂中不同材料之间的协同效应，使其成为电催化 OER 领域备受关注的材料之一。Hou 等报道了一种多相 Ag@Co$_x$P 纳米电催化剂用于 OER。该纳米结构通过在 Ag 种子上原位生长过渡金属磷化物，形成了核壳结构的 Ag@Co$_x$P 纳米材料。这一过程包括 Ag 种子的形成、Co 壳的生长以及后续磷化过程。周围的 Co$_x$P 壳层将独特的 Ag 核心结构包裹其中，从而形成 Co 和 Ag 之间强烈的电子相互作用。这种核壳结构的 Ag@Co$_x$P 电催化剂表现出优异的 OER 性能和长期的催化稳定性，具有较低的过电位（310mV）和较高的电流密度（10mA·cm^{-2}）。与纯 Co$_2$P 纳米颗粒相比，Ag@Co$_x$P 纳米复合材料的催化活性提高了 8 倍。Ag 纳米复合催化剂在电化学 OER 中展现出卓越的性能，为改善能源转换和储存技术提供了有希望的材料选择。这些研究成果为我们深入理解电催化机理和开发高效催化剂提供了重要的指导和借鉴。

3. 纳米钯催化剂

钯在各种催化反应中扮演着关键角色，包括甲醇和乙醇氧化、氧还原、氢化、偶联反应和一氧化碳氧化等。为了提高钯的催化性能，研究人员开始制备钯的纳米结构。这些纳米结构具有较大的表面积和更多的活性位点，从而提高了催化反应的速率和效率。此外，纳米结构中的钯具有更高密度的低配位原子，这对于增大催化活性非常重要。制备钯基纳米结构的方法有多种。一种常见的方法是制备钯合金，将钯与其他金属元素合金化。这种合金化改变了钯的电子结构和化学性质，提高了催化活性。另一种方法是制备钯的金属间化合物，其中钯与其他元素形成稳定的化合物结构。这些金属间化合物具有特殊的催化活性，可用于不同类型的催化反应。此外，钯还可以以负载型纳米材料的形式应用于催化反应中。负载型钯纳米材料将钯粒子负载在惰性载体上，如二氧化硅或氧化铝，以提高其稳定性和可重复使用性。这种负载型结构使钯颗粒高度分散，并易于与反应物接触，提高了催化反应的效率。钯基纳米结构已在许多催化反应中取得了显著的成果。例如，在甲醇和乙醇氧化反应中，钯基催化剂表现出良好的活性和选择性，能高效地将有机物氧化为所需产物。此外，钯还广泛应用于氧还原、氢化、偶联反应和一氧化碳氧化等多种反应。通过不断深入研究和发展，能进一步优化钯基纳米结构，提高催化性能，并探索更广泛的应用领域。这对于实现可持续发展和绿色化学至关重要，也为催化科学和工业的发展做出了重要贡献。

1.3.2　硫化物纳米材料

基于过渡金属硫化物（TMS）的纳米结构在 HER 和 OER 中表现出较高的内在活性，因此受到了广泛的研究。TMS 的结构可分为两类：层状 MS_2（M 为 Mo 或 W）和非层状 M_xS_y（M 为 Co、Fe、Ni、Cu、Zn 等）。典型的层状 MS_2 具有夹层结构，金属层与硫层交替排列。由于较弱的范德华力作用，每个 MS_2 单元可以垂直堆叠，使其能够剥离成单层。根据 MS_2 的键合和结构，可将其分为几种相，包括 1T 相、2H 相和 3R 相（数字表示层数；T、H 和 R 分别表示四边形、六边形和三角形晶格）。其中，2H 相和 1T 相最为常见，过渡金属原子分别位于三角棱柱和八面体的结构中。此外，单层 2H 相可按不同的堆叠顺序形成 2H 和 3R 相。MS_2 的电子特性和应用因相的不同而异。例如，$2H\text{-}MoS_2$ 是一种具有半导体特性的材料，适用于电子器件；$1T\text{-}MoS_2$ 具有金属性质，在电催化方面具有优势；$3R\text{-}MoS_2$ 是非中心对称的半导体，具有非线性光学方面的潜力。

1.3.3　氧化物纳米材料

（1）产氢　通过水热法制备的超薄 TiO_2 纳米片，在紫外 - 可见光照射下表现出高析氢速率，达到 $7381\mu mol \cdot h^{-1} \cdot g^{-1}$。研究人员进一步研究了掺杂过渡金属的二维 TiO_2 纳米片，用于光和电化学氧化水，以进一步优化活性。研究考虑了 3d、4d 和 5d 金属掺杂，结果表明，所有金属都有助于降低实现水氧化所需的过电位，并且不同掺杂会影响反应的四质子耦合电子转移步骤之间的速率决定步骤。

（2）光催化　二维纳米结构的氧化薄膜对于电催化或光电催化（PEC）装置中先进电极的发展和光催化应用至关重要。例如，由一系列垂直有序的 TiO_2 纳米管构成的薄膜，通过支撑的金属纳米颗粒修饰，成功用作新型光电催化电池中的高级光阳极，用于生产太阳能燃料。另一个例子是基于氮化钽（氧）纳米管阵列的光阳极，可用于产生太阳能燃料的 PEC 电池。

（3）环境催化　环境催化是利用层状氧化物材料的特性。例如，研究人员开发了一种掺杂 Pd 的柱状蒙脱土黏土材料，用于完全催化燃烧含氯挥发性有机化合物（CVOC）。这些化合物是环境污染的主要来源，污染通常来自工业溶剂废物。该催化剂利用了 Pd 掺杂剂的氧化还原特性和柱状黏土的酸性特性，这两者都对反应的高活性至关重要。研究结果显示，在 673 ~ 823K，柱状黏土的转化率高于商业催化剂（Pd/Pt/ γ - 氧化铝），低于 150K 时转化率可达 90%，表明柱状黏土在更广泛的温度范围内具有更好的活性。

1.3.4　碳纳米材料

碳纳米材料在催化领域具有广泛的应用前景，其独特的化学和物理性质使其成为各种催化反应的有效催化剂。下面是一些碳材料在催化中的应用方面的讨论。

1）石墨烯。作为二维碳材料，石墨烯具有高比表面积、优异的导电性和化学稳定性，因此在催化领域表现出了巨大的潜力。石墨烯可用作催化剂载体，提供高度可控的反应界面和活性位点。此外，石墨烯本身也可通过掺杂、功能化等方法进行调控，以增强其催化性能，例如在 ORR、电解水分解和有机合成中的应用。

2）多孔碳材料。多孔碳材料具有大的比表面积和丰富的孔道结构，可提供充足的催化活性位点和扩散通道。这些材料常被用作吸附剂、催化剂载体和催化剂本身。多孔碳材料可用于催化气体吸附、催化剂的固定、气体分离、催化剂的再生等应用。例如，金属有机骨架材料（MOF）经碳化后可得到多孔碳材料，用于催化反应如有机合成、氧还原反应等。

3）碳纳米管。碳纳米管具有高比表面积、良好的导电性和强度，广泛应用于催化领域。碳纳米管可作为载体或支撑材料，用于催化剂的固定和增强催化反应。此外，碳纳米管本身也具有催化性能，例如在气体吸附、电化学催化和有机合成等方面的应用。

4）碳基复合材料。碳基复合材料结合了碳材料的特性和其他功能性材料的优势，具有广泛的催化应用。例如，碳基金属催化剂（如 Pt/C、Pd/C）在氧还原反应和甲醇氧化反应中显示出优异的催化活性。碳基复合材料还可用于催化剂的载体、电极材料、催化剂固定化等应用。

碳材料在催化中的应用范围广泛，从能源领域（如电池、燃料电池）、环境领域（如废水处理、气体净化）到有机合成领域，都发挥着重要作用。碳材料的独特性质和多样化的结构设计为开发高效、可持续和环境友好的催化剂提供了新的机会。

在催化领域，传统的贵金属催化剂存在一些限制，如成本高、稳定性差以及资源有限等问题。因此，研究人员越来越关注利用碳纳米材料作为金属催化剂的替代品。碳纳米材料具有许多优势，如低成本、高电导性、良好的酸碱稳定性和丰富的结构可调性，使其成为无金属催化剂的理想选择。

杂原子掺杂碳基无金属催化剂（C-MFC）是一种具有杂原子掺杂的三维碳结构，可以调节催化活性位点并提供良好的运行稳定性。C-MFC 中，碳原子与掺杂原子之间形成共价化学键，避免了金属催化剂中的偏析问题。此外，通过引入不同的掺杂剂和结构缺陷，可以调节 C-MFC 上的催化活性位点，为各种反应提供高效、多功能的催化剂。

1.4　总结与展望

纳米材料在各领域有着广泛的应用。在化工和石化行业，纳米催化剂在化工和石化领域扮演着关键角色。其高比表面积和丰富的活性位点提供了高催化活性和选择性，从而加速重要的化学转化过程，如催化裂化、加氢、氧化和脱氢反应。此外，纳米催化剂的使用还能减少催化剂的使用量和能源消耗。在可再生能源技术领域，纳米材料在可再生能源领域展现出巨大潜力。在太阳能电池中，纳米结构的半导体材料，如纳米颗粒、纳米线和薄膜，能实现高效的光吸收和电子传输，从而提高光电转换效率。而在燃料电池中，纳米催化剂用于催化氧还原反应，提高燃料电池的效能和稳定性。在环境保护和净化领域，纳米催化剂在环境保护和净化方面发挥着重要作用。可净化废气中的有害气体，如挥发性有机化合物和氮氧化物。此外，纳米催化剂还可用于水处理，包括去除有机污染物、重金属离子和微生物。

　　纳米材料在催化反应中具有以下结构优势：①高比表面积，纳米材料由于其纳米尺度特征，具有巨大的比表面积，从而提供了更多的活性位点，增加了催化反应的表观活性；②尺寸和形状可调性，纳米材料的合成方法和工艺使得其尺寸、形状和结构可以精确调控，进而实现对催化性能的优化和定制；③晶格畸变和缺陷，纳米材料晶格结构的畸变和缺陷对催化反应起到关键作用，这些缺陷位点可作为活性位点，提供额外的催化活性和选择性，同时可以调节反应的动力学和热力学性质；④表面修饰的可控性。纳米材料表面可以进行定向修饰和功能化，以调节催化反应的吸附性能、反应速率和选择性。

　　纳米材料在催化中仍存在一些问题：

　　(1) 毒性和失活　一些反应条件下，纳米催化剂可能受到中毒物质的吸附和积聚，导致催化活性的降低或失活。

　　(2) 缺乏长期稳定性　纳米材料可能在催化过程中发生形态和结构变化，导致催化活性和选择性的衰减。

　　(3) 合成和制备的挑战　纳米材料的合成和制备需控制尺寸、形状和结构的高度精确性，这在某些情况下可能具有挑战性。

　　(4) 成本和可持续性　某些纳米材料的制备成本较高，并且存在对稀有或有限资源的依赖性，因此在大规模应用中可能存在限制。

　　未来发展重点：

　　(1) 进一步优化活性和选择性　通过调控纳米材料的结构和表面特性，可进一步优化催化活性和选择性，实现更高效、高选择性的催化反应。

　　(2) 多功能催化剂的开发　设计制备具有多功能性能的纳米催化剂，能够同时催化多种反应，提高资源利用效率和催化效率。

　　(3) 可持续和环境友好　发展使用可再生材料和绿色合成方法制备纳米催化剂，以实现可持续和环境友好的催化过程。

　　(4) 纳米催化剂与其他技术的集成　纳米催化剂可以与其他技术，如光催化、电催化和催化剂载体相结合，形成协同效应，提高催化性能。

　　(5) 仿生催化剂的设计　借鉴生物催化体系的原理，设计制备仿生催化剂，实现高效催化和选择性。

　　纳米材料在各个领域的催化应用具有广阔的前景。通过克服存在的问题并进一步优化纳米材料的结构和性能，可实现更高效、选择性和可持续的催化过程，推动催化科学和工程的发展。

思　考　题

　　1. 什么是纳米材料？

　　2. 从尺度上分，纳米材料可分为哪些种类？试举例说明。

　　3. 什么是小尺寸效应、表面效应、量子尺寸效应和宏观量子隧道效应？

　　4. 材料尺度缩小到纳米尺度后，在宏观性质上它们表现出哪些不同？请分别从热学、磁学、电学等方面进行简述。

5. 请简述纳米材料在催化领域的优势。

参 考 文 献

［1］ FARADAY M. The Bakerian Lecture：Experimental relations of gold（and other metals）to light［J］. Philosophical Transactions of the Royal Society of London，1997，147：145-181.

［2］ MIE G J. Beiträge zur Optik trüber Medien，speziell kolloidaler Metallösungen［J］. Annalen der Physik，1908，330（3）：377-445.

［3］ KNOLL M，RUSKA E. Das Elektronenmikroskop［J］. Zeitschrift fer Physik，1932，78（5-6）：318-339.

［4］ RUSKA E. The development of the electron microscope and of electron microscopy［J］. Reviews of Modern Physics，1987，59（3）：627-638.

［5］ KUBO R. Generalized Cumulant Expansion Method［J］. Journal of the Physical Society of Japan，1962，17（7）：1100-1120.

［6］ GIAEVER I，ZELLER H R. Superconductivity of Small Tin Particles Measured by Tunneling［J］. Physical Review Letters，1968，20（26）：1504-1507.

［7］ ESAKI L，TSU R. Superlattice and Negative Differential Conductivity in Semiconductors［J］. IBM Journal of Research and Development，1970，14（1）：61-65.

［8］ BINNIG G，ROHRER H，GERBER CH，et al. Surface Studies by Scanning Tunneling Microscopy［J］. Physical Review Letters，1982，49（1）：57-61.

［9］ BINNIG G，ROHRER H. Scanning tunneling microscopy［J］. Surface Science，1983，126（1）：236-244.

［10］ Springer Netherlands.Atomic Force Microscope［G］. Dordrecht：Scanning Tunneling Microscopy，1993.

［11］ ZHANG J，CHEN P，YUAN B，et al.American Association for the Advancement of Science Real-Space Identification of Intermolecular Bonding with Atomic Force Microscopy［J］. Science，2013，342（6158）：611-614.

［12］ KROTO H W，HEATH J´R，O'BRIEN S C，et al.C60：Buckminsterfullerene［J］. Nature，1985，318（6042）：162-163.

［13］ EIGLER D M，SCHWEIZER E K.Positioning single atoms with a scanning tunnelling microscope［J］. Nature，1990，344（6266）：524-526.

［14］ IIJIMA S.Helical microtubules of graphitic carbon［J］. Nature，1991，354（6348）：56-58.

［15］ HAIDER M，UHLEMANN S，SCHWAN E，et al.Electron microscopy image enhanced［J］. Nature，1998，392（6678）：768-769.

［16］ WILLIAM A R，LEROY JS II，TIMOTHY P B，et al.Molecular scale electronics：syntheses and testing［J］. Nanotechnology，1998，9（3）：246.

［17］ WANG X，ZHUANG J，PENG Q，LI Y.A general strategy for nanocrystal synthesis［J］. Nature，2005，437（7055）：121-124.

［18］ NAGUIB M，KURTOGLU M，PRESSER V，et al.Two-Dimensional Nanocrystals：Two-Dimensional Nanocrystals Produced by Exfoliation of Ti3AlC2［J］. Advanced Materials，2011，23（37）：4207-4207.

［19］ 徐如人，庞文琴，霍启升.分子筛与多孔材料化学［M］.2版.北京：化学工业出版社，2015.

［20］ ZHAO H，LIU S，WEI Y，et al.Multiscale engineered artificial tooth enamel［J］. Science，2022，375（6580）：551-556.

［21］ ZHENG Y，BAI H，HUANG Z，et al.Directional water collection on wetted spider silk［J］. Nature，

2010，463（7281）：640-643.

［22］ FENG L，LI S，LI Y，et al.Super-Hydrophobic Surfaces：From Natural to Artificial［J］．Advanced Materials，2002，14（24）：1857-1860.

［23］ AUTUMN K，LIANG Y A，HSIEH S T，et al.Adhesive force of a single gecko foot-hair［J］．Nature，2000，405（6787）：681-685.

［24］ YOSHIOKA S，KINOSHITA S.Wavelength-selective and anisotropic light-diffusing scale on the wing of the *Morpho* butterfly［J］．Proceedings of the Royal Society of London.Series B：Biological Sciences，2004，271（1539）：581-587.

［25］ 倪星元，等.纳米材料制备技术［M］.北京：化学工业出版社，2007.

［26］ 张立德，等.纳米材料和纳米结构［M］.北京：科学出版社，2001.

［27］ 穆尔蒂，等.纳米科学与纳米技术［M］.谢娟，等译.北京：科学出版社，2014.

［28］ 阎子峰，等.纳米催化技术［M］.北京：化学工业出版社，2003.

［29］ 徐国财，等.纳米复合材料［M］.北京：化学工业出版社，2002.

第2章

纳米催化材料的合成方法

纳米材料是通过自上而下或自下而上的方法合成的。自上而下是减小材料的尺寸进而合成纳米材料。而在自下而上法中，纳米材料是通过连接原子、分子和微小颗粒依赖化学合成法和物理合成法来进行合成的。

2.1　化学合成方法

化学合成法包括：沉淀法、氧化还原法、溶胶 - 凝胶法、水热法、溶剂热法、热分解法、微乳液法、高温燃烧合成法、模板合成法、电解法、气相法、辐射化学合成法等。

2.1.1　沉淀法

包含一种或多种离子的可溶性盐溶液，当加入沉淀剂（如 OH^-，$C_2O_4^{2-}$，CO_3^{2-} 等）后，于一定温度下，使溶液发生水解，形成不溶性的氢氧化物、水合氧化物或盐类从溶液中析出，并将溶剂和溶液中原有的阴离子洗去，经热分解或脱水即可得到所需的氧化物纳米材料。

1. 共沉淀法

在含多种阳离子的溶液中加入沉淀剂后，所有离子完全沉淀的方法称为共沉淀法，因沉淀物的组成分为单相共沉淀和混合物的共沉淀。

共沉淀法是合成纳米材料的最早湿化学工艺之一。这是合成纳米材料最基本也是最广泛使用的方法。在这个过程中，杂质会与产物一起沉淀，但可以通过过滤、洗涤等方式进行分离。共沉淀法就是利用沉淀反应使两种或两种以上阳离子在均相溶液中形成一致的成分，其优点是通过在溶液中进行大量的化学反应，可直接生成具有较小尺寸和粒度分布均匀的均质纳米材料。与另一种含有溶解沉淀剂（如氢氧化钠、氨水等）的溶液直接或逐滴混合，以保持必要的 pH 值。氢氧化物、氯化物、碳酸盐和草酸盐是这种方法中最广泛使用的沉淀剂。沉淀物老化后会产生较大的颗粒，然后通过过滤或离心收集。为了去除杂质并获得高纯度的纳米粒子，需要用乙醇、蒸馏水或其他溶剂进行洗涤。为了获得具有所需晶体结构和形态的纳米材料，需进行退火、烧结或煅烧等后处理。图 2-1 所示为该过程示意图。

该过程需同时发生成核、生长、粗化和团聚。成核是沉淀过程中的一个关键阶段，是新热力学相中最小的基本粒子出现的过程。快速成核会产生高浓度的晶核，产生较小尺寸的纳米晶体，而缓慢成核则会产生较低的浓度和较大的颗粒。为了尽量减少较小粒子在生长阶段的表面能，它们将被较大的颗粒吸收，这一阶段被称为粗化或 Ostwald 熟化。为了降低表面能，还可能发生团聚。如果不控制粗化和团聚，颗粒可能会继续膨胀而超过纳米尺度。为了阻止生长，一些封端剂或稳定的化学物质是必要的。通过带电物质的化学吸附，封端剂与颗粒表面结合，在其表面产生静电斥力。如果排斥力足够强，就会形成稳定的颗粒，否则就会发生凝结。它被用于纳米管（NTs）、纳米棒（NRs）和各种纳米颗粒（NPs）的合成，可采用共沉淀法合成各种纳米材料（NMs）。

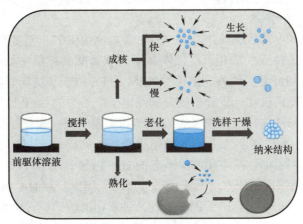

图 2-1　共沉淀法示意图

Sreenivasulu 课题组报道了以醋酸锌［$Zn(CH_3COO)_2 \cdot 2H_2O$］、硫化钠（$Na_2S$）和聚乙烯吡咯烷酮（PVP）为前驱体材料，通过化学共沉淀法有效合成了 ZnS 纳米材料。反应在室温下进行，其形貌如图 2-2 所示，X 射线衍射（XRD）研究证实了 ZnS 的立方锌混合形状，利用扫描电子显微镜（SEM）和透射电子显微镜（TEM）技术分析了材料的表面形态，发现 ZnS 的平均粒径为 2~3nm，通过紫外 - 可见光谱进行了光学性能研究以计算带隙能，发现制备的 ZnS 纳米粒子的带隙能为 3.7eV。

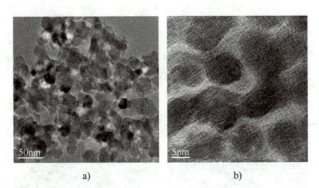

图 2-2　通过化学共沉淀法合成的 ZnS 形貌

2. 均相沉淀法

一般的沉淀过程是不平衡的，但如果控制溶液中的沉淀剂浓度，使之缓慢地增加，则使溶液中的沉淀处于平衡状态，且沉淀能在整个溶液中均匀出现，这种方法称为均相沉淀。

通常是通过溶液中的化学反应使沉淀剂慢慢生成，从而克服了由外部向溶液中加入沉淀剂而造成沉淀剂的局部不均匀性，使沉淀不能在整个溶液中均匀出现的缺点，例如，尿素水溶液的温度逐渐升高至 70℃附近，尿素会发生分解，即

$$(NH_2)_2CO+3H_2O \longrightarrow 2NH_4OH+CO_2 \uparrow \qquad (2.1)$$

由此生成的沉淀剂 NH_4OH 在金属盐的溶液中分布均匀，浓度低，使得沉淀物均匀地生成。由于尿素的分解速度受加热温度和尿素浓度控制，因此可以使尿素分解速度降得很低。有人采用低的尿素分解速度来制得单晶微粒，用此方法可制备多种盐的均匀沉淀，如锆盐颗粒以及球形 $Al(OH)_3$ 粒子。

Mohammadi 等人以尿素为添加剂，在 Ca/P 摩尔比为 1.67、温度为 90℃、pH 值为 3.0 的溶液中，通过回流条件下的均相沉淀法制备了须状磷酸钙纤维，如图 2-3 所示。沉淀物通过 XRD、FTIR（傅里叶变换红外光谱仪）、SEM 和 FE-SEM（场反射扫描电子显微镜）进行了表征。使用 ICP 光谱仪和元素分析仪分别测定了产品中的 Ca/P 比和碳酸盐含量。结果表明，沉淀物的形态和结构特征取决于尿素浓度和反应时间。在使用低浓度尿素时，可获得平均长度为 60mm、平均宽度为 1.0mm 的须状双相钙钛矿 / 羟基磷灰石（HA）纤维。在800℃下煅烧双相磷酸钙可形成具有须状形态的 HA/ 白锁石（β-TCP）/ 焦磷酸钙（CPP）三相混合物。使用较高浓度的尿素可形成由磷酸八钙（OCP）和 HA 相组成的球状 / 须状纤维混合形态。当反应时间延长至 10 天时，上述两种双相磷酸钙都转化为单相 HA，根据 FE-SEM 图像，其形态和生长模式与晶须相似。与使用较高浓度尿素生成的 HA 晶须相比，使用较低浓度尿素生成的 HA 晶须的碳酸盐含量较低。

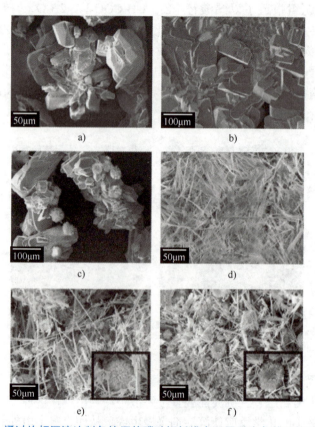

图 2-3　通过均相沉淀法制备的须状磷酸钙纤维在不同反应条件下的形貌特征

3. 金属醇盐水解法

这种方法是利用一些金属有机醇盐能溶于有机溶剂并可能发生水解，生成氢氧化物或氧化物沉淀的特性，制备细粉料的一种方法，此种制备方法包含以下特点：

1）采用有机试剂作金属醇盐的溶剂，由于有机试剂纯度高，因此氧化物粉体纯度高。

2）可制备化学计量的复合金属氧化物粉末。

传统的均相沉淀法是将沉淀剂的前驱体与反应物一并加入到溶液中，由于生成沉淀剂的诱导期较长，会使一些反应物提前沉淀，最终使生成的纳米颗粒尺寸变大。因此，冯等人以三氯化锑为前驱体，采取金属醇盐水解法和均相沉淀耦合法，使原料在 90℃下发生醇解反应，然后直接加入尿素水溶液，一方面直接避免了由于滴加法引起的局部相对过饱和度的增加而导致的粒度分布变宽，另一方面缩减了沉淀水解过程的诱导期，最终制备了具有良好分散性和粒度分布较窄的 Sb_2O_3 纳米颗粒。由图 2-4 TEM 图像可知，利用金属醇盐水解和均相沉淀耦合法制备的 Sb_2O_3 纳米颗粒的平均粒径约 30nm，分散性较好。通过 XRD 图证实了该纳米颗粒为斜方晶体。

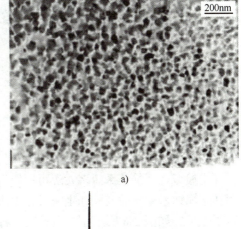

a)

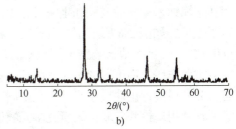

b)

图 2-4　利用金属醇盐水解法制备的 Sb_2O_3 纳米颗粒形貌及 XRD 图谱

a）TEM 图像　b）XRD 图

2.1.2　氧化还原法

1. 水溶液还原法

采用水合肼、葡萄糖、硼氢化钠（钾）等还原剂，在水溶液中制备超细金属粉末或非晶合金粉末，并利用高分子保护剂聚乙烯吡咯烷酮（PVP）阻止颗粒团聚及减小晶粒尺寸的方法。

其优点是获得的粒子分散性好，颗粒形状基本呈球形，过程可控。例如，纳米金的制备过程：以水为分散介质，PVP 为分散剂，抗坏血酸作为还原剂，用较高浓度的氯金酸溶液，在弱酸性条件下，通过化学还原法制得球状、最大粒径为 20nm 的金溶胶。

Yu 等人通过化学还原 $NiSO_4$、NaOH 和 NaH_2PO_2 水溶液制备了单分散微纳米镍粉，并研究了 pH 值和 $NiSO_4$ 初始浓度对镍粉尺寸、结构、形貌和微波吸收特性的影响。镍粉的晶体结构由 XRD 表征。SEM 和 TEM 对合成产物的形貌进行了表征。微波网络分析仪对复合材料的微波吸收特性进行了表征。结果表明，$NiSO_4$ 和 NaH_2PO_2 在碱性条件下生成的镍粉的大小与反应体系中的 pH 值和 $NiSO_4$ 的初始浓度有很大关系。如图 2-5 所示，通过调控 pH 值和 $NiSO_4$ 的初始浓度，可以调控生成直径为 1.5μm 和 180nm 的镍粉。

2. 多元醇还原法

该工艺主要利用金属盐可溶于或悬浮于乙二醇（EG）、一缩二乙二醇（DEG）等醇中，当加热到醇的沸点时，与多元醇发生还原反应，生成金属沉淀物，通过控制反应温度或引入外界成核剂，可得到纳米级粒子。

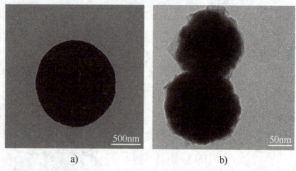

图 2-5 通过水溶液还原法制备的单分散镍粉的形貌

Carroll 等人通过改良多元醇工艺制备了铜和镍纳米粒子，探究了合成条件、晶体形态和理论模型之间的关系。多元醇可用作溶剂、还原剂和封端剂，此外还研究了几种多元醇类型在金属纳米粒子的成核和生长过程中所起的作用。通过 TEM、XRD 和 XPS 对纳米颗粒进行了表征，如图 2-6 所示。结果表明，将溶剂系统从短链多元醇（乙二醇）改为长链多元醇（四甘醇）会极大地影响纳米铜粒子的形态。这些结果表明，多元醇作为一种原位封端剂发挥着重要作用，而不同的多元醇链长又会直接改变成核和生长步骤，从而形成不同的颗粒形态。此外通过理论建模来研究生长机制，从而更好地了解中间结构的稳定性。这项工作提出了一种利用理论和实验结果研究多元醇机理的替代方法，为利用多元醇工艺合成金属和合金开辟了新的思路。

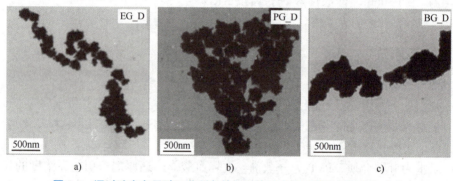

图 2-6 通过改良多元醇工艺制备的铜和镍纳米粒子的形貌及特征分析

Yang 等人采用多元醇还原法制备了不同成分的 FeCo 纳米粒子，并在混合气体中进行了退火处理。所有的 FeCo 纳米粒子都显示出较大的饱和磁化率（超过 220emu·g^{-1}）。在 $Fe_{55}Co_{45}$ 样品中观察到的最大饱和磁化率为 273emu·g^{-1}。至于 $Fe_{48}Co_{52}$，当纳米粒子在 200~400℃下退火时，存在 $CoFe_2O_4$ 的杂质相。而在 450℃以上退火时，则可获得饱和磁化率高达 230emu·g^{-1} 的纯 $Fe_{48}Co_{52}$ 纳米粒子，如图 2-7 所示。

3. 气体还原法

气体还原法是指利用气体将原料还原的一种化学工艺，常用的还原气体为氢气，同时加入催化剂，例如含有微细小孔的催化剂专用镍等。本方法也是制备微粉的常用方法。例如，用 15%H_2-85%Ar 还原金属复合氧化物制备出粒径小于 35nm 的 CuRh、g-$Ni_{0.33}Fe_{0.66}$ 等。

图 2-7　利用多元醇还原法制备的不同成分 FeCo 纳米粒子的形貌及特征分析

4. 碳热还原法

碳热还原法的基本原理是以炭黑、SiO$_2$ 为原料，在高温炉内氮气保护下，进行碳热还原反应获得微粉，通过控制工艺条件可获得不同产物。目前研究较多的是 Si$_3$N$_4$、SiC 粉体及 SiC-Si$_3$N$_4$ 复合粉体的制备。纳米级碳化钨粉末是通过粉末烧结法制备超细或纳米级碳化钨基硬质合金的重要材料。Wang 等人基于传统的碳热还原法制备了纳米级 WC 粉末。首先，将 WO$_3$ 和碳的混合物在 1000℃ 下反应以除去所有氧原子。根据脱氧产物中的残余碳含量，分别选择气相（90% H$_2$+10% CH$_4$，900℃）或固相渗碳工艺（1100℃）制备 WC 粉末。结果表明，第一阶段使用纳米炭黑可提供大量分散的晶核，同时低反应温度有利于抑制产物颗粒的生长。当 C/WO$_3$ 比为 2.5 和 3.8 时，该方法分别得到了总的碳质量分数为 6.23% 和 6.19%、粒度为 80.29nm 和 95.24nm、BET 法测得的比表面积为 3.88m^2·g^{-1} 和 4.25m^2·g^{-1} 的碳化钨粉末（图 2-8）。

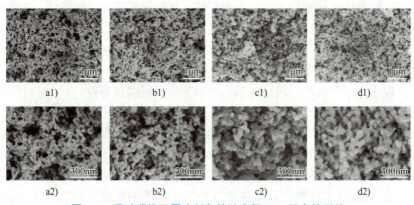

图 2-8　通过碳热还原法制备的纳米级 WC 粉末的形貌

2.1.3 溶胶-凝胶法

溶胶-凝胶法是最常见的自下而上的方法之一，其操作简便，它是溶胶和凝胶两个术语的组合。溶胶是一种胶体溶液，由悬浮在液体中的固体颗粒组成。凝胶是一种溶解在液体中的固体大分子。该方法包括水解、缩聚、老化、干燥和煅烧等步骤，如图2-9所示。

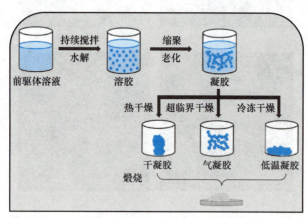

图 2-9 溶胶-凝胶技术示意图

步骤 1：金属醇等前驱体（M-OR）用水或醇水解，形成氢氧化物溶液。如果反应介质是水，则称为水溶胶-凝胶法，如果反应介质是有机溶剂，则称为非水溶胶-凝胶法。水解过程中的一般用如下化学反应式来描述。

$$M\text{-}OR + H_2O \longrightarrow M\text{-}OH + R\text{-}OH \tag{2.2}$$

其中，M 是金属；R 是烷基。

步骤 2：这一阶段涉及邻近分子的缩合，从而去除水和醇，形成金属氧化物键。缩聚提高了溶剂的黏度，形成多孔结构，保留凝胶状液相。该过程的一般化学反应式为：

$$M\text{-}OR + M\text{-}OH \longrightarrow M\text{-}O\text{-}M + R\text{-}OH \tag{2.3}$$

步骤 3：在这一步骤中，局部溶液继续缩聚，凝胶网络重新沉淀。因此，胶体颗粒的孔隙率降低，颗粒之间厚度增加。老化会导致凝胶的结构和特征发生显著变化。

步骤 4：将凝胶干燥。干燥是一个困难的过程，因为水和有机成分的分离会破坏凝胶。有多种不同的干燥方法，例如热干燥得到干凝胶，超临界干燥得到气凝胶，冷冻干燥得到冷冻凝胶，每一种对凝胶网络结构都有独特的影响。

步骤 5：进行煅烧，去除样品中的水分子和残留物。煅烧温度是控制材料密度和孔隙大小的关键因素。

该工艺可以生产多种材料，包括薄膜、纳米颗粒、玻璃和陶瓷。

Behnajady 等人采用溶胶-凝胶法合成了二氧化钛纳米颗粒，以了解各种参数对结构和光催化活性的影响。前驱体和溶剂类型会影响二氧化钛纳米颗粒的晶相含量。当使用正丁醇钛作为前驱体时，只有锐钛矿相的二氧化钛纳米颗粒存在，而当使用四异丙醇钛（TTIP）前驱体时，在锐钛矿相的 TiO_2 纳米粒子中还存在 5% 的金红石相。用甲醇、乙醇和异丙醇溶剂合成的二氧化钛纳米颗粒，其晶体结构中锐钛矿相的比例分别为 95%、44% 和 35%。

Dubey 等人在 450℃和 700℃等不同的煅烧温度下合成了二氧化钛纳米颗粒，其晶体尺寸分别为 12nm 和 49nm。Wetchakun 等人也研究了煅烧温度对合成的 TiO_2 纳米粒子的影响。生产的纳米粒子在 400℃、500℃、600℃和 700℃的温度下煅烧，显示出不同的比表面积，分别为 $97m^2 \cdot g^{-1}$、$74m^2 \cdot g^{-1}$、$25m^2 \cdot g^{-1}$ 和 $24m^2 \cdot g^{-1}$，比表面积随煅烧温度的增加而减少。Ibrahim 和 Sreekantan 等人在不同 pH 值下合成了不同晶体尺寸的二氧化钛纳米颗粒。在 pH 值为 1、3、5、7 和 9 时合成的纳米颗粒的晶粒尺寸分别为 13.6nm、8.2nm、7.9nm、9.0nm 和 8.4nm。Abebe 等人利用聚乙烯醇（PVA）和水通过溶胶 - 凝胶法，然后自蔓延或自燃烧合成了许多纳米材料。聚氯乙烯用于诱导干燥期间的自蔓延过程，以避免纳米颗粒的聚集。这些改进的方法提供了有效和生态友好的合成所需的纳米颗粒。

2.1.4 水热法

水热合成是由固体材料与水溶液在反应容器中的高温和压力下的反应，并导致小颗粒沉积。水热法是一种基于溶液反应的方法。这个过程称为水热法，因为在这种方法中，水被用作溶剂。水热是在钢制压力容器下进行，又定义为高压釜，其中处理条件通过调节温度和 / 或压力来控制。温度升高超过了水的沸点温度，达到蒸气饱和。

水热法具有沉淀均匀、成本低、环境友好、易放大、成品纯等优点，对现代科学技术做出了很大的贡献。水热法的过程包括水热合成、处理、晶体生长、有机废物处理和制备功能性陶瓷粉。

水热条件下的晶体形貌与生长条件密切相关。通过形态学研究，预测了晶体生长的机理。为了控制所制备材料的形态，根据主要反应组分的蒸气压，可采用低压或高压状态。水热合成用于重要的固体制备，如发光荧光粉、超离子导体和微孔晶体。这也是获得独特的缩合态材料的一种途径，包括薄膜、纳米颗粒和凝胶。水热反应机理如图 2-10 所示。

水热合成可以通过优化反应温度、压力、溶液组成、溶剂 pH 值、表面活性剂和老化时间等特定参数，改变颗粒形貌，控制晶粒尺寸和结晶相。溶剂的化学性质可促进成核和晶粒的生长，从而影响纳米颗粒的质量及其结构。溶剂的黏度可以决定其大小和化学性质。通过改变溶液的 pH 值，可进行结构稳定性、组成、尺寸和形态控制。反应混合物中控制的可控温度可改变前驱体的溶解度、稳定性和化学性质，并促使结晶以促进晶粒生长。

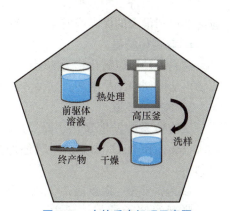

图 2-10 水热反应机理示意图

Burungale 等人在不同的水热反应温度下合成了二氧化钛纳米颗粒，研究了其光电化学特性。合成的二氧化钛纳米颗粒在 140℃、160℃、180℃、200℃等不同的水热反应温度下，其平均晶粒尺寸分别为 19nm、24nm、29nm 和 40nm，并表现出不同的光电化学性能。Santhi 等人在不同 pH 值，如 pH=7 和 pH=9 情况下，采用带隙分别为 3.7eV 和 3.15eV 的氢氧化钠溶液，制备了晶体尺寸分别为 14nm 和 16nm 的纳米颗粒。Zavala 等人研究了酸洗过程和退火温度对合成的 TiO_2 纳米管结构和形态的影响。他们注意到 TiO_2 前体的结晶度发生了变化，结晶度的变化使其从锐钛矿相变为单斜体相。水热处理酸洗过程将促进高纯度 TiO_2 纳米管的形成。400~600℃的退火温度范围可有效维持纳米管的结构，超过600℃时可观察到 TiO_2 纳米颗粒的不规则结构，是由于在600℃以上，由于结晶度变为金红石相，观察到不规则的 TiO_2 纳米颗粒结构。Ranjitha 等人已经证明了时间对二氧化钛纳米管形成的影响。

随着水热反应时间的增加，观察到锐钛矿到金红石的相变。Oh 等人通过控制盐酸浓度合成了 TiO_2 纳米晶体。通过改变水热反应时间，它们得到了不同形状的 TiO_2 纳米颗粒。经过6h、48h、120h的水热反应，分别得到了球形、一维棒状、线状的纳米颗粒。用于合成纳米陶瓷的水热高压釜如图2-11所示。

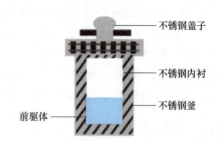

图 2-11　合成纳米陶瓷材料的水热高压釜示意图

2.1.5　溶剂热法

用有机溶剂（如苯、醚）代替水作介质，采用类似水热合成的原理制备纳米微粉。非水溶剂代替水，不仅扩大了水热技术的应用范围，而且能够实现通常条件下无法实现的反应，包括制备具有亚稳态结构的材料。

溶剂热法的特点：反应条件非常温和，可以稳定亚稳态物相、制备新物质、发展新的制备路线等；过程相对简单且易于控制，在密闭体系中可以有效防止有毒物质的挥发和制备对空气敏感的前驱体；另外，物相的形成、粒径的大小、形态也能控制，而且，产物的分散性较好。在溶剂热条件下，溶剂的性质（密度、黏度、分散作用）相互影响，变化很大，且其性质与通常条件下相差很大，相应的，反应物（通常是固体）的溶解、分散过程以及化学反应活性得到很大的提高或增强。溶剂热法可分为以下几类：

1. 溶剂热结晶

这是一种以氢氧化物为前驱体的常规脱水过程，首先反应物固体溶解于溶剂中，然后生成物再从溶剂中结晶出来，这种方法可制备很多单一的或复合氧化物。

2. 溶剂热还原

反应体系中发生氧化还原反应，比如纳米晶 InAs 的制备，以二甲苯为溶剂，150℃、48h，$InCl_3$ 和 $AsCl_3$ 被 Zn 同时还原生成 InAs。其他Ⅲ - Ⅴ族半导体也可通过该方法而得到。

3. 溶剂热液 - 固反应

典型的例子是苯体系中 GaN 的合成。$GaCl_3$ 的苯溶液中，Li_3N 粉体与 $GaCl_3$ 溶剂在280℃下反应6~16h生成立方相 GaN，同时有少量岩盐相 GaN 生成。其他物质如 InP、InAs、CoS_2 也可以用这种方法成功的合成出来。

4. 溶剂热元素反应

两种或多种元素在有机溶剂中直接发生反应。如在乙二胺溶剂中，Cd 粉和 S 粉，120~190℃下，溶剂热反应3~6h得到 CdS 纳米棒。许多硫属元素化合物可通过这种方法直接合成。

5. 溶剂热分解

如以甲醇为溶剂，$SbCl_3$ 和硫脲通过溶剂热反应生成辉锑矿（Sb_2S_3）纳米棒。

　　溶剂热法可通过调整影响晶体生长速率来改善晶体生长的结构缺陷和化学缺陷，从而达到调节晶体的形貌、尺寸、孔隙尺寸和功能化程度的目的。此外，溶剂热法由于反应温度低、环境友好、产率高等优点，适用于微纳米的碳材料，如碳球、碳点、碳纳米管、碳纳米纤维、碳纳米片和多孔碳的低成本高效合成。

　　纳米片、纳米管和空心纳米球等结构在可见光吸收过程中发挥着重要作用。C_3N_4 的光催化性能可通过形貌调控来提高，而形貌调控和粒度控制可通过溶剂热法轻松实现。Gu 等人利用溶剂热法制备了具有分层微孔的 g-C_3N_4 微球，结果表明这种结构促进了可见光的吸收以及光载体的传输和分析，从而提高了光催化性能。分层孔结构抑制了电荷重组，加速了电子传输。上述微球具有较高的光电流响应、较强的光催化效应和较好的氢进化效应，同时表现出较高的循环稳定性，如图 2-12 所示。Yang 等人利用三聚氰胺溶剂热制备了六方管状 g-C_3N_4，并评估了其光催化氢气进化的性能，揭示了管状结构在决定氢气进化活性中的重要作用。在光催化的众多应用中，与有机物有关的应用最为常见。例如，溶解热制备的葡萄形 CNSs 具有良好的结构、碳无序程度、可分散性和强催化作用，可用于促进有机物在紫外线下的降解。

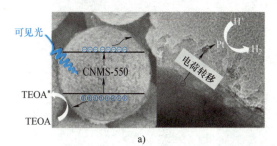
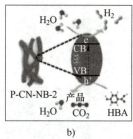

a)

图 2-12　在铂负载的 CNMS-550 样品上提出的光催化制氢的机理和 P-CN-NB-2 系统提出的机制示意图
a）光催化制氢的机理　b）机制示意图

　　传统 C_3N_4 材料的许多固有缺点，如电子 - 空穴对重组率高、导电率低、可见光利用率低和比表面积小等，均可通过掺杂来缓解。Wang 等人利用溶剂热法制备了掺磷 g-C_3N_4 纳米带，并将其用于促进污染物降解，结果表明，掺杂提高了电子 - 空穴分离效率、光催化活性和稳定性，同时减少了官能团的团聚，降低了带宽，从而促进对羟基苯甲酸的降解。CD（硫化镉纳米粒子）在光的激发下可产生空穴 - 电子对，因此在光催化中具有良好的应用前景。然而，鉴于其光催化活性较低，原始 CD 通常会掺杂杂原子并与其他材料结合。例如，溶解热制备的掺氮 CD 表面的蚀刻缺陷可使 O_2 活化，从而提高光催化性能。此外，据报道，一种掺氮 CD 复合聚合物可有效促进光催化氢进化。

2.1.6　热分解法

　　热分解法是通过将某种化学前驱体在适当温度下进行热处理而得到预期的新的固体化合物，热分解过程中产生的其他反应产物则以气体形式挥发掉。热分解法的应用可以追溯到很久以前，最重要的是建筑结构材料 $Ca(OH)_2$ 的制备即是利用碳酸钙的热解法制备得到的。实际上多种金属氧化物都可以以其无机盐为前驱体，再利用热解法制备。而传统的热解法制备的颗粒尺寸分布宽，通常需如下方法进行改进：雾化前驱体溶液；利用稳定的基底（如沸石分子筛、多孔玻璃等）分散前驱体溶液；放慢反应速度；使反应在惰性溶剂或惰性气体环境下进行；利用可分解的聚合物或有机大分子来分散及保护前驱体和所制备的纳米颗粒。

Oliveira-Filho 等人通过热分解方法合成了核壳结构的 Au@Fe₃O₄ 纳米粒子（图 2-13），粒子中心和外壳的原子间距分别为 0.23nm 和 0.48nm，分别与 Au（111）平面和 Fe₃O₄（111）平面相匹配。经 TEM 观察，纳米复合材料的核心平均直径约为 10.5nm，外壳厚度约为 1.85nm。对样品进行 XRD 检测显示了 FCC Au 和 FCC Fe₃O₄ 的晶体结构，没有杂散的结晶相。此外，里特维尔德精炼法显示，核心和外壳的外径分别约为 8.1nm 和 12.3nm，后者使用的舍勒常数分别为 0.9 和 1.43。紫外 - 可见光谱表征结果显示，Au@Fe₃O₄ 纳米粒子的表面等离子体共振光谱特征峰为 540nm 左右，这表明 Au 和 Fe₃O₄ 成功实现了核壳耦合。最后，磁响应显示了一个系统在室温下的超顺磁性状态，以及与中空磁铁矿结构内外表面的增强表面贡献相关的阻滞温度分布。从平均阻滞温度可得到有效磁各向异性为 $1.7 \times 10^4 J/m^3$，这与磁铁矿相的预期相符。

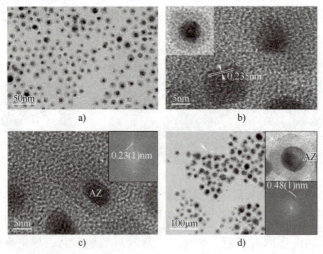

图 2-13　Au（核）/Fe₃O₄（壳）纳米结构的形貌表征图

a）Au（核）/Fe₃O₄（壳）纳米结构的显微图，暗区域属于 Au，而亮区域属于 Fe₃O₄　b）HR-TEM 和插图显示了与 Au 相关的晶格平面　c）粒子核心的 TEM 图（分析区（AZ））和原子平面间距为 0.23（1）nm，为 Au 的（111）平面　d）显微镜下四氧化三铁晶体相的（111）平面距离为 0.48（1）nm

2.1.7　微乳液法

两种互不相溶的溶剂在表面活性剂的作用下形成乳液，在微泡中经成核、聚结、团聚、热处理后得到纳米粒子。微乳液通常由表面活性剂、助表面活性剂（通常为醇类）、油类（通常为碳氢化合物）组成的透明、各向同性的热力学稳定体系。微乳液为表面活性剂 + 水 + 油。常用的油 - 水体系有：柴油 / 水、煤油 / 水、汽油 / 水、甲苯的醇溶液 / 水等。常用的表面活性剂有琥珀酸二异辛脂磺酸钠（AOT）、十二烷基硫酸钠（SDS）等。

1. 制备金属纳米催化剂

目前微乳技术制备的贵金属纳米催化剂有 Au、Pt、Pd、Rh 等。过渡金属纳米催化剂有 Co、Ni 和 Fe 等，它们均显示出较好的催化性能，并且利用微乳技术制备金属催化剂有着较好的应用前景。

2. 制备复合氧化物纳米催化剂

六铝酸钡（BHA）是一种较有应用前景的高温燃烧催化材料。2000 年在 Nature 上报道采用微乳法成功合成了目前世界上最大比表面、最高甲烷催化燃烧活性的六铝酸钡。其中，微乳法制备的 BHA 催化剂的甲烷催化燃烧活性远高于溶胶 - 凝胶法制备的 BHA 催化剂。用微乳法合成的六铝酸钡之后，催化活性进一步增强，甲烷燃烧的起燃温度为 400℃左右，600℃时甲烷转化率已达到 100%。

2.1.8　高温燃烧合成法

利用外部提供必要的能量以诱发高放热化学反应，体系局部发生反应形成化学反应前沿（燃烧波），化学反应在自身放出热量的支持下快速进行，燃烧波蔓延整个体系。反应热使前驱物快速分解，导致大量气体放出，避免了前驱物因熔融而粘连，减小了产物的粒径。体系在瞬间达到几千度的高温，可蒸发除去挥发性杂质。例如，以硝酸盐和有机燃料经氧化还原反应制备掺 Y 的 ZrO_2 粒子；钛粉坯在 N_2 中燃烧时，获得的高温来点燃镁粉坯合成出 Mg_3N_2。

在适当的稀酸中（如 HNO_3 或 H_2SO_4）蚀刻自蔓延高温合成（SHS）粉末，从而溶解晶体之间富含缺陷的层，去除杂质，然后球磨，称为化学分散。利用该技术生产了硼、铝、氮化硅等多种纳米颗粒。图 2-14 显示了无（曲线 1）和有化学分散（曲线 2）的不同 BN 粉末的比表面积随研磨时间的变化。

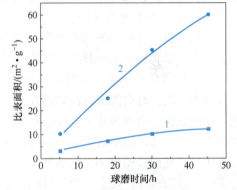

图 2-14　无（曲线 1）和有化学分散（曲线 2）的不同 BN 粉末的比表面积随研磨时间的变化

对产品的微观结构分析证实，在酸性条件下的化学处理，显著增加了粉末的表面积，并使颗粒尺寸减小到纳米级。与研磨相比，化学分散的方法更有吸引力，因为其产品更纯且消耗能量少。但这种方法是否能有效地应用于各种 SHS 产品尚不明确，因此更希望直接在燃烧波中制备纳米材料，避免合成后的处理。

含有用于合成纳米材料添加剂的 SHS 方法被称为碱金属熔融盐辅助燃烧。在这个过程中，还原金属（例如镁）与过渡金属氧化物（Me_2O_x）在碱金属盐溶液中（如氯化钠）发生反应，以形成精细的还原金属颗粒（Me）。由于燃烧反应产生的热量，盐在 1083K 熔化，熔融氯化钠中，金属颗粒进一步成核，阻止它们团聚和生长。而副产品，如氧化镁，很容易被酸性（HCl 或 HNO_3）溶液去除。

溶液燃烧合成是一种通用、简单、快速的工艺方法，可以有效合成多种纳米材料。这一过程涉及不同的氧化剂（如金属硝酸盐）和燃料（如尿素、甘氨酸、肼）。根据前驱体的类型以及用于工艺组织的条件，溶液燃烧合成可能以体积或逐层传播的燃烧模式发生。这一过程不仅产生纳米尺寸的氧化物材料，而且可以在一步反应中均匀掺杂微量的稀土杂质离子。

单步溶液燃烧合成已被用于制备用于超级电容器应用的纳米级氧化锌 / 碳复合材料，与微米尺寸的氧化锌粉末相比，具有更高的比电容。在溶液燃烧合成过程中形成的 $LiCoO_2$ 层结构被发现适用于锂离子电池制造。此外，溶液燃烧合成的纳米 TiO_2 作为薄膜应用于染料敏化太阳能电池中，显示出较高的光电转化率。

2.1.9　模板合成法

模板合成法就是利用具有一定立体结构、形状容易控制的材料作为模板，通过物理、化学或生物的方法使原子或离子沉积到模板的孔中或表面，而后移去模板，得到所需要的纳米结构材料的过程，用该方法制作的纳米材料具有与模板孔腔相似的结构特征。

模板合成法制备纳米材料的关键在于模板剂，主要通过调控晶体的成核和长大两个方面来改变产物的结构和形貌。常见的模板剂包括两类：①天然的物质，如纳米矿物、生物分子、细胞和组织等；②合成的物质，如表面活性剂、多孔材料和纳米颗粒等。基于其结构的差异，一般分为硬模板剂和软模板剂。对此，模板法可以分为硬模板法和软模板法。

硬模板主要指以共价键维持其特定结构，具有相对刚性结构的模板。硬模板法主要是依靠前驱体在预先制备好的刚性模板的纳米级孔道中生长而实现的，阳极氧化铝、沸石分子筛、介孔材料、胶态晶体和碳纳米管等都是常用的硬模板材料。

软模板主要指分子间或分子内的弱相互作用维持其特定结构的模板，如胶束、囊泡、液晶等。软模板法是当模板剂的浓度达到一定值后，在溶液中形成胶束，从而引导前驱体的生长，最终生成具有一定形状的纳米结构材料。

由于功能化纳米壳层独特的结构优势和优异的电化学特性，合理设计并合成纳米中空结构对实现现代社会能源的高效储存与转化有着重要的研究意义与实用价值。相比于传统的软、硬模板法，自模板法中的模板材料不仅起传统模板的支撑框架作用，还可直接参与到中空纳米结构壳层的形成过程中——模板材料直接转化为壳层或作为壳层的前驱物。因此，自模板法具有反应步骤少和无需额外模板等特点，在中空纳米结构设计与组分优化上具有显著的优势。新加坡南洋理工大学的楼雄文教授团队一直专注于开拓纳米功能材料，尤其是中空纳米材料在能源领域的应用，引起国内外学术界的广泛关注。

自模板法的关键在于模板内部空间结构的形成。依据内部中空结构的成形机理，自模板法大致可分为三种合成机制，即选择性刻蚀法、向外扩散法以及非均匀收缩法。在选择性刻蚀法过程中，中空结构来源于模板内部区域的选择性刻蚀。通常来说，基于此种机制所得到的中空结构会保持原模板的外形尺寸及晶体特征。对于向外扩散法机制，模板内部物质自内向外的迁移扩散导致中空结构的形成。在此种机制中，中空结构的演变过程通常伴随颗粒在溶液中的生长及转化。在非均匀收缩机制中，中空结构的形成是热处理过程中模板跟产物之间巨大的质量或体积差异导致的模板由外向内的体积收缩。当然，还有一些不属于上述三种合成机理的自模板法，最为典型的是电偶置换反应法制备金属中空结构。这种方法基于模板与溶液金属离子间的电化学氧化还原反应，引导溶液中的金属在模板表面成核生长，同时造成内部模板刻蚀形成空心结构。

1. 选择性刻蚀

原则上讲，刻蚀法制备中空结构的过程，与硬模板法刻蚀内部模板过程类似。但对于自模板，这种方法具有一定的挑战性。由于起始材料大都质地均匀，刻蚀过程一般开始于外部而非内部。因此，在此类机制中，创造溶解度或者化学稳定性的差异，加速内部区域的刻蚀尤为重要。一种较为简易的方法是表面保护刻蚀，通过在模板表面吸附合适的稳定剂如聚丙烯酸、聚乙烯吡咯烷酮、十二烷基硫酸钠等，减缓表面物质的刻蚀速度。而所选择的稳定剂材料的结构相对疏松，能允许小分子化学物种透过，继续刻蚀内部结构。如果能原位地在模板表面生长出钝化层，阻碍表面的过快腐蚀，则可免除稳定剂引入。作为一个典型的例子，王治宇等人提出了一种"晶内选择性刻蚀 - 表面二次晶化"的策略，设计合成了 $CoSn(OH)_6$ 多壳层中空结构（图 2-15a~图 2-15e）。研究结果表明，使用 NaOH 溶液刻蚀 $CoSn(OH)_6$ 实心立方体时，溶出的 $[Co(OH)_4]^{2-}$ 离子会被溶液中的氧气氧化，在表面结晶形成难溶的 $CoO(OH)$ 沉淀。这层钝化层可以有效阻止表面 $CoSn(OH)_6$ 的继续溶解，形成 $CoSn(OH)_6$ 中空纳米笼结构。而对于质地均匀的模板材料，其内部依然存在着由缺陷富集所导致的差异性。因此在不需要表面保护剂的前提下，也可利用某些模板材料的内部差异性，选择性刻蚀制备中空结构。基于此类设计，楼雄文课题组在 *Advanced Materials* 杂志上发表了的相关研究，制备出了具有金字塔装表面的镍 - 钴 - 普鲁士蓝衍生物（Ni-Co-PBA）纳米笼结构（图 2-15f~图 2-15j）。由于在制备过程中 Ni-Co-PBA 实心立方体在沿体对角线方向富集了较多的晶格缺陷，因而，此方向优先被碱性刻蚀剂选择性腐蚀，形成了最终的特殊纳米立方中空笼状结构。

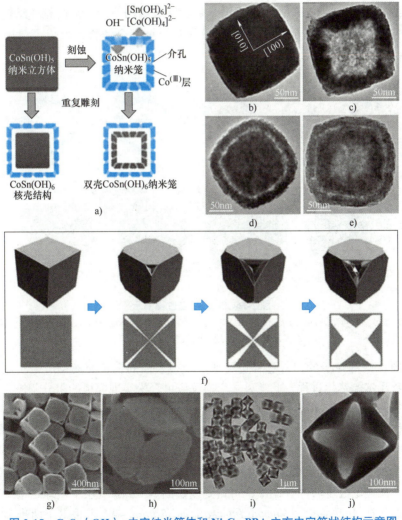

图 2-15　$CoSn(OH)_6$ 中空纳米箱体和 Ni-Co-PBA 立方中空笼状结构示意图

a）$CoSn(OH)_6$ 中空纳米箱体结构合成过程示意图　b）实心纳米立方体结构　c）单层纳米箱体结构　d）核 - 壳中空纳米箱体结构　e）双层中空纳米箱体结构　f）Ni-Co-PBA 立方中空笼状结构合成过程示意图　g-j）形貌表征

2. 向外扩散

相比于选择性刻蚀，向外扩散机制在制备中空结构上更为高效。向外扩散机制的反应机理具体可分为三种，分别是纳米尺度上的柯肯达尔效应（nanoscale Kirkendall effect）、奥斯瓦尔德熟化（inside-out Ostwald ripening）以及离子交换反应（interfacial ion-exchange reaction）。无论在这些机理中有无组分的变化，模板中心区域物质的持续向外扩散及迁移都是中空结构形成的主要驱动力。在纳米尺度上的柯肯达尔效应中，两种扩散速率不同的固体物质在扩散过程中会形成缺陷。当向外扩散速率占据主导地位时，所产生的不等量扩散由向内扩散的空位来平衡，进而聚集产生孔洞。这种机理适用于尺寸在数十纳米内的中空结构的形成。一方面，奥斯瓦尔德熟化机制则可用于制备微米或亚微米级尺寸的多种功能材料中空结构。在此机制中，内部不稳定物质向外溶解产生了中空结构，扩散出的材料会在模板表面再沉淀，诱导二次晶体生长，进而产生各种复杂的中空结构。基于此类机制，潘安强等人在 *Angewandte Chemie International Edition* 杂志上报道了一系列 VO_2 复杂纳米中空球结构，如由二维纳米片状次级结构单元组成的核壳结构和多壳层的 VO_2 复杂中空结构（图 2-16）。最终，内部模板颗粒被完全消耗，形成了单层的多级纳米中空球结构。

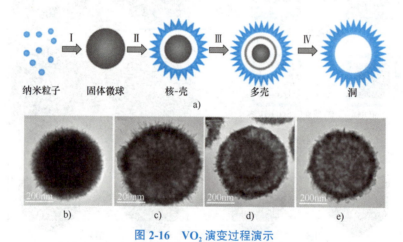

图 2-16　VO_2 演变过程演示

a）VO_2 微球随时间变化的结构演变过程示意图　b）不同反应时间下制备的 VO_2 微球透射电镜照片，从左到右分别为 2h、2.5h、4h、12h

另一方面，内部粒子的向外迁移也可通过模板表面的离子交换反应来实现。不同于组分不变的奥斯瓦尔德熟化过程，此类离子交换反应可轻松实现模板的组分调控，从而获得多种功能复合材料的中空结构。作为典型的例子，楼雄文课题组在 *Nature Communications* 杂志上发表了相关研究，以镍-钴甘油球作为前驱物，通过一步硫化反应，制备了 $NiCo_2S_4$ 双层中空球结构（图 2-17a~图 2-17c）。在硫化过程中，由于半径小的金属阳离子 M^{2+}（M=Ni、Co）向外迁移速率比半径大的非金属阴离子 S^{2-} 向内迁移速率要快，因此在球体内部生成了中空结构。在一定温度时间控制下，可得到复杂的 $NiCo_2S_4$ 双层中空球结构。基于类似的机理，于乐等人在 *Angewandte Chemie International Edition* 杂志上报道了两步离子交换反应法制备的 CoS_4 纳米气泡中空四棱柱结构（图 2-17d、e）。在该文章中，钴基有机金属盐首先转化为由 ZIF-67 颗粒构成的多级中空四棱柱结构。最终，通过后续的硫化反应，把 ZIF-67

次级结构单元转化为 CoS$_4$ 纳米泡状结构。很多基于向外迁移法制备的中空结构过程涉及了多种机制，难以一一区分（例如镍钴氢氧化物的多级中空四棱柱结构，图2-17f）。但总的来说，向外迁移机制是动力学优先结构向热力学稳定结构的转化过程。

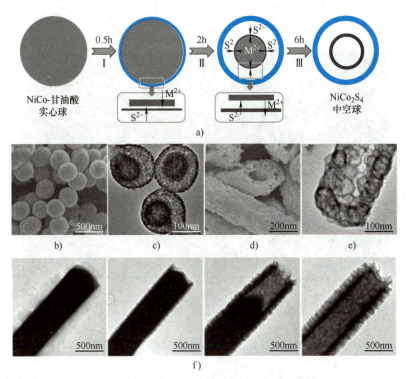

图 2-17 NiCo$_2$S$_4$ 双层空心球的制备

a）NiCo$_2$S$_4$ 双层中空球结构的制备过程示意图 b）场发射扫描电镜照片 c）透射电镜照片 d）CoS$_4$ 纳米气泡中空四棱柱结构的场发射扫描电镜照片 e）烧结后所获得的 CoS$_2$ 样品的透射电镜照片 f）制备分级 NiCo-LDH 四方微米管状结构的过程中，不同反应时间下所获得的中间产物的透射电镜照片，从左到右分别为 4h、6h、10h、12h

3. 非均匀收缩机制

许多可进行热降解的物质都可作为非均匀收缩机制中的模板前驱物，如金属碳酸盐/醇盐以及金属有机框架结构等。伴随着热处理过程，模板往往会经历巨大的质量或者体积损失，从而形成中空纳米结构。调节热处理过程中的升温速率，可实现收缩力和黏附力的调控，进而得到一系列简单至复杂的中空结构。非均匀收缩机制一般应用于金属氧化物的合成，如双层 CoMn$_2$O$_4$ 中空微米立方体结构及多孔 Ni-Co 基氧化物四方棱柱结构，如图2-18所示，图2-18a 为双层 CoMn$_2$O$_4$ 中空微米立方体结构的制备过程示意图；图2-18b 为所制备的双层 CoMn$_2$O$_4$ 中空微米立方体结构的场发射扫描电镜照片、透射电镜照片；图2-18c 为多孔 Ni-Co 基氧化物四方棱柱结构场发射扫描电镜照片以及透射电镜照片。

2.1.10 电解法

电解包括水溶液电解和熔盐电解两种。用此法可制得很多用通常方法不能制备或难以制备的金属超微粉，尤其是电负性较大的金属粉末，还可制备氧化物超微粉。用这种方法得到的粉末纯度高、粒径细，而且成本低，适于大规模和工业生产。

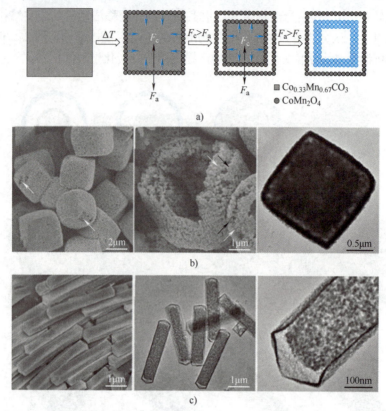

图 2-18　双层 CoMn₂O₄ 中空微米立方体结构及多孔 Ni-Co 基氧化物四方棱柱结构

美国威斯康星大学麦迪逊分校的金松（Song Jin）教授和武汉理工大学的麦立强教授等人合作，在低温三元混合熔融盐中电解制备硅纳米线方面取得了重要的进展。该工作创新性地在低温下电解硅，不仅大幅度降低了电解的温度，同时保证了电解的产率。使用 CaCl₂-MgCl₂-NaCl 三元混合熔融盐，并通过两电极法在恒压下电解。在该工作中，作者对熔融盐体系进行了细致而系统的探索。研究发现，在熔融盐中加入适量的 CaO 可以增加熔融盐中 O²⁻ 的含量，从而促进反应的发生，提高电解硅的产量；同时进一步控制熔融盐的种类、比例、温度及电压，利用硅酸钙在混合熔融盐中溶解度与温度的关系，成功将电解温度从 850℃降低至 650℃，在低温下电解制备了硅纳米线，如图 2-19 所示。

图 2-19a 为导致 CaSiO₃ 前驱体最终高效的低温电化学还原的反应设计的进展，图 2-19b 和图 2-19c 分别为以氧化钙为支撑电解质的氯化钙熔体中电解 CaSiO₃ 后分散在硅片上的产品的扫描电镜图像，图 2-19d~图 2-19f 分别为在 CaCl₂-NaCl、CaCl₂-MgCl₂ 和 CaCl₂-NaCl-MgCl₂ 熔体中电解形成的产物的照片，图 2-19g 为在熔融 CaCl₂ 中加入不同量 CaO 的电化学还原过程前的电流-电压曲线；图 2-19h 为在 CaCl₂、CaCl₂-NaCl 和 CaCl₂-MgCl₂ 熔体中的电流-电压曲线；图 2-19i 为优化后的 CaCl₂-NaCl-MgCl₂ 在 1.6V、1.8V 和 2.0V 恒电压下电解电流时间曲线；图 2-19j 为 CaCl₂-NaCl、CaCl₂ 和 CaCl₂-NaCl-MgCl₂ 在 1.6V 恒电压下电解电流时间曲线。通过对不同电压下的电解进行研究，发现当在 1.6V 恒压下持续电解时，硅纳米线的产量最为稳定可观。电解制备的硅纳米线作为高容量锂离子电池负极材料表现出优异的循环性能。此外，作者模拟废弃玻璃的回收实验，证明回收的废弃玻璃可作为电解制备

硅的材料来源。这对于大规模的低成本、高效、可持续制备高质量的硅纳米线具有创新性的突破，有望实现产业化的应用。

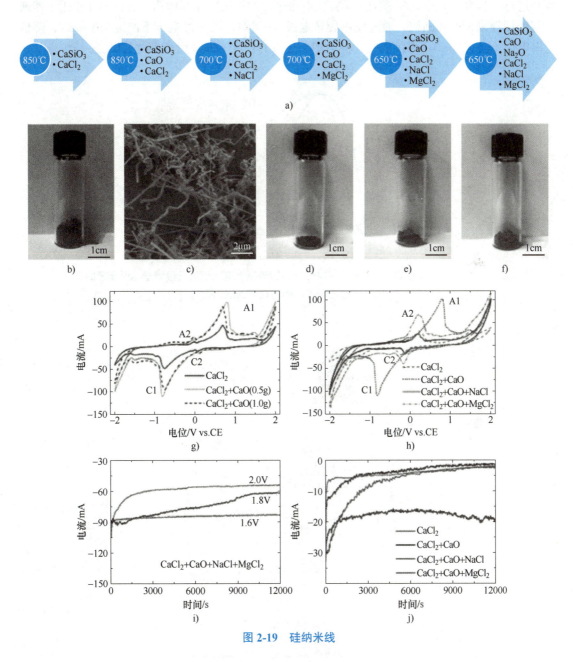

图 2-19 硅纳米线

电化学成核试验研究包括测量在恒定沉积电位下的电流与时间的依赖性（瞬态），如图 2-20 所示，将金纳米颗粒在两种不同电位下在玻璃碳上电沉积的无量纲坐标所显示的电流瞬态与渐进和瞬时成核曲线进行了比较，显然，实验瞬态与理论预测完全一致。

Penner 等人用非接触原子力显微镜研究了铂、银、铜、镉和锌在 HOPG 上的电沉积作用。结果表明，虽然满足了瞬时成核和扩散控制生长的所有条件，但在沉积过程中，沉积粒子的高度单分散，偏离平均尺寸的情况增加（图 2-21）。以下两个因素可能是导致该现象的原因。首先，原子核的分布不是完全随机的，因为在台阶边缘的表面，成核比在台阶表面更容易进行。其次，观察到相邻纳米颗粒在电极表面的扩散区相互作用。这种相互作用不能通过溶液搅拌来消除（例如，通过使用旋转电极）；然而，在高过电压下产生初始核后，降低电极电位（过电压），可以削弱它，并增加单分散的程度，即采用两步电沉积法。

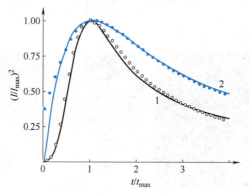

图 2-20　金纳米颗粒在两种不同电位下在玻璃碳上电沉积的无量纲坐标所显示的电流瞬态与渐进和瞬时成核曲线的比较

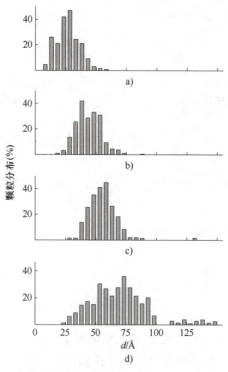

图 2-21　沉积过程中沉积粒子偏离平均尺寸的情况柱状图

铟 - 氧化锡具有较高的光学透明度（利于纳米颗粒的可视化和光学性质的研究）、高电导率、电化学和物理性质的稳定性和较宽的电化学窗口，这就是为什么 ITO 经常用作电沉积的衬底。出于同样的原因，科学家们的注意力也转向了掺氟氧化锡（FTO）。在 ITO 上，一步电沉积生长铂纳米花（图 2-22）。与普通纳米结构铂催化剂相比，这些纳米对象在甲醇电氧化反应中表现出更强的电催化活性和更高的抗中毒能力。在镀金电解质中合成的金纳米颗粒对葡萄糖电氧化具有较强的活性。结果表明，在固定的阳极极限下，随着阴极循环极限对应电位的减小，纳米颗粒的平均尺寸增大。

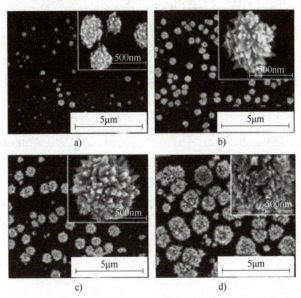

图 2-22　在 ITO 上一步电沉积生长铂纳米花

2.1.11　气相法

　　基于化学的气相合成法是一种气溶胶合成技术，其前驱体与最终产物的纳米材料在化学组成上存在差异。与基于物理的气相合成方法相比，化学气相合成的主要优势在于能够在单位时间合成更多的纳米材料。然而，由于这一过程的特性，主要劣势在于高纯度纳米材料的合成相对复杂，这是因为前驱体与最终产物之间的化学性质存在较大的差异。

　　化学气相沉积法定义为化学气相反应物经由化学反应，在基板表面形成一层非挥发性的固态薄膜。这是在半导体制程中最常使用的技术，化学气相沉积法包含下列五个步骤：①反应物传输到基板表面；②吸附到基板表面；③经基板表面发生化学反应；④气相生成物脱离基板表面；⑤生成物传输离开基板表面。

　　在实际应用中，化学反应后所生成的固态材料不仅在基板表面（或非常靠近基板表面）发生（也称作异质间反应），也会在气相中反应（也称作同质反应）。而异质间反应是我们想要的，因为这样的反应只会选择性地在加热基板上发生，而且能生成品质好的薄膜。相反，同质反应不是我们想要的，因为他们会形成欲沉积物质的气相颗粒，造成很差的黏附性及拥有很多的缺陷且密度低的薄膜。此外，如此的反应将会消耗掉很多的反应物而导致沉积速率下降。因此，在化学气相沉积法中，一项很重要的因素是异质间反应远比同质反应易于发生，图 2-23 为该过程的机理示意图。

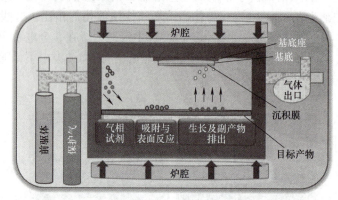

图 2-23　化学气相沉积法过程机理示意图

最常用的化学气相沉积法有常压化学气相沉积法（Atmospheric-pressure CVD，APCVD）、低压化学气相沉积法（Low-pressure CVD，LPCVD）和等离子增强化学气相沉积法（Plasma-enhanced CVD，PECVD），这三种化学气相沉积法均有各自的优、缺点及应用的地方。低压化学气相沉积法拥有很均匀的阶梯覆盖性、很好的组成成分和结构的控制、很高的沉积速率及输出量及很低的制程成本。低压化学气相沉积法并不需要载气，大大降低了颗粒污染源。因此低压化学气相沉积法广泛应用于高附加价值的半导体产业中，用于薄膜沉积。

2.1.12　辐射化学合成法

常温下采用 γ 射线辐照金属盐的溶液可以制备出纳米微粒。该方法可用于合成 Cu、Ag、Au、Pt、Pd、Co、Ni、Cd、Sn、Pb、Ag-Cu、Au-Cu、Cu_2O 纳米粉体以及纳米 Ag/ 非晶 SiO_2 复合材料。

制备纯金属纳米粉体时，采用蒸馏水和分析纯试剂配制成相应金属盐的溶液，加入表面活性剂，如十二烷基硫酸钠（$C_{12}H_{25}NaSO_4$）作为金属胶体的稳定剂。加入异丙醇 $[(CH_3)_2CHOH]$ 作·OH 自由基消除剂，必要时，加入适当的金属离子络合剂或其他添加剂，以调节溶液 pH 值。在溶液中通入氮气以消除溶液中溶解的氧气，配制好的溶液在 2.59×10^{15} Bq 的 ^{60}Co 源场中辐照，分离产物，用氨水和蒸馏水洗涤产物数次，干燥即得金属纳米粉。

纳米合金粉体是采用两种相应金属盐的混合溶液并加入适量的金属离子络合剂，经辐照得到。例如，纳米 Ag-Cu 合金粉体是用 2.3×10^4 Gy 剂量的 γ 射线辐照 0.01 mol·L^{-1} $AgNO_3$、0.05 mol·L^{-1} Cu（NO_3）$_2$、0.3 mol·L^{-1} NH_3H_2O（络合剂）、2.0 mol·L^{-1}（CH_3）$_2CHOH$ 溶液来获得，XPS 分析表明，这种合金的成分为 Ag-15.03t% Cu（原子分数）。

制备纳米 Cu_2O 粉体时，采用 CH_3COOH/CH_3OOONa 缓冲剂控制 Cu 溶液 pH 值为 4~5。例如，采用 2.4×10^4 Gy 剂量的 γ 射线辐照 0.01 mol·L^{-1} $CuSO_4$、2.0 mol·L^{-1} $C_{12}Ha_5NaSO_4$、0.02 mol·L^{-1} CH_3COOH、0.3 mol·L^{-1} CH_3COONa、2.0 mol·L^{-1}（CH_3）$_2CHOH$ 溶液可获得 Cu_2O 纳米粉。

制备纳米 Ag/ 非晶 SiO_2 复合粉体分两步进行，先用 8.1×10^3 Gy 剂量的 γ 射线辐照

$0.01mol \cdot L^{-1}$ $AgNO_3$、$0.01mol \cdot L^{-1}$ $C_{12}H_{25}NaSO_4$、$2.0mol \cdot L^{-1}$（CH_3）$_2$CHOH 溶液得到红棕色胶体 Ag 溶液，并与用溶胶 - 凝胶法制得的 SiO_2 溶胶混合在一起，经凝胶化，干燥得到纳米 Ag 颗粒分布在非晶 SiO_2 中的复合材料。

2.2　物理合成方法

在过去的几十年里，研究人员不断努力寻求一种可控、高效、经济的纳米催化材料合成方法。传统的物理方法，如 PVD、磁控溅射等，在一定程度上能够合成纳米尺度的催化材料，但往往存在一些局限，例如晶粒尺寸不均匀、表面活性位点分布不均等问题。

为了克服这些问题，近年来涌现了一些新的物理方法，为纳米催化材料的合成提供了新的思路和手段。例如，高能球磨法利用高速旋转的球磨对原料进行机械力学处理，通过碰撞和摩擦使原料发生固相反应，从而实现纳米催化材料的合成。这种方法具有操作简单、可扩展性强的特点，并且能得到尺寸均一、活性高的纳米催化材料。

另外，还有一些先进的物理方法，如离子注入、混合等离子法等，也被广泛应用于纳米催化材料的制备。通过精确控制能量输入和反应条件，能够实现纳米材料的形貌调控、相态控制，从而进一步优化催化材料的性能。

值得注意的是，纳米催化材料的合成方法不仅局限于单一的物理方法，通常需结合多种技术手段，如化学方法、表面修饰等，以实现对催化材料结构和性能的精确调控。

在未来，随着纳米科技和催化领域的不断发展，我们可以期待更多创新的物理方法应用于纳米催化材料的合成，从而实现更高效、更可持续的化学反应，为各个领域的应用提供新的可能。接下来从气相、液相、固相三个不同的角度对纳米催化材料的合成进行叙述。

2.2.1　气相法

气相法是指直接利用气体或通过各种手段将物质变为气体，使之在气体状态下发生物理变化或化学反应，最后在冷却过程中凝聚长大形成纳米微粒的方法。

1. 气体冷凝法

气体冷凝法是在低压下使用氩气、氮气等惰性气体对金属进行加热，使其蒸发形成超微粒（1~1000nm）或纳米微粒。该方法可通过以下几种方法实现：电阻加热法、等离子喷射法、高频感应法、电子束法、激光法。这些不同的加热方法导致制备的超微粒在数量、类型、粒径大小和分布等方面存在差异。

气体冷凝法早在 1963 年由 Ryozi Uyeda 及其合作者开发出来。该方法是在纯净的惰性气体中使金属蒸发并冷凝，获得相对纯净的纳米微粒。在 20 世纪 80 年代初，Gieiter 等人首次提出了使用气体冷凝法制备具有清洁表面的纳米微粒的方法。在超高真空条件下，这些纳米微粒可以被紧密压实成多晶体（纳米微晶）。

气体冷凝法的原理为：在真空度达到 0.1Pa 时，充入约 2000Pa 的惰性气体，将制备原料（金属、氟化钙、氯化钠等离子化合物，过渡金属氮化物以及易升华的氧化物等）放置于坩埚内。通过电阻加热器或石墨加热器等加热装置进行加热，并在加热中让原料进行蒸发或者升华产生原物质的烟雾，顺着惰性气体气流的方向向上移动，逐渐接近冷阱。在整个气相合成过程中，原物质中发出的原子会和惰性气体分子发生碰撞，迅速地消耗能量而降低温度。在这个过程中，会造成原物质的蒸气在某个区域过饱和，从而可以均匀成核。进而在蒸气向冷阱移动的过程中，逐渐形成原子团簇以及纳米微粒，最后在冷阱聚集获得纳米材料。

通过改变惰性气体压力，气体冷凝可以调控纳米微粒的尺寸。这可通过调整蒸发物质的分压（即蒸发温度或速率）或惰性气体的温度来实现。实验结果表明，随着蒸发速率的增加（相当于增加蒸发源的温度），微粒的尺寸变大；或者随着原物质蒸气压力的增加，微粒尺寸也会增大。在一级近似下，微粒的大小与惰性气体的压力成正比。随着惰性气体压力的增加，微粒尺寸近似地成比例增大。这同时也说明惰性气体的原子质量会导致较大的微粒形成。

近年来，作为气体冷凝法的改进，电磁悬浮气体冷凝法（ELGC）已成功制备不同金属和氧化物纳米颗粒。这是一种能够以较高的产率制备高纯度纳米颗粒的新方法。与传统的蒸发-冷凝法相比，ELGC 的主要优点包括产品的纯度较高（由于生产过程中容器较少）、生产率较高（由于该方法的快速加热和连续方式），以及与传统的气体冷凝法需要较高真空要求相比，它能够在大气或低真空条件下运行。Bigot 和 Champion 报道了使用电磁悬浮气体冷凝法，利用低温液体合成铁、铜和铝的首次尝试。Rhee、Han 及其同事利用这种方法在低压下合成了 ZnO、Fe 和 Ni 纳米颗粒。Moghimi 等人研究了卷材和样品有效参数对 Ni 样品悬浮熔化温度的影响。Kermanpur 等人利用 ELGC 方法在常压下合成了 Fe、Al 和 Zn 的金属纳米颗粒。采用 ELGC 法制备了尺寸分布相对较窄的超细/纳米镍颗粒，讨论了不同工艺参数对颗粒尺寸、尺寸分布和形貌的影响。

气体冷凝法不仅可以合成零维纳米颗粒，还可以制备多维纳米材料。比如 Jeewan 等人利用惰性气体冷凝法尺寸控制合成纳米 CdSe 薄膜。Ceylan 等人通过等离子气相冷凝法成功制备了 ZnO-Ge 薄膜。这种方法本质上也是在准备好的基底中沉积其他原子的纳米颗粒，形成的二维纳米薄膜并不均匀。

综上所述，气体冷凝法具备设备相对简单，易于操作，纳米颗粒表面清洁、粒度容易控制，原则上适用于任何被蒸发的元素以及化合物的优点。但是同样也存在制备效率低、产量小、成本高的缺点。主要用于 Ag、Al、Cu、Au 等低熔点金属纳米粒子的合成，难以获得高熔点的纳米微粒。

2. 溅射法

溅射法是使用两块金属板作为阳极和阴极，阴极是用于蒸发的材料。在两个电极之间注入 Ar 气体（40250Pa），并施加 300~1500V 的电压。通过两个电极之间的辉光放电，Ar 离子形成，并在电场的作用下冲击阴极靶材的表面，使靶材原子从表面蒸发并形成超微粒子，最终在附着面上沉积。粒子大小和尺寸分布主要取决于两个电极之间的电压和电流以及气体压力。靶材表面积越大，原子的蒸发速度越快，从而获得更多的超微粒子。

还有一种方法是使用高压气体中的溅射法来制备超微粒子。首先将靶材加热至高温，使其表面熔化（热阴极）。然后，在两极之间施加直流电压，使高压气体（例如含有 15% H_2 和 85% He 的混合气体，压力为 13kPa）放电。电离的离子将冲击靶材表面，使得从熔化的靶材上蒸发出原子，形成超微粒子，并在附着面上沉积。最后，使用刮刀将超微粒子从附着面上刮下并收集。

目前，溅射法应用最多的是磁控溅射法。磁控溅射法是指利用磁控管的原理，将离子体中原来分散的电子约束在特定的轨道内运转，延长其运动路径，强化局部电离，提高工作气体的效率。

磁控溅射一般分为直流溅射和射频溅射。直流溅射又称阴极溅射或二极溅射。其溅射条件为工作气压 10Pa，溅射电压 3000V，靶电流密度 0.5mA·cm^{-2}，薄膜沉积速率低于 0.1m·min^{-1}。直流溅射是先让惰性气体（通常为 Ar 气）辉光放电产生带电的离子；带电离子经电场加速撞击靶材表面，使靶材原子被轰击而飞出，同时产生二次电子，再次撞击气体原子从而形成更多的带电离子；靶材原子携带足够的动能到达被镀物（衬底）的表面进行沉积。随着气压的变化，溅射法薄膜沉积速率将出现一个极大值，但气压很低的条件下，电子的自由程较长，电子在阴极上消失的几率较大，通过碰撞过程引起气体分子电离的几率较低，离子在阳极溅射的同时，由于气压较低发射出二次电子的几率相对较小，这些均导致低气压条件下溅射速率很低。在压力 1Pa 时甚至不易维持自持放电。随着气压的升高，电子的平均自由程减小，原子电离几率增加，溅射电流增加，溅射速率增加。目前直流溅射可以改进为三极溅射，三极溅射的工作条件为工作气压 0.5Pa，溅射电压 1500V，靶电流密度 2.0mA·cm^{-2}，薄膜沉积速率 0.3m·min^{-1}，其缺点在于难于获得大面积且分布均匀的等离子体，且提高薄膜沉积速率的能力有限。

射频溅射是利用射频放电等离子体中的正离子轰击靶材，溅射出靶材原子，从而沉积在接地的基板表面的技术。射频溅射中，人们将直流电源换成交流电源。由于交流电源的正负性发生周期交替，当溅射靶处于正半周时，电子流向靶面，中和其表面积累的正电荷，并且积累电子，使其表面呈现负偏压，导致在射频电压的负半周期时吸引正离子轰击靶材，从而实现溅射。由于离子比电子质量大，迁移率小，不像电子那样很快地向靶表面集中，所以靶表面的点位上升缓慢，由于在靶上会形成负偏压，所以射频溅射装置也可以溅射导体靶。在射频溅射装置中，等离子体中的电子容易在射频场中吸收能量并在电场内振荡，因此，电子与工作气体分子碰撞并使之电离产生离子的概率变大，故使得击穿电压、放电电压及工作气压显著降低。

磁控溅射法是属于物理气相沉积的一种方法。其装置示意图如图 2-24 所示，它具有广泛的适用范围、适合大面积镀膜、高精度成膜和设备简单等众多优点。该方法的基本原理是，在设备的阴极位置放置靶材，并注入氩气到腔室内部。在电场力的作用下，电子与腔室内的氩原子碰撞，产生新的电子和失去电子的氩离子。新的电子朝着基底材料飞行，而氩离子被电场力加速射向阴极靶材，造成高能量的轰击作用。因此，靶材颗粒被溅射出来，并且在此过程中，中性的靶原子或分子在磁场力的作用下沉积到基底材料上，形成薄膜。磁控溅射法对阴极溅射中电子使基片温度上升过快的缺点加以改良，在正交的电

图 2-24　射频磁控溅射装置示意图

磁场的作用下，电子以摆线的方式沿着靶表面前进，电子的运动被限制在一定空间内，增加了同工作气体分子的碰撞几率，提高了电子的电离效率。电子经过多次碰撞后，丧失了能量成为"最终电子"进入弱电场区，最后到达阳极时已经是低能电子，不再会使基片过热。

除此之外，溅射法还有离子溅射法，离子溅射法主要以离子束溅射为例，它由离子源、

离子引出极和沉积室三个部分组成，在高真空或超高真空环境中进行溅射镀膜。该方法利用直流或高频电场使惰性气体（通常为 Ar）发生电离，产生辉光放电等离子体。电离产生的正离子和电子以高速轰击靶材，使靶材上的原子或分子溅射出来，然后沉积到基板上形成薄膜。离子源内的离子具有较高能量（通常为几百到几千电子伏），通过调整离子束的能量、密度和入射角度，可以精确控制纳米薄膜的微观形成过程。

Lawrence Livermore 国家实验室的 Bwbee 等人利用真空溅射技术成功制备了层状交替金属复合材料。该技术利用氩离子激发金属表面的原子，并沉积成层状结构。通过控制离子束交替冲击不同金属表面，可以制备由数百到数千层不同金属组成的复合材料，每一层仅厚约 0.2nm。他们研发的镍/铜合金复合材料强度达到理论值的 50%，并正致力于将强度提高至理论值的 65%~70%。该金属/金属复合材料可用于抗腐蚀涂层的应用。

离子溅射法制备纳米微粒具有以下优点：

1）可制备多种纳米金属，包括高熔点和低熔点金属，或陶瓷材料。相比之下，传统的热蒸发法只适用于低熔点金属。

2）溅射法能够制备多组元的化合物纳米微粒，例如 $Al_{52}Ti_{48}$，$Cu_{91}Mn_9$ 和 ZrO_2 等化合物。

3）靶材蒸发面积大，粒子收率高。可以通过加大被溅射的阴极表面进一步提高纳米微粒的获得量。

4）不需要坩埚，蒸发材料（靶）放在什么地方都可以（向上，向下都行）。

5）可制备多种纳米金属，包括高熔点和低熔点金属。常规的热蒸发法只能适用于低熔点金属。

6）利用反应性气体的反应性溅射，还可以制备出各类复合材料和化合物的纳米粒子。

7）可直接得到由纳米颗粒形成的薄膜。

溅射法是目前制备纳米薄膜使用最普遍的方法之一。Lin 等人以 NiCrMn 铸造合金和锆靶为原料，采用直流和射频磁控共溅射技术制备了 NiCrMnZr 电阻薄膜。Wu 等人使用磁控溅射方法，使用 ITO（In_2O_3（90%）+SnO_2（10%））和聚甲基丙烯酸甲酯（PMMA）在硅基板上复制出了天然蝴蝶由薄层堆叠出来的的鳞片。赤铁矿被认为是光电化学（PEC）水分解制氢的一种极有前途的材料。赤铁矿的一些关键问题是开发水氧化光电流起始所需的大过电位，大量的表面缺陷作为陷阱，以及光生孔的短扩散长度（2~4nm），Kment 等人利用一种新颖的高功率脉冲磁控溅射法（HiPIMS）沉积高光活性纳米晶极薄（≈30nm）吸收赤铁矿薄膜并通过超薄（≈2nm）原子层沉积（ALD）同晶氧化铝（α-Al_2O_3）钝化来最小化这些限制，从而获得了超薄且具备优秀性能的赤铁矿电极。这种新型的高功率脉冲磁控溅射（HiPIMS）一般在脉冲调制模式下工作，具有低重复频率（通常约为 100Hz）和非常短的占空比（≈1%）。在此期间向阴极施加非常高的峰值功率（~10^3kW/cm^2）（金属沉积靶）。HiPIMS 的一个显著特征是溅射金属的高度电离和由于目标附近非常高的等离子体密度而导致的分子气体解离率高，因此，该方法特别方便地在更复杂和精密的一维纳米结构（即纳米管）中实现高活性赤铁矿薄膜，以及最近应用于 PEC 水分解反应的所谓主体支架-客体吸收体结构。

3. 活性氢-熔融金属法

在含有氢气的等离子体和金属之间产生电弧，导致金属熔融。电离的氮气、氩气等气体以及氢气被溶入熔融金属中，然后在气体中释放出来形成金属的超微粒子。这些纳米微粒可以通过离心收集器或者过滤式收集器与气体分离而获得。这种制备方法的优点在于超微粒的生成量随着等离子气体中氢气浓度的增加而增加，其反应器如图 2-25 所示。采用该法可大幅度提高纳米粒子的产量，其原因被归结为氢原子化合时放出大量的热，从而产生强制性的蒸发，使产量大幅度提高，而且氢的存在可以降低熔化金属的表面张力加速蒸发。其反应装置主要由不锈钢真空反应室、可转动的阳极、可倾斜进动的阴极、气流循环泵、粉体过滤收集器、直流电源、真空泵组等部分组成。

图 2-25　多电极氢电弧等离子体法纳米材料制备设备图

此种制备方法的优点是超微粒的生成量随等离子气体中的氢气浓度增加而上升。举例来说，当 Ar 中的氢气占总气体的 50% 时，在电弧电压为 30V 至 40V、电流为 150 至 170A 的情况下，每分钟可以获得 20mg 的 Fe 超微粒子。

该方法已经制备出十多种金属纳米粒子、30 多种金属合金、氧化物，也有部分氯化物及金属间化物，包括：Fe、Co、Ni、Cu、Zn、Al、Ag、Bi、Sn、Mo、Mn、In、Nd、Ce、In、Pd、Ti，还有合金和金属间化合物：CuZn、PdNi、CeNi、CeFe、CeCu 以及纳米氧化物 Al_2O_3、Y_2O_3、TiO_2、ZrO_2 等。如果制取陶瓷超微粒子，如 TiN 及 AlN，则掺有氢的惰性气体采用 N_2，被加热蒸发的金属为 Ti 及 Al 等。

这种方法的产量很大，以纳米 Pd 为例，该装置的产率一般可达到 300g/h。其产物的形貌和结构与用这种方法制的金属纳米粒子的平均粒径和制备的条件及材料有关。其粒径一般为几十纳米。如 Ni，10~60nm 间的粒子所占百分数达约为 78%。其形状一般为球形，也有多孔状等。磁性纳米粒子一般为链状。

4. 流动液面上真空蒸镀法

流动液面上真空蒸镀法简称 VEROS 法，其基本原理是在高真空环境中，通过电子束加热将金属原子蒸发，使其在流动的油表面形成极超微粒子。其装置如图 2-26 所示，初步产物是一种含有大量超微粒的糊状油。

在高真空环境中，采用电子束加热来实现蒸发。当蒸发原料在水冷制埚中被加热蒸发时，打开快门，使蒸发物质在旋转的圆盘表面上扩散。沿着圆盘中心流出的油受到圆盘旋转时的离心力的影响，在下表面形成流动的油膜。蒸发的原子在油膜中形成了超微粒子。含有超微粒子的油被甩到真空室沿壁的容器中。然后，在真空下对这种含有超微粒子的油进行蒸馏，使其成为一种浓缩的、含有大量超微粒的糊状物质。

真空蒸镀法的工艺流程主要包括以下几个步骤：

1）基材处理。在进行蒸镀前，需要对基材进行表面处理，以保证薄膜的附着力和均匀性。表面处理通常包括机械抛光、化学处理等。

2）真空系统抽真空。在进行蒸镀过程前，需要将真空腔体内的气体抽出，以保证真空度能够满足蒸镀要求。真空度的大小对蒸镀薄膜的质量和均匀性有着重要的影响。

3）材料蒸发。在真空腔体内加热材料，使其蒸发成气态，然后通过控制蒸发速率和蒸发时间，将其沉积在基材表面。

4）**薄膜成型**。蒸镀过程中，材料沉积在基材表面形成一层薄膜。薄膜的厚度、成分和结构等可以通过调节蒸发速率、蒸发角度、沉积时间等参数来控制。

5）**退火处理**。薄膜沉积后需要进行退火处理，以提高薄膜的致密性和结晶度，从而提高其物理性能和化学稳定性。

这种方法具有以下几个优点：首先，它可以制备 Ag、Au、Pd、Cu、Fe、Ni、Co、Al、In 等超微粒，其平均粒径约为 3nm。而使用常规的惰性气体蒸发法难以获得如此小尺寸的微粒。其次，所制备的超微粒具有均匀的粒径和窄的尺寸分布。此外，超微粒均匀地分散在油中。还有，粒径的尺寸是可控的，可以通过调整蒸发条件来控制粒径的大小，如蒸发速度、油的黏度和圆盘转速等。高圆盘转速、快蒸发速度和高油黏度会导致粒子尺寸增大，最大可达到 8nm。

真空蒸镀法目前大量用来制备二维纳米材料。Sato 等人通过真空蒸镀法在蓝宝石 C 面单晶衬底上生长碲化镉（CdTe）薄膜。在生长 CdTe 薄膜之前，在蓝宝石衬底上生长 Ni、Mo、Ti 和氮化钛（TiN）的导电薄膜。研究了在各种导电薄膜上生长的 CdTe 薄膜的结晶度和光致发光（PL）特性，并将它们与直接在蓝宝石衬底上生长而没有导电薄膜的 CdTe 薄膜进行了比较。采用 Ti 和 TiN 作为导电薄膜，得到了结晶度较高的 CdTe 薄膜。因此，这种导电薄膜上的 CdTe 薄膜的 PL 性能并不逊色于直接生长在蓝宝石衬底上的 CdTe 薄膜。还研究了 Cd 和 Te 的供应比例对 CdTe 薄膜性能的影响。CdTe 薄膜在富 Te 条件下生长时比在

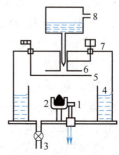

图 2-26　流动液面上真空蒸镀法装置图
1—电子枪　2—水冷坩埚　3—排气口　4—载粒油
5—挡板　6—转盘　7—电动机　8—储油器

富 Cd 条件下具有更高的结晶度。Ramaiah 等人采用真空蒸发技术在不同衬底温度下成功地生长了掺铜 CdSe 薄膜。XRD 分析表明，薄膜呈六方结构，优先取向为（002）。薄膜的晶粒尺寸随沉积温度的变化而变化。晶粒尺寸的变化导致薄膜的带隙从 2.05eV 非线性变化到 2.22eV。研究了晶粒大小和温度对光致发光光谱的影响。在光致发光谱中，低温下观察到了 1.725eV 的近带边发射和 2.132eV 的纳米晶束缚激子发射。SEM 分析表明，在 100℃ 的衬底温度下沉积的薄膜晶粒尺寸较大，而在不同温度下沉积的薄膜晶粒尺寸较小。观察到量子限制效应是薄膜晶粒尺寸的函数。用 X 射线光电子能谱测定薄膜的成分、元素的化学状态和可能存在的第二相。

5. 激光加热 PVD

物理气相沉积（PVD）的基本原理是在凝聚、沉积的过程中最后得到的材料组分与蒸发源或溅射靶的材料组分一致，在气相中没有发生化学反应，只是物质转移和形态改变的过程。其制备过程为在低压的惰性气体中加热金属，形成金属蒸气。再将金属蒸气凝固在冷冻的单晶或多晶底板上，形成纳米粒子点阵或纳米薄膜。

而激光束加热 PVD 是指用激光控制原子束在纳米尺度下的移动，使原子平行沉积以实现纳米材料的有目的的构造。激光作用于原子束通过两个途径，即瞬时力和偶合力。在接近共振的条件下，原子束在沉积过程中被激光驻波作用而聚集，逐步沉积在硅衬底上，形成指

定形状如线形。

6. 分子束外延生长

分子束外延（MBE）是 20 世纪 50 年代用真空蒸发技术制备半导体薄膜材料发展而来的。最初在 1968 年由美国贝尔实验室的 J. R. Arthur 等人提出，并于 1971 年由 A. Y Cho 等人在实验上发展起来的一种薄膜材料生长技术。其基本原理是在超高真空环境下（<10^{-9}Torr），加热蒸发源使具有一定热能的分子或者原子喷射到单晶或者半导体衬底表面，通过这些分子、原子在衬底表面吸附、迁移和反应从而实现材料的外延生长。从研制初期到现在，MBE 已经成为一种在各种高级功能半导体异质结材料中广泛使用的薄膜外延生长技术。除了 GaAs、AIGaAs、GaP、GaN 等Ⅲ-Ⅴ族砷化物、磷化物、氮化物半导体薄膜，还拓展到了Ⅱ族、Ⅵ族、Ⅳ族半导体薄膜，甚至金属膜、超导膜及介质膜的生长制备。近几十年来，MBE 技术对半导体材料科学、半导体物理学、半导体信息科学等方向起到了十分积极的推动作用，已经成为微电子、固体电子、光电子、超导电子及真空电子技术的坚实基础。在光电器件、功率器件、新型量子结构、二维晶体、纳米材料等领域具有极其广泛的应用前景。

分子束外延是气相的原子或分子沉积到衬底表面变为固相的过程，本质上是一种非平衡生长过程，是动力学和热力学相互作用的结果。随着超高真空技术的发展而日趋完善，由于分子束外延技术的发展开拓了一系列崭新的超晶格器件，扩展了半导体科学的新领域，进一步说明了半导体材料的发展对半导体物理和半导体器件的影响。分子束外延的优点就是能够制备超薄层的半导体材料；外延材料表面形貌好，而且面积较大均匀性较好；可以制成不同掺杂剂或不同成分的多层结构；外延生长的温度较低，有利于提高外延层的纯度和完整性；利用各种元素的黏附系数的差别，可制成化学配比较好的化合物半导体薄膜。其操作过程为将半导体衬底放置在超高真空腔体中，将需要生长的单晶物质按元素的不同分别放在喷射炉中（也在腔体内）。由分别加热到相应温度的各元素喷射出的分子流能在上述衬底上生长出极薄的（可薄至单原子层水平）单晶体和几种物质交替的超晶格结构。

分子外延生长的基本物理过程主要有以下几个部分：

（1）表面成核　对外延材料结构有最大影响的阶段是生长的最初阶段，这个阶段叫成核。当衬底表面只吸附少量生长物原子时，这些原子是不稳定的，很容易挣脱衬底原子的吸引，离开衬底表面。所以，要想在衬底表面实现外延材料的生长，首先由欲生长材料的原子（或分子）形成原子团，然后这些原子团不断吸收新的原子加入而逐渐长大成晶核。它们再进一步相互结合形成连续的单晶薄层。

（2）表面动力学　反应物到衬底后，通常发生下列过程：①反应物扩散到衬底表面；②反应物吸附到衬底表面；③表面过程（化学反应、迁移及并入晶格等）；④反应附加产物从表面脱附；⑤附加产物扩散离开表面。每个步骤都有特定的激活能，因此，不同外延温度下对生长速率的影响不同。

2.2.2　液相法

液相法的原理是：选择一至几种可溶性金属化合物配成均相溶液，再通过各种方式使溶质和溶剂分离（如，选择合适的沉淀剂或通过水解、蒸发、升华等过程，将含金属离子的化合物沉淀或结晶出来），溶质形成形状、大小一定的颗粒，得到所需粉末的前驱体，加热分解后得到纳米颗粒的方法。主要特点是指具有设备简单、原料容易获得、纯度高、均匀性好、化学组成控制准确等优点，主要用于氧化物系超微粉的制备。物理液相法中典型的有喷雾法、溶剂挥发分解法等。据不完全统计，目前制备纳米材料的方法多达上百种，其中，液相化学法就有 30 余种。与其他方法比较，液相化学法的特点是产物的形貌、组成及结构易于控制、过程简单、适用面广，常用于制备金属氧化物或多组分复合纳米粉体。

1. 喷雾法

这种方法是一种化学与物理相结合的方法，通过各种物理手段将溶液雾化以获得超微粒子。基本过程包括溶液的制备、喷雾、干燥、收集和热处理。这种方法的特点是颗粒分布相对均匀，颗粒的尺寸范围在亚微米到 10μm 之间。具体的尺寸范围取决于制备工艺和喷雾的方法。喷雾法可以根据雾化和凝聚过程分为以下三种方法：

（1）喷雾干燥法　将金属盐水溶液送入雾化器，通过喷嘴高速喷射进入干燥室，从而获得金属盐的微粒。这些微粒经过收集后，可进行烧结处理，以制备所需成分的超微粒子。例如，使用这种方法制备铁氧体的超细微粒。具体步骤是将镍、锌和铁的硫酸盐混合水溶液喷雾，从而获得直径为 10~20μm 的混合硫酸盐球状粒子。在 1073~1273K 的温度下烧结，即可获得镍锌铁氧体软磁超微粒子。这些超微粒子由约 200nm 大小的一次颗粒组成。

（2）雾化水解法　这种方法涉及使用惰性气体携带一种盐的超微粒子，将其引入含有金属醇盐的蒸气室中。金属醇盐蒸气会附在超微粒子表面，并与水蒸气发生反应分解，形成氢氧化物微粒。经过适当的焙烧处理，可以获得所需化合物的超细微粒。这种方法所获得的微粒具有高纯度、窄的尺寸分布和可控的尺寸。具体的尺寸大小主要取决于盐的微粒大小。例如，可以使用该方法制备高纯度的 Al_2O_3 超微粒。具体步骤是将载有氯化银超微粒（温度为 868~923K）的氨气通过铝丁醇盐的蒸气室，氨气的流速为 500~2000cm/min，铝丁醇盐蒸气室的温度为 395~428K，醇盐蒸气压为 1133Pa。在蒸气室中形成以铝丁醇盐、氯化银和氨气组成的饱和混合气体。通过冷凝器冷却后，获得气态溶胶，该溶胶与水在水分解器中反应分解成亚微米级的勃母石（boehmite）或水铝石（diaspore）微粒。热处理后可得到 Al_2O_3 的超细微粒。

（3）雾化焙烧法　该方法涉及将金属盐溶液通过压缩空气喷出细小的液滴，通过雾化室中较高的温度，使金属盐液滴热分解并形成超微粒子。例如，使用硝酸镁和硝酸铝的混合溶液通过这种方法合成镁铝尖晶石。溶剂是水和甲醇的混合溶液。超微粒子的粒径大小取决于金属盐的浓度和溶剂浓度。这些超微粒子的粒径处于亚微米级别，并由几十纳米大小的一次颗粒构成。

下面以 SnO_2 : F 薄膜的制备进一步进行讲解。图 2-27 是超声喷雾热分解法沉积 SnO_2 : F 薄膜的实验装置简图。温度为 25~600℃，加热器置于移动装置上，移动速度可调节。基片温度由镍铬 - 镍铝锰合金热电偶检测。超声振荡器的频率是 1MHz，功率 60W，喷雾速率 120mL · h^{-1}，机械振动能量可穿透石英玻璃，进入容器 2 中并在容器 1 中将待沉积的溶液雾化分解成极其微细的雾滴。通过通风橱将反应废气抽走，并经过吸收过滤装置排除。用 $SnCl_4$ · $5H_2O$ 和 NH_4F 溶解于甲醇和去离子水混合溶液中，NH_4F 与 $SnCl_4$ · $5H_2O$ 的比例为 2%~5%（质量分数），甲醇与水的体积比为 4.5 : 1，$SnCl_4$ · $5H_2O$ 与混合溶液的比例为 5%（质量分数）。在盛有 $SnCl_4$ · $5H_2O$ 水溶液的石英玻璃瓶中，用超声波振荡形成微细雾粒，再用高纯氧作为载体将雾气带出，并喷洒到加热的玻璃基片上。调节基片的温度、基片移动速度、喷雾量的大小及载气流量等工艺参数，即可在基片上沉积出均匀的 SnO_2 : F 薄膜。

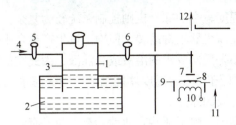

图 2-27　超声喷雾沉积 SnO₂ : F 膜装置

1—超声震荡器　2、3—容器　4—高纯氧　5、6—阀门　7—喷头　8—玻璃基片
9—石墨　10—加热器　11—热偶　12—通风橱

2. 溶剂挥发分解法

溶剂挥发分解法是一种常用于制备高活性超微粒子的方法，即冷冻干燥法。冷冻干燥法将金属盐的溶液雾化成微小液滴，快速冻结为粉体。加入冷却剂使其中的水升华汽化，再焙烧合成为超微粒。在冻结过程中，为了防止溶解于溶液中的盐分离，最好尽可能地把溶液变为细小液滴。这种方法具有以下主要特点：①适用于大规模生产，适合大型工厂制造超微粒子；②设备简单、成本低；③粒子成分均匀。

常见的冷冻剂有乙烷、液氮。借助于干冰 - 丙酮的冷却使乙烷维持在 –77℃的低温，而液氮能直接冷却到 –196℃，乙烷的效果较好。干燥过程中，冻结的液滴受热，使水快速升华，同时采用凝结器捕获升华的水，使装置中的水蒸气降压，提高干燥效果。为了提高冻结干燥效率，盐的浓度很重要，过高或过低均会有不利影响。

冷冻干燥法需在一定装置中进行，这个装置叫做真空冷冻干燥机或冷冻干燥装置，简称冻干机。

按系统划分，其由制冷系统、真空系统、加热系统和控制系统四个主要部分组成。按结构分，其由冻干箱或称干燥箱、冷凝器或水汽凝结器、制冷机、真空泵和阀门、电气控制元件等组成。

冻干箱是一个能够制冷到 –55℃左右，能够加热到 80℃左右的高低温箱，也是一个能抽成真空的密闭容器。它是冻干机的主要部分，需冻干的产品就放在箱内分层的金属板层上，对产品进行冷冻，并在真空下加温，使产品内的水分升华而干燥。

冷凝器同样是一个真空密闭容器，在其内部有一个较大表面积的金属吸附面，吸附面的温度能降到 –40℃ ~–70℃，并且能维持这个低温范围。冷凝器的功用是把冻干箱内产品升华出来的水蒸气冻结吸附在其金属表面。

冻干箱、冷凝器、真空管道、阀门、真空泵等构成冻干机的真空系统。真空系统要求没有漏气现象，真空泵是真空系统建立真空的重要部件。真空系统对产品的迅速升华干燥是必不可少的。

制冷系统由制冷机与冻干箱、冷凝器内部的管道等组成。制冷机的功用是对冻干箱和冷凝器进行制冷，以产生和维持它们工作时所需要的低温，它有直接制冷和间接制冷二种方式。

加热系统对于不同的冻干机有不同的加热方式。有的是利用直接电加热法；有的则利用中间介质进行加热，由一台泵（或加一台备用泵）使中间介质不断循环。加热系统的作用是对冻干箱内的产品进行加热，使产品内的水分不断升华，并达到规定的残余含水量要求。

控制系统由各种控制开关，指示调节仪表及一些自动装置等组成，它可以较为简单，也可以很复杂。一般自动化程度较高的冻干机则控制系统较为复杂。控制系统的功用是对冻干机进行手动或自动控制，操纵机器正常运转，使冻干机生产出合乎要求的产品。

需冻干的产品，一般预先配制成水的溶液或悬浊液，因此它的冰点与水就不相同，水在 0℃时结冰，而海水却要在低于 0℃的温度才能结冰，因为海水也是多种物质的水溶液。实验表明溶液的冰点将低于溶媒的冰点。

在冷冻干燥的液体制品中，除了那些有活性、有生命或有治疗效果的组分之外，统称为冻干保护剂。它不同于佐剂，佐剂具有治疗效果，而保护剂则无治疗效果。

2.2.3 固相法

1. 离子注入法

离子注入技术是 20 世纪 60 年代发展起来的掺杂工艺，它在很多方面都优于扩散工艺。由于采用了离子注入技术，推动集成电路的发展，从而使集成电路进入了超大规模。此项高新技术由于其独特而突出的优点，已经在半导体材料掺杂，金属、陶瓷、高分子聚合物等的表面改性获得了极为广泛的应用，取得巨大的经济效益和社会效益。离子注入法，顾名思义，就是把掺杂剂的原子引入固体中的一种材料改性方法。简单地说，离子注入的过程，就是在真空系统中，用经过加速的，要掺杂的原子的离子照射（注入）固体材料，从而在所选择的（即被注入的）区域形成一个具有特殊性质的表面层（注入层）。

不同类型的离子源用于产生各种强度的离子束；质量分析器用来除去不需要的杂质离子；束流扫描装置用来保证大面积注入的均匀性；靶室用来安装需要注入的样品或元器件，对不同的对象和注入条件要求，可选用不同构造的靶室。

离子注入的基本特点是：

1）纯净掺杂，离子注入是在真空系统中进行的，同时使用高分辨率的质量分析器，保证掺杂离子具有极高的纯度。

2）掺杂离子浓度不受平衡固溶度的限制。原则上各种元素均可成为掺杂元素，并可达到常规方法无法达到的掺杂浓度。对于那些常规方法不能掺杂的元素，离子注入技术也并不难实现。

3）注入离子的浓度和深度分布精确可控。注入的离子数决定于积累的束流，深度分布则由加速电压控制，这两个参量可以由外界系统精确测量、严格控制。

4）注入离子时衬底温度可自由选择。根据需要既可在高温下掺杂，也可在室温或低温条件下掺杂，这在实际应用中是很有价值。

5）大面积均匀注入。离子注入系统中的束流扫描装置可以保证在很大的面积上有很高的掺杂均匀性。

6）离子注入掺杂深度小，一般小于 $1\mu m$。例如，对于 100keV 离子的平均射程的典型值约为 $0.1\mu m$。

离子注入首先是作为一种半导体材料掺杂技术发展起来的，它所取得的成功是其优越性的最好例证。低温掺杂、精确的剂量控制、掩蔽容易、均匀性好等优点，使得经离子注入掺杂所制成的几十种半导体器件和集成电路具有速度快、功耗低、稳定性好、成品率高等特点。对于大规模、超大规模集成电路，离子注入更是一种理想的掺杂工艺。如前所述，离子注入层是极薄的，同时，离子束的直进性保证注入的离子几乎是垂直地向内掺杂，横向扩散极其微小，这样就有可能使电路的线条更加纤细，线条间距进一步缩短，从而大大提高集成度。此外，离子注入技术的高精度和高均匀性，可以大幅度提高集成电路的成品率。随着工艺和理论的日益完善，离子注入已经成为半导体器件和集成电路生产的关键工艺之一。在制造半导体器件和集成电路的生产线上，已经广泛配备了离子注入机。

20 世纪 70 年代以后，离子注入在金属表面改性方面的应用迅速发展。在耐磨性的研究方面已取得显著成绩，并得到初步应用，在耐蚀性（包括高温氧化和水腐蚀）的研究方面也已取得重要的进展。

离子注入法三个基本阶段：

1）主体材料被荷能离子注入。用能量为 100keV 量级的离子束入射到材料中。

2）在材料近表面区形成过饱和固溶体。离子束与材料中的原子或分子将发生一系列物理和化学相互作用。

3）热处理使分立的纳米颗粒析出。引起材料表面成分、结构和性能发生变化，从而优化材料表面性能或获得某些新的优异性能。

离子注入法具备很多独特优点。①它是一种纯净、无公害的表面处理技术；②它无需热激活，无需在高温环境下进行，因而不会改变工件的外形尺寸和表面光洁度；③离子注入层由离子束与基体表面发生一系列物理和化学相互作用而形成的一个新表面层，它与基体之间不存在剥落问题；④离子注入后无需再进行机械加工和热处理。离子注入作为金属材料改性技术，还有一个重要的优点，即注入杂质的深度分布接近高斯分布，注入层和基体之间没有明显的界限，结合极其紧密。又因注入层极薄，可以使被处理的样品或工件基体的物理化学性能保持不变，外形尺寸不发生宏观变化，适宜作为一种最后的表面处理工艺。

离子注入法已经广泛应用于半导体、金属、陶瓷等领域，在提高材料性能、延长使用寿命、优化工艺流程等方面发挥了重要作用。

2. 高能球磨法

高能球磨法通过球磨机的旋转或振动来对原料进行强烈的撞击、研磨和搅拌的方法，将金属或合金粉末研磨成纳米级微粒。当将两种或多种金属粉末同时放入球磨机的球磨罐中高能球磨时，粉末颗粒经历了压延、压合、碾碎和再次压合的反复过程（即粉碎和冷焊的交替进行），最终获得具有均匀组织和成分分布的合金粉末。

要进行高能球磨制备纳米晶，需要注意以下几个参数和条件的控制。首先，正确选择硬球的材质，例如不锈钢球、硬质合金球等。其次，控制球磨的温度和时间。原料通常选择微米级粉体或小尺寸的条带碎片。在球磨过程中，通过观察粉体的 X 射线衍射和电子显微镜等方法，监测颗粒尺寸、成分和结构的变化随球磨时间的变化。

这些参数和条件的控制对实现有效的纳米晶制备非常重要。选择适当的硬球材质可以提供足够的冲击和摩擦力，有助于粉体的细化和混合。控制球磨温度和时间可以平衡粉体的结晶和再结晶过程，避免过度的热积聚和颗粒生长。使用微米级粉体或小尺寸的条带碎片作为原料，利于快速启动合金化反应和晶界扩散。通过实时监测颗粒的尺寸、成分和结构变化，掌握制备过程中的动态变化，并及时调整球磨条件以达到预期的纳米晶效果。

高能球磨法为制备各种纳米复合材料提供了一种灵活可行的途径，其结构和性能可通过控制制备过程中的参数来调控，有望在材料科学和工程领域发挥重要作用。

高能球磨制备的纳米粉存在晶粒尺寸不均匀和易受杂质污染等主要缺点。然而，高能球磨法制备的纳米金属和合金结构材料具有一些显著的优势。首先，该方法能够高产量地制备纳米材料，且工艺相对简单。其次，高能球磨法能够制备那些难以用传统方法获得的高熔点金属或合金的纳米材料。因此，近年来，这种方法在材料科学领域得到越来越多研究人员的重视。尽管存在一些限制，但高能球磨法的独特特点使其成为一种有前景的制备纳米材料的技术。

3. 非晶晶化法

非晶晶化法是指先将原料用急冷技术制成非晶薄带或薄膜，就是把某些金属元素按一定比例高温熔化，然后将熔化的合金液体适量连续滴漏到高速转动的飞轮表面，这些合金液体沿飞轮表面的切线方向甩出同时急剧冷却，成为非晶薄带或薄膜。控制退火条件，如退火时间和退火温度，使非晶全部或部分晶化，生成的晶粒尺寸可维持在纳米级。合金能否形成稳定纳米晶粒的内在因素在于合金成分的选择，目前这种方法大量用于制备纳米铁基、钴基、镍基的多组元合金材料。非晶晶化法也可以制备一些单组元成分，如硒、硅等。非晶晶化法的优点是界面无空隙，不存在孔洞、气隙等缺陷，是一种致密而洁净的界面结构；工艺较简单，易于控制，便于大量生产。

卢柯等人率先采用非晶晶化法成功制备出纳米晶 Ni-P 合金条带，具体的方法是用单银急冷法将 $Ni_{80}P_{20}$（原子分数）熔体制成非晶态合金条带，然后在不同温度下进行退火，使非晶带晶化成由纳米晶构成的条带，当退火温度小于 610K 时，纳米晶 NiP 的粒径为 78nm，随着温度上升，晶粒开始长大，用晶化法制备的纳米结构材料的塑性对晶粒粒径十分敏感，只有晶粒直径很小时，塑性较好，否则材料变得很脆。因此，对于某些成核激活能小，晶粒长大、激活能大的非晶合金可采用非晶晶化法才能获得塑性较好的纳米晶合金。

利用非晶晶化法制备块状纳米晶软磁进一步讲解非晶晶化法的晶化过程，前提是先有非晶态薄带或薄膜，再控制退火条件，使其晶化成纳米尺度的纳米晶。如对非晶态软磁合金 FeSiB 中加入 Nb 和 Cu，控制晶化过程中的成核和晶粒长大，是易于大量生产纳米软磁的重要方法。

2.3　本　章　小　结

纳米材料在许多领域有广泛的应用潜力，如电子学、能源储存和转换、生物医学等。为了合成具有精确尺寸和形状的纳米材料，科学家们开发了各种物理合成方法。纳米材料的物理制备方法一直是纳米科技领域的研究热点，不断涌现出新的技术和方法。这些新的制备方法不仅提供了更多的选择和灵活性，还能实现更高的精确度和控制性，为纳米材料的制备带来了广阔的前景。

首先，随着技术的不断进步，传统的物理合成方法正在不断改进和优化。例如，气相合成法中的热蒸发法、惰性气体保护法和气相凝聚法，通过改变反应条件和控制参数，可以实现更大的纳米颗粒尺寸和形状控制。这些改进有助于提高纳米材料的均匀性、纯度和可控性。

其次，新兴的物理制备方法也在不断涌现。例如，利用等离子体技术可实现高效的纳米材料制备，通过等离子体的高能量和反应性，可在纳米尺度上合成各种材料，包括金属、合金、氧化物等。此外，光激发技术、激光烧结技术、电弧放电技术等也为纳米材料的制备提供了新的途径和可能性。

　　另外，纳米材料的自组装也是一个有前景的研究方向。自组装是一种利用分子间相互作用力实现纳米材料组装的方法，通过控制分子结构和相互作用力来实现纳米颗粒的组装和排列。自组装方法具有高度的可控性和精确性，可以制备出具有特殊结构和性质的纳米材料。

　　此外，多功能纳米材料的制备也是一个有广阔前景的研究方向。多功能纳米材料是指具有多种功能和性质的纳米材料，可以应用于多个领域，如生物医学、能源、环境等。通过结合不同的物理制备方法，可以制备出具有特定功能和性能的纳米材料，如磁性纳米颗粒、荧光纳米颗粒、多孔纳米材料等。

　　目前纳米材料的制备方法，已经发展起了许多方法。整体可以归纳为固相法、液相法和气相法三大类。固相法中热分解法制备的产物易固结，需再次粉碎，成本较高。物理粉碎法及机械合金化法工艺简单，产量高，但制备过程中易引入杂质。气相法可制备出纯度高、颗粒分散性好、粒径分布窄而细的纳米微粒。20 世纪 80 年代以来，随着对材料性能与结构关系的理解，采用化学途径对性能进行"剪裁"。并显示出巨大的优越性和广泛的应用前景。目前固相法物理制备纳米催化材料主要是离子注入法、高能球磨法以及非晶晶化法。液相法是实现化学"剪裁"的主要途径。这是因为依据化学手段，往往不需要复杂的仪器，仅通过简单的溶液过程就可能进行"剪裁"。例如，T. S. Ahmade 等利用聚乙烯酸钠作为 Pt 离子的模板物，在室温下惰性气氛中用 H_2 还原，制备出形状可控的 Pt 胶体粒子。因此液相法并没有太多可以物理制备纳米催化材料的方法，主流方法虽然有喷雾法、冷冻干燥法以及超临界流体干燥法，但是这三种方法目前制备纳米材料方面普遍较少，依旧有更广阔的空间，更多的液相物理制备方法以待发掘。气相法是现在物理制备纳米材料最多的，主要方法均可归结为物理气相沉积法，通过不同的沉积方式、加热方式等条件从而区分出众多方法。但是相比于化学气相沉积法（CVD），物理气相沉积的具体使用依旧较少，还有更多亟待开发的方法。

　　目前，新制备技术的发展十分重要。这些制备方法将会扩大纳米微粒的应用范围并改进其性能。对纳米材料制备科学发展趋势的探索能使产物颗粒粒径更小，且大小均匀，形貌均一，粒径和形貌均可调控，且成本降低，并可推向产业化。

　　总之，纳米材料的物理合成方法有很多种，每种方法都有其独特的优势和适用范围。选择适当的方法取决于所需的纳米材料的性质和应用。未来，随着纳米科技的发展，可以期待更多创新的物理合成方法的出现，为纳米材料的制备提供更多的选择和可能性。开发出新的、优秀的纳米催化材料的物理合成法也是我国亟待解决的问题，是我们国家以后科技进步的重点之一。

思　考　题

1. 简要分析化学合成法和物理合成法的异同。
2. 分析哪些纳米催化剂适合化学合成、哪些适合物理合成。
3. 举一个纳米催化剂合成的例子分析其使用了哪些合成方法。
4. 对目前纳米催化剂的合成方法提出建议和启发。

参 考 文 献

［1］ N ABID, A KHAN, S SHUJAIT, et al. Synthesis of nanomaterials using various top-down and bottom-up approaches, influencing factors, advantages, and disadvantages: A review［J］. Adv.Colloid Interface Sci., 2022, 300, 102597.

［2］ B SREENIVASULU, L OBULAPATHI, M REDDY, et al. Synthesis and Characterization of ZnS Nanoparticles by Chemical Co-precipitation Method［J］. Integr.Ferroelectr., 2023, 237, 258.

［3］ Z MOHAMMADI, A MESGAR, F DISFANI. Preparation and characterization of single phase, biphasic and triphasic calcium phosphate whisker-like fibers by homogenous precipitation using urea［J］. Ceram. Int., 2016, 42, 6955.

［4］ 冯晓苗, 朱广军. 金属醇盐水解和均匀沉淀耦合法制备 Sb_2O_3 纳米粒子［J］. 化学世界, 2005, 3, 140.

［5］ Y YU, H MA, X TIAN, et al. Synthesis and electromagnetic absorption properties of micro-nano nickel powders prepared with liquid phase reduction method［J］. J. Adv. Dielect., 2016, 6, 1650025.

［6］ K CARROLL, J REVELES, M SHULTZ, et al. Preparation of Elemental Cu and Ni Nanoparticles by the Polyol Method: An Experimental and Theoretical Approach［J］. J.Phys.Chem.C, 2011, 115, 2656.

［7］ F YANG, J YAO, J MIN, et al. Synthesis of high saturation magnetization FeCo nanoparticles by polyol reduction method［J］. Chem.Phys. Lett., 2016, 648, 143.

［8］ K WANG, X YANG, K CHOU, et al. Preparation of nano-scaled WC powder by low-temperature carbothermic reduction method［J］. Int.J.Refract. Met.H., 2022, 102, 105724.

［9］ G KOKILA, C MALLIKARJUNASWAMY, L RANGANATHA. A review on synthesis and applications of versatile nanomaterials［J］. Inorg.Nano-Met.Chem., 2022, 2081189.

［10］ Q GU, Y LIAO, L YIN, et al. Template-free synthesis of porous graphitic carbon nitride microspheres for enhanced photocatalytic hydrogen generation with high stability［J］. Appl. Catal. B-Environ., 2015, 165, 503.

［11］ G OLIVEIRA-FILHO, J ATOCHE-MEDRANO, F ARAGON, et al. Core-shell Au/Fe_3O_4 nanocomposite synthesized by thermal decomposition method: Structural, optical, and magnetic properties［J］. Appl. Surf. Sci., 2021, 563, 150290.

［12］ S ARUNA, A MUKASYAN. Combustion synthesis and nanomaterials［J］. Curr.Opin.Solid St. M., 2008, 12, 44.

［13］ L YU, H WU, X LOU. Self-Templated Formation of Hollow Structures for Electrochemical Energy Applications［J］. Acc.Chem.Res., 2017, 50, 293.

［14］ Y DONG, T SLADE, M STOLT, et al. Low-Temperature Molten-Salt Production of Silicon Nanowires by the Electrochemical Reduction of $CaSiO_3$［J］. Angew.Chem.Int.Ed., 2017, 56, 14453.

［15］ O PETRI I. Electrosynthesis of nanostructures and nanomaterials［J］. Russ. Chem.Rev., 2015, 84, 159.

第3章

纳米催化材料的表征

3.1　形　貌　表　征

　　纳米催化材料的微观形貌与催化性能有密切的关系，许多重要和独特的催化性质由纳米催化材料的特征形貌决定。因此，纳米催化材料的催化性能不仅和尺寸有关，还与其形貌有很大的关联。就目前而言，纳米催化材料的形貌表征手段与其他类材料相似，主要通过透射电子显微镜（Transmission Electron Microscope，简称 TEM）、扫描电子显微镜（Scanning Electron Microscope，简称 SEM）、原子力显微镜（Atomic Force Microscope，简称 AFM）等。在本部分中，本书作者将对这三种主要的形貌表征手段进行详细介绍。

3.1.1　透射电子显微镜（TEM）

　　1933 年，Ernst Ruska 研制出世界上第一台 TEM，点分辨率约 50nm。1950 年，德国西门子公司开发出了高压透射电子显微镜，点分辨率提升至 0.3nm。1956 年，Menter 开创性地发明了高分辨电子显微镜，并以此成功获得原子像。1971 年，高分辨电子显微学得到了迅速发展，此时 TEM 的分辨率优于 0.4nm。20 世纪 90 年代，多级球差校正系统的出现，TEM 的分辨率得到了进一步的提升。目前，双球差物镜色差矫正 TEM 代表着最先进的透射显微术。就目前而言，TEM 的生产厂家主要有日本的日立、日本电子和美国的 FEI 公司。

　　TEM 的成像原理是电子枪激发出的电子经聚光和偏转后到达样品表面，再穿过样品形成电子像。因此用于拍摄 TEM 样品必须得薄。薄是相对的，对于 TEM，薄是指样品能够能被电子穿透，即样品对电子透明。电子透明程度或者说穿过样品的电子数量与电子的能量状态、样品厚度、组成样品的平均原子序数有关。就 TEM 而言，电子枪的加速电压越大，激发出的电子能量越高，其穿透力也越强，电子便越容易穿过样品；在相同的加速电压下，组成样品的平均原子序数越小，其原子尺寸便越小，对电子的散射便越小，电子穿过样品的概率也越大；同样，测试样品的厚度越小，在加速电压和样品组成相同时，电子被样品散射的数量也越少，透过样品的电子便越多。而在实际 TEM 的测试过程中，TEM 的加速电压一般是固定的，或在一定范围内可调的，其调整也比较困难，而样品的平均原子序数是客观存在。因此，要想让电子能够成功地穿透样品，则需要对样品厚度进行调整。

　　以加速电压为 100kV 为例，当样品为平均原子序数较小的铝合金时，电子能穿过成像厚度约 1μm，而当样品为平均原子序数较大的钢时，电子能穿过成像的厚度为 100nm。实际上，对于 TEM 的测试，在条件允许的情况下，样品的厚度越薄越好，并且最好厚度要小于 100nm。而对于需要更高放大倍数的高分辨，样品则需要更薄，其厚度小于 50nm，有些原子序数大的样品，其厚度甚至要小于 10nm。当然，现代 TEM 的加速电压一般都高于 100kV，所以样品厚度可更厚，但选用高加速电压的 TEM 时，也要考虑样品耐电子束辐照的能力。若样品不耐电子轰击，则应选择偏低的加速电压，并将样品做到尽可能薄。

对于纳米材料，除了前述这些因素，还需要结合实际情况进行进一步细分。对于未组装的纳米材料，制备 TEM 样品则比较简单。对于处于液态中的纳米材料，则可根据需求滴加在微栅、碳膜、超薄碳膜等载网上，若想获得更加分散、独立单个的样品，则可将其用相同的溶剂稀释，然后超声分散，再用毛细管或微量移液枪吸取滴加在载网上。对于分散未组装的固态纳米材料，可将其分散在水或易挥发的有机溶剂，如乙醇、丙酮等（选取的分散溶剂一定不要与本身的样品相互作用，否则会对样品形貌造成影响），后续步骤同上。对于由纳米材料组装而成的体相材料，若想观察内部纳米材料的分布情况，则需要对样品进行加工。体相材料的加工则需要用到聚焦离子束（Focused Ion Beam，FIB），其在数十分钟至数小时便可将体相材料加工成能用于测试的 TEM 样品，厚度一般约为 10nm。通过 TEM 测试可获得样品的平面形貌、厚薄分布情况，结合高分辨和能谱，可进一步明确样品的种类和晶型。

3.1.2　扫描电子显微镜（SEM）

相较于 TEM，SEM 具有更大的景深，能将样品表面形貌立体呈现出来，因而 SEM 是目前用于表征纳米材料十分常见的形貌分析仪器。SEM 通过将能量范围在 0.5~30keV 的电子聚焦成细束并轰击样品表面，产生二次电子、背散射电子等，然后收集这些信息进行成像以实现样品表面的形貌表征。

SEM 的概念最早由 Knoll 在 1932 年提出，并在 1935 年首次制成最原始的模型。1938 年，Von Ardenne 在 TEM 中加装扫描线圈做出了世界上第一台扫描透射电子显微镜（STEM）。Zworykin 在此基础上制作了世界第一台能观察较厚样品表观形貌的 SEM。1952 年，Oatley 和 McMullan 制作出点分辨率可达 50nm 的 SEM。1959 年，他们制作的 SEM 点分辨率达到 10nm。1965 年，英国剑桥仪器公司生产了世界第一台商用电子显微镜。1968 年，Knoll 研制出场发射电子枪。Grewe 将场发射电子枪应用到 SEM，并添加了高质量的物镜，SEM 进入高速发展期。1978 年，世界上第一台可变压的环境扫描电子显微镜（ESEM）诞生。到目前为止，高分辨的 SEM 已经具有 0.4nm 的点分辨率。

SEM 的成像原理与光学显微镜类似，用电子束替代光充当照明，用磁透镜代替光学透镜将电子聚焦成束，扫描样品成像。当电子束轰击在样品的表面时，其会轰击样品中原子的原子核和核外电子，从而发生弹性反射和非弹性散射，产生可反映样品形貌、结构和成分的二次电子、背散射电子、吸收电子、阴极发光和特征 X 射线等。

对于扫描电子显微镜，主要依靠二次电子和背散射电子来观察样品形貌。其中，二次电子是指入射电子与样品中的弱束缚价电子发生非弹性碰撞而发射的低能量电子，其能量一般小于 50eV，溢出深度约在样品表面 10nm，因而二次电子的成像分辨率较高，无阴影效应。此外，二次电子的产额与 $1/\cos\alpha$ 成正比（α 是入射电子与样品表面法线之间的夹角）。因而，电子入射角 α 越大，二次电子产额越大，从这可知二次电子对样品表面起伏或表观形貌十分敏感。同时，二次电子的产额还与加速电压有关，当加速电压增大时，二次电子被入射电子激发的概率越大，因而入射电子的能量变高时，入射电子进入样品表面的深度也越大，由此激发的低能量的二次电子也愈加难以逸出样品。加速电压与二次电子产额率先呈现正相关再呈现负相关。因此，由单一的二次电子成像时，应选择合适的加速电压，这将能获得最为清晰的样品。

同时，二次电子的强度或者说成像衬度还与样品的导电性有关，当样品是导体，因入射电子而感应产生的电荷会通过样品与样品台导出，而对于导电性不好的样品，感应电荷无法导出而聚焦在样品表面从而产生局部充电现象（又称为荷电现象），使得样品充电部位的衬度明亮，荷电现象消除方法见后面 SEM 样品制备部分。二次电子的产额也与原子序数有关，二次电子的产额随样品中组成原子的原子序数变化不如被散射电子明显，且当原子序数大于 20 时，二次电子的产额随原子序数增加变化不明显。故一般采用二次电子对样品的表面形貌进行观察，而不用作样品组分的分析。

背散射电子是指入射电子与样品表面相互作用多次散射后再次逸出的高能量电子，其最高能量接近入射电子。对于原子核较大（原子序数大）的元素，入射电子与样品发生非弹性碰撞而散射的概率越大，产生的背散射电子数量也会越多，所以背散射电子的强度越大，表明样品的原子序数越大。由此可知，可使用背散射电子成像模式来区分样品中不同的组分，在同一条件下，衬度亮的区域表明是原子序数高的组分，衬度暗的区域表明是原子序数低的组分。背散射电子与原子序数 Z 之间的关系，当原子序数小于 40 时，背散射电子的产额对样品中组成原子的原子序数非常的敏感。因此，若用背散射电子观察表面抛光（排除表面起伏对样品衬度的影响）的样品，可通过样品的明暗程度来区分样品的组分。此外，背散射电子与二次电子还有一大区别在于，背散射电子具有较高的能量，运行轨迹呈现直线，因而能被接收器接收的背散射电子仅限于朝着探测器方向的部分，因而 SEM 中的接收器不能立体角度地接收背散射电子，使得背散射电子用作形貌表征时，成像会有阴影，而阴影部分的具体形貌在表征时则显得不那么清晰。二次电子由于能量较低，可通过在检测器的收集栅处加 $250\sim500V$ 的正电压来进行二次电子收集，这样可以让不直接面向入射电子方向的样品表面或凹坑等地方逸散出的二次电子也能被收集成像，因而通过二次电子获得的形貌景深更深，立体感更强，具体的形貌细节也更为清晰。

从上述的分析可知，对于 SEM，主要依靠二次电子和背散射电子成像，它们都能用来观察样品的表面形貌，只是侧重点不一样。二次电子主要对形貌敏感，背散射电子主要对样品成分敏感。因而，在实际应用过程中，可以选择在合适的电压下，采用二次电子和背散射电子相结合的方法来进行一般样品测试。

要想获得高品质的 SEM 扫描图像，除了 SEM 仪器本身稳定，其他零配件无故障外，还需要有一个好的工作状态。在实际 SEM 测试过程中，对样品成像影响较大的因素主要有仪器测试室的真空度、加速电压、选用的成像模式、工作距离、样品倾斜角等。下面对其进行具体说明。

1. 真空度

电子束长期辐照样品固定区域时，仪器测试室中的真空度显得极为重要，若真空度较低，最终表现出的结果是拍摄出的样品整体发黑，样品表面形貌细节无法区分，这种现象一般称之为表面碳污染，这主要是由于高能量的电子束轰击残余在仪器测试室中的含碳物质气体时，使得其在样品表面发生分解而造成碳积累。而仪器测试室内残余气体含碳物质的来源较为复杂，主要有：仪器测样室内部残留气体中存在含碳物质；制样不规范，样品表面污染造成碳污染；样品吸附性强，其在测试中依然会持续缓慢地释放出带有碳物质的气体；导电胶中碳污染；采用有机溶剂进行样品分散，而没有预先烘干样品；样品本身不耐电子束辐照，其在电子束持续照射下会分解产生含碳物质。针对这些情况，我们可以选择在让 SEM 中的真空泵达到可开启电子枪的设定值后，再持续工作一段时间，达到更高真空度。当拍摄受到电子束辐照易分解出含碳物质的样品时，可采用快速扫描的方式快速抓取照片，从而减少表面碳污染，提高最终的成像质量。

2. 加速电压

提高加速电压，可提高入射电子的能量，降低色差，提高图像分辨率，并可收集到样品表面更深处的信息。然而，大的加速电压产生的更高能量的电子使得表层电子产额更少，样品浅表面的形貌信息损失更多。高的加速电压也会引起边缘效应，使得荷电现象更加明显。同时，对于不耐受电子束照射的样品，高的加速电压会让表面积碳更加严重，使获得图像发黑且不清晰。因此，在实际 SEM 实验中，应当根据表征样品的实际情况，合理选取加速电压。

3. 选用的成像模式

目前主流的 SEM 成像模式主要有背散射电子成像（BE）、二次电子成像（SE）、背散射电子 - 二次电子综合成像（BE-SE）。基于 SEM 的工作原理可知，对于表面光滑的样品，可选用 BE 成像模式，在清晰观察样品表面细节的同时，还能区分不同组分整体的分布情况。对于表面极为复杂的样品或者较为脆弱的样品（BE 模式下，二次电子逸出最佳电压在 1kV 附近），一般选用 SE 横向模式，这样可以在减少样品损伤的情况下还能清晰观察到样品表面的立体信息，如凹坑、突起、入射电子扫描不到的阴影部分等。此外，对于稳定的一般样品，可以采用 BE-SE 综合方式，这既可以让整体成像效果好，还能将二次电子与背散射电子的优势相结合，在同一张 SEM 照片中可获得尽可能多的样品信息。

4. 工作距离

实际测试过程中，尽管仪器测试室处于高真空状态，然而这并不意味着这是绝对的真空，仪器腔体内仍残留一部分气体分子。因而，电子束在到达样品表面的过程中，不可避免的会与仪器测试室中的分子发生碰撞、湮没等，最终造成电子束中一部分电子损失或发生散射，最终成像效果变差。因此，可以通过缩短样品与电子枪之间的工作距离，极大地减少电子束与仪器测样室内残留气体分子的碰撞，从而提高仪器的分辨率，获取更高清晰度的图像。当然，每件事都有其两面性，工作距离过短时，样品中带入的气体或受电子束辐照而分解产生的气体容易进入电子枪中，污染灯丝。此外，工作距离近，也会导致景深变小，立体感变差。

5. 样品倾斜角

该因素主要是对样品成像的立体感有影响。对于想要获得立体感更强的样品或者想要拍出更加清晰、表面平整的样品，可让样品台进行一定的旋转以产生一定的倾角，但要注意的是，旋转样品台之后，只能小范围移动样品台，防止碰到极靴。此外，对样品进行一定的倾斜处理，也可改善荷电效应。

纳米材料的 SEM 制样十分简单，对于纳米材料，其主要存在形态为粉末或分散在溶剂中形成的胶体、悬浊液等液相混合物。对于纳米粉末样品，将其用药匙取少量样品粘在导电胶上，然后用洗耳球吹掉未粘住的样品，随后即可进行形貌观察。也可将粉末样品分散在水、乙醇或其他溶剂中，适当辅以超声，让样品充分分散，然后用毛细管吸取少量含有样品的液体滴加在干净而平整的硅片上，然后将滴加好样品的硅片在室温下晾干或在加热台上烘干，再将已经干燥、带有样品的硅片贴在导电胶上，即可进行形貌观察。对于直接在液体中保存的样品，可根据自己的需要决定是否使用超声，因为超声可能会导致液体中纳米材料组装成的结构被破坏，之后的操作步骤，如滴样、干燥和贴样等与粉末样品分散在液态中的制样步骤一致。

对导电性不好的纳米材料进行 SEM 表征时，样品表面存在严重的荷电现象。因此，需要对待测样品进行荷电消除以获取清晰的 SEM 照片。对于粉末状的纳米材料，可直接将待测粉末直接固定在导电胶上，这样可极大地消除荷电效应。而对于存在于液相中的纳米材料或需要分散在液态中的纳米粉末，我们采用与导电性好的分散于液体中纳米材料相同的制样方式，获得带有样品的干燥的硅片，并将其贴在导电胶上，然后再在样品表面镀一层薄薄的导电层。根据镀层的方式不同，可分为真空蒸发镀层和离子溅射镀层。真空蒸发镀层对真空度要求较高，一般在 $10^{-7} \sim 10^{-5}$Pa 的高真空度下，将低熔点的金属进行蒸发，然后让其在待测样品表面沉积。真空蒸发镀层使用的材料一般为 Au，而对于纳米材料，其需要更高的分辨率并减少镀层对形貌的影响，现在大都采用 Au-Pt 合金，这可将 Au 镀层的厚度降低在 10nm 以下，并可降低镀层原子的局部聚集而形成岛状镀层。通过日常的科研总结可知，可在待测样品表面先镀一层薄碳，然后再进行低熔点金属蒸发镀层，其可最大限度地减少镀层对纳米材料形貌的影响。离子溅射镀层与真空蒸发镀层一样，也是十分常见的给样品增加导电性的方法。该种镀层方式最大的特点是构成样品表面镀层的颗粒十分细小，岛状结构也不明显，在相同厚度的镀层下，其效果更好。此外，对于容易聚集但又想要获得平铺的微观形貌的纳米材料样品，可将经超声分散在液体中的纳米材料滴加至固定在旋涂仪上的硅片中，边旋转边滴样，可实现样品分散平铺在基底上。通过使用 SEM 来表征样品，可直观得到样品的表观形貌和表面粗糙度等信息。

3.1.3　原子力显微镜（AFM）

SEM 和 TEM 的成像原理与光学显微镜成像原理相同，都是基于波的成像，这种成像模式同人类用眼睛看是相似的。而在实际生活中，想要了解一个物体的具体形状，除了眼睛看，还可通过手去触摸感知，这种方式有时候要比视觉效果更好，立体感更强，层次也更加分明，能很清晰、准确地感知物体表面的起伏度、厚度等视觉不能直接观察出的信息。在微观世界中，尤其是对于纳米材料，其尺寸已经远超人类可以直接通过手来分辨的物体形貌的能力。因此，需要寻找出能够替代手来触摸微观世界样品表面的工具，并将触摸感知的信息收集成像，很容易想到的是制备出一个极其细小的尖端，用来触摸样品的表面，根据现有的加工手段，加工出尺寸几个纳米甚至只有几个原子组成的针尖也能较为容易实现，然而如何收集这种细小针尖感知到的信息，然后转化成微观样品的形貌信息是个较大的难题。

从电子显微镜的原理可知，物体成像是发射电子与样品表面产生相互作用，产生衬度不一的电子像，最终反映出样品的形貌。因而，当时人们想着能在针尖表面激发出电子到样品上，然后样品起伏变化不同，导致距离的不同从而使得激发的电子与样品表面作用不同，通过收集具有不同状态的电子来反馈出样品表面的起伏度，即形貌。由经典力学可知，粒子不能够穿越比它自身能量高的势垒，从这可推知，电子难以穿过样品到达导电基底，而让仪器获取携带样品表观形貌信息的电子。随着物理学的高速发展，1928 年，物理学家 Ronald A.Peierls 在研究势垒穿透问题时提出了量子隧道效应，即具有波动性的粒子有一定的概率穿过比离子本身能量高的势垒。后续，随着量子隧穿效应的继续发展，离子隧穿的概率可以以数学表达的方式给出，这为 AFM 的诞生提供了理论基础。基于这个理念，1982 年，IBM 公司的员工 Rohrer 和 Binning 率先发明了扫描隧道显微镜（Scanning Tunneling Microscope，简称 STM），他们也因此荣获 1986 年的诺贝尔物理学奖，STM 便是 AFM 的前身。

利用量子隧穿效应原理制备出的 STM，其特点是采用导电针尖，使其与导电基底接近，到达一定距离后，由针尖逸出的电子便会有一定的概率穿过势垒，即距离，到达另一端，并在针尖与样品之间形成隧穿电流，而隧穿电流 I 正比于 e^{-d}。从这可知，针尖与样品表面的距离越远，隧穿电流便越小。基于此原理，STM 发展出了两种模式，一种是恒高度模式，另一种是恒电流模式。对于恒高度模式，针尖保持一定的高度不动，让针尖逐点扫描样品表面，通过隧穿电流的变化来确定样品表面的起伏，最终获得样品表面的形貌。对于恒电流模式，即让隧穿电流始终维持一个定值，这样会使针尖与样品表面的高度始终维持一个定值，可通过收集针尖随样品表面起伏而形成的高度变化，最终形成样品的形貌。然而，STM 也有很大的局限性，其通过针尖与样品之间形成隧穿电流，这要求样品必须导电，并能让其顺利流入到样品台而被收集。因此，STM 模式仅能用于诸如碳纳米管、二硫化钼、硫化钛等导电纳米材料的表观形貌和厚度表征。测量导电性差的材料，若采用恒高度的方法，则无法形成隧穿电流；若采用恒隧穿电流的方式，样品需要很薄且需要施加很大的偏转电压，对于厚的样品，为了维持恒定隧穿电流，针尖甚至会插入样品内部。因此，对于非导体材料，要想测得其表面形貌信息，只能通过在其表面镀上一层导电薄膜，让样品表面与导电基底联通。虽然也能实现一些非导体表面形貌的测试，但大大地影响 STM 的分辨率，尤其是对于纳米材料的测试，通过镀上一层导电薄膜的方式会直接掩盖纳米材料的表面信息。种种这些，都极大地限制了 STM 的进一步应用。

AFM 的成像原理是利用原子之间的相互作用力，测量力 - 距离之间的关系，通过探针随样品表面起导致针尖受力情况不同而最终确定样品的形貌。因此，AFM 对样品形貌的测试不再要求样品导电，对周围环境的要求也不高，只需要满足测试过程中，仪器不发生振动即可，其测试的样品种类既可以是测量导体的整体形貌，也可以是半导体的表面、绝缘体表面的形貌，其操作环境也变得多样化，不仅可以在真空中实现样品表面形貌的表征，还可以在空气气氛甚至液态环境中测试。鉴于 AFM 的强大功能，自发明以来就备受研究者青睐，并迅速发展成纳米科学重要的表征工具。

对于纳米材料，目前常用作 AFM 测试的样品承载基底有云母、硅片、高定向热解石墨（HOPG）。使用前，一定将它们的表面清洗干净，并贴在贴片上待用。云母和 HOPG 可达到原子级的平整度，使用前要用 3M 胶粘掉已污染的表面，裸露出干净表面再进行滴样。单晶硅表面则直接用丙酮和水分别清洗，去除掉其表面的有机、无机杂质，同时其表面是疏水表面，测试亲水的样品时，可用食人鱼洗液处理硅片表面，让其表面富有羟基等亲水基团，这样可让纳米材料在单晶硅表面铺展和分散的更好。此外，将基底与贴片连接时，要避免使用普通双面胶，防止热膨胀引起的热漂移，造成分辨率的降低，影响 AFM 照片的品质。通过使用 AFM 直接表征纳米材料，可直接获得样品的厚度、表面形貌、粗糙度等信息。

3.2　成　分　表　征

3.2.1　原子吸收光谱法（AAS）

原子吸收光谱法（Atomic Absorption Spectroscopy，AAS）是 20 世纪 50 年代中期出现并逐渐发展起来的一种元素成分分析方法，根据蒸气相中被测元素的基态原子对其原子共振辐射的吸收强度来测定试样中被测元素的含量。这种方法适合测定溶解后的纳米材料样品中的金属元素成分，特别适合对纳米材料中痕量金属杂质离子的定量测定。

AAS 测定纳米材料的基本原理可简述如下：纳米材料溶解后引入仪器原子化器系统，待测样品在高温下变为原子蒸气，当有辐射光通过自由原子蒸气，且入射辐射的能量等于原子中的电子由基态跃迁到较高能态（一般情况下都是第一激发态）所需的能量时，原子就要从辐射场中吸收能量，产生共振吸收，电子由基态跃迁到激发态，同时伴随着原子吸收光谱的产生。由于原子能级是量子化的，因此，在所有的情况下，原子对辐射光的吸收都是有选择性的。由于各元素的原子结构和外层电子排布不同，元素从基态跃迁至第一激发态时吸收的能量不同，因而各元素的共振吸收线具有不同的特征，据此可以选择性地测定所需元素。

在原子吸收光谱分析中，试样中被测元素的原子化是整个分析过程的关键环节。实现原子化的方法，最常用的有两种：一种是火焰原子化法，另一种是非火焰原子化法，应用最广的是石墨炉电热原子化法。

火焰原子化法是将样品溶液直接引入雾化器中雾化，使之形成直径为微米级的气溶胶，并让气溶胶进入燃烧器燃烧。由于燃烧器火焰的温度足够高，能有效地蒸发和分解试样，并使被测元素原子化，因此可以进行原子吸收测量。对于纳米材料，分散在溶液中的纳米粒子可以不需溶解，直接喷雾进入火焰原子化，但是，由于技术限制，目前的测定仍需首先将纳米粒子溶解，再以溶液的形式喷雾进入火焰进行原子化。石墨炉电热原子化法是将样品引入石墨管后电加热产生高温而使待测元素原子化，石墨炉最高温度可达到 3000℃，因此原子化效率很高。引入的样品通常是溶液样品，需要 10L 左右。但是，有些厂家的产品也允许直接引入粉末样品，适合纳米粒子的成分分析。石墨炉原子化器的操作分为干燥、灰化、原子化和净化四步，由微型计算机控制实行程序升温，以有效除去在干燥和灰化过程中产生的基体蒸气，提高原子吸收测量的选择性。应用原子吸收光谱法表征纳米催化材料，可精确获得材料内部中单一金属元素的含量。

3.2.2　电耦合等离子体发射光谱法（ICPOES）

原子吸收法的主要缺点是一次只能测定一个元素，不适合多组分的成分分析，因此，近年来又发展了电感耦合等离子体发射光谱法。电感耦合等离子体发射光谱法是利用电感耦合等离子体作为激发源，根据处于激发态的待测元素原子回到基态时发射的特征谱线对待测元素进行分析。电感耦合等离子体发射光谱分析主要包括三个过程：①等离子体光源提供能量使样品蒸发，形成气态原子，并进一步使气态原子激发而产生光辐射；②将光源发出的复合光经单色器分解成按波长顺序排列的谱线，形成光谱；③用检测器检测光谱中谱线的波长以确定样品中存在何种元素，根据谱线强度确定该元素的含量。由于待测元素原子的能级结构不同，因此发射谱线的特征不同，据此可对样品进行定性分析；根据待测元素原子的浓度不同，因此发射强度不同，可实现元素的定量测定。

电感耦合等离子体发射光谱法最主要的特点是可以多元素同时分析，当采用半定量扫描方式时，电感耦合等离子体发射光谱法通常可在数分钟内获得近 70 种元素的存在状况。但是，和原子吸收光谱分析方法相同，这一方法对一些非金属测定的灵敏度还不能令人满意，固体纳米颗粒的直接进样问题也尚待解决。此外，由于氩气流量大，运行成本较高。

由于发射光谱分析受实验条件波动的影响，使谱线强度测量误差较大，为了补偿这种因波动而引起的误差，通常采用内标法进行定量分析。电感耦合等离子体发射光谱（ICPOES）与原子吸收法相比的主要特点是能够进行多元素的同时分析，但是这种技术的灵敏度没有石墨炉原子吸收法高，对多数元素测定的检出限在 $10ng \cdot mL^{-1}$ 左右。此外，由于固体进样比较困难，因此目前在纳米材料成分分析中，仍多采用将材料溶解后再进行测定的方式，使用不够方便。

3.2.3　电耦合等离子体质谱法（ICPMS）

电感耦合等离子体质谱法（ICPMS）是利用电感耦合等离子体作为离子源的一种元素质谱分析方法，该离子源产生的样品离子经质谱的质量分析器和检测器后得到质谱。与 ICP-OES 相比 ICP-MS 的主要优点是对多数元素的测定灵敏度更高，且可以区别同一元素的不同同位素组成。

3.2.4　X 射线荧光光谱分析法（XRF）

在原子吸收、原子发射和 ICPMS 中一个共同的特点是需要对纳米材料溶解后再引入仪器进行测定，因此在操作上比较麻烦，此外，由于溶解过程可能会破坏纳米材料的结构，也不利于进一步的研究。X 射线荧光光谱分析法（XRF）是一种非破坏性的分析方法，可以对固体样品直接测定，因此在纳米材料成分分析中具有较大的优势。XRF 测量的基本原理是：当样品中的待测元素原子接受 X 射线辐照，由于 X 射线的能量高于原子内层电子结合能，因而驱逐一个内层电子而出现一个空穴，使整个原子体系处于不稳定的激发态。然后，较外层的电子跃迁到空穴并释放出能量，使原子重新回到能量较低的稳定态。当较外层的电子跃入内层空穴所释放的能量不在原子内被吸收，而是以辐射形式放出，便产生 X 射线荧光，其能量等于两能级之间的能量差。因此，X 射线荧光的能量或波长是特征性的，与元素有一一对应的关系。因此，只要测出荧光 X 射线的波长，就可知道元素的种类，这就是荧光 X 射线定性分析的基础。此外，荧光 X 射线的强度与相应元素的含量有一定的关系，据此，可进行元素定量分析。用 X 射线照射试样时，试样可以被激发出各种波长的荧光 X 射线，需要把混合的 X 射线按波长（或能量）分开，分别测量不同波长（或能量）的 X 射线的强度，以进行定性和定量分析。为此使用的仪器叫 X 射线荧光光谱仪。由于 X 射线具有一定波长，同时又有一定的能量，因此，X 射线荧光光谱仪有两种基本类型：波长色散型和能量色散型。进行 X 射线荧光光谱分析的样品，可以是固态，也可以是溶液。样品制备情况对测定误差影响很大。对于粉末状的纳米材料样品，要将团聚的粒子研磨后压成圆片进行测定，也可以直接放入样品槽中测定。对于纳米粒子的悬浮液样品，可以滴在滤纸上，用红外灯蒸干水分后测定，也可以密封在样品槽中测定。对于纳米薄膜样品则可以直接测定。

X 线荧光光谱研究纳米材料的组成具有如下特点：①分析的元素范围广，从 ^{4}Be 到 ^{92}U 均可测定；②荧光 X 射线谱线简单，相互干扰少；③分析样品不被破坏，分析方法比较简便；④分析浓度范围较宽，从常量到微量都可分析，重元素的检测精度可达 10^{-6} 量级，轻元素稍差。

3.2.5　俄歇电子能谱分析法（AES）

1925 年，法国物理学家 Pierre Auger 在威尔逊云室中首次发现俄歇电子，即处于激发态的原子可通过上层电子释放特征能量而回归至平衡态，特征能量取决于元素的电子结构，可对元素进行唯一性识别。直到 1953 年，Lander 第一个意识到该种检测技术的重要性，并首次从二次电子能量分布谱线中辨识出俄歇电子的电子谱线，但由于俄歇电子谱线强度较弱，使得该项技术难以被真正利用。1968 年，Harris 提出相敏感检测技术和应用微分法，显著提高了测量的信噪比，解决了俄歇电子检测的问题，并发展了俄歇电子能谱仪。1969 年，Palmberg 等人引进了镜筒能量分析器，使得该技术的灵敏度和分析效率大为提高。1973 年，Noel McDonald 把细聚焦扫描入射电子束与俄歇能谱仪相结合，开发了一种商业模型的扫描俄歇显微镜，其能提供表面化学产生的二维分布图。随着设备的不断迭代，现在的俄歇电子能谱可实现 4nm 空间分辨率，并被广泛用作纳米材料表面原子层的结构和元素分析。

当 X 射线或 γ 射线辐射到物体上，由于光子能量很高，能穿入物体，使原子内壳层上的束缚电子发射出来。这时，外层能量高的电子会跃迁到内层填补这个空穴，并释放出能量。释放方式有两种：一种以光子形式辐射，如发射 X 射线；另一种是将该能量转移，转移给另一个电子，得到能量的电子会从原子中激发出来，这就是具有特征能量的俄歇电子。在上述跃迁过程中，一个电子能量的降低，伴随另一个电子能量的增高，这个跃迁过程就是俄歇效应。因而，俄歇电子的能量和入射电子的能量无关，只依赖于原子的能级结构和俄歇电子发射前所处的能级位置，俄歇电子产生过程可简化为图 3-1。简单来说，当原子内层 W 能级的一个电子被具有足够能量的光子或入射电子电离时，在 W 能级产生一个空穴，该空穴立即就被较高能级的另一电子通过 X → W 跃迁填充，多余的能量交给 Y 能级上的电子，使之成为俄歇电子发射出去。

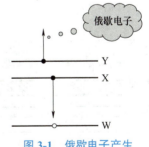

图 3-1　俄歇电子产生过程示意图

俄歇电子用原子中出现的空穴的 X 射线能级符号次序表示，通常俄歇过程要求电离空穴与填充空穴的电子不在同一个主壳层内，即 W ≠ X。俄歇过程中电子能级符号和 X 射线符号如图 3-2 所示。

原子中的一个 K 层电子被入射光击出后，L 层的一个电子跃入 K 层填补空位，此时多余的能量不以辐射特征 X 射线的方式放出，而是另一个 L 层电子获得能量跃出，这样 K 层空位被两个 L 层空位替代的过程可称为俄歇效应，跃出的 L 层电子成为俄歇电子 KLL，如图 3-3 所示。

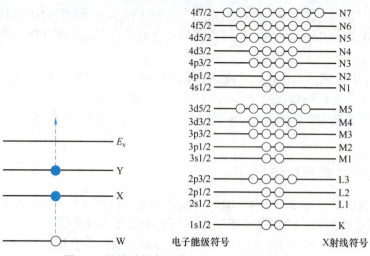

图 3-2　俄歇过程电子能级和 X 射线的符号表述

　　俄歇过程根据初态空位所在的主壳层能级的不同，可分为不同的系列，如 K 系列、L 系列、M 系列等；同一系列中又可按照参与过程的电子所在的主壳层的不同，称为不同的群，如 K 系列包含 KLL、KLM、KMM 等俄歇群，每一个群又有间隔很近的若干条谱线组成，如 KLL 群包括 KL_1L_2、KL_2L 等谱线。所有俄歇电子谱线中，K 系列最简单。L 和 M 系列的谱线要复杂得多，这是因为原子初态的多样性和多重电离的原因。由于俄歇过程至少有两个能级和三个电子参与，所以除了 H 和 He 原子，其他原子都可以产生俄歇电子。

　　如图 3-4 所示，对于 K 层空穴，$Z<19$，发射俄歇电子的几率在 90% 以上；随着 Z 的增加，X 射线荧光产额增加，而俄歇电子产额下降。$Z<33$ 时，俄歇发射占优势。通常对于 $Z<14$ 的元素，采用 KLL 俄歇电子分析；$14<Z<42$ 的元素，采用 LMM 俄歇电子较合适，$Z>42$ 时，采用 MNN 和 MNO 俄歇电子为佳。

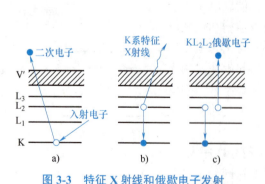

图 3-3　特征 X 射线和俄歇电子发射
a）K 激发态　b）发射 X 射线　c）发射俄歇电子

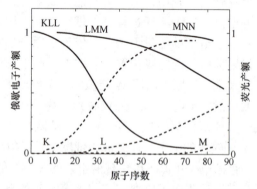

图 3-4　各类俄歇电子产额与原子序数之间的关系

　　俄歇电子能谱主要依靠俄歇电子的能量来识别元素，因此准确了解俄歇电子的能量对俄歇电子能谱非常重要。通常有关元素的俄歇电子能量可以从俄歇手册上直接查得，无需人工计算。俄歇电子的强度除了与元素的存在量有关，还与原子的电离截面、俄歇产率以及逃逸深度等因素有关（半定量）。

虽然俄歇电子的动能主要由元素的种类和跃迁轨道决定，但由于原子内部外层电子的屏蔽效应，芯能级轨道和次外层轨道的电子结合能在不同的化学环境下有微小的差异。这种轨道结合能的微小差异导致俄歇电子能量的变化，称为俄歇化学位移，因为它取决于元素在样品中所处的化学环境。利用这种俄歇化学位移可以分析元素在该物种中的化学价态和存在形式，因此具有广阔的应用前景。俄歇化学效应有三类原子发生电荷转移引起内层能级移动；化学环境变化引起价电子态密度变化，从而引起价带谱的峰形变化。俄歇电子逸出表面时，由于能量损失机理引起的低能端形状改变，同样也与化学环境有关。原子因"化学环境"变化而引起俄歇峰的位移称为化学位移。原子的化学态对俄歇化学位移的影响为：一般元素的化合价越正，俄歇电子动能越低，化学位移越负；相反，化合价越负，俄歇电子动能越高，化学位移越正。相邻原子的电负性对俄歇化学位移的影响为：对于相同化学价态的原子，俄歇化学位移的差别主要和原子间的电负性差有关，电负性差越大，原子得失的电荷也越大，因此俄歇化学位移也越大。

3.2.6　X 射线能量色散分析法

X 线能量色散谱分析技术利用了高能入射电子和物质的交互作用。当入射电子的一部分与原子的内壳层电子发生碰撞，该电子将会被激发到导带或其他未填满的能级上，此时原子处于激发态，原子外层电子有可能跃入内壳层，弛豫到原来的基态，原子的这种跃迁将会产生特征 X 射线。由于某元素特征 X 射线谱线的波长是该元素所特有的，因此可以利用特征 X 射线对元素进行定性和定量分析。

3.2.7　电子能量损失谱（EELS）

电子能量损失谱（Electron Energy Loss Spectroscopy，简称 EELS）分析技术利用了高能入射电子和物质的相互作用。当入射束电子穿过样品，其中一部分透射电子只是被原子核散射，其能量没有损失，仅与样品发生弹性交互作用，被称为弹性散射电子；另一部分入射束电子则与处于原子某能级的电子发生碰撞，该电子将会被激发到导带或其他未填满的能级上，入射电子则损失相应的能量，因此被称为非弹性散射电子。如果将发生能量损失的电子按能量的大小展开就是电子能量损失谱。入射电子从样品原子的内壳层击出一个电子，同时损失的能量可以是某个元素的特征能量。此时原子处于激发态，体系能量升高。原子外层电子有可能跃入内壳层，原子弛豫到原来的基态，原子的这种跃迁将同时会产生特征 X 射线。因此，入射电子的能量损失和 X 射线的发射是互补的，如同特征 X 射线能谱可以反映一个元素的特征能量值，一个元素也具有特征能量损失。对于电子能量损失谱，由最内层电子（$n=1$）跃迁形成的电离损失峰称为 K 电离损失峰。次内层电子（$n=2$）跃迁形成的电离损失峰称为 L 电离损失峰，依次类推，可形成 M、N、O 等电离损失峰。

用该技术扫描出的谱线一般分为三部分。第一部分是零损失峰，组成零损失峰的电子主要有以下三部分：①电子束入射至样品，未与样品发生交互作用，未散射的电子；②与样品发生弹性交互作用，弹性散射电子；③造成晶格振动，引起声子激发，能量损失小于 0.1eV 的电子。零损失峰包含有样品散射能力的有关信息。如样品的密度、厚度、原子散射截面等。零损失峰常作为电子能量损失谱仪能量分辨率好坏的判据，调整好的谱仪零损失峰应该是对称的高斯分布，峰的半高宽定义为谱线的能量分辨率，等于或大于电子束真实能量展宽值。另外，零损失峰还可以做电子能量损失谱定量分析的标准强度。谱线的第二部分是从零损失峰延伸到约 50eV 的能量损失，为低能损失区域。在低能损失区域出现的峰为等离子损失峰，是入射电子和样品价电子发生交互作用的结果。等离子损失峰的相对高度对于样品厚度十分敏感，可用来检测样品的厚度。谱线的第三部分是能量损失 50eV 以上，称为高能损失区域。这是入射电子和原子发生交互作用，原子内壳层电子被激发的过程。在此区域，谱线的主要特征是迅速减小的背底和重叠在背底上的内壳层电子电离的电离损失峰。谱线中背底的电子主要来源于被激发离开样品的电子、经过多次等离子振荡损失的入射电子，以及低能损失部分遗留的尾巴。由于背底不提供任何有用的信息，必须予以扣除。电离损失峰是元素的特征信息，元素内壳层电子激发引起的电离损失峰起始点的能量对应于内壳层电子能量与费米能之差。在电子能量损失谱中，元素电离损失峰能量起始点的位置总是近似一致。同一元素在不同化学键态，其电离损失峰的能量起始点可能存在几个电子伏特的化学位移。因此通过标定电离损失峰的能量坐标对元素进行定性鉴别，同时可以利用电离损失峰对化学成分进行定量分析。

3.3　结构组成分析

　　纳米材料通常具有与块体材料不同的特性，因为它们的比表面积与体积的比值高，导致分子水平上的反应活性呈指数级增长。这些活性包括电子、光学和化学特性。这种纳米结构可通过多种方法合成，其中包括机械、化学和其他途径。在这里，我们广泛描述了使用不同的方法来表征纳米材料。本节将介绍与所研究的特性有关的许多不同的纳米材料的表征技术。

3.3.1　XRD

　　X 射线衍射（XRD）是表征纳米材料最广泛使用的技术之一。通常情况下，XRD 提供有关晶体结构、相的性质、晶格参数和晶粒大小的信息。晶体尺寸是通过使用 Scherer 方程计算，利用 XRD 测量的最强峰的增宽来估计特定样品。XRD 技术的一个优点是它能产生具有统计学代表性的、体积平均的数值，通常是使用粉末状的样品来测试，或者是在干燥其相应的胶体溶液之后。颗粒的组成可通过比较峰的位置和强度来确定，而参考图案可以从国际衍射数据中心（ICDD，以前称为粉末衍射标准联合委员会，JCPDS）数据库中获得。然而，它不适合非晶材料和尺寸低于 3nm 的颗粒。XRD 得出的尺寸通常比实际尺寸大，这是因为一个颗粒中存在较小的晶粒，所有的点阵都排列在同一方向，即使该颗粒是单晶。相反，对于有非常大的颗粒的样品，TEM 得出的尺寸比用 XRD 计算的尺寸要高。事实上，当颗粒尺寸大于 50nm 时，在其表面有一个以上的晶界。XRD 不能区分这两个边界；因此，某些样品的实际尺寸在现实中可能比用 Scherer 公式计算的更大。

3.3.2　XAS

　　X 射线吸收光谱（XAS）包括扩展 X 射线吸收精细结构（EXAFS）和 X 射线吸收近边缘结构（XANES，也称为 NEXAFS）。XAS 测量材料的 X 射线吸收系数作为能量的函数。每种元素都有一组特征性的吸收边缘，对应于其电子的不同结合能，使 XAS 具有元素选择性。作为一种高度敏感的技术，EXAFS 是一种方便的方法来确定甚至在非常低的浓度下可能出现的元素的化学状态。通常需同步加速器来获取 XAS 光谱；因此它不是一种常规或现成的技术。XANES 通过考虑内壳电子被激发到偶极子的状态来探测空填充或部分填充电子状态的密度。EXAFS 是对尺寸小于 10nm 的纳米材料进行结构分析最方便的技术之一。它具有很高的空间分辨率，可以提供在没有长程有序的的化合物中原子的周边环境信息。该研究得出的参数是部分配位数、原子间距离和 Debye-Waller 系数。EXAFS 信号的傅里叶变换（FT）作为函数与背向散射原子在真实空间 $x(r)$ 的径向分布有关。EXAFS 过程中可能出现的相位偏移和来自不同散射通道的干扰，导致 FT 中的峰值位置发生变化，不再与背散射原子和吸收原子之间的几何距离一致。作为一种旨在解决 FT 方法缺点的替代方法，小波变换（WT）已经被提出，正如 C. Schmitz Antoniak 报告的那样。WT 的主要概念是用定位小波取代 FT 中无限扩展的周期振荡，作为积分变换的内核。EXAFS 也可用来研究 $CuFe_2O_4$ 中铜阳离子反转与饱和磁化的关系。XANES 更有助于确定吸收原子的氧化态、空位轨道、电子配置和位点对称性。XANES 测量结果与 EXAFS 一致，都表明铁（Fe）离子占据的四面体位点多于八面体位点。EXAFS 也可用于液体样品，甚至是气相中的簇束，允许通过与固态测量的比较来识别簇束间的相互作用。与 XRD 不同，EXAFS 只对围绕吸收原子的邻近原子的局部几何排列敏感。EXAFS 也被应用于合金的表征，如 Pd_xPt_y。因为普通的分析技术，如 XRD，区分上述合金的各种成分的能力有限，即这些金属在任何相对比例下都是完全混溶的，它们都拥有类似晶格构型的 FCC 结构。此外，结构信息也可以从 EXAFS 测量中获得，与 XRD 相比，尽管有时精度较低且提取困难。XPS 和 XANES 的互补使用被认为对这种具有复杂成分和各种可能的铁价状态的纳米结构是很方便的。与 XRD 方法类似，小角 X 衍射 SAXS 技术允许弹性散射过程在给定的固定角度下运行；但是 SAXS 中的探测器只覆盖小的散射角（通常低于 1°）。图 3-5 显示了一个现场装置，它能够在 Au 纳米粒子的形成过程中实时记录 SAXS/WAXS（广角 X 射线测量）/UV-Vis 测量。图中的装置进行 SAXS 和 WAXS，并在给定的样品位置同时记录 UV-Vis 光谱。WAXS 与 SAXS 类似，但样品和检测器之间的距离较小，因此可以观察到较大角度的衍射最大值。

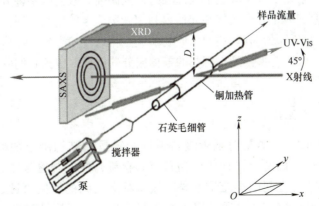

图 3-5　在 Au 纳米粒子形成过程中用于实时 SAXS/WAXS/UV-Vis 测量的现场装置示意图

通常情况下，SAXS 被用于确定颗粒的尺寸、尺寸分布和形状。关于尺寸，SAXS 结果比 TEM 成像更具有统计学上的平均性。Wang 等人采用 SAXS 来研究 Pt 纳米材料的结构随温度的变化。某些温度下，XRD 得到的尺寸与相应的 SAXS 值有差异，这是因为 SAXS 对电子密度波动区的大小敏感，但 XRD 对长程序的大小敏感。SAXS 测得了实际的颗粒大小，而 XRD 则提供了晶粒大小信息。要重点注意的是，SAXS 和 XRD 的不同尺寸值与热处理过程中纳米材料的生长模式有关。用 SAXS 获得的颗粒尺寸比从 TEM 获得的尺寸要大一些。必须指出的是，SAXS 是一种低分辨率技术，在某些情况下，通过 XRD 对纳米材料的表征是必不可少的。SAXS 分析显示了单模散射体的尺寸分布，而 QELS 和 UV-Vis 则产生了多模粒度分布。这种差异可能是后者能够记录 30~60nm 范围内的大颗粒或聚集物。这些大颗粒和聚集物不在 SAXS 的检测范围内。然而，对于相对较小的颗粒，所有上述方法在评估颗粒大小和多分散性方面有很好的一致性。使用硝酸铜和硝酸银在水中合成 Ag-Cu 合金纳米颗粒时，以肼为还原剂，以淀粉为溶胶稳定剂，SAXS 证明了质量分形聚合体的形成。人们注意到了一种双模的尺寸分布，较小的聚集体具有富含银的成分，而质量分形尺寸较低的较大聚集体则富含铜。这种双峰组成模式在局域表面等离子体共振 LSPR 光谱中也很明显。值得注意的是，鉴于纳米聚集体的长度尺度与 LSPR 变化有关，SAXS 是最适合这些研究的非侵入性技术。典型的侵入性技术中，如 TEM 和 SEM，基底与颗粒的相互作用和溶剂的干燥动力学可能会影响所形成的纳米结构。

3.3.3　X 射线光电子能谱（XPS）

X 射线光电子能谱（XPS）是最广泛使用的表面化学分析技术，也被用于纳米级材料的表征。它的基本物理原理是光电效应。XPS 是一种强大的定量技术，有助于阐明材料中的电子结构、元素组成和元素的氧化状态，还可以分析配体交换相互作用和纳米材料的表面功能化以及核/壳结构，并且在超高真空条件下操作。XPS 分析的两个缺点是样品的准备（即需要无污染的干燥固体形式）和数据的解释。

3.3.4　傅里叶变换红外光谱（FTIR）

傅里叶变换红外光谱（FTIR）是一种基于测量波长在中红外区域（4000~400cm^{-1}）的电磁辐射吸收技术。如果一个分子吸收了红外辐射，其偶极矩就会以某种方式被改变，分子就会变得具有红外活性。傅里叶变换红外光谱仪利用光源产生的连续光通过样品后，得到经过样品吸收、散射后的光信号，并使用傅里叶变换算法将这些信号转换成详细的光谱图像。通过解这些光谱图像，可以获得样品中存在的各种成分的信息，包括它们的分子结构、官能团和键的类型、含量等。

3.3.5　核磁共振（NMR）

核磁共振（NMR）光谱是对纳米级材料进行定量和结构测定的另一项重要分析技术。它的基础是核磁共振现象，这些核拥有非零自旋，放在强磁场中时，会导致"自旋上升"和"自旋下降"之间的小能量差异。这些状态之间的转换可通过无线电波范围内的电磁辐射进行探测。核磁共振通常用于研究配体与二磁或反铁磁性 NPs 表面之间的相互作用。然而，它不适合表征铁质或铁磁材料，因为这种材料的巨大饱和磁化导致局部磁场的变化，从而导致信号频率的移动和弛豫时间的急剧缩短。因此，信号峰值发生了明显的拓宽，使得测量实际上是无用的，不能被解释。核磁共振光谱可以帮助对纳米材料的形成和形态进行常规、直接、分子尺度的现场调查，包括在溶液和固相中。它对于分析贵金属纳米材料的形成和最终结构特别有用。封端配体通常也通过核磁共振进行研究，这种测量可以产生关于粒子核心属性的信息（如电子结构、原子组成或组成结构）。除了促进监测配体前体的化学演变及其在颗粒生长中的作用，核磁共振还被用来探测封盖配体对确定颗粒形状的作用。总之，NMR 可以在不同的反应条件下，以高度的分辨率，对纳米材料前体在溶液和固相中的化学转化进行筛选，并对不同的金属特性进行筛选；这有助于更好地理解纳米材料合成的反应机制。此外，当最初的封端配体需要被替换时，核磁共振对于监测配体交换的过程和最终产品非常有用。^{1}H NMR 化学位移行为对周围的电子环境很敏感，这包括原子核的电子结构和结合环境。因此，分子手性的任何变化都可以被邻近的自旋位置"感觉到"，并被观察到化学位移的变化。这使得核磁共振在评估小分子的手性或无手性方面具有重要意义。NMR 也可用于直接监测吸附在金属纳米材料表面气体的扩散。最后，NMR 适用于测量金属纳米材料的流体力学半径，是对更多标准纳米测量技术的重要补充，如 TEM 和 DLS。与 DLS 类似，NMR 光谱是通过分析颗粒的扩散来定义纳米材料的大小。特别是，核磁共振有助于提取溶液中分散良好的物种的扩散系数，这些物种仅根据布朗运动进行扩散。然后，重新代入斯托克斯 - 爱因斯坦方程，可以计算出流体力学尺寸。

扩散有序核磁共振（DOSY-NMR）提供了区分原位自由配体和结合配体的可能性，同时这些物种的分布也可以被量化。溶液核磁共振可用来识别紧密结合的配体，并量化其立体稳定的胶体纳米颗粒的表面密度。此外，核磁共振可进行原位操作，这使得催化反应期间可以监测纳米材料的尺寸和封盖配体环境的变化。溶液核磁共振光谱也被广泛用于表征氧化物纳米粒子系统。

固态核磁共振（SS NMR）光谱是一个重要的表征工具，用于研究固体催化剂的行为和在其表面发生的化学过程。这种技术不仅有助于解决配体 - 溶剂界面上的相互作用，而且还能使人们对硬软物质界面上的配体 - 粒子结合有重要的了解。例如，^{31}P 是一个非常敏感的核磁共振核，具有 100% 的自然丰度和高陀螺磁比，即使在低配体浓度的系统中，也很容易测量 ^{31}P 核磁共振谱，具有良好的信噪比。J-resolved ^{31}P 固体核磁共振光谱与 DFT 计算相结合，可以提供关于异质化物种结构的重要信息。

3.3.6　低能离子散射（LEIS）

低能离子散射（LEIS）是一种现代分析方法，可以快速表征自组装单层（SAM）的厚度。在这种技术中，样品暴露在低能量的气体离子中，这些离子的散射和随后的能量损失与外层表面的元素组成有关。LEIS（HS-LEIS）为表征不同的原子层提供了更好的灵敏度，并可有效地减少表面损伤。HS-LEIS 表明，在 C_{16}COOH 官能化的 14nm Au 纳米材料的情况下，形成了一个完整的 SAM。预估的 SAM 厚度与之前 XPS 数据的表面分析模拟电子光谱结果一致。LEIS 的厚度值与 AFM、X 射线反射和溅射深度剖析得到的值一致。HS-LEIS 的高灵敏度涉及表面原子层 10nm。这种方法快速且直接，而 SESSA 模拟需要对厚度进行长时间的分析，以产生更多的化学成分信息。

3.3.7 紫外 - 可见光谱（UV-Vis）

紫外 - 可见光谱（UV-Vis）是另一种相对简单和低成本的表征方法，经常用于研究纳米级材料。它测量从样品中反射的光的强度，并将其与参考材料中反射的光的强度进行比较。纳米粒子的光学特性对尺寸、形状、浓度、聚集状态和纳米粒子表面附近的折射率很敏感，使得紫外 - 可见光谱成为识别、表征和研究这些材料的重要工具，并能够评估纳米粒子胶体溶液的稳定性。由于纳米材料在可见光部分存在一个 LSPR 信号，所以在光谱上也有一个相应的变化。在某些情况下，例如金属黄铜纳米材料和各向异性的金或银纳米结构，近红外（NIR）波长区域的 LSPR 带也能够出现。除了表征纳米材料的光学特性，350~400nm 波长的吸光度还可以测量金胶体的浓度，但是由于纳米材料大小、表面改性和氧化状态等参数的影响较大，因此不确定性高达 20%~30%。如果在计算时考虑这些因素，确定金胶体浓度就会较为准确。在实际研究中，紫外 - 可见光谱的最大吸光度被成功地用于计算柠檬酸盐涂层银纳米材料的浓度。

3.3.8 动态光散射（DLS）

动态光散射（DLS）是一种广泛采用的技术，可以发现胶体悬浮液中纳米和亚微米范围内的纳米材料。分散在胶体溶液中的纳米材料处于连续的布朗运动中，DLS 测量光散射作为时间的函数，与斯托克斯 - 爱因斯坦假设相结合，用来确定溶液中的纳米材料流体力学直径（即纳米材料和溶剂分子的直径，它们与胶体以相同的速度运动）。在 DLS 中，需要一个相对较低的纳米材料的浓度，以避免多重散射的影响。图 3-6 用于纳米粒子悬浮液动态光测量的典型实验装置的光学构型。该装置可以在多个角度进行操作。例如，对于小尺寸的纳米材料，曲率半径的影响是导致 TEM 和 DLS 测量的直径出现较大差异的主要因素。DLS 的优点是它能够对单点悬浮液进行快速、简单和精确的操作，是一种集合测量方法，对每种纳米材料样品能产生良好的统计。它对单分散的同质样品具有高度的敏感性和可重复性。DLS 的限制是颗粒必须处于悬浮状态并进行布朗运动，大颗粒会散射更多的光，甚至少量的大颗粒会掩盖小颗粒。因此，它对多分散、异质样品的分辨率相当低。DLS 需要进行转换计算，相互预处理数据时必须考虑到这些假设，特别是对于多分散的样品。尽管 DLS 有时可以测量各向异性的纳米结构，但通常假设其为球形颗粒。当与离心沉降法结合使用时，DLS 可以准确测量流体动力学半径，但无法检测小颗粒的分辨率。DLS 还能对具有广泛尺寸分布的样品进行描述。DLS 还与 DOSY 和 NOESY-NMR 技术相结合，探讨了添加到含有金或银纳米材料的反向胶束悬浮液中的二级表面活性剂的分配行为，研究纳米材料和表面活性剂的数量对表面活性剂辅助纳米材料挤出有效性的关键作用。测试的表面活性剂的例子是油胺、油酸和十二烷硫醇。通过 TEM 成像获得的平均颗粒直径低于 DLS 测量的直径，因为 DLS 值反映了含有纳米材料的 AOT 反向胶束的外部直径，以及任何相关的溶剂分子。DLS 有助于监测特定的二级表面活性剂对反向胶束的不可逆渗透。

3.3.9 纳米粒子跟踪分析（NTA）

纳米粒子跟踪分析（NTA）是一种相对较新的技术，它可以测量纳米粒子的大小，并且与 DLS 相比，具有较低的浓度检测限。它利用了光散射和布朗运动的特性，以获得液体分散体中样品的纳米尺寸分布。Hole 等人提供了其操作原理的细节（图 3-7）和进一步的技术信息。

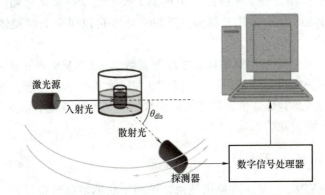

图 3-6 用于纳米粒子悬浮液动态光测量的实验装置的光学构型

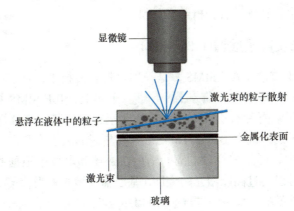

图 3-7 NTA 中使用的光学构架示意图

与其他尺寸测量技术相比，NTA 的一个重要优势是它不偏重于较大的纳米材料或聚集物。此外，其准确性和可重复性验证了 NTA 适合于确定双峰样品的尺寸群体。NTA 还被用来分析几种生物质衍生的 Ag 胶体悬浮液稳定剂在水中的封盖效果。NTA 软件识别和跟踪进行布朗运动的单个纳米材料，并将运动速度与纳米材料大小相关联。

3.3.10 质谱法（MS）

质谱法（MS）作为一种可靠的分析表征纳米材料的强大工具引起了人们的兴趣。质谱提供了关于纳米材料的组成、结构和化学状态的宝贵元素和分子信息，以及它们与目标生物分子的生物共轭。感应耦合等离子体质谱（ICP-MS）被用于纳米材料的元素分析，它的特点是稳健、高灵敏度和宽动态范围，以及高选择性和虚拟基质独立性。此外，它是直接的，通常需要简单的校准协议。它允许可靠地量化和表征金属纳米材料的元素组成，并且可以确定非金属纳米材料中的金属杂质。分子质谱技术，例如电喷雾电离（ESI）和基质辅助激光解吸 / 电离（MALDI），可以提供关于环绕纳米材料的保护配体信息，也可以将整个团簇与它们的化学成分联系起来。此外，将尺寸排除色谱法与 ICP-MS 结合起来，有助于获得关于金纳米粒子的尺寸分布及其元素特性的信息。某些表征技术，包括毛细管电泳、流体力学色谱、离子迁移率光谱和场流分馏（FFF），也提供了关于纳米材料尺寸和尺寸分布的有用信息，它们可以与 ICP-MS 结合使用，例如，FFFICP-MS 可以研究天然胶体的多元素组成和尺寸分布。

通过研究尺寸、尺寸分布和纳米材料浓度等参数，spICP-MS 测量方法具有高通量、可重复性、低成本和高灵敏度等优势，可同时对 10 种以上具有不同物理化学性质的纳米材料进行直接分析。作为概念验证，他们的方法被用来研究纳米材料大小和表面电荷对体内肿瘤输送、生物分布和血液清除的影响。

3.3.11　二次离子质谱（SIMS）

二次离子质谱（SIMS）是一种质谱技术，可用于从纳米材料获得分子化学信息。它是一种表面分析技术，可以是原子或多原子的一次离子被用来溅射带正负电荷的二次离子。二次离子（SIs）来源于样品的最外层纳米结构。SIMS 凭借检测灵敏度和横向（约 100nm）及深度（约 1nm）分辨率，特别适合分析纳米材料。

3.3.12　飞行时间二次离子质谱（ToF-SIMS）

飞行时间二次离子质谱（ToF-SIMS）是一种材料表征技术，拥有高化学灵敏度、高表面灵敏度（探测到的表面 2~3nm）和分子特异性。事实上，ToF-SIMS 被广泛用于表征较大部件的纳米区，如电子装置和有机或无机性质的薄至超薄薄膜。高分辨率的 Nano SIMS 可以提供单原子和双原子的二次离子，比 ToF-SIMS 有更好的灵敏度和空间分辨率。

此外，质谱技术中，样品需经过电离，随后在磁场和电场中根据质量和电荷比进行分选。解吸和电离过程可以通过高能激光的烧蚀（基质辅助激光解吸/电离，MALDI）或惰性气体的轰击（快速原子轰击）来协助进行。MALDI-ToF MS 可以表征非常小的纳米颗粒，因为它可以一次对许多颗粒进行量化，从而提高对分散性的估计。可以分析的颗粒尺寸范围非常大，而且高度敏感。

3.3.13　共振质量测量微机电系统（RMM-MEMS）

共振质量测量微机电系统（RMM-MEMS）是一种用于检测和计数材料中的亚可见和亚微米颗粒，并测量其大小和质量以及这些特性的分布的技术。采用一个微型电动机械系统（MEMS）传感器，其中包含一个谐振悬臂，在其表面嵌入了一个微流体通道。当仪器中的流体系统将样品推送经过通道时，悬臂的共振频率会发生变化。共振频率的变化通过激光测量，先聚焦到悬臂的顶端，然后将其发送到一个分离光电二极管探测器。每个粒子穿过传感器都会引起共振频率的变化，从而得到对样品中单个颗粒浮力质量精准的测量。通过这样的测量，可以计算出粒子的质量、粒径（等效球）以及表面积。同时也可对样品浓度、密度、体积和多分散性进行整体测量。

3.3.14　Zeta（ζ）电位

样品的 ζ 电位是衡量胶体分散体稳定性的一个关键指标。高度带正电或负电的颗粒倾向于相互排斥，从而形成稳定的胶体溶液，只显示出轻微的结块趋势。这样的高电荷颗粒与 pH 值有关，而 pH 值远离所谓的溶液"等电点"，这是指 ζ 电位为零的 pH 值。另一方面，胶体 NP 分散体的 ζ 电位的低值会导致胶体絮凝，它对应于更接近系统的等电点的值。一般来说，ζ 电位值在 ±20~30mV 或更高范围内的胶体被认为是稳定的。这一特性可通过改变表面化学性质来调整，所以胶体悬浮液的稳定是通过静电排斥获得的。ζ 电位受悬浮液的浓度和溶剂及其他添加剂组成的影响。

3.3.15 电泳迁移率（EPM）

测量电泳流动性（EPM）是为了评估纳米材料的表面电荷。据报道，氧化铁纳米材料的聚集和分解与纳米材料浓度、pH 值有关。低的 EPM 值与大的聚集物的形成有关，而在纳米材料长时间内稳定的情况下，可观察到非常高的 EPM 值。

3.3.16 凝胶渗透色谱法（GPC）

凝胶渗透色谱法（GPC），又称为尺寸排除色谱法，是一种非常有价值的工具，它根据分子的流体力学体积或尺寸来分离分子。通过先进的检测系统与 GPC 结合，可以获得有关聚合物的信息，如相对分子质量（M_w）分布、平均分子质量和分支程度。

3.3.17 电感耦合等离子体光发射光谱法（ICP-OES）

电感耦合等离子体光发射光谱法（ICP-OES）是一种高灵敏度的技术，可以表征核心纳米粒子，也可表征其涂层配体。它可以达到痕量级的浓度，浓度的微小变化可以被识别，并且可同时检测多种元素。因此，它可以提供关于 Au 纳米材料上共轭的表面物种的信息，并对配体包装密度进行量化。此外，ICP-OES 提供了一个宽的动态线性范围，并且它具有良好的重复性。磁性固相萃取（MSPE）结合 ICP-OES 已被用于识别环境水样中的铬离子。此外，结合上述技术也可以发现微量的铬、铜和铅。

3.3.18 电喷雾差动分析（ES-DMA）

电喷雾差动分析（ES-DMA）是一种快速技术（分析时间尺度为 1~100min），具有亚纳米级的分辨率。它可以确定纳米材料的浓度，是一种快速、低成本的技术，其结果具有统计学意义；但是它不能提供其他技术（如 SANS 或 X 射线晶体学）的原子尺度分辨率。ES-DMA 得出的尺寸值可以与电子显微镜和光散射技术得出的尺寸值相匹配。属于后一种类型的技术是椭圆偏振光散射（EPLS），它准确、快速、非侵入性，可以实时分析。可以提供关于团聚体的尺寸、尺寸分布、形状和结构的信息。此外，热透镜光谱法（TLS）技术可用于测量纳米材料溶液的热扩散性，例如，在纳米材料尺寸和浓度不变的情况下，15nm 的 Au 纳米材料在不同的 pH 值环境中，它为高灵敏度评估半透明材料的热扩散性以及低热扩散性的检测提供了一个可靠的替代方法。

3.3.19 石英晶体微天平（QCM）

与 ICP 和微电脑断层扫描相比，QCM 可用于纳米材料的质量测量，它具有实时监测、灵敏度更高、成本更低的优点。Burg 等人描述了使用悬浮的微通道谐振器，以亚重量级的分辨率（1Hz 带宽）称量水中的单个纳米材料、单个细菌细胞和吸附蛋白质的亚单层。

3.4 电催化的原位表征技术

电催化剂的原位表征是利用多种分析工具深入了解其结构、形态、成分、化学和物理特性。最近，通过先进的原位/外场技术广泛观察了电化学过程中活性位点的结构变化和重建。原位结果之间的差异清楚地表明，只有原位表征才能捕捉到活性位点的真实情况，从而获得更准确的结构 - 活性关系。此外，原位技术能够检测到反应中间体和三相边界界面，从而拼凑出全面的反应机制。

根据活性点的性质，有三大类电催化剂，即纳米催化剂（金属、合金、氧化物、茂金属等）、分子催化剂和最近出现的单原子催化剂。在这一节中，我们总结了各种操作性表征技术的应用，重点是它们在表征不同催化剂具体属性方面的优缺点。

3.4.1 XAS

使用同步辐射源的硬 XAS 和软 XAS 探测复杂催化剂的原子特定结构信息，这些信息控制着催化剂的活性和选择性。XANES 的特征来自于电子从占位态到非占位态的转变，从而提供了关于氧化态和电子结构的信息。围绕吸收原子的射出和背向散射的光电子之间的相互作用导致 EXAFS 的振荡，它对配位环境很敏感，包括配位数和键距。硬 X 射线较大的穿透深度使得对工作中的电催化剂进行实时操作性测量是可行的。因此，原位硬 XAS 广泛用于探测工作条件下的动态位点结构及稳定性。原位硬 XAS 的主要困难之一是 X 射线束诱导的结构变化发生在一些电催化系统中；因此，需特别注意区分那些由 X 射线束和应用电位 / 吸附剂引起的变化。

3.4.2 XES

作为 XAS 的补充，X 射线发射光谱（XES）测量去激发过程中发射的荧光光子，其中电子从外壳转移到 XAS 中创建的内壳的电子空穴。XAS 和 XES 分别检测最低能量的非占位态和最高能量的占位态，这两种技术都探测吸收原子的局部电子结构和成键配置。某些情况下，XES 提供了与 XANES 互补的结构信息。例如，$K_{\beta1,3}$ 峰的移动与金属的氧化态呈线性关系。与 XANES 相比，XRD 对结构的依赖更少，适合监测氧化态的微小变化。$K_{\alpha1,2}$ 和 $K_{\beta1,3}$ 发射线对价壳中的总自旋很敏感，因此能够检测电化学反应中的自旋交叉。基于共振非弹性 X 射线散射（RIXS）的 XES 最近被证明是可行的，因为 S. Gul 等人测量了 $MnNiO_x$ 在 ORR 和 OER 过程中 $K_{\beta1,3}$ 发射线，其中 Ni 和 Mn 的氧化态分别从 2^+ 和 3.6^+（对于 ORR）增加到 3.7^+ 和 4^+（对于 OER）。镍的作用主要在于促进锰的氧化。这项研究为其他原位 XES 研究开辟了一条途径，特别是原位 $K_{\beta2,5}$ 和 $K_{\beta00}$ XES。$K_{\beta2,5}$ 和 $K_{\beta00}$ 线与价核转换有关，直接反映了参与化学键的电子轨道的构型，这使得用硬 X 射线研究传统的 L- 和 M- 边软 XAS 中的电子结构成为可能。如前所述，操作性软 X 射线实验的困难主要在于在超高真空（UHV）条件下处理液体细胞，而操作性硬 XES 自然可以解决这个问题。此外，$K_{\beta00}$ XES 能够探测配体 - 金属的相互作用，更重要的是，吸附方式取决于金属的形貌，这些通常制约着催化活性。这些新技术将明确地为电催化剂的设计提供独特的视角。

3.4.3　穆斯堡尔谱法

穆斯堡尔效应涉及固体中原子核对 γ 射线的无后坐力核共振发射和吸收，并构成穆斯堡尔谱的基石。在穆斯堡尔谱中有三个主要参数：①由原子核和 s 电子之间的电单极相互作用产生的异构体偏移（IS）；②由核四极矩和原子核的电场梯度之间的电四极相互作用引起的四极分裂（QS）；③由核磁偶极矩和原子核的磁场之间的磁偶极相互作用引起的磁超精细场（B）。因此，IS、QS 和 B 的组合提供了关于电子结构（自旋和氧化态）、几何对称性和有关元素磁性以及配体电负性的独特信息。尽管从穆斯堡尔谱获得的信息对电催化剂的催化活性和 / 或选择性至关重要，但在一系列参考光谱的基础上对穆斯堡尔谱线进行匹配和分配还是一个挑战。穆斯堡尔谱的强度受 Lamb-Mssbauer 因子支配，即无反冲部分，它取决于自由原子反冲能、晶格刚性和温度。原则上，穆斯堡尔谱只适用于具有相对较低的核转变能量（对应于高的 Lamb-Mssbauer 因子）和方便的激发态寿命的有限元素，以获得具有足够质量和合理采集时间的光谱。因此，穆斯堡尔谱现在主要用 ^{57}Fe 和 ^{119}Sn 核进行。幸运的是，铁和锡在电催化领域广泛使用。CuSn 合金和 Sn 基催化剂对 CO_2RR 非常有效，而 Fe 基催化剂已被报道用于各种电化学反应，如用于 ORR 和 CO_2RR 的 Fe-N-C、Fe 基和 NiFe 基。然而，到目前为止，只有少数关于原位穆斯堡尔谱的研究被发表。

3.4.4　XPS

X 射线光电子能谱（XPS）是用光子照射感兴趣的样品来测量动能和逸出电子的数量，提供特定元素的化学和电子状态信息。XPS 用于催化研究的自然优势是它是一种表面敏感的技术；然而，由于需要超高真空在电极 - 电解质界面上实施原位 XPS 受到阻碍。即使使用最先进的基于同步加速器的环境压力 XPS（APXPS），液体层仍需小于 20nm 才能进行原位测量。

3.4.5　光学光谱学：拉曼光谱和红外光谱

光学拉曼和红外光谱是根据分子的振动模式进行指纹识别的强大技术。红外光谱检测是由于偶极矩的变化而产生的光吸收，而拉曼光谱测量是由于极化率的变化而产生的非弹性散射。根据相互排斥的规则，拉曼活跃的中心对称分子是红外不活跃的，反之亦然。因此，拉曼和红外光谱在大多数情况下是互补的技术。操作性测量通常涉及浸泡在液体电解质中的电极表面；因此，由于水的拉曼散射较低，拉曼光谱在操作性表征方面更可行。为了加强物质的散射信号，表面增强拉曼散射（SERS）被广泛利用。由于最小化的电解质层干扰和增强的吸收信号，衰减全反射表面增强红外吸收光谱（ATR-SEIRAS）经常用于原位研究。

1. 相变和活性部位识别

原位拉曼已经被证明能够检测电势驱动的相变和活性位点的化学状态。Z.Qiu 等人通过拉曼光谱研究了 FeNi 和 Ni 氧化物在 HER/OER 中的界面活性相。在 OER 过程中，当电位高于 0.4V 时，Fe 的存在促进了从 $Ni_xFe_{1-x}O$ 到带有 Ni^{4+} 的更活跃的 $Y-Ni_xFe_{1-x}OOH$ 相的转化，而纯 NiO 转化为不太活跃的 $\beta-Ni^{3+}OOH$。在 HER 电位区，观察到 Ni 和 Fe 位点之间的协同作用，水分子离解性地吸附在相邻的 Ni 和 Fe 位点上，形成 H_{ad}-Ni 和 OH_{ad}-Fe 中间产物。此外，拉曼有助于识别电化学反应的活性物种。B. S. Yeo 的研究小组和 J. -F. Li 的研究小组观察到在 HER 电位范围内，MoS_2 表面形成了 S-H 键。Li 小组观察到在 HER 电位范围内 MoS_2 表面形成的 S-H 键，明确证明了 MoS_2 中的 S 原子可作为活性物种。

2. 局部 pH 值的计算

局部 pH 值会影响各种电化学反应的动力学和反应途径，特别是那些涉及质子 / 氢氧化物转移的反应。然而，对电极 / 电解质界面上质子浓度的精确量化一直是一个长期挑战。最近，K. Yang 等人采用 SEIRAS 操作法研究了 CO_2RR 过程中电极（多晶铜膜）和电解质（磷酸盐缓冲液）界面的 pH 梯度。界面的 pH 值是根据 SEIRAS 光谱中得到的 $H_2PO_4^-$、HPO_4^{2-} 和 PO_4^{3-} 的相对强度来计算的。即使在相对较低的电流密度（<10mA/cm^2）下，与大体积溶液（0.2mol/L 磷酸盐缓冲液）相比，电极表面附近的 pH 值高达 5 个 pH 值，与 RHE 相比也是如此。最近，X.Lu 等人在一个更实用的带有气体扩散电极的流动池中，通过拉曼光谱仪测量了离电极表面不同距离的电解液 pH。在电极 / 电解质界面的碱电解质（1mol/L KOH）通过与二氧化碳气体反应而被中和，由此产生的 pH 值梯度在高达 150mA/cm^2 的电流密度下仍然存在。对于涉及质子转移的电化学反应，表面 H^+（或 OH^-）起着关键作用。W.Deng 等人通过原位 ATR-SEIRAS 发现，在 CO_2RR 过程中，表面羟基通过氢键促进 H_2CO_3 形式的 CO_2 吸附，并进一步还原成 HCOO* 物种。然而，较高的表面羟基覆盖率限制了反应速度，因为可用的活性位点数量较少。

3. 界面水结构

界面水的详细结构，换句话说，在偏置电位下，双电层内部亥姆霍兹平面的取向和氢键网络会影响反应途径和电化学反应的催化活性 / 选择性。J. F Li 和他的同事们通过操作拉曼光谱结合分子动力学，研究了金单晶表面电双层的水结构。当施加的电势被负向扫过时，会发生明确的电势依赖性的水重新定向，这种重新定位的水结构被认为是碱介质中 HER/HOR 的关键障碍，阻碍了决定速率的沃尔默步骤。

4. 反应中间体识别

在原位研究中识别反应中间体对揭示反应途径至关重要。*H 是各种电化学反应的一个重要中间体，包括 HOR/HER、CO_2RR 和 NRR。然而，由于 H 原子的质量较轻，在对局部配位环境敏感的原位 XAS（和 $\Delta\mu$-XANES）中是看不见的。幸运的是，红外光谱能够探测被吸收的氢原子、*H 覆盖和 HBE，为研究 *H 在电化学催化过程中的作用提供了可能。S.Zhu 等人应用红外光谱监测 Pt 表面的界面水分子和 *H，并首次计算了氢和水结合强度的 pH 值变化。HBE 和水与 Pt 表面的相互作用减弱，被认为是 HOR/HER 在碱性介质中动力学迟缓的原因。ORR、CO_2RR 和 NRR 的其他反应中间体也通过红外和拉曼光谱进行了广泛研究。

3.4.6　X 射线计算机断层扫描

尽管活性点结构决定了内在的活性和选择性，但电极的质量传输特性对于加速电化学反应速率也是至关重要的，特别是在高电流密度下。在工业电流 / 功率密度下，燃料电池和电解器的实际应用需要电子、质子、反应物和产品向催化点快速质量运输。这种固 - 液 - 气界面高度依赖于电极的多孔结构和形态。运行中的 X 射线计算机断层扫描（XCT）分析了燃料电池和电解质中气体扩散电极（GDL）和催化剂层内的界面结构，为优化电极形态提供了指导。许多研究小组利用 XCT 研究燃料电池运行期间的水分布，特别是在高电流密度下，为水管理提供有价值的见解，以优化燃料电池的运行条件，燃料电池和电解器中气体扩散电极（GDL）和催化剂层内的界面结构如图 3-8 所示。

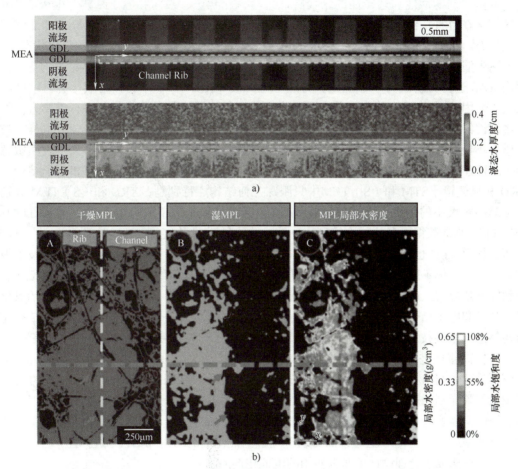

图 3-8　燃料电池和电解器中气体扩散电极（GDL）和催化剂层内的界面结构

a）运行中的燃料电池中质子交换膜燃料电池膜电极（MEA）的原位 XCT 原始吸收（顶部）和处理后的水厚度（底部）图像　b）原位 XCT 图像显示完全干燥的微孔层（MPL）（左），有湿的 MPL 的区域（中），以及 MPL 中的局部水密度分布（右）

3.5　结论和展望

在过去的几十年里，包括显微镜（TEM 和 STM）、光学光谱（拉曼和红外）、基于 X 射线的表征（XRD、硬和软 XAS、XES、XCT）和穆斯堡尔谱在内的原位技术已经成功地应用于各种电化学过程。这些技术大多数都能研究纳米催化剂，但 STM 技术除外，它只适用于清洁和完美的表面。这里应该指出的是，对于纳米催化剂，大量的技术（XRD、XAS、XES 和穆斯堡尔谱）探测平均结构信息。另外，Δμ-XANES、IR 和拉曼为研究发生电化学反应的纳米催化剂的表面结构提供了一个好方法。此外，原位 XRD 仅适用于晶系纳米催化剂，而不适用于非晶系结构的催化剂。到目前为止，对分子催化剂和 SAC/PACs 的研究仅限于硬 XAS、穆斯堡尔谱、拉曼和红外。在分子催化剂和 SAC/PAC 上应用软 XAS、XES 和 STEM 的主要挑战是它们的低金属含量和金属位点的孤立性质。

电催化剂的活性和选择性的结构特性包括氧化状态、几何和电子结构、电极 / 电解质界面等。在各种广泛使用的原位技术中，XAS、XES、穆斯堡尔谱、拉曼和 XPS 能够探测氧化状态。作为一种批量技术，XAS 适用于检测分子催化剂和 SAC/PACs 的氧化状态变化。对于纳米催化剂，特别是颗粒相对较大的催化剂，表面的氧化状态变化被体量平均化，使得使用 XAS 进行分析成为一种挑战。另外，与 XAS 相比，XES 检测到的氧化态对结构的影响较小，因此 XES 适合监测氧化态的微小变化。用穆斯堡尔谱获得氧化态，需要人们将穆斯堡尔谱仪与标准谱仪进行比较，有时还需要参考其他技术来获得明确的结论。同样，拉曼光谱也不能直接探测到氧化状态，而是从探测到的化学相中推断出来的。关于表面敏感的 XPS，只有准外延研究是可能的。XAS、XES 和穆斯堡尔谱也能检测几何和电子结构，而 XRD 和显微镜［STM 和（S）TEM］只跟踪几何结构。特别是，XRD 和（S）TEM 分别追踪结晶颗粒大小的体积平均值和局部形态（包括结晶和非结晶结构）。因此，与 XRD 相比，（S）TEM 通常获得更多的结构信息。拉曼、红外和 XES 能够检测反应介质和电极 / 电解质界面，据说 STM 也能捕获表面吸收物。简而言之，原位 XPS、STM 和（S）TEM 技术很有前途，但目前仍不成熟，而原位 XRD 很发达，但在电化学系统中应用有限。光电 XAS、拉曼和红外是应用最广泛、发展最成熟的技术，可以研究各种电催化剂在工作条件下的氧化状态、几何和电子结构以及电极 / 电解质界面。新兴的原位穆斯堡尔谱和 XES 为 XAS 补充了结构信息。这些技术的一个有利的事实是，它们补充了 XAS 无法确证的信息，而信噪比的进一步提高将促进它们在各种电化学系统中的应用。最后，原位 XCT 是唯一研究 MEA 行为而不是催化剂本身的技术。在上述操作技术的帮助下，在阐明电催化的以下关键方面取得了令人印象深刻的进展：①活性位点结构，②关键中间体和反应途径，③反应条件下电催化剂的降解机制，④电解质（溶剂、阴离子和阳离子）在电催化中的作用，⑤反应物 / 产品在原位过程中的质量传输。上述方面有助于理解电催化剂的结构和活性 / 选择性 / 稳定性之间的关系，这构成了合理设计工业上实用的电催化剂的基石。

在不久的将来，通过解决以下问题，为电催化剂提供：①真正的设备（燃料电池和电解器）与专门为某一技术设计的操作室之间的差距。一般来说，大多数用于操作研究的电化学电池不能完全模仿真实装置的操作条件（温度、压力、膜、气体、聚电极、气体 / 电解质的流动等）。特别是，电解质的作用通常在电催化的操作研究中被忽视。例如，大多关于燃料电池应用的 ORR/HOR 催化剂的研究是在有水电解质的三电极液体电池中进行的，而实际操作的燃料电池是没有电解质的。液态电解质的存在可能会对确定的反应途径和活性点的降解机制产生很大的影响。因此，开发 / 优化真正的燃料电池和电解器，使其适合操作研究，是下一代操作技术的方向之一。一些研究小组已经设计了燃料电池来进行 XAS 和光学光谱研究；但是，在某些情况下，原位形成的非活性相的信号会干扰活性相的信号。为了解决上述问题，需进一步推进操作室的设计。②缺乏示范催化剂。催化剂中存在的各种活性相在操作过程中的表现各不相同，使本已复杂的系统变得更加令人费解。根据操作和电化学特性来区分其活性、选择性和稳定性仍然是一个挑战。电催化剂的异质性，不仅是纳米催化剂，也包括 SACs，使得通过操作技术揭示活性位点的结构及其降解机制变得非常困难。这就需要开发一系列具有可控结构的模型催化剂，并对这些模型催化剂进行系统的研究。③缺乏一种实时分辨的技术来捕捉由吸收的物种反应间的潜在偏差所引起的活性点的动态变化，并对其进行检测。对于穆斯堡尔谱，即使是同位素 ^{57}Fe，也需要几个小时才能得到一个光谱（只有 ^{57}Fe 是穆斯堡尔谱活性的，而天然铁中只有 2% 的铁是 ^{57}Fe 的一部分）。关于红外和拉曼，一个光谱一般需要几十秒，而获得一个 XRD/XAS/XES 光谱的时间从几分钟到几小时不等。这意味着上述大多数操作只能捕捉到每个电位偏置下的活性位点的（准）稳定状态。利用同步辐射设施中最先进的快速 EXAFS 技术（例如法国 SOLEIL 的 ROCK 光束线和瑞士保罗 - 舍勒研究所瑞士光源的 SuperXAS 弯磁光束线），人们能够在几毫秒的时间尺度内获得一个光谱。然而，反应中间体通常有几皮秒的寿命，这使得捕捉反应中间体引起的活性部位的结构和氧化状态的动态变化成为一种挑战。此外，拉曼光谱和红外光谱广泛用于检测电化学反应中的反应中间体；然而，只有稳定的吸收物，而这些吸收物并不属于电化学反应。在大多数情况下，已经观察到了反应速率决定步骤（RDS）。例如，在铜基催化剂上的 CO_2RR 过程中只观察到 *CO（或其他 C_1 中间体），而 C_{2+} 产品的 RDS 是 C-C 耦合，据我们所知，C-C 耦合后的反应中间体的检测很少被报道。因此，对电化学过程的时间分辨率的研究需要进一步推进表征技术，以提高其时间尺度的分辨率。④多种结构因素制约着催化活性、选择性和稳定性。关键因素包括氧化状态、几何和电子结构、电极 / 电解质界面等。因此，没有任何一种方法能够全面反映活性点的详细结构。不同原位技术的结合有望建立起电催化剂的结构 - 活性关系的连贯性，使燃料电池和电解器更接近于实际应用。

思 考 题

1. 简述纳米材料具有的几种纳米效应。
2. 表征纳米材料的方法有哪些？列举它们的优势与局限。
3. 简述 TEM 的制样要求。
4. 如何让导电性不好的样品拍出清晰的 SEM 照片？
5. 我们可以运用 AFM 表征技术获得样品哪些基本信息？
6. 简述 X 射线衍射（XRD）的适用范围。
7. X 射线吸收光谱（XAS）的分类以及应用有哪些？
8. 质谱法（MS）的应用范围有哪些？
9. 简述核磁共振（NMR）的原理与应用。
10. 光学拉曼和红外光谱的原理与应用有哪些？
11. 简述穆斯堡尔谱的三个主要参数及应用。
12. X 射线光电子能谱（XPS）谱图除主线还有哪些伴线？简述产生机制。

参 考 文 献

[1] BOLES M A，LING D，HYEON T，et al. The surface science of nanocrystals [J]. Nature Materials，2016，15（2）：141-153.
[2] EL-KHAWAGA A M，ZIDAN A，EL-MAGEED A I A A. Preparation methods of different nanomaterials for various potential applications：A review [J]. Journal of Molecular Structure，2023，1281.
[3] BHARATHI R V，RAJU M K，UPPUGALLA S，et al. Cu^{2+}substituted Mg-Co ferrite has improved dc electrical resistivity and magnetic properties [J]. Inorganic Chemistry Communications，2023，149.

［4］ FATHI M，HANIFI A. Evaluation and characterization of nanostructure hydroxyapatite powder prepared by simple sol-gel method［J］. Materials letters，2007，61（18）：3978-3983.

［5］ OGUNYEMI S O，ABDALLAH Y，ZHANG M，et al. Green synthesis of zinc oxide nanoparticles using different plant extracts and their antibacterial activity against <i>Xanthomonas oryzae</i> pv.oryzae ［J］. Artificial Cells Nanomedicine and Biotechnology，2019，47（1）：341-352.

［6］ IGLESIAS - JUEZ A，CHIARELLO G L，PATIENCE G S，et al. Experimental methods in chemical engineering：X - ray absorption spectroscopy—XAS，XANES，EXAFS［J］. The Canadian Journal of Chemical Engineering，2022，100（1）：3-22.

［7］ ZIMMERMANN P，PEREDKOV S，ABDALA P M，et al. Modern X-ray spectroscopy：XAS and XES in the laboratory［J］. Coordination Chemistry Reviews，2020，423：213466.

［8］ SHARPE L R，HEINEMAN W R，ELDER R. EXAFS spectroelectrochemistry［J］. Chemical Reviews，1990，90（5）：705-722.

［9］ PAUW B R. Everything SAXS：small-angle scattering pattern collection and correction［J］. Journal of Physics：Condensed Matter，2013，25（38）：383201.

［10］ BABICK F. Dynamic light scattering（DLS）：Characterization of nanoparticles［M］. London：Elsevier，2020.

［11］ HOLE P，SILLENCE K，HANNELL C，et al. Interlaboratory comparison of size measurements on nanoparticles using nanoparticle tracking analysis（NTA）［J］. Journal of Nanoparticle Research，2013，15：1-12.

［12］ MCPHAIL D. Applications of secondary ion mass spectrometry（SIMS）in materials science［J］. Journal of Materials Science，2006，41：873-903.

［13］ SENONER M，UNGER W E. SIMS imaging of the nanoworld：applications in science and technology ［J］. Journal of Analytical Atomic Spectrometry，2012，27（7）：1050-1068.

［14］ SZAéJLI E，FEHEéR T，MEDZIHRADSZKY K F. Investigating the quantitative nature of MALDI-TOF MS［J］. Molecular & Cellular Proteomics，2008，7（12）：2410-2418.

［15］ PATTON S T，SLOCIK J M，CAMPBELL A，et al.Bimetallic nanoparticles for surface modification and lubrication of MEMS switch contacts［J］. Nanotechnology，2008，19（40）：405705.

［16］ 李强，高濂，奕伟玲.纳米 ZnO 制备工艺中 ζ 电位与分散性的关系［J］. 无机材料学报，1999，14（5）：813-817.

［17］ UHM Y R，KIM J，JUN J，et al. Fabrication and Characterization of Micro-and Nano-Gd2O3 Dispersed HDPE/EPM Composites［J］. Radiation Physics and Chemistry，2010，145：160-173.

［18］ TADROS R，NOUREDDINI H，TIMM D C. Biodegradation of thermoplastic and thermosetting polyesters from Z - protected glutamic acid［J］. Journal of Applied Polymer Science，1999，74（14）：3513-3521.

［19］ OLESIK J W.Elemental analysis using icp-oes and icp/ms［J］. Analytical Chemistry，1991，63（1）：12A-21A.

［20］ ELZEY S，TSAI D-H，YU L L，et al. Real-time size discrimination and elemental analysis of gold nanoparticles using ES-DMA coupled to ICP-MS［J］. Analytical and Bioanalytical Chemistry，2013，405：2279-2288.

［21］ WANG L. Metal-organic frameworks for QCM-based gas sensors：A review［J］. Sensors and Actuators A：Physical，2020，307：111984.

［22］ 冯雅辰，王翔，王宇琪.电催化氧还原反应的原位表征［J］.电化学，2022，28（3）：2108531.

［23］ LAFUERZA S，GARCíA J，SUBíAS G，et al. Hard and soft x-rays XAS characterization of charge ordered LuFe$_2$O$_4$；proceedings of the Journal of Physics：Conference Series，F，2015［C］. IOP Publishing.

［24］ KHYZHUN O Y. XPS，XES and XAS studies of the electronic structure of tungsten oxides ［J］. Journal of Alloys and Compounds，2000，305（1-2）：1-6.

［25］ MATSNEV M，RUSAKOV V. SpectrRelax：An application for Mössbauer spectra modeling and fitting；proceedings of the AIP Conference Proceedings，F［C］. American Institute of Physics，2012.

［26］ STEINER M，KöFFERLEIN M，POTZEL W，et al. Investigation of electronic structure and anisotropy of the Lamb-Mössbauer factor in ZnF_2 single crystals ［J］. Hyperfine Interactions，1994，93：1453-1458.

［27］ SEAH M. The quantitative analysis of surfaces by XPS：A review ［J］. Surface and Interface Analysis，1980，2（6）：222-239.

［28］ GENGENBACH T R，MAJOR G H，LINFORD M R，et al. Practical guides for x-ray photoelectron spectroscopy（XPS）：Interpreting the carbon 1s spectrum ［J］. Journal of Vacuum Science & Technology A，2021，39（1）.

［29］ KAS R，YANG K，BOHRA D，et al. Electrochemical CO_2 reduction on nanostructured metal electrodes：fact or defect？［J］. Chemical Science，2020，11（7）：1738-1749.

［30］ LI C Y，LE J B，WANG Y H，et al. In situ probing electrified interfacial water structures at atomically flat surfaces ［J］. Nature Materials，2019，18（7）：697-701.

［31］ INTIKHAB S，REBOLLAR L，TANG M H，et al. Investigating the Effect of Ru（OH）x Surface Decoration on HER/HOR Kinetics；proceedings of the Electrochemical Society Meeting Abstracts 236，F［C］. The Electrochemical Society，Inc，2019.

［32］ ZHU S，QIN X，YAO Y，et al. pH-dependent hydrogen and water binding energies on platinum surfaces as directly probed through surface-enhanced infrared absorption spectroscopy ［J］. Journal of the American Chemical Society，2020，142（19）：8748-8754.

［33］ JINUNTUYA F，WHITELEY M，CHEN R，et al. The effects of gas diffusion layers structure on water transportation using X-ray computed tomography based Lattice Boltzmann method ［J］. Journal of Power Sources，2018，378：53-65.

［34］ MüLLER O，NACHTEGAAL M，JUST J，et al. Quick-EXAFS setup at the SuperXAS beamline for in situ X-ray absorption spectroscopy with 10 ms time resolution ［J］. Journal of Synchrotron Radiation，2016，23（1）：260-266.

第 **4** 章

电催化基本原理

4.1 电催化反应的基本规律

电催化是使电极、电解液界面上的电荷转移反应加速的一种催化作用，是电化学的重要分支之一。在电场的作用下，存在于电极表面或液相中的修饰物能够促使电极上的电子发生转移反应，而修饰物本身并不发生变化。通常电催化反应都发生在固体（电极）/ 液体（电解液）/ 气体（气体扩散电极）三相界面。改变电极上的电极电势、电极 / 溶液界面双电层的结构、反应物 / 产物的自由能、某些特性吸附离子的吸附能与平衡覆盖度都会使反应发生很大改变。由巴特勒 - 福尔默方程可知这种影响是指数级别的，因此轻微的电极电势改变就会有巨大的变化。与其他催化作用（生物催化、均相催化、异相催化以及超高真空表面催化）相比，电催化的明显优势在于在常温、常压下能够通过改变界面电场来调节反应体系的能量，从而控制化学反应的方向和速度。活化能的改变是加速或者延缓反应的关键，研究电催化的目的是寻求提供其他具有较低能量的活化路径，从而使这类电极反应在平衡电势附近发生。电催化反应可分为两类：

1）离子或分子通过电子传递步骤在电极表面产生化学吸附中间物，随后吸附中间物经过异相化学步骤或电化学脱附步骤生成稳定的分子。如酸性溶液中氢析出反应

$$H_3O^+ + M + e^- \longrightarrow M\text{-}H + H_2O（质子放电）$$

$$2M\text{-}H \longrightarrow H_2 + 2M（表面复合）$$

$$M\text{-}H + H_3O^+ + e^- \longrightarrow H_2 + M + H_2O（电化学脱附）$$

式中，M 代表离子或分子，典型代表为 O_2 和 Cl_2 的阳极析出反应和羧酸根的电氧化反应。

2）反应物先在电极上进行解离式或缔合式化学吸附，随后吸附中间物或吸附反应物进行电子传递或表面化学反应。如电氧化甲酸反应

$$HCOOH + 2M \longrightarrow M\text{-}H + M\text{-}COOH$$

$$M\text{–}H \longrightarrow M + H^+ + e^-$$

$$M\text{–}COOH \longrightarrow M + CO_2 + H^+ + e^-$$

或

$$HCOOH + M \longrightarrow M\text{-}CO + H_2O$$

$$H_2O + M \longrightarrow M\text{–}OH + H^+ + e^-$$

$$M\text{-}CO + M\text{-}OH \longrightarrow CO_2 + H^+$$

电极反应是伴有电极 / 溶液界面电荷传递步骤的多相化学过程，其反应速度不仅与温度、压力、溶液介质、固体表面状态、传质条件等有关，而且受施加于电极 / 溶液界面电场的影响，在许多电化学反应中，电极电势每改变 1V 可使电极反应速度改变 10^{10} 倍，而对一般的化学反应，如果反应活化能为 40KJ·mol^{-1}，反应温度从 25℃升高到 1000℃时反应速度才可提高 10^5 倍。第 1 类电催化反应，化学吸附中间产物由溶液中的物种电极反应获得，其生成速度和表面覆盖度直接与电极电位有关；电催化反应在电极 / 溶液界面进行，改变电极电位将使金属电极表面电荷密度发生变化，使得电极表面呈现出可调变的路易斯酸 - 碱特征；电极电位的变化直接影响电极 / 溶液界面上的离子吸附和溶剂取向，从而影响电催化反应中催化剂和中间物的吸附。第 2 类电催化反应中形成的吸附中间物通常借助电子传递步骤进行脱附，其速度均与电极电位有关。因此，可通过改变电极材料和电极电位来有效控制电催化反应的速度和选择性。其次，因为电极附近的离子分布和电位分布均与双电层结构有关，所以电极反应的速度还依赖于电极 / 溶液界面的双电层结构。活化能变化可使反应速度改变几个数量级，而双电层结构引起的反应速度变化只能是 1~2 个数量级，故将活化能和双电层结构对反应速度的影响分别叫做主效应和次效应。总之，电极反应的速度可通过修饰电极的表面加以调控。

4.2　电子结构和表面结构对电催化反应的影响

反应过程中，电催化剂的电子结构和表面结构在电催化中起重要作用，影响反应的速度和选择性。对于电子结构，过渡金属具有未成对的电子和未充满的轨道，能够与吸附物形成吸附键，改变电极材料的能带和态密度，从而对活化能产生影响。电子结构的另一重要表现是过渡金属氧化态的变化。表面结构是指催化中心的表面几何排列，通过与反应分子相互作用 / 修改双电层结构进而影响反应速度。解释同一催化剂上不同分子的反应活性时，经常涉及几何因素，二者的影响不能截然分开，不同晶体结构意味着不同的电子能带结构，这两个因素一起决定着电催化活性对化学组成的依赖关系。但是由于主效应和次效应的区别，电催化反应中，首先优先考虑电子结构的影响，从而选择合适的催化剂，降低反应的活化能，使反应尽可能在低极化电位下发生。其次再考虑电催化剂的表面结构效应对电催化反应速度和机理的影响，使催化剂更好地发挥自身结构优势。

4.2.1　电子结构效应对电催化反应速度的影响

一个反应的发生受热力学因素和动力学因素双重影响，热力学因素可根据能量的不同判断反应发生的方向和程度。但需要注意的是，许多化学反应尽管在热力学上是可行的，但其动力学速度很慢，几乎可认为不能发生，这是因为反应的活化能太高。为了使这类反应能够在规定时间内完成，必须寻找适合的催化剂以降低总反应的活化能，从而提高反应速率。催化反应是通过材料来加速反应速率的过程，在催化反应过程中，反应物先吸附在催化剂的表面，然后被激活成反应中间体，在表面发生反应，最后释放产物。催化剂的电子结构对反应物的吸附、激活和反应有重要的影响，直接决定了催化剂的反应催化效率和选择性。以一般的金属催化剂为例，通过含有空的 d 轨道和未成对的 d 电子的过渡金属催化剂与反应物分子接触，在空 d 轨道上形成各种特征化学吸附键达到分子活化的目的，从而降低复杂反应的活化能，达到电催化的目的。催化剂的电子结构决定了催化剂吸附反应的焓变和熵变，即反应物与催化剂之间相互作用的强弱。这种相互作用可进一步调控反应活化能和催化选择性，因此金属表面的电子结构对催化反应机理和选择性有深远的影响。

对于同一类反应体系，不同过渡金属电催化剂能引起吸附自由能的改变，进而影响催化效果。1912 年，诺贝尔奖获得者保罗·萨巴捷最早发现理想催化剂与底物之间的火山关系，如果中间体结合得太弱，表面很难激活它们，但如果它们结合太强，它们会占据所有可用的表面位点并毒化反应，中间体结合能必须处在一个适中的位置，才能达到最佳的催化性能。对于 HER，丹麦技术大学的 Jens K.Nørskov 教授课题组发现当将 HER 材料的催化活性设定为 H-M（金属）键强度的函数时，会发现 H-M 键强度与 HER 催化活性的关系为类火山形式。在析氢的特定情况下，事实证明可通过分析氢吸附的自由能 ΔG_H 来量化。ΔG_H 可准确量化预测多种金属和合金的 HER 活性，而最优的 ΔG_H 值应该为 0eV 左右，如图 4-1 所示，纵坐标为交换电流密度，横坐标为氢吸附的自由能 ΔG_H。

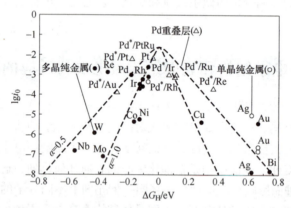

图 4-1　各种金属的 HER 火山图

另外该教授同样给出了一些高通量计算结果，以供研究人员提前筛选和预测 HER 催化剂及其性能。图 4-2 清楚表明，许多二元表面合金对 HER 具有高的预测活性，从上述结果可以看出，贵金属铂（Pt）的氢吸附自由能接近 0eV。换句话说，Pt 具有适中的氢吸附 / 脱附能力。同样，在酸性测试中，商业 Pt/C 催化剂也表现出超高的酸性 HER 活性。但是，如果在大规模商业制氢工业中，考虑 Pt 的稀缺性和高价格，研究人员应尽量降低 Pt 的负载，甚至是研发无 Pt 的电催化剂。当然，随着近些年的研究发展，低 Pt 含量甚至无 Pt 的电催化剂已经引起科学家的高度重视，例如，PtNi 合金、Pt 单原子 / 位点、Ni_2P、$CoSe_2$ 及 MoS_2 等电催化剂。上述报道的催化剂都具有类 Pt 的氢吸附自由能，同时具有超高的酸性 HER 本征活性。进行酸性 HER 研究时，研究人员不仅可以利用计算途径，估算新型催化剂的氢吸附自由能，从而确定其表面的理论活性及其在火山图中的纵坐标位置。

目前，组分调控、晶面选择、表面修饰以及多孔框架等结构设计作为催化剂设计的主要思路，都是基于降低催化反应的活化能考虑，着眼于催化剂自身热力学角度的调控。华南理工崔志明课题组开发了一种具有 h-carbide 型结构的新型 $Co_{3-x}Fe_xMo_3N$（$0 \leqslant x \leqslant 3$），充分利用其组成的灵活性，实现优异的析氧性能（图 4-3）。在 10mA·cm^{-2} 电流密度下，Co$_{2.5}$Fe$_{0.5}$Mo$_3$N 仅表现出 218mV 的过电位，优于未取代的 Co$_3$Mo$_3$N（278mV）。此外，当以 Pt/C 为阴极，Co$_{2.5}$Fe$_{0.5}$Mo$_3$N 为阳极时，电解池在 100mA·cm^{-2} 电流密度时的电池电压为 1.66V，优于商用 Pt/C‖IrO$_2$（1.83V）。理论计算表明，取代 Fe 使 CoFeMoOOH 中 Co 的 d 带中心向费米能级靠近，减小了含氧中间体的吸附能，从而提高了 OER 活性。

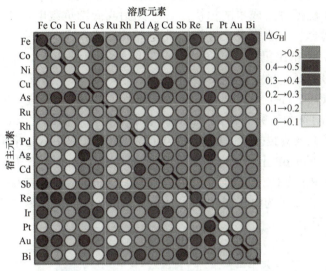

图 4-2　高通量计算筛选 256 种纯金属和表面合金的 $|\Delta G_{\mathrm{H}}|$

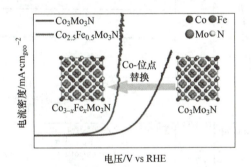

图 4-3　Co$_{3-x}$Fe$_x$Mo$_3$N 在 1mol/L KOH 中的 OER 极化曲线

4.2.2　电子结构效应在催化反应中的应用

1. 电子结构效应在析氢反应（HER）中的应用

能源是人类生活和发展的基础。尽管现在对太阳能、风能、水能的利用率已经有了很大的提升，但对能源的需求主要还是来源于化石能源，尤其对于各种交通工具，充当能源载体的占据绝大多数的依旧是化石能源。但是，化石能源的使用面临着其无法再生与环境污染的问题，因此对新能源的开发也迫在眉睫。氢气作为能量载体具有无污染、能量密度高等一系列优点被越来越多的学者所关注。电解水制氢也是目前研究的热门课题之一。但是，发展到今天，制氢技术仍然有着能耗过高、制氢速率低等问题。如何开发出有效的催化剂降低 HER 的能耗以及提高 HER 的速率依旧是目前学者研究的热门问题。

在 HER 过程中，根据火山理论，活性氢中间体吸附能接近零（$\Delta G_H \approx 0$）的电催化剂能促进氢的吸附和解吸，因此被认为是电催化 HER 的理想催化剂。基于这一概念，位于火山顶部的铂和铂合金已被实验证明是最高效的电催化剂。然而，稀有铂基催化剂的使用引起人们对大规模应用成本的担忧。各种无铂或低铂负载电催化剂已被提出作为成本效益高的替代选择。一般来说，大多数催化剂的性能，尤其是在酸性电解液中，与基准的 Pt（$w=20\%$）/C 相比仍没有竞争力，与实际需求相去甚远。钌（Ru）是一种铂族金属，价格为铂的 1/25，由于氢吸附自由能（$\Delta G_H \approx -0.21\text{eV}$）较大，在 Ru 上会产生不利的氢脱附，导致其活性不令人满意。随后，进行了 Ru 的相工程、Ru 基异质结构和单原子 Ru 催化剂的制备和研究，以调节 Ru 的电子结构，从而优化 Ru 上的 ΔG_H。西北工业大学瞿永泉教授、马媛媛教授、西北大学胡军教授等人利用氢溢出策略，通过在低 Ru 负载（$w_{Ru}=0.7\%$）的 CoP 上沉积 RuFe 合金（原子比为 1:1）制备了 Ru_1Fe_1/CoP 催化剂，成功地提高了 Ru 的 HER 活性，其性能优于基准 Pt/C（$w_{Pt}=20\%$）。研究结果表明铁与钌的合金化改变了金属的电子结构，在合金化的 Ru_1Fe_1 和 CoP 之间表现出 0.05eV 的小 $\Delta\phi$，如图 4-4 所示。

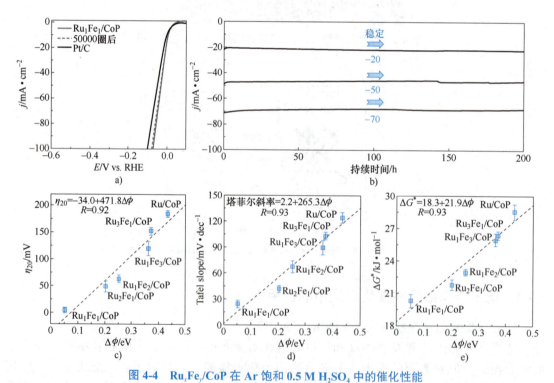

图 4-4　Ru_xFe_y/CoP 在 Ar 饱和 0.5 M H_2SO_4 中的催化性能

a）Ru_1Fe_1/CoP 催化剂（质量分数为 1.0%）的催化性能和循环稳定性　b）Ru_1Fe_1/CoP 催化剂在室温下的时间 - 过电位分布，-20、-50 以及 -70mA·cm^{-2}　c）η_{20} 图　d）LSV 导出的塔菲尔斜率　e）ΔG^* 值为 $\Delta\phi$ 函数的曲线图，误差条代表三次独立 HER 测量的标准偏差

　　另外了解在电催化界面发生的非共价相互作用对于促进先进析氢系统的发展非常重要。然而，电极 - 电解质界面中的非共价相互作用对 HER 动力学的确切作用在分子水平上仍然不清楚，特别是对于非铂基电极。这是由于缺乏有效的策略来解耦每种相互作用（ΔG_H，非共价相互作用）对 HER 动力学的影响。深圳大学任祥忠教授与西安大略大学孙学良教授合作通过自发地将 O 原子结合到二硫化钌（RuS_2）晶格中来创建模型催化剂表面（Pd，$RuS_{2-x}O_y$）。Pd 和 $RuS_{2-x}O_y$ 包含具有最佳 H* 结合强度的位点，这也与电解液中的 H_3O^+ 或 H_2O 形成氢键网络。模型催化剂表面解耦了 ΔG_H 和双层结构优化对 HER 动力学的影响，从而在分子水平上探索这种非共价相互作用对 HER 的作用。该文章发现位于外亥姆霍兹平面（OHP）的水合阳离子也直接与电极材料相互作用，这些相互作用的强度会影响 HER 的活性。因此，通过调控界面双电层结构优化催化剂的 HER 活性，最终合成的 Pd、$RuS_{2-x}O_y$ 对 HER 表现出显著的电催化活性，在 10 和 100mA · cm^{-2} 下分别提供 38mV 和 82mV 的低过电势，是迄今为止报道的最先进的催化剂之一，甚至可以与Pt/C 相媲美。

2. 电子结构效应在析氧反应（OER）中的应用

　　在 OER 应用中，商用系统使用液体碱性电解液或质子交换膜电解液。与传统的碱性电解槽相比，质子交换膜水电解槽具有更高的电流密度、更高的氢气纯度、更低的阻力损失和更紧凑的设计，使其成为要求高效率和较小占地面积的首选技术。然而，在酸性和氧化环境下工作，催化剂的活性和稳定性会受到较大影响。目前，用于质子交换膜水电解槽的 OER催化剂主要限于铂族金属材料。已知低成本的过渡金属及氧化物在碱性电解液中对 OER 具有活性，但它们在酸性电解液中的作用非常有限。美国阿贡国家实验室刘迪嘉课题组报道了一种掺杂镧和锰的纳米纤维钴尖晶石催化剂，用 Co_3O_4 晶格中均匀分布的 Mn^{3+} 离子替代低浓度的 Co^{3+} 离子，会在中间带隙中诱发两个部分占据的缺陷态。Mn 诱导的电子波函数与邻近的 Co 离子明显重叠，导致明显的色散发生，因此具有良好的电子迁移率。这提供了基于块体的电子电导率的直接增强，其与纳米纤维氧化物网络的连接性相结合，为材料提供了高的电导率值。另外，镧的掺杂增强了催化剂在电解条件下的耐酸性，解决了钴尖晶石基OER 催化剂在酸性介质中的稳定性，为无铂族元素的 OER 催化剂的开发提供了可行的替代贵金属的途径。

　　与传统的金属阳离子掺杂调控相比，由于含氧阴离子特殊的聚阴离子构型和大的电负性，可以提供更高的可能性来介导电催化剂对析氧反应的性能。然而，对含氧阴离子介导的机制和规则仍知之甚少。中国科学院王家成、大连理工大学杨明辉、苏州科技大学马汝广合作报道了一种原位电化学氧阴离子（NO_3^-、PO_4^{3-}、SO_4^{2-} 或 SeO_4^{2-}）转向策略，以研究过渡金属（TM=Ni、Fe、Co）氢氧化物电催化剂 OER 性能的变化和规律。电催化实验表明，氧阴离子修饰的 TM 氢氧化物的活性和稳定性遵循 PO_4^{3-} > NO_3^- > SO_4^{2-} > SeO_4^{2-} 的顺序。PO_4^{3-} 或 NO_3^- 的电化学掺入提高了 TM 氢氧化物的活性和稳定性。相反，SO_4^{2-} 或SeO_4^{2-} 掺杂显著加速了 TM 浸出，从而削弱 OER 性能。理论计算表明，电化学氧阴离子掺杂同时调节 TM-O 共价性和 TM-3d 带中心，这与 TM 氢氧化物的稳定性和 OER 活性有关。该研究构建了一个氧阴离子介导的规则，可用于能量转化中的高性能电催化剂设计，如图 4-5所示。

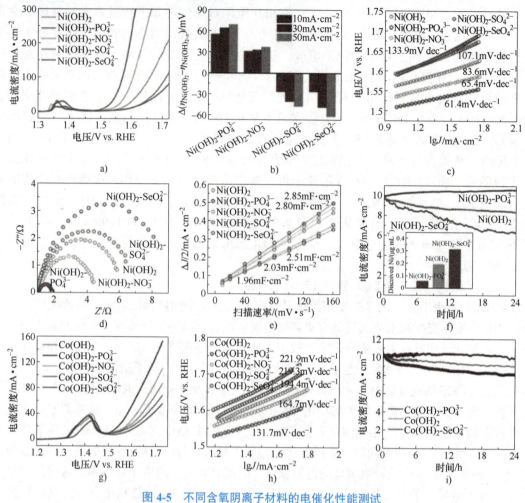

图 4-5　不同含氧阴离子材料的电催化性能测试

3. 电子结构效应在氧还原反应（ORR）中的应用

电化学氧还原反应是实现可持续能源未来的基石。分子氧可以通过一个四电子反应路径电化学还原为水，或通过二电子反应路径在水溶液中生成过氧化氢（H_2O_2）。四电子反应路径的 ORR 途径是新能源转化装置中的关键，用于燃料电池和金属空气电池，可将化学能转化为清洁的电能。而二电子的 ORR 途径可实现将电能转化为高附加值的化学品，如 H_2O_2 的绿色合成。然而，氧还原反应需要低成本且兼具高活性 / 选择性和稳定性的催化剂才能实现，学术界和工业界在寻找可替代铂的 ORR 催化剂上进行了艰辛的探索。

清华大学李亚栋院士团队发现主族金属铋（Bi）可以高效催化 ORR，其中金属态的 Bi 可以选择性还原 O_2 至 H_2O_2，而单原子位点 Bi_1/NC 则还原 O_2 至 H_2O。通过精细控制金属 - 有机框架热解，可控合成了碳载 Bi 纳米颗粒催化剂，并证明了金属 Bi 可以实现高效（选择性 > 96%，0.65V vs RHE 下动力学电流密度达 $3.8mA \cdot cm^{-2}$）、稳定（持续 10h 电解衰减 2%）的电催化 O_2 还原制 H_2O_2。本研究扩展了 ORR 催化剂的研究库，为催化剂的开发提供了新的视角，也将促进 p 区金属基催化剂的进一步研究。

在碳载体上合成高度分散和高金属密度的电催化剂（包括纳米级和原子级）是非常不错

的选择，但仍具有很大的挑战性。长时间以来，碳缺陷被认为是一类具有高活性的催化反应位点，其电催化性能甚至可以媲美贵金属电催化剂。然而，到目前为止，如何从原子结构层次来调制碳缺陷的形成，即调节碳缺陷密度以实现活性位点的最大化，仍然是一个巨大的挑战。天津理工大学赵炯鹏教授、吉林大学姚向东教授等人报道了一种界面自腐蚀策略，通过控制一系列 ZnO 量子点的热化学反应，并在限制的碳腔中形成 CO_2 气体，来实现碳原子的去除和重构。作者在碳化过程中引入一种新的方式来抑制碳的结构有序度，扩大碳的结构重构程度，以获得高密度的碳缺陷。结果表明，碳腔的密闭空间限制了 CO_2 的自由扩散，可以保证更彻底、更持久的碳循环反应，从而抑制碳的区域结构有序，有利于碳缺陷的形成。所得多孔碳中含有超高密度的碳缺陷，密度可达 $2.46 \times 10^{13} cm^{-2}$。当应用于氧还原反应时，该多孔碳在碱、酸介质中均具有优异的催化性能，超过了大多数报道的非金属 ORR 电催化剂的性能（图 4-6）。

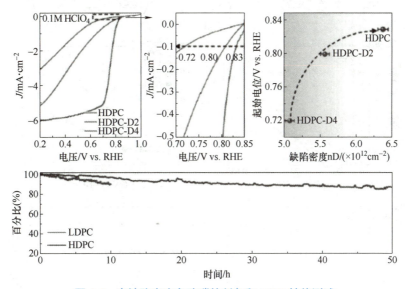

图 4-6　高缺陷密度多孔碳的制备和 ORR 性能测试

4. 电子结构效应在二氧化碳还原（CO_2RR）催化中的应用

基于化学吸附的二氧化碳捕获技术具有降低二氧化碳向大气中净排放的潜力。使用可再生能源，将捕获的二氧化碳通过电化学反应，升级为增值产品的工艺简单较为优势。胺溶液可以捕获二氧化碳，但通过电化学还原直接将 RNHCOO 转换为 CO_2 增值产物的效率较差，目前未报道过胺 -CO_2 化合物在大于 $50 mA \cdot cm^{-2}$ 的工作电流密度下能以较高的 CO 转化率电解出更高价值的产品。有鉴于此，多伦多大学的 Edward H.Sargent 等人报道了通过使用碱性阳离子特定的电化学双电层实现胺 -CO_2 直接电解成增值产品。电化学阻抗谱和原位表面增强拉曼光谱表明，当在胺 -CO_2 电解质中引入碱金属阳离子时，它们会改变双电层的组成，从而促进异质电子向氨基甲酸酯的转移。通过双极性膜原位生成的 H^+ 从胺捕获溶液中释放出 CO_2，以实现直接电解。借助碱性阳离子，在最佳条件下，在 $50 mA \cdot cm^{-2}$ 的电流密度下，CO_2 转化为 CO 的法拉第效率为 72%。

近两年来电催化 CO_2 还原一直是电化学领域研究热点。在众多 CO_2 还原产物中，如何高选择性生成高附加值产物，比如乙烯，是研究的难点和关键。目前，在中性环境中选择性生成乙烯的电化学法拉第效率仅有 60%（电流密度为 $7mA \cdot cm^{-2}$）。为了提高乙烯的选择性，多伦多大学的 Sargent 教授团队提出一种分子调节机制，即通过有机分子对催化剂表面进行修饰，稳定 CO_2 还原过程中的某一中间物种，从而提高乙烯的选择性（图 4-7）。通过原位拉曼光谱表征发现，乙烯的选择性与反应中间物种［CO］的吸附形态比例呈火山型曲线相关。进一步研究发现，吸附形态比例又与吸附分子的给电子能力正相关。文中指出，经由具有给电子能力有机分子的修饰，催化剂对于单位点吸附 CO 的稳定能力强于对桥接位点吸附 CO 的稳定能力。通过这一策略，中性条件下生成乙烯法拉第效率（FE）提高到 72%（电流密度为 $230mA \cdot cm^{-2}$），且稳定性达到 190h。

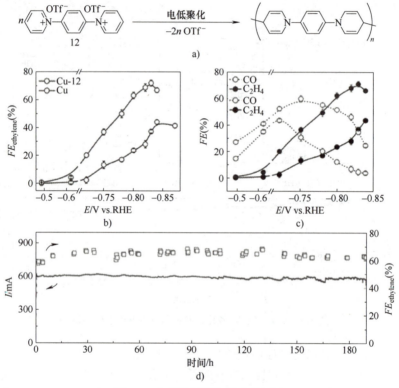

图 4-7　电催化活性与稳定性测试

5. 电子结构效应在有机物催化氧化中的应用

利用可再生能源电力将生物质氧化生成高价值的化学品与燃料是减缓全球变暖及促进低碳能源结构的可行策略。在众多反应中，电催化生物质衍生多羟基化合物（如甘油、葡萄糖、山梨醇）制备甲酸受到学术界的广泛关注。目前，过渡金属基羟基氧化物被认为是电催化生物质氧化反应的一类高效催化剂。然而，对金属（羟基）氢氧化物中活性位结构的认识仍然模糊。此外，多羟基化合物的电氧化过程包含多种类型的氧化，辨析活性位点的关键作用并建立明确的构效关系是具有挑战性的研究课题。将生物质电催化氧化成有价值的化学品和燃料是替代化石生产的潜在路径。过渡金属（羟基）氢氧化物是该反应中广泛研究的一类材料。然而，由于催化剂表面金属和氧化物种类繁多，尤其在不同电位下容易发生动态结构演变，因此，在电化学反应条件下活性位点的辨析具有挑战性。清华大学段昊泓和北京化工大学周华课题组以羟基氧化钴（CoOOH）为模型催化剂、以葡萄糖电氧化制备甲酸（GOR）为模型反应，利用工况谱学和理论计算相结合的手段，揭示了 CoOOH 中两类可还原 Co^{3+}-oxo 活性位点的结构及关键作用。这两类位点分别为吸附在 Co^{3+} 上的羟基（μ_1-OH-Co^{3+}）以及桥连两个 Co^{3+} 的晶格氧物种（μ_2-O-Co^{3+}）。其在 GOR 中的作用分别为：μ_1-OH-Co^{3+} 负责氧合，μ_2-O-Co^{3+} 主要负责脱氢。这项工作对深入理解金属羟基氧化物表面化学以及对生物质转化催化剂的理性设计具有重要意义。

4.2.3　表面结构效应对电催化反应速度的影响

催化剂表面结构是指催化剂在表面形成的一种特殊结构，催化剂表面结构的形成可以影响催化剂的活性和选择性。因此，研究催化剂表面结构对催化反应性能的提升至关重要。催化剂表面结构对催化反应的影响主要分三个方面：①活性位点的数量和分布。探明催化活性中心的表面原子排列结构十分重要。具有不同结构的同一催化剂对相同分子的催化活性存在显著差异，就是源于它们具有不同的表面几何结构。因为几何结构不同，电催化剂的原子排列结构和电子结构不同，活性位点暴露的数量和分布不同，因此，对电催化过程的影响也不同。几乎所有重要的电催化反应，如氢电极过程、氧电极过程、氯电极过程和有机分子氧化及还原过程等，都是表面结构敏感的反应。因此，对电催化中的表面结构效应的研究既包括在微观层次深入了解电催化剂的表面结构与性能之间的内在联系，还包括分子水平上的电催化反应机理。②空间结构的调控。催化剂表面结构可以调控催化剂表面的空间结构，从而影响反应物分子的吸附和反应。在催化剂表面形成纳米结构时，容易形成只有优良催化性能的拓扑结构，从而提高催化剂的催化效率。③催化剂的表面结构可以调整反应物的激活能。催化剂表面形成纳米结构时，其表面能增强，从而使催化剂的活性中心更容易提供反应所需的能量，从而降低反应物的激活能，提高反应的速率和选择性。

催化反应过程通常包括外扩散、内扩散、表面吸附、表面反应、表面脱附、内扩散、外扩散等基本步骤。催化反应得以发生主要依赖表面活性位点的存在，催化剂的表面结构对其物理、化学、电子结构等的性能具有非常大的影响。然而，要把催化剂的表面结构研究清楚并不简单，因为催化剂的表面结构一般会随所处的环境变化而变化，永远处于一种动态平衡中，该现象即为表面重构（包括吸附诱导重构、前处理重构、反应环境重构等）。因此，人们一直热衷于将原位表征技术应用于催化反应体系的研究和表征，以实现对催化剂的结构变化及表面反应进行实时观察，即时间和空间分辨表征。可以说，将原位技术应用于催化剂的表面结构表征已经成为研究催化剂及其性能不可或缺的重要手段，基本上是研究催化反应的标配。随着原位表征技术（如近常压 X 射线光电子能谱、近常压扫描隧道显微镜、环境扫描电镜等）和材料可控合成技术（如纳米尺寸控制、形貌控制、晶面暴露等）的发展，一方面表征技术向实际使用条件靠近，另一方面催化剂本身的复杂性被降低，从而促进有关金属氧化物的表面组成和结构的研究，同时也促进了催化化学的发展和进步。中国科学技术大学黄伟兴教授和美国橡树岭国家实验室吴自力研究员对金属氧化物的表面重构及催化性能进行了较为系统的总结和分析，并指出原位表征技术在研究模型催化剂和理解催化反应机理的必要性。

4.2.4 表面结构效应在催化反应中的应用

1. 表面结构效应在 HER 中的应用

杂原子掺杂的碳材料已广泛用于许多电催化还原反应。它们的构效关系主要基于掺杂碳材料在电催化过程中保持稳定的假设。然而，杂原子掺杂碳材料的结构演变往往被忽视，其活性来源仍不明确。天津大学史艳梅团队揭示了杂原子掺杂碳的结构转变和析氢活性来源。作者以 N 掺杂石墨片为研究模型，介绍了在 HER 过程中 N 和 C 原子的氢化以及随之而来的碳骨架重建，同时显著提高了 HER 的活性。N 掺杂剂被逐渐氢化并且几乎完全以氨的形式溶解。理论模拟表明，N 的氢化导致碳骨架从六方环重建为 5，7- 拓扑环，其具有热中性的氢吸附和容易的水离解。P、S 和 Se 掺杂的石墨也具有类似掺杂杂原子的去除和 G5-7 环的形成。该工作揭示了杂原子掺杂碳的 HER 活性来源，并为重新思考碳基材料在其他电催化还原反应中的结构 - 性能关系打开了大门。

亚稳态催化剂具有高能量结构和高反应性，呈现非平衡金属态表面，是一个很有前景的设计高性能催化剂的策略。然而，亚稳态材料非常容易发生从高能量结构向低能量结构的相变，这使得高纯亚稳态材料的合成具有很大的挑战性。苏州大学的李有勇等人通过在 CoNi 合金的亚稳态六方密堆相（HCP）与其稳定立方相（FCC）之间构建原位多晶界面，成功解决了亚稳态所带来的不稳定性。优化后，CoNi 多晶界面达到 $10mA \cdot cm^{-2}$ 需要的电势为 72mV。

在催化中定位活性位点在实验上具有挑战性，但密度泛函理论计算却被证明是识别催化剂表面活性位点的有力工具，已被成功用于如体相材料 Pt 表面，二维材料（过渡金属硫化物、二维过渡金属碳化物和氮化物（MXenes）、层状 MA_2Z_4 以及非金属催化剂），纳米团簇，单原子催化剂以及 MOF 材料上的 HER 研究。

与传统金属纳米粒子相比，原子级精确的配体保护的金属纳米簇可以提供前所未有的机会来阐明其在原子水平上的结构 - 性质关系和活性位点。以金团簇为例，Kwak 等人探索了双金属 $[PtAu_{24}(SR)_{18}]$ 表面的 HER，其催化活性比 Pt/C 催化剂高得多。综合实验和理论分析发现，Volmer-Heyrovsky 路线相比 Volmer-Tafel 是生成 H_2 的热力学优选路径（图 4-8）：还原的 $[PtAu_{24}]^{2-}$ 首先与一个质子反应形成 $[H-PtAu_{24}]^{-}$ 中间体，然后与溶液中的另一个质子耦合生成 H_2。H 更倾向于占据 $PtAu_{12}$ 核心的表面空心位点，它会自发地从次表面迁移，通过破坏一些表面 Au-Au 键直接与中心 Pt 原子相互作用，从而使 H-Pt 键（17.88nm）明显短于表面 H-Au 键（20.31nm）。

2. 表面结构效应在 OER 中的应用

钴基尖晶石、水合氧化物和羟基氧化物具有高的析氧反应（OER）性能、出色的稳定性和高的地球储量。目前，电催化剂性能提升需详细了解表面状态（即价态、结构和组成）与电化学行为之间的关系。然而，由于 OER 电催化剂表面结构和组成在反应中会产生动态表面转换或重建诱导新的活性物质形成，因此是一个长期的挑战。此外，单个电催化剂颗粒的电化学性能可能随空间变化，这是因为局部表面缺陷可作为活性位点或促进活性物质的形成。评估局域活性对于标准电化学测量来说可能很困难，因为它们只能提供整个电极表面的电化学数据。因此，目前迫切需要开发一种表征方法，将局部电化学性质与反应过程中形成的相应表面物质的组成和结构联系起来。Kristina Tschulik 课题组将电子背散射衍射与 X 射线光电子能谱、透射电子显微镜和原子探针层析成像相结合，揭示了在 Co 微电极上形成的

不同多面 β-CoOOH 与 OER 活性的构效关系。该研究将局域活性与活性物质的结构、厚度和组成的原子级细节联系起来，为设计具有高活性的 OER 预催化剂提供了新的机会。

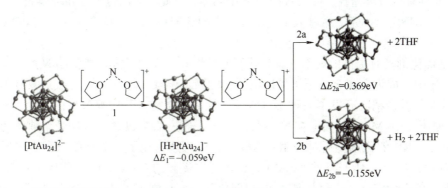

图 4-8　**PtAu$_{24}$ 催化剂表面通过 Volmer-Tafel（1-2a）和 Volmer-Heyrovsky（1-2b）路线生成 H$_2$ 的示意图**

电化学过程中，电催化剂表面位点具有动态特性，能够触发重构现象发生。特别是在析氧反应（OER）过程中，重构能够将电催化剂表面和参与反应的活性位点联系起来。通过表面重构还能调节吸附、活化、解吸附等电催化剂行为，从而反过来影响 OER 性能。电极（电催化剂）/电极界面的表面原子在酸/碱水氧化条件下通常是动态变化的，即在外加电势的作用下，电催化剂组分可能溶解，进而引起表面重构和结构演变，最终可以改善 OER 性能。早在 2016 年，斯坦福大学的 T.F.Jaramilo 课题组就报道了一种借由锶（Sr）的浸出从而提升性能的策略。在电化学测试过程中，研究人员发现初始阶段外延生长的 SrIrO$_3$ 薄膜在硫酸电解质中需要 340mV 的过电势来实现 10mA·cm^{-2} 的电流密度；然而随着反应进行至反应开始 2h 后，催化剂性能逐步提升，达到 10mA·cm^{-2} 电流密度的过电势仅需 270~290mV。结合理论计算，研究证实了 SrIrO$_3$ 在反应过程中会发生 Sr 浸出现象，造成相近表面的 Sr 缺陷，从而调节 Ir 位点，使其对反应中间体的吸附最优化，并最终改善析氧过程（图 4-9）。

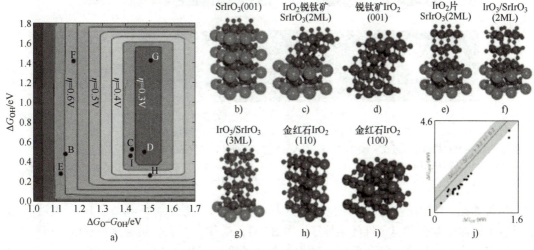

图 4-9　**SrIrO$_3$ 的 OER 理论分析**

3. 表面结构效应在 ORR 中的应用

通过 4e⁻ 转移过程的 ORR 在诸多能源转化器件中发挥着重要作用，但该机制包括多种轴向基团的吸附 - 解离途径，涉及各种 O 基中间体，因此具有高过电位和缓慢的动力学。单原子催化剂，特别是锚定于碳基底上的孤立分散单金属位点，被认为是理想的 ORR 候选材料之一，其具有独特的几何结构、超高的反应活性、最大限度的原子利用率等优势，并且比商业 Pt 基催化剂具有更低的成本。具有适当电负性和与碳原子大小相似的 N 原子通常被掺杂至碳基体中，成为分离金属原子最广泛使用的固定位点。复旦大学吴仁兵教授和西安工业大学潘洪革教授精心开发了一种不寻常的三核活性结构，其中氮配位的一个 Mn 原子与两个 Co 原子（Co₂MnN₈）锚定在 N 掺杂的碳中，通过双金属沸石咪唑骨架前体的吸附热解作为高效 ORR 催化剂。通过吸附 - 热解的方法巧妙构建了一个新的三元金属原子中心活性中心（图 4-10）。所开发的 Co₂MnN₈/C 表现出优异的 ORR 活性，具有 0.912V 的高半波电位和出色的稳定性，不仅超越了 Pt/C 催化剂，而且刷新了钴基催化剂的新纪录。

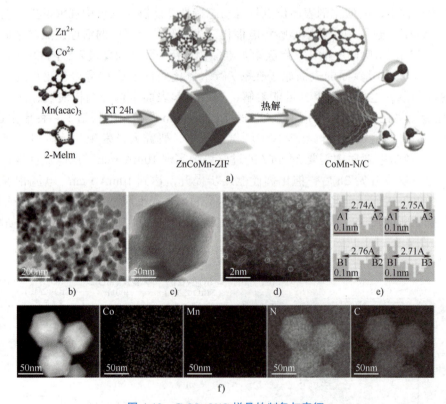

图 4-10　CoMn-N/C 样品的制备与表征

a）CoMn-N/C 样品形成过程示意图　b，c）CoMn-N/C 在不同放大倍数下的 TEM 图像　d）经像差校正的 CoMn-NC 的 HAADF-STEM 图像　e）原子位置 A 和 B 的强度分布图（上、下）　f）CoMn-NC 的 STEM 图像和 EDX 元素映射图像

尽管如此，N 原子与金属原子的直接配位（第一配位壳层）并不具备良好的调控性。其他具有不同原子半径和电负性的杂原子（如 B、O、S、P、F 等），可通过长程电子相互作用调节第二配位壳层中金属原子的电子结构。杂原子掺杂可以打破金属 - 氮 - 碳（M-N-C）中

电子密度的平面对称性，精确调控活性中心微环境的电子分布，从而显著增强催化性能[39]。稀土金属包括钪、钇和整个镧系元素，过去常作为促进剂或载体应用于多相催化领域。特别地，二氧化铈（CeO_2）因其灵活的氧化态而广泛应用于各种电化学反应。在不同的元素中，Ce 具有丰富多样的电子轨道，具有可变氧化态和配位数的复杂化学态是 Ce 的一个独特特征。考虑非金属杂原子的电子结构调节能力，通过杂原子掺杂以调控 Ce 单原子的局部配位微环境，有望带来 ORR 性能的重大突破。同时，精确调控杂原子配位稀土基单原子催化剂的局部微环境，为进一步开发可靠的构效关系模型提供了新机遇。杜亚平教授、黄勃龙教授课题组设计出一种具有明确配位结构的新型单原子催化剂，利用 P、S 共修饰高配位 Ce 单原子以加速缓慢的 $4e^-$ ORR 动力学，并在碱性条件下实现优异的 ORR 和锌空气电池性能。理论计算表明，Ce 单原子催化剂相邻壳层中 S 和 P 位点的混合可以促进活性位点的电化学活性。这不仅提高了关键中间体的结合强度，而且可以有效降低 ORR 过电位。该研究为稀土基单原子材料的原子级配位调控提供了实际指导，以期显著促进能源转化和存储器件的未来发展。

4. 表面结构效应在 CO_2RR 催化中的应用

电催化是将二氧化碳还原为增值化学品和燃料，是一种有前途的方法，可存储可再生的清洁电能并减少人为排放的 CO_2。工业上的成功依赖于开发高效稳定的催化剂来控制产品选择性。具有特定活性位点的纳米金属催化剂是目前发展的最主要的一类 CO_2 还原催化剂，阐明电催化剂的催化性能（选择性和活性）与表面结构（活性位点）之间的关系对于设计和探索高性能催化剂至关重要。

Pd 金属以其能在较低的过电位下将 CO_2 高选择性地转化为 HCOOH 或 CO 而备受关注。Pd 催化剂的产物选择性高度依赖于它们对关键反应中间体（例如 *CO 和 *COOH）的表面结合能力，通过改变表面结构（如粒径、晶格应变、暴露晶面等）或表面组成成分可以显著调节其对中间体的结合强度，从而优化 Pd 催化剂的选择性和活性。澳大利亚新南威尔士大学赵川教授课题组在富含缺陷的超薄钯纳米片催化剂上发现了一种表面重构现象，利于其电解还原 CO_2 为 CO。在反应条件下，主要暴露（111）晶面位点的原始 Pd 纳米片被转变为在电催化活性更高的（100）晶面位点，二维超薄纳米片发生皱折卷曲。这种表面重构可增大活性位点的密度并降低 Pd 表面对 CO 结合的能力，从而显著提高 CO_2 还原为 CO 的选择性。在 590mV 的过电位下，重构的 50nm Pd 纳米片可实现 93% 的 CO 生成法拉第效率和 6.6mA·m^{-2} 的活性面积校正电流（图 4-11）。这项研究突出了 CO_2 还原条件下富含表面缺陷的金属纳米片的动态表面本质，并给表面调节二维金属纳米结构以改善其电催化性能提供了新机会。

用可再生电力驱动 CO_2 电化学转化为液体燃料，提供了一种解决间歇性可再生能源存储需求的方法。CO_2RR 生成的各种产品（CO、甲酸、甲烷、乙烯、乙醇和 1- 丙醛）中，因为乙醇的体积能量密度很高，并且可以利用现有的广泛基础设施进行存储和分配，因此是迫切需要的。但是，电化学 CO_2 转化为乙醇涉及多个中间体以及多次质子和电子转移，这使得开发更高效的电催化剂成为一个重要但又具有挑战性的课题。

近日，多伦多大学 Edward H.Sargent 等提出了分子 - 金属催化剂界面的协同催化剂设计，其目标是产生一个富含反应中间体的局部环境，从而改善由二氧化碳和水电合成乙醇的性能。采用卟啉类化合物修饰铜金属催化剂表面，构筑分子 - 金属界面，营造可富集反应中间体的催化界面。一系列表征和理论计算表明，具有高浓度的 CO 在催化剂表面富集，不仅降低了反应能垒，促进碳 - 碳偶联，并且提高了反应的选择性，利于反应以生成乙醇的反应路径进行。将 CO_2 还原为乙醇的法拉第效率为 41%，在 –0.82V 电位下获得 124mA·cm^{-2} 的电流。催化剂将 CO_2 转化为乙醇的法拉第效率可达 41%，在 –0.82V（相对于可逆氢电极）时，部分电流密度为 124mA·cm^{-2}。此外，作者将催化剂整合到基于膜电极组件的系统中，实现了 13% 的整体能源效率。该工作提出了一种利用吸附分子和非均质途径之间的协同效应改善电催化 CO_2 转化为增值液体燃料的方法。

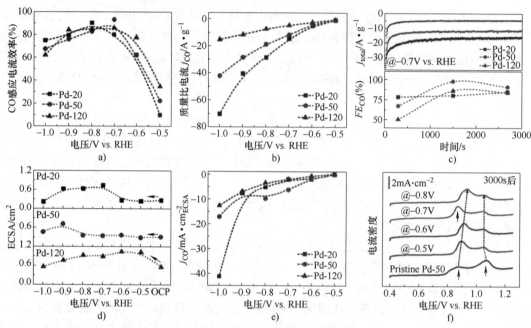

图 4-11　Pd-20、Pd-50 和 Pd-120 的电位依赖的 CO_2RR 性能和电化学表面性质表征

5. 表面结构效应在有机物催化氧化中的应用

氢气作为一种清洁能源，有望替代化石燃料。电催化水分解是最有前景的绿色制氢方法之一，但目前槽压偏高，导致生产成本较高；并且在水电解过程中可能出现的 H_2/O_2 交叉也带来了安全隐患。已有报道表明 Cu 催化剂可以有效加速 C-H 解离生成 *H 中间体，*H 中间体通过 Tafel 步骤（*H +*H → H_2）进行后续的二氢偶联生成 H_2。有报道提出了以金属铜为催化剂的醛辅助制氢系统，可将生物质衍生醛类物质转化为羧酸盐，同时可实现双极制氢。与 Cu 相比，Pt 具有更强的 C-H 裂解活性，但同时因对 *CO 的吸附较强易导致催化剂中毒。因此，合理设计协同 Pt 和 Cu 有望提高催化活性和稳定性。厦门大学梁汉锋副教授课题组报道了一种用于糠醛氧化反应（FOR）的 Pt-Cu 催化剂，并开发了一种酸碱糠醛混合流动电池。该电池利用废酸和废碱不仅可以发电，还可以在阳极产生高附加值产物糠酸盐，同时实现双极产氢。Pt 的掺杂能有效调节催化剂表面电子结构，且与 Cu 之间存在着晶格应变和电子相互作用，进而优化了 FOR 反应中间体的吸附行为。在三电极体系中，电流密度为 100mA·cm^{-2} 时，Pt-Cu 催化剂的糠醛氧化电位仅为 0.076V vs.RHE。将碱性 FOR 反应与 HER 耦合，在 100mA·cm^{-2} 能量输出下，设计的电池具有 47mW·cm^{-2} 的输出功率密

度，产 H_2 法拉第效率约 200%，产糠酸法拉第效率约 97%。该项研究有效利用了电化学中和能，实现双极产氢，同时产生糠酸盐以及电能，为节能高效制氢、降低制氢生产成本提供了参考。

将废弃生物质和塑料转化为高附加值化学品和燃料是实现低值资源高值转化利用的重要途经。例如，甘油是生物柴油制备过程的副产物，而废塑料年产量约 7000 万 t，但目前只有不到 20% 的废塑料通过机械方法回收，其余在首次使用后被丢弃，不仅严重破坏环境，而且浪费碳资源。针对以上问题，清华大学段昊泓和北京化工大学栗振华发展了电催化生物质资源（甘油）和废塑料高值转化的新工艺，制备了生物可降解塑料乳酸和乙醇酸，同时耦合电解水制氢。测试结果显示，在 1.4V 槽电压下，甘油氧化的绝对电流达到 6.5A，在连续反应 13.2h 后，乳酸产量达 750.6mmol，选择性为 65%，阴极产氢量为 1595.9mmol，产氢电耗为 3.1kW·h·m^{-3}H$_2$；与此同时，乙二醇氧化的绝对电流达 4.7A，持续反应 12.8h后，乙醇酸产量达 471.2mmol，选择性为 94%，阴极产氢量为 985.6mmol，产氢电耗为 3.2kW·h·m^{-3}H$_2$，以上结果初步证明该反应策略在工业条件下的应用潜力。

4.2.5　总结和展望

材料科学与工程领域一直是科学研究的热门方向之一，材料表面的电子结构和界面效应成为其中一个十分重要的研究方向。材料表面和界面的电子结构变化为我们利用其在光电器件、催化剂、传感器等方面提供了很多新的应用可能性。例如，在催化剂领域，通过调控催化剂表面的原子结构和表面态的形成，可以提高催化反应的效率和选择性。而在传感器中，利用材料表面电子结构的变化可以实现对环境中特定物质的灵敏检测。尽管对材料的电子结构和表面效应的研究已在催化领域取得了一系列重要的研究成果，但仍面临一些挑战和问题。例如，对于复杂的材料体系，电子结构和界面效应非常复杂，研究更加困难。未来，我们可通过化学、物理、数学和计算机等学科相结合，利用更先进的实验和理论手段，深入研究和理解材料表面的电子结构和界面效应，从而为未来的材料设计和制造开辟新的前沿。

4.3　纳米粒子的组成对电催化反应的影响

全球环境和能源危机导致人们迫切需要发展经济、高效和生态友好的能源储存和转换系统。近年来，用于析氧反应（OER）、析氢反应（HER）、氧反应还原（ORR）、二氧化碳还原反应（CO$_2$RR）、氮还原反应（NRR）和电芬顿反应催化剂受到人们的广泛关注。催化剂的元素组成是影响材料电催化性能的重要因素，本部分着重介绍材料的组成对电催化剂性能的影响。

4.3.1　析氧催化（OER）材料

目前，在酸性体系中析氧电催化剂性能最为优异的是 Ru 类氧化物和 Ir 类氧化物。但是，这类贵金属物质在地壳中的含量极低，导致其价格极其昂贵。针对这一问题，人们将目光转向在自然界中分布较为广泛的过渡金属元素，如 Fe、Co、Ni、Mn 等。相对于 Ru、Ir 等元素这类元素具有一定的价格优势。并且，这类材料在碱性体系中具有较高的稳定性和电化学活性，因而受到人们的广泛关注。

1. 贵金属催化剂

尽管贵金属催化剂具有较高的价格，但是这类材料具有极好的催化稳定性、催化活性和良好的环境适应性而被广泛应用于能量转化领域。由于 OER 反应需要在电极上施加高电位，贵金属氧化物如 RuO_2 和 IrO_2 通常具有一定的催化性能。然而，这类材料的价格较为昂贵，从材料组成出发，对材料进行改性是降低贵金属用量、提升材料 OER 催化性能的有效方法。

2015 年，Sun 等发现将 Cu 元素掺杂在 IrO_2 的晶格中能够显著提升材料的 OER 催化性能。电流密度为 $10mA \cdot cm^{-2}$ 时，$Cu_{0.3}Ir_{0.7}O_\delta$ 在酸性、中性和碱性溶液中的 OER 反应过电位分别为 351mV、623mV 和 415mV（相同条件下，IrO_2 的 OER 反应过电位分别为 389mV、740mV 和 510mV）。该材料性能的提升得益于 Cu 原子独特的电子构型（$3d^{10}4s^1$）。如图 4-12 所示，得益于 CuO_6 八面体更强的 Jahn-Teller 效应和氧空位的存在，$Cu_{0.3}Ir_{0.7}O_\delta$ 中 IrO_6 八面体几何结构的扭曲增强了 t_{2g} 轨道和 e_g 轨道的升力简并度，使 d_{z^2} 轨道部分被占据。反应产物中间体与材料表面活性位点的相互作用强弱是影响材料 OER 催化活性的重要因素。Cu 元素掺杂使得材料中 d_{z^2} 轨道被部分，从而增强了材料与 OER 反应中间产物的相互作用，提高了材料的 OER 催化性能。

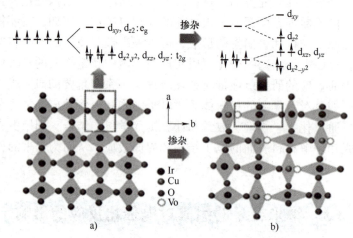

图 4-12　IrO_2 和 Cu 掺杂 IrO_2 的晶面示意图

a）IrO_2　b）Cu 掺杂 IrO_2

2. 钴基催化剂

OER 反应早期研究的重点是以 IrO_2 和 RuO_2 为代表的贵金属氧化物。IrO_2 和 RuO_2 在碱性电解液中具有良好的催化活性。过渡金属氧化物/氢氧化物（FeO_x、CoO_x、NiO_x、CoOOH 等）在碱性电解质中同样具有一定的 OER 催化性能。与贵金属氧化物相比，过渡金属氧化物具有制造成本低廉、工艺简单等特点，因而受到人们的广泛关注。

钴基化合物在非贵金属材料中具有较好的本征 OER 活性。用于 OER 反应的钴类催化剂主要包括氧化钴、氢氧化钴、羟基氧化钴、钴磷酸盐等。在特定的氧化电流或电压下，钴基氧化物很容易被氧化并且转化为具有 OER 活性的 CoOOH，这被认为是钴基氧化物具有 OER 活性的原因之一。OER 过程中，钴基材料的阳离子溶解现象低于铁基材料，钴基材料作为 OER 反应催化剂已被广泛研究。在 OER 催化剂的改性设计中，促进 Co*/CoOOH 的转化过程是提升材料 OER 催化性能的关键。为了进一步提高钴基氧化物的催化活性，对材料的组成和结构进行调控是行之有效的方式之一。

Wang 等采用简单的两步阳离子交换法制备了 $CoMoO_x/CoO_x/RuO_x$ 复合材料（图 4-13）。得益于其组成和结构优势，这种 $CoMoO_x/CoO_x/RuO_x$ 复合材料在电流密度为 10mA·cm^{-2} 时的过电位为 250mV。该材料具有优异的 OER 活性。机理研究表明，CoMoO、CoO_x 和 RuO_x 的有效复合使得材料中存在许多纳米界面，这种纳米界面的存在对电子具有较强的诱导作用，从而显著优化了材料与 *O、*OOH 等中间体的结合能，从而有利于提高 OER 性能。

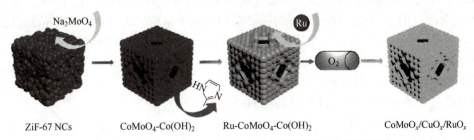

ZiF-67 NCs　　　CoMoO4-Co(OH)2　　　Ru-CoMoO4-Co(OH)2　　　$CoMoO_x/CuO_x/RuO_x$

图 4-13　$CoMoO_x/CoO_x/RuO_x$ 复合材料的制备过程示意图

3. 镍基催化剂

在镍基氧化物中，Ni 和 O 的原子比为 1:1 时，所得产物的化学式为 NiO。这种物质是一种绝缘体，不利于电子在催化反应过程中的传输。而非化学计量的 NiO_x 是一种具有宽带隙的 p 型半导体。NiO_x 的价带具有良好的可调性，材料中电子结构的调整优化了材料与 *OOH 中间体的结合能，从而提升了材料的 OER 催化性能。在碱性溶液中，非化学计量比的 NiO_x 纳米晶表现出良好的 OER 性能。在 10mA·cm^{-2} 的电流密度下，NiO_x 的 OER 反应过电位为 330mV，Tafel 斜率为 105.17mV·dec^{-1}。

Guo 等通过逐步氮化法制备了具有核壳结构的镍基氮化物材料 Ni₃N/Ni@Ni₃N。具有异质结结构的 Ni₃N/Ni 作为纳米材料的内核部分，超薄 Ni₃N 作为材料的壳层部分。如图 4-14 所示，Ni₃N/Ni@Ni₃N 在 10mA·cm^{-2} 下表现出 229mV 超低的 OER 反应过电位。过电位为 270mV 时，该材料的催化电流分别是 Ni₃N、Ni 单质和传统 OER 催化剂 RuO₂ 的 17 倍、37 倍和 20 倍。此外，该材料还具有极低的 Tafel 斜率 55mV·dec^{-1}。

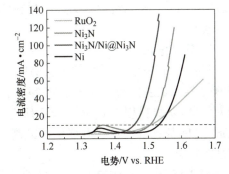

图 4-14　Ni₃N/Ni@Ni₃N、Ni₃N、Ni 单质和 RuO₂ 在 1mol/L KOH 溶液中的 OER 催化性能

通过原位 Raman、非原位扫描电子显微镜表征，结合理论计算研究发现，该材料在 OER 反应过程中，材料的表面的 Ni₃N 部分转化为 NiOOH，从 NiOOH 到 Ni₃N 的界面电子转移产生了带正电的 Ni 阳离子作为高活性位点，从而大大降低了 OER 中间体的吸附/分解的能垒，从而有效提升了材料的催化活性。

4.3.2　析氢催化（HER）材料

"氢经济"最初由 John Bockris 提出，描绘的是一个以氢气为媒介的清洁、可持续的能源系统。"氢经济"的大力发展对降低碳排放，提升经济社会发展的绿色性具有十分重要的意义。具有经济性好、安全性高等特点的氢气储存和转换系统是"氢经济"的重要组成部分。利用风能、太阳能等清洁能源产生的电能，采用电催化的方式将水电解制备氢气是获得氢气的重要方式之一。开发在酸性、碱性或者中性介质体系中具有优异性能的催化剂是电催化产氢（HER）反应的重要研究方向。

1. 镍基催化剂

镍基材料具有镍元素储量丰富、价格低廉和催化活性较高等特点，因而也被广泛应用于 HER 催化反应。由于镍基磷化物独特的能带结构和电子结构，在导电性和本征活性方面具有优势。镍基磷化物优异的导电性是其在 HER 反应过程中实现电荷快速转移的关键。例如，微米级 Ni_5P_4 颗粒本征电阻率为 $6.3\mu\Omega \cdot m$；NiP_3 在室温下的电阻率为 $16\mu\Omega \cdot m$。

镍基硫化物在碱性介质中具有较高的 HER 催化活性，但是距离实际应用仍有一定的差距，对该材料进行离子掺杂是一种有效的方法。硼元素的加入能够有效提高镍基硫化物 HER 活性，这归因于硼元素可以调节材料费米能级的电子密度，降低材料在 HER 过程的动能势垒。Wu 等在镍金属表面制备了硼掺杂的镍基硫化物涂层（Ni-S-B）。如图 4-15 所示，在碱性条件下，该材料的起始过

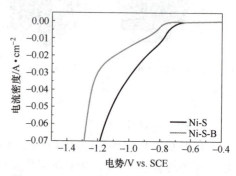

图 4-15　Ni-S-B 和 Ni-S 的 HER 催化性能

电位为 27mV。在 $10mA \cdot cm^{-2}$ 的电流密度下，该材料的 HER 反应过电位仅为 240mV。电化学阻抗测试发现，硼元素掺杂后该材料的电荷转移阻抗（R_{ct}）由 $0.23\Omega \cdot cm^{-2}$ 降低至 $0.06\Omega \cdot cm^{-2}$。硼元素掺杂提升了材料的电荷转移动力学性能，从而提升了材料的 HER 反应的催化活性。

2. 钼基催化剂

目前，HER 催化剂的研究主要集中在第ⅧB 主族和第ⅥB 主族。用于 HER 反应的第ⅥB 主族元素主要包括 Mo 和 W 等。Mo 元素还在分子探针、电池、电容器等领域被广泛研究。Mo 基材料用于 HER 反应的研究可以追溯到几十年前。作为一种优良的 HER 反应催化剂，Mo 基化合物具有电催化性能高、催化性能稳定性等特点。

图 4-16 所示为 HER 催化剂的火山图，Mo 金属对氢并不具备良好的吸附性，不利于后续的脱附，从而限制了其催化活性。然而，引入其他金属或非金属元素分别形成钼基合金或化合物，可以有效调整材料的电子结构，从而赋予钼基材料更适合的氢吸附能。值得注意的是，大多数钼基化合物还具有良好的导电性，这是影响电催化性能的关键因素之一。用于 HER

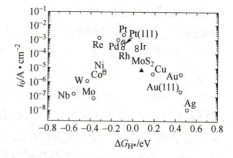

图 4-16　HER 催化剂的火山图

反应催化剂的钼基化合物主要包括钼基合金、硫化物、硒化物、碳化物、磷化物、硼化物、氮化物和氧化物等。

4.3.3　氧还原催化（ORR）材料

随着能源消耗的逐渐增加和生态环境的逐渐恶化，开发绿色能源已成为人类社会的重要任务。此外，温室效应和化石能源的进一步消耗加剧了人们对清洁能源转换技术的追求。在众多替代方案中，燃料电池引起了人们的极大关注。燃料电池具有较高的能量和功率密度，能够有效地将化学能储存在生物质燃料（如甲醇和 H_2）中，通过使用氧气作为氧化剂，以绿色方式转化为电能。因此，高效的 ORR 催化作用对于燃料电池中的电化学能量转换至关重要，燃料电池阴极上发生的 ORR 是燃料电池的一个主要技术瓶颈，这主要归因于 O=O 键的高能量和动力学上缓慢的激活。贵金属铂及其合金已被证明是最有活力的 ORR 电催化剂。目前，用于 ORR 反应的催化剂主要有铂基贵金属催化剂、非贵金属催化剂和非金属催化剂等。

1. 铂基贵金属催化剂

铂基贵金属催化剂通常与其他过渡金属元素组成合金或核壳结构，合金化不仅能够减少铂材料的用量，而且能够有效降低催化剂中毒。铂基合金催化剂用于 ORR 催化反应最早可追溯至 20 世纪 80 年代，经过数十年的发展，多种合金类铂基贵金属催化剂已被研发并被广泛报道。铂基合金 ORR 催化剂主要包括 PtFe、PtCo、PtNi、PtCu、PtZn、PtMn、PtPd、PtAu 和 PtRu 等。

最近，将贵金属铂与其他过渡金属结合制成具有核壳结构的纳米粒子是贵金属元素用于 ORR 反应催化剂的重要研究方向。通过物理或者化学的方法将铂与其他元素复合，能够显著调控电催化剂的电子结构和表面特性，因而在催化领域受到广泛关注。铂基核壳电催化剂具有铂的利用率高、ORR 活性高和催化稳定性的优点。Nair 等通过理论计算的方式研究了不同过渡金属（Sc、Ti、V、Cr、Mn、Fe、Co、Ni 和 Cu）与铂组成核壳结构团簇的 ORR 催化性能。催化剂的稳定性和催化活性是评价催化剂性能的重要参数，该参数分别通过材料的溶解电位和催化过电位来衡量。计算结果表明，Ti 掺杂 Pt 作为 ORR 催化剂时，具有最佳的催化稳定性和催化活性。

2. 非贵金属催化剂

目前，铂基材料被认为是综合性能最优的 ORR 电催化剂。但是，这类材料仍存在成本高的问题。因此，探索新型经济、高效的非贵金属催化剂成为人们的研究热点之一。最近，过渡金属碳化物、氧化物、硫化物和氮化物等非贵金属物质表现出良好的 ORR 催化性能，这类催化剂成为人们的研究热点之一。

Zhang 等通过煅烧乙醇酸锰制备具有锰缺陷的 Mn_3O_4。Mn_3O_4 中 Mn 缺陷的存在改变了材料的电子结构，从而提高了材料的电导率和电子离域。此外，图 4-17a、图 4-17b 显示了 OH* 吸附在常规 Mn_3O_4（图 4-17a）和具有 Mn 缺陷的 Mn_3O_4（110）晶面（图 4-17b）的微分电荷密度，Mn 缺陷的存在能够显著降低 OH* 的解吸能。图 4-17c 所示为常规和具有 Mn 缺陷的 Mn_3O_4 表面 Mn-OH（Mn^{3+}、Mn^{2+}）键合的分子轨道图，Mn^{2+}-OH 的成键轨道能与 Mn^{3+}-OH 不同，前者比后者低，说明前者的结合强度高于 OH*，这与该材料的 ORR 反应自由能计算一致。因此，Mn_3O_4 中 Mn 缺陷的存在利于呈现更多的以 Mn^{3+} 为主的活性位点，从而促进 ORR 反应中 O_2 的活化和 OH* 的解吸，有效降 ORR 限速步骤中吉布斯自由能和理论过电位。

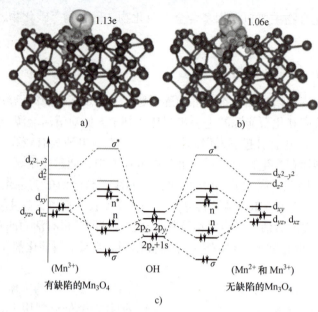

图 4-17　OH* 吸附在有无缺陷的 Mn_3O_4 电荷密度分布和分子轨道图

　　过渡金属氮化物是一种与过渡金属碳化物类似的 ORR 催化剂，其中，M 代表 Ti、Mo、Co、Fe 等元素。氮元素的存在导致过渡金属氮化物中的电荷转移，从而在催化剂表面形成酸中心或碱中心，增强对氧的吸附能力，改变 d 能带的电子密度，从而提高对 ORR 的催化性能。目前已有报道将单金属氮化物和多金属氮化物作为 ORR 电催化剂，最有前途的电催化剂主要是基于钴和铁的过渡金属氮化物。Luo 等使用 ZIF-8 作为载体制备了纳米级的 CrN 颗粒，成功克服了纳米催化剂的团聚，并且提高了材料的导电性。通过进一步的 Fe 掺杂或 Co 掺杂对 CrN 的 d 电子进行修饰，增强了材料对氧的吸附能力。Fe 掺杂 CrN 材料表现出良好的 ORR 活性，其在酸性介质中的 ORR 半波电位仅比工业 Pt/C 催化剂低 96mV，在碱性介质中的 ORR 半波电位比工业 Pt/C 催化剂高 44mV。

4.3.4　二氧化碳还原催化材料

　　1985 年，Hori 等首次在水溶液中进行了 CO_2 的电化学还原反应，发现 CO_2 在铜电极上可以还原为以 C_2H_4 和 CH_4 为主的碳氢化合物。此后，人们对电化学 CO_2 还原反应进行了大量的研究，结果发现了更多的碳基还原产物，包括但不限于 C_1（CO、HCOOH、HCHO、CH_3OH）和 C_2（C_2H_5OH）。然而，CO_2 分子相对热力学稳定，使得电化学 CO_2 还原反应的反应动力学缓慢。这是因为 CO_2 是一种线性分子，在其几何结构中有两个稳定的 C=O 双键。当它被还原为其他产物时，线性分子构型变为弯曲分子构型，因而需要较大的能量。因此，需要过高的过电位来克服高激活势垒。此外，水溶液中的电化学 CO_2 还原反应经历多个电子和质子转移路径形成复杂的中间体，使反应更加复杂。

1. 贵金属催化剂

　　在电催化 CO_2 还原转化为其他碳基产物的金属催化剂中，贵金属（Au、Ag、Pt 等）对 CO 的生成具有显著的选择性和独特的催化活性。Au 和 Ag 与 CO 具有合适的结合能，无需

CO 还原为碳氢化合物。Cho 等构建了一种负载于聚苯乙烯膜的褶皱状 Au 薄膜，并将其用于 CO_2 电催化还原。在 –0.4V vs.RHE 下，该材料能够将 CO_2 还原为 CO，并且具有 90% 的法拉第效率。

Chang 等通过预氢化工艺使用化学还原法直接制备了氢化钯纳米立方块（$PdH_{0.40}$ NCs/C）并将其作为 CO_2 还原催化剂。运用多种原位、非原位手段阐明了氢化钯在 CO_2 电催化还原过程中的结构 - 性能 - 活性关系。预氢化工艺不仅使 $PdH_{0.40}$ NCs/C 易于在 CO_2 电催化还原过程中进行原位氢化物相变，而且提高了氢化物形成电位。与碳负载的钯纳米立方体（Pd NCs/C）相比，相同尺寸的 $PdH_{0.40}$ NCs/C 在低过电位（–0.6V）下所得到的产物中 CO/H_2 的比值提高了 77%，CO_2 电催化还原活性提高了 220%。此外，为了将 CO/H_2 比提升至 1 和 2 之间，与 Pd NCs/C 相比，7nm $PdH_{0.40}$ NCs/C 催化剂的工作电位范围延长了 300mV（–0.5~–0.8V）。

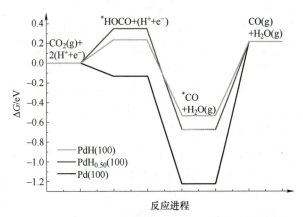

图 4-18　Pd（100）、PdH（100）和 $PdH_{0.50}$（100）在电压为 0V 时的 CO_2 还原反应能量势垒

原位 X 射线吸收精细结构（XAFS）分析表明，$PdH_{0.40}$ NCs/C 较高的催化性能得益于材料在电催化反应过程中只有较少部分的材料转化为低活性物质 PdH_1。如图 4-18 所示，密度泛函理论（DFT）计算表明，CO_2 还原关键中间体 *HOCO 和 *CO 在 $PdH_{0.50}$ 和 Pd 上的结合能不同，导致 $PdH_{0.50}$ 上的活性和选择性增强。

2. 铜基催化剂

合金化是通过引入外来元素来调整主元素电子特性的有效途径。电子性质的变化可以显著改变电化学 CO_2 还原过程中的 *H 和各种中间体结合能。因此，形成合金可通过调节中间体的结合强度来提高 CO_2 还原的催化活性和选择性，从而提高 CO_2 还原反应动力学性能。一般而言，对中间体的结合强度和反应途径依赖于次级金属的性质。此外，合金催化剂可以在其表面提供多个活性位点，用于吸附 CO_2 还原中形成的中间体。理论研究表明，双功能活性位点的利用可以有效降低各种中间产物的反应能垒，从而提高 CO_2 还原的活性。由于 Cu 与 *CO 的结合强度较为适中，Cu 是 CO_2 还原中唯一能催化生成大量烃类的金属催化剂。然而，由于 Cu 为单功能位点物质，Cu 通常不具备同时激发 CO_2 还原反应的发生和稳定后续反应中间体的能力。因此，人们一直致力于开发铜基合金催化剂，以进一步提高还原产物的整体效率。实验和理论研究均表明，将 Cu 与对氧亲和力高的次级金属合金化可以有效改善材料的 CO_2 还原性能。

Xie 等利用 Cu-Pd 合金研究了 CO_2 还原催化生成 CH_4 的性能。选择合金结构是因为两个功能单元之间的界面表现出协同作用，可以促进反应动力学，提高 CO_2 还原的选择性。在 0.1mol/L 的 $KHCO_3$ 电解液中测试，Cu-Pd 合金将 CO_2 还原成 CH_4 表现出较高的选择性，产率约为 32%。此外，该材料具有超强地抑制 C_2H_4 形成的能力。DFT 计算结果表明，异质结构中空的 Pd 位点不仅可以稳定生成 CH_4 的关键中间体（*CO），而且可以选择性地降低生成 CH₄ 的能量势垒。

4.3.5　氮还原反应材料

　　面对日益严峻的能源危机和环境问题，寻求可持续、绿色、经济的策略来解决这些棘手问题已迫在眉睫。以储量丰富的水、氧、二氧化碳和氮为原料，通过高效电催化的方式生产氢（H_2）、氧、碳氢化合物和氨（NH_3）等燃料和增值化学品成为人们的研究热点。近年来，人们对析氢反应（HER）、析氧反应（OER）、氧反应还原（ORR）和二氧化碳还原反应（CO_2RR）等多种电催化剂进行了大量的研究和设计。本节将对电化学还原 N_2 和 H_2O 生成 NH_3 的方法进行详细介绍。

　　2009 年，Nørskov 等对环境条件下电化学生成 NH_3 的可能性进行了理论计算。他们计算了在酸性电解液中，在几个紧密排列和阶梯状的过渡金属表面上，N_2 分子和 N 原子被还原的自由能，揭示了电催化剂表面上，N 的吸附与 NH_3 形成的催化性能之间的关系，揭示了用海洛夫斯基型（Heyrovsky-type）反应还原 N_2 的过渡金属表面（黑色）和阶梯（红色）的火山图，如图 4-19 所示，包括解离（实线）和结合（虚线）机制。火山图顶部最活跃的元素是 Mo、Fe、Rh 和 Ru，但预测这些元素具有更强的 HER 催化性能而非 NRR 催化反应性能，这将导致这些元素在发生 NRR 反应时具有较低的生成率。在火山图的右侧，Rh、Ru、Ir、Co、Ni 和 Pt 对 H 原子具有较强的吸附性，从而利于 HER 反应的发生。由于 Sc、Y、Ti 和 Zr 等过渡金属表面对 N 原子的吸附比 H 原子更强，因此在 –1.0~1.5V 的理论电压下，这些金属电极上 NH_3 的产量明显高于 H_2 的产量。

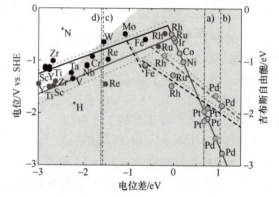

图 4-19　用海洛夫斯基型反应还原 N_2（黑色）和阶梯（红色）过渡金属表面的组合火山图（线），无（实线）和有（虚线）氢键效应

1. 贵金属催化剂

　　贵金属具有优异的导电性和高活性的多晶表面，是许多反应的高效电催化剂。贵金属同样也是促进 NRR 反应发生的高效催化剂。近年来，Au、Ru、Pt 和 Rh 等贵金属基催化剂已被广泛研究。

　　贵金属 Pt 通常具有较高的 HER 电催化活性。该材料作为 NRR 催化材料时，Pt 基材料的催化性能大大减弱。特别是在发生 NRR 反应所需的较低负电势时，Pt 纳米粒子表面容易吸附氢原子而不是 N_2。氢原子的过度吸附会占据大部分的活性位点从而极大地抑制了 NRR 反应的进行。因此，通过合理设计和控制其微观结构和电子性能是提高 Pt 基催化剂 NRR 反应活性的有效方法。Hao 等开发了固定在 WO_3 纳米板上的 Pt 单原子（Pt SAs/WO_3），实现了高效 NRR 催化。得益于单原子活性位点和较强的 HER 抑制效应，在 0.1mol/L K_2SO_4 电解液中，在 –0.2V（vs.RHE）时制备的 Pt SAs/WO_3 的 NH_3 产率高达 342.4μg·h⁻¹·cm⁻²，是纳米 Pt 材料的 11 倍；法拉第效率为 31.1%，是纳米 Pt 材料的 15 倍。机理分析表明，N_2 向

NH_3 的转化遵循交替的氢化途径，具有特殊 Pt-3O 结构的带正电荷的 Pt 位点可以很好地化学吸附并激活 N_2，从而保证了氮还原反应的高效进行。

2. 非贵金属催化剂

非贵金属基 NRR 材料特别是过渡金属基 NRR 材料，不仅具有成本低、储量丰富等优势，而且其丰富的 d 轨道电子可以有效提高 N_2 活化的动力学性能，过渡金属基 NRR 材料被广泛研究。在自然界中，生物固氮通常在温和条件下通过含有非贵金属元素的氮酶发生。因此，开发非贵金属催化剂具有极大的应用前景。在接下来的部分中，将讨论最近报道的基于非贵金属的 NRR 电催化剂。

Lin 等通过铜将纳米粒子与聚酰亚胺载体相复合的方式制备了高性能 NRR 催化剂，如图 4-20 所示。聚酰亚胺和铜粒子的复合调节了铜纳米粒子的电子密度，从而使得铜粒子为缺电子状态，使得铜粒子优选吸附碱性溶液中的 OH^-，从而抑制 HER 过程。同时，缺乏电子的铜纳米颗粒显著增强了 N_2 分子的预吸附，从而提高了 NH_3 生成率。当 Cu 质量分数为 5% 时，在 -0.3V vs.RHE 的电位下，该材料的 HRR 反应法拉第效率为 6.56%，氨产率 $12.4\mu g \cdot h^{-1} \cdot cm^{-2}$；在 -0.4V vs.RHE 的电位下，该材料的 HRR 反应氨产率 $17.2\mu g \cdot h^{-1} \cdot cm^{-2}$。理论计算研究表明第一步氢化反应步骤为该材料决速步，该步骤反应的最低吉布斯自由能为 1.60eV，Cu 纳米粒子的电子密度对 NRR 过程起关键作用。此外，该材料的活性中心在 NRR 过程中的 TOF 值为 $0.26h^{-1}$，Cu 与聚酰亚胺的高度耦合界面保证了材料在 NRR 催化反应中的稳定性。以 0.1mol/L KOH 为电解液，在 -0.4V vs.RHE 的电位下，该材料进行 30h，NRR 催化反应测试过程中没有明显性能衰减，这表明了催化剂优异的稳定性。

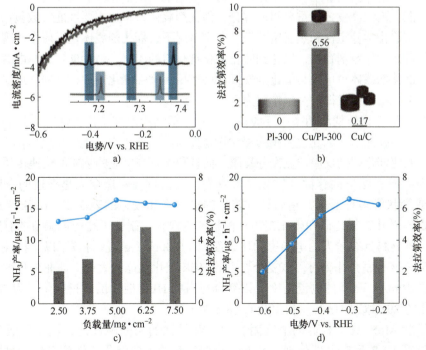

图 4-20　铜基催化剂的 NRR 催化性能

a）LSV 曲线　b）法拉第效率　c）在 -0.3V vs.RHE 下法拉第效率和 NH_3 产率随催化剂负载量的变化关系图
d）负载量为 5mg·cm^{-2} 时法拉第效率和 NH_3 产率随电压的变化关系图

4.4　催化剂载体对电催化反应的影响

电催化反应的核心原理是氧化还原反应。电催化在能源储存与转化领域发挥着重要作用。特别是在当前"碳达峰""碳中和"的时代背景下，电催化以其利用可再生能源和缓解能源危机的能力受到了广泛关注。电催化中涉及的电化学反应主要包括氧化还原反应、析氧反应、析氢反应、二氧化碳还原反应和氮还原反应等，这些反应都是能量储存和转换中的基本反应。电催化剂是决定反应效率和能源利用的关键组成部分。遗憾的是，现有的催化剂在催化活性、反应稳定性、反应选择性和制备成本等方面均不尽如人意，不能满足实际需要，阻碍了其进一步的应用和发展。许多重要的电催化装置仍依赖于贵金属，如 Pt、Pd、Ir、Ru 等。然而，高昂的价格阻碍了它们的大规模应用。为了解决这些问题，开发出活性高、稳定性好、选择性高、成本低的新型电催化剂是满足现代工业要求的必然要求。长期以来，将催化剂负载于合适的载体上被认为是一种具有吸引力的方法，从而达到节省催化剂制造成本、提高催化剂利用率的效果。此外，催化剂载体的合理选择不仅能提高金属催化剂的整体导电性，而且能提升金属催化剂的催化稳定性。同时，载体优异的分散能力能够使催化剂更多的表界面得以暴露，从而有效增强催化剂的反应活性。

4.4.1　催化剂载体的主要作用

负载型催化剂是指通过各种材料制备方法将纳米催化剂沉积或嵌入到基底。催化剂载体的元素组成、微纳米结构、物理化学性质等是影响电催化剂催化性能的关键因素。催化剂的载体是保证催化剂性能发挥的重要组成部分。催化剂载体材料的主要性能参数包括材料的强度、孔隙分布、化学稳定性和热稳定性等。通常情况下，催化剂载体在反应中表现为电化学惰性。它们可作为稳定剂存在，以达到防止催化剂材料的团聚，增大催化剂与电解质接触面积的作用。催化剂载体也可以与催化剂发挥协同作用，增强催化剂的整体催化反应性能。催化剂载体在催化反应中发挥的主要作用为：

（1）提高活性物质的利用率　反应位点多、原子利用率高、传质性能好是催化剂的基本要求。具有多孔微结构和高表面积的碳材料是作为纳米催化剂载体的理想选择之一。多孔碳材料不仅能使催化剂的反应位点充分暴露，而且利于参与反应的物质的快速传质。

有序介孔碳在能量的存储与转化领域具有广泛的用途。迄今为止报道的有序介孔碳包括棒状或管状等多种形貌，它们具有较高的电导率和较大的表面积。Baek 等通过双重模板法分别以介孔二氧化硅和碳化钼为外模板和内模板，制备了孔径可调节的有序介孔碳（图 4-21）。该材料具有较大的电导率和比表面积（$1000m^2 \cdot g^{-1}$）。得益于以上特性，将钌纳米粒子负载于该有序介孔碳时，该复合材料的 HER 催化性能大大优于商业催化剂。在碱性介质中，在 $10mA \cdot cm^{-2}$ 的电流密度下该复合材料的 HER 催化反应过电位仅为 30mV，远低于商业化的 20Ru/C（41mV）和 20Pt/C（84mV）。

由于层状 MoS_2 具有较低的氢吸附自由能和较强的耐酸碱性能，该材料成为一种优良的耐酸碱型 HER 反应电催化剂。然而，该催化剂的主要催化活性位点位于材料的边缘位置，较低的活性位点密度抑制了该催化剂的催化反应活性。Xu 等采用大孔径的碳材料为载体将 MoS_2 纳米片与该材料复合，大大提升了 MoS_2 材料的 HER 催化反应活性。在

$0.5mol \cdot L^{-1} H_2SO_4$ 和 $1mol \cdot L^{-1} KOH$ 的介质中，在 $10mA \cdot cm^{-2}$ 的电流密度下，该材料的 HER 反应过电位分别为 136mV 和 155mV，均优于以普通碳为载体的 176mV 和 189mV。多孔碳的利用使得 MoS_2 纳米片边缘位置的不饱和硫得以充分暴露，从而增强材料的 HER 催化性能。

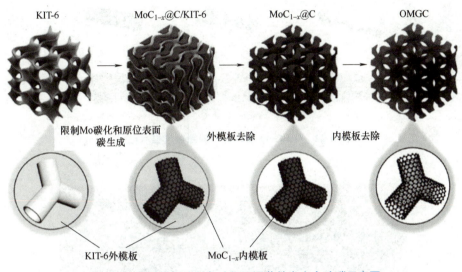

图 4-21　双重模板法制备孔径可调节的有序介孔碳示意图

（2）提高催化剂的电导率　催化剂具有加速反应速率和选择性地产生某种产物的功能，这就要求催化剂具有出色的电子传递能力。例如，在 OER、HER 催化反应中，金属氧化物、金属氢氧化物等通常被作为催化剂使用。然而，这类催化剂通常具有半导体特性，因而具有较低的催化效率。在催化剂合成过程中，将催化剂与具有高导电性的载体相复合是提高其催化活性的有效策略之一。

Yoon 等在氮掺杂碳纳米纤维（NCNF）表面制备氧化氮化钴（$CoO_x@CoN_y$）纳米材料。灌木状 $CoO_x@CoN_y$ 纳米棒由金属 Co_4N 核和氧化表面组成，在碱性溶液中表现出优异的 OER 活性。在 $10mA \cdot cm^{-2}$ 下，$E=1.69V$。实验结果结合理论计算表明 NCNF 为电子传输提供良好的传输通道，增强了材料的催化活性。

Jin 等通过两步法在 CoO 表面原位包覆了一层碳材料，制备得到 C@CoO 复合材料，如图 4-22 所示。导电碳材料和 CoO 的原位复合显著提升了材料的导电性并且提升了材料的 HER 催化活性。在 $10mA \cdot cm^{-2}$ 的电流密度下，C@CoO 复合材料的 HER 反应过电位为 120mV，该材料的 HER 催化性能优于碳单质材料和 CoO。CoO 表面碳材料的存在不仅有效提升了材料的整体电导率，降低 HER 反应的能垒，而且能够有效降低 CoO 在催化反应过程中的溶解，提升 HER 反应的稳定性。

（3）调节活性位点　除了固定金属催化剂和提高电导率，负载材料还可通过调节活性位点的配位环境和电子结构来提升材料的催化性能。

例如，Jiang 等研究了非晶碳、多孔碳和 ZIF 衍生碳等作为载体时 Ru 催化剂的 HER 催化反应性能，图 4-23 所示为 ZIF 衍生物负载 Ru 的 AC-STEM 图像。在碱性电解质中，以

ZIF 衍生碳为载体的 Ru 催化剂具有最佳的 HER 催化性能。在 10mA·cm^{-2} 的电流密度下，该材料的 HER 反应过电位为 29mV，Tafel 斜率为 82mV·dec^{-1}。研究表明，ZIF 衍生碳的应用不仅提高了 Ru 材料的分散性，更重要的是 Ru-碳界面同样表现出电化学活性，因而大大提升了材料的催化性能。

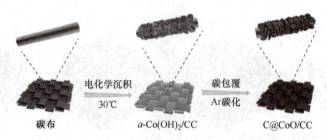

图 4-22　C@CoO 复合材料的制备过程示意图

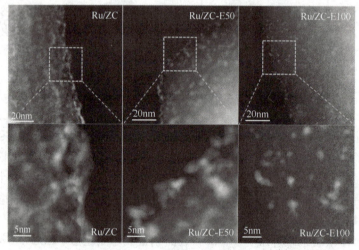

图 4-23　ZIF 衍生物负载 Ru 的 AC-STEM 图像

（4）增强结构稳定性　催化剂的结构稳定性是评价催化剂催化性能的重要参数之一。在催化反应过程中，催化剂可能会发生不利于催化反应发生的结构演化，如金属的去溶剂化、表面重构、不可控的团聚、电极脱落、氧化分解等。特别是许多高性能电极往往稳定性差，这阻碍了其实际应用。将催化剂固定在合适的载体上是解决这些问题的有效方式之一。

RuO$_2$ 是酸性介质中贵金属基材料中成本较低的 OER 电催化剂。高氧化电位下的过度氧化使 RuO$_2$ 缺乏 OER 反应的耐久性，这是该材料目前面临的最大问题之一。Sun 等以碳化钨为载体将 RuO$_2$ 与其复合，制备得到 RuO$_2$-WC 纳米复合材料。这种复合材料在酸性介质中表现出优异的 OER 催化反应活性和稳定性。在 10mA·cm^{-2} 的电流密度下，该材料的 OER 反应过电位分别为 347mV，Tafel 斜率为 88.5mV·dec^{-1}。此外，在 10mA·cm^{-2} 的电流密度下该材料能够稳定催化 10h。DFT 计算表明，由 WC 向 RuO$_2$ 的电子转移可以保护 Ru 在催化反应过程中免受过度氧化，并能够调节催化金属位点的电子结构，以提高催化能力。

4.4.2　载体的组成对催化剂性能的影响

负载电催化剂通常认为是通过各种材料合成方法锚定在基体材料上的催化剂，载体的引入往往会给各种催化反应带来较大的性能提升，成为多相催化领域的一个重要方向。考虑到这一点，在设计和制备廉价和高效的负载型电催化剂时，沉积的纳米结构催化剂和衬底都应该被特别考虑。对于负载型催化剂，载体成分、表面重构以及电化学过程中载体与催化剂之间的金属 - 载体相互作用对其催化效率至关重要。根据催化剂中所用载体的类型，本节讨论通常分为两大类，碳材料负载的催化剂和非碳材料（主要是金属化合物）负载的催化剂。

1. 碳基载体

由于高比表面积活性炭和炭黑具有低成本和易于大量生产等优点，是负载型催化剂的首选载体之一。炭黑是一种无定形碳，由有机聚合物或烃类前体在约 1500℃下热解制备而成。有机材料中的碳原子发生重新排布生成石墨化薄片，这些薄片随机交联，形成大量的自由间隙，由此产生的碳材料由 sp^2 杂化的碳平面层组成。材料具有结晶结构，但这些晶体结构仅局限在较短的范围内，因此缺乏堆叠方向。活性炭通常通过物理或化学活化法制备而来。通过物理活化，在 600~900℃无氧的情况下碳材料被热解，然后将碳化材料暴露于 600~1200℃的氧化气氛（氧或蒸汽）中加热。在化学活化过程中，原料被酸、强碱或盐（氯化钙或氯化锌）浸渍，然后在 450~900℃下碳化。由于激活材料所需的温度较低和反应时间较短，化学法是制备活性炭的常用方法。活性炭是一种非晶材料，具有超大的内表面积和孔隙体积。

碳材料由于其优良的导电性、高稳定性、耐蚀性、表面积大、电导率高、化学稳定性好、锚定位点可变以及可调谐的电子转移和电荷储存特性，长期以来一直是电催化领域的一种常用支撑材料。杂化碳载体配以活性金属基催化剂可以发挥其特性和优势。碳载体的合成方法主要有电子 / 离子辐照、球磨、原子层沉积、光化学还原、固相合成、热解和热活化等。

常用的碳载体有碳布、多孔纳米碳、碳纳米管、碳量子点和石墨烯等多种不同的构型。图 4-24 所示为碳布负载 $Ni_5P_4/NiP_2/Ni_2P$ 的制备过程，Hu 等制备了多孔镍基纳米片 $Ni_5P_4/NiP_2/Ni_2P$，并将其负载于碳布表面。该复合材料在酸性介质中具有较高的 HER 催化反应活性。在 10mA·cm^{-2} 和 100mA·cm^{-2} 的电流密度下，该材料的

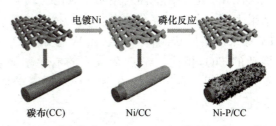

图 4-24　碳布负载 $Ni_5P_4/NiP_2/Ni_2P$ 的制备过程示意图

HER 反应过电位仅为 395mV 和 120mV。该材料的 HER 反应 Tafel 斜率仅为 47.3mV·dec^{-1}，这归因于材料的多孔结构使材料具有较大的比表面积以及 $Ni_5P_4/NiP_2/Ni_2P$ 多相组分的协同作用。此外，该材料在 5000 次循环伏安测试以及在 10mA·cm^{-2} 的恒电流密度下进行 168h 催化反应过程中的溶解极其缓慢，表明材料具有较高的催化稳定性。

层状双氢氧化物（LDHs）是一类类水滑石的纳米材料，以金属氢氧化物为主体层，层间可交换阴离子为客体离子，以实现层间分离和电荷平衡。由于原料的易获得性和内在的催化活性，LDH 在催化、药物载体和能量转换等领域具有广泛的应用价值。LDH 具有特殊的

层状结构和表面丰富的 -OH 基团，具有限制金属原子和作为前体 / 载体制备催化剂的潜力，也适合构建负载型催化剂，LDH 载体是催化剂载体的研究热点之一。

早在 1987 年，Corrig 等人发现即使在镍基氧化物中掺入 0.01%（质量分数）的铁元素，材料的 OER 催化性能能够得以显著提升。镍铁基层状双金属氢氧化物（NiFe-LDH）是一种典型的层状过渡金属氢氧化物，广泛应用于 OER 催化研究。Sakamaki 等以碳材料为载体，将 NiFe-LDH 直接与 C 复合制备得到 NiFe/C 催化剂。在相同条件下，Ni/C 和 Fe/C 催化剂的过电位分别为 530mV 和 520mV，Tafel 斜率分别为 102 和 54mV·dec^{-1}。Ni 和 Fe 的原子比为 1∶1 时，NiFe/C 催化剂的过电位为 320mV，Tafel 斜率为 27mV·dec^{-1}。镍铁催化剂的催化性能远高于其单金属元素形式。在相同条件下，商业 Ir/C 催化剂的过电位和 Tafel 斜率分别为 330mV 和 45mV·dec^{-1}。NiFe/C 催化剂具有较高的 OER 催化性能。

2. 非碳基载体

对于某些电催化过程，强酸 / 碱性反应条件或强氧化环境对催化剂提出了更高的要求。酸性条件下的 OER 确实如此，只有具有出色的抗氧化和耐蚀能力的金属氧化物才能满足这些要求。此外，选择过渡金属化合物作为载体是一种提高催化活性或稳定性的替代方法。金属氧化物具有明确的晶相、独特的酸碱度和氧化还原特性、丰富的缺陷位点（台阶、角、空位）和表面的 -OH 基团，使其对锚定金属位点具有吸引力。金属氧化物支撑的单原子催化剂扩展了载体类型，丰富了金属中心的配位环境，促进了气相小分子燃烧和电催化能量转换。在金属氧化物载体上支持单原子催化剂，以产生缺陷位点与单原子之间的协同作用，从而在催化应用中表现出卓越的性能。常用的用于锚定金属原子的金属氧化物载体主要有 CeO_2、FeO_x、TiO_2 和 Al_2O_3。

Zhao 等通过退火处理的方式制备了包含 Pt 纳米粒子和 NiO 的杂化材料，Pt 纳米粒子成功负载于 NiO 表面。X 射线光谱显示，NiO 载体上的 Pt 纳米粒子显示出清晰的晶格条纹和界面。由于对 Pt/NiO 异质结构的原子级界面化学的调制，所获得的催化剂对 HER 表现出优异的电催化活性。然而，氧化物载体低电导率的缺点使其活性不理想。最新的研究结果表明，在金属氧化物载体中，掺杂外来原子可以增强其电子导电性，提高催化性能。Lv 等采用熔融法制备了负载在 W 掺杂 TiO_2 载体上的 IrO_2 复合材料 $IrO_2/Ti_{1-x}W_xO_2$。与未掺杂的 TiO_2 相比，W 掺杂载体的电导率显著提高，表明 W 掺杂对 TiO_2 电导率的提高有积极作用。在 W 掺杂量为 20%（质量分数）的载体上，IrO_2 具有最佳的 OER 电化学活性。

4.4.3 载体的形貌对催化剂性能的影响

催化在现代化学工业中起举足轻重的作用，化工领域约 90% 的化学制品至少涉及一种催化过程。在过去的几十年里，以功能纳米颗粒为活性材料的纳米催化剂发生了爆炸式增长。与体相粒子相比，功能纳米粒子具有较高的表面体积比、丰富的表面活性位点和独特的电子结构，这类材料已被证明具有良好的催化性能。然而，由于其较高的表面能，功能纳米粒子通常热力学不稳定，在催化过程中容易发生迁移和团聚，从而导致活性和选择性急剧下降，尤其在高反应温度下。在这方面，将功能性纳米粒子纳入载体材料有望提高其催化稳定性，因为载体在物理上隔离了功能性纳米粒子，并阻止了它们的迁移和团聚。此外，由于活性位点与载体之间的相互作用，功能纳米粒子的电子结构也可以受到载体的调节，从而提高催化活性和稳定性。

Ti 金属由于其良好的耐酸碱性通常被用作 OER 催化剂的载体。Amano 等将 IrO_2-Ta_2O_5 分别包覆于具有不同形貌的 Ti 载体，并研究了钛载体形貌对材料 OER 催化性能的影响。在 0.1mol/L 的 H_2SO_4 中，以钛毡为载体的催化剂发生 OER 反应电流密度达到 $10mA \cdot cm^{-2}$ 所需的过电位仅为 0.27V。相同条件下，以钛板为载体的催化剂发生 OER 反应达到相同电流密度所需的过电位约为 0.30V。与钛板相比，钛毡具有较大的比表面积。具有相同催化剂负载量时，以钛毡为载体时能够增大催化剂的分散程度，增大催化剂与电解液的接触面积，增大催化反应活性。

最近，Cho 等成功制备了具有 4nm 和 8nm 均一尺寸的 Mn_3O_4 纳米球，并且将其用于中性电解液体，OER 催化时表现出较好的电化学性能，Mn_3O_4 纳米球形貌特征如图 4-25 所示。在以氟掺杂氧化锡为载体时，在 1.3V vs NHE 的电压下，该材料的电流密度高达 $8.15mA \cdot cm^{-2}$。以泡沫镍为载体时，该材料在 $10mA \cdot cm^{-2}$ 电流密度下的过电位仅为 395mV。与传统的钴基、镍基、铁基催化剂相比，该材料具有较高的 OER 催化性能。

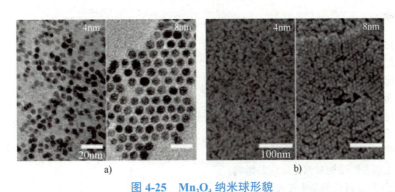

图 4-25　Mn_3O_4 纳米球形貌

a）粒径为 4nm 的 Mn_3O_4 纳米球的 TEM 照片　b）粒径为 8nm 的 Mn_3O_4 纳米球的 TEM 照片

为了增大催化剂材料和载体的有效接触面积，增强催化剂材料和载体的相互作用，增大载体的比表面积是一种有效的方法。由于介孔材料具有孔径大、表面积大、结构可调等特点，这类材料在催化、储能、生物医学、超导体和传感等广泛应用中表现出了良好的性能。具体来说，在电催化领域，介孔材料是功能性纳米粒子的理想载体。高的表面积有助于催化剂纳米粒子在载体中实现更好的空间分散，从而增强抗迁移和抗团聚的稳定性。此外，高孔隙率有利于催化过程中的传质，使催化剂纳米颗粒在外界介质中易于被反应物接触。值得注意的是，由于均匀和尺寸可调，中孔可以允许转移小于指定尺寸的分子，阻止尺寸较大尺寸的分子，从而实现催化的高选择性。此外，催化剂纳米粒子与多孔载体密切接触，这可能会诱发增强催化剂与载体的相互作用，从而增强催化剂的催化活性和稳定性。因此，人们普遍认为，介孔载体的高表面积、适当的介孔结构和孔径大小对催化剂纳米粒子分散度和催化剂含量发挥着关键作用。

4.4.4　总结

催化剂载体是支持固体催化剂的重要成分，催化剂载体可作为催化活性中心来提高负载金属或金属氧化物的催化反应效率。载体可以表现为化学惰性，也可与催化剂组分发生相互作用。值得注意的是，催化剂载体与固体、液体或气体形式的反应物发生相互作用时，催化剂载体需保持其结构的稳定性。因此，载体材料与催化剂材料的相互作用是影响催化剂活性和选择性的关键因素。载体材料可不直接促进催化反应过程，但可通过吸附所嵌入催化剂附近的反应物而间接促进催化反应的发生。用作催化剂载体的材料必须表现出较高的化学稳定性、高表面积以及在其表面高度分散金属或金属氧化物颗粒的能力。当使用贵金属，如金、银、铂、钌、钯等作为催化剂时，催化剂载体对催化剂的分散能力强弱极为重要。贵金属纳米颗粒的制备是为了增大催化剂的比表面积，载体必须使催化剂材料表面得以充分暴露，从而增强催化反应活性。载体赋予催化剂物理形态、结构、机械阻力和一定的活性，特别是双功能催化剂。因此，各种氧化物和碳化合物被用作催化剂的支撑材料。此外，孔隙率对提高催化剂载体的使用效率起着重要作用，而载体的形状和孔径的大小对催化剂的活性和稳定性具有重要影响。

思 考 题

1. 讨论催化剂的电子结构特征。
2. 讨论催化剂与底物之间的相互作用。
3. 分析理想催化剂与底物之间的关系。
4. 简述催化剂的主要设计思路。
5. 简述表面电子结构对催化反应机理的影响。
6. 讨论催化剂电子结构的可控设计。
7. 简述电子结构在电催化反应中的应用。
8. 分析电催化反应的特点。
9. 简述催化剂表面结构对催化反应的影响。
10. 讨论催化反应过程的基本步骤。
11. 阐述催化剂表面结构的可控合成和表征技术手段。
12. 分析表面结构对催化反应机理的影响。
13. 说明表面重构的优势与局限性。
14. 讨论表面结构在电催化反应中的应用。
15. 简述电化学性质与反应过程中形成的相应表面物质的组成和结构之间的关系。
16. 讨论单原子催化剂的表面结构优势。
17. 简述电催化剂的种类及其在电化学反应中的作用。
18. 说明金属催化剂的活性与组成元素之间的关系。
19. 解释氧化物催化剂的催化活性与其氧化还原性能的关系。
20. 讨论活性炭作为电催化剂的优缺点。
21. 阐述金属氮化物的结构特点及其在电催化中的应用。
22. 简述金属硫化物的电催化性能与其结构的关系。
23. 讨论金属磷化物作为电催化剂的可行性及其优势。
24. 解释过渡金属氧化物在电催化反应中的作用机制。
25. 分析不同类型非金属催化剂（如碳基材料、氮化物、硫化物等）在电催化中的应用。
26. 讨论催化剂的稳定性及其在电催化过程中的重要性。
27. 简述催化剂载体的作用及其对电催化性能的影响。

28. 讨论不同类型载体（如碳基材料、陶瓷、玻璃等）在电催化中的应用。
29. 说明载体表面的物理和化学性质对电催化剂分散性的影响。
30. 解释载体对电催化剂晶粒大小和形貌的影响机制。
31. 讨论载体对电催化剂电子传导性的影响。
32. 分析载体在提高电催化剂稳定性中的作用。
33. 阐述活性碳载体的制备方法及改性技术。
34. 解释金属氧化物载体的结构特点及其在电催化中的作用。
35. 讨论离子交换树脂作为电催化剂载体的优势与局限性。
36. 分析不同载体对电催化剂的电荷传递和物质传输性能的影响。

拓　展

保罗·萨巴捷 Paul Sabatier（法语）法国化学家，1854 年 11 月 5 日生于法国卡尔卡松，由于发明了在细金属粉存在下的有机化合物的加氢法，1912 年被授予诺贝尔化学奖。

孙世刚：物理化学家，中国科学院院士，厦门大学教授、博士生导师。提出了电催化活性位的结构模型，揭示了表面原子排列结构与电催化性能的构效关系。发展了高灵敏度、高时间分辨的电化学原位红外反射光谱方法，系统研究电催化过程，阐明了多种有机小分子与

铂电极表面相互作用的机制。创建了电化学结构控制合成方法，成功破解高表面能纳米晶制备的难题，首次制备出由高指数晶面围成的高表面能的铂二十四面体纳米晶，显著提高了铂催化剂的活性。

　　包信和：中国科学院院士，发展中国家科学院院士，英国皇家化学会荣誉会士。主要从事表面化学与催化基础和应用研究，主要贡献在金属催化剂的表面化学、纳米催化理论多孔材料的合成、表征在催化中的应用研究和采用原位、动态方法观察在反应过程中，金属催化剂表面在时间和空间坐标下发生的结构自组合效应以及由此导致的非线性表面反应动力学特征等。

　　李灿：中国科学院院士、发展中国家科学院院士、欧洲科学院院士，主要从事表面化学与催化基础和应用研究，主要贡献在金属催化剂的表面化学、纳米催化理论多孔材料的合成、表征在催化中的应用研究和采用原位、动态方法观察在反应过程中，金属催化剂表面在时间和空间坐标下发生的结构自组合效应以及由此导致的非线性表面反应动力学特征等。

参 考 文 献

[1] GREELEY J, JARAMILLO T F, BONDE J, et al. Computational high-throughput screening of electrocatalytic materials for hydrogen evolution [J]. Nature Materials, 2006, 5 (11): 909-913.
[2] ZHONG C, ZHANG J, ZHANG L, et al. Composition-Tunable $Co_{3-x}Fe_xMo_3N$ Electrocatalysts for the Oxygen Evolution Reaction [J]. ACS Energy Letters, 2023, 8 (3): 1455-1462.

［3］ MA Y, HU J, QU Y, et al. Boosting Electrocatalytic Activity of Ru for Acidic Hydrogen Evolution through Hydrogen Spillover Strategy［J］. ACS Energy Letters, 2022, 7（4）: 1330-1337.

［4］ WANG X, MA R, LI S, et al. In Situ Electrochemical Oxyanion Steering of Water Oxidation Electrocatalysts for Optimized Activity and Stability［J］. Advanced Energy Materials, 2023, 13（24）: 2300765.

［5］ WU Q, JIA Y, LIU Q, et al. Ultra-dense carbon defects as highly active sites for oxygen reduction catalysis［J］. Chem, 2022, 8（10）: 2715-2733.

［6］ LI F, THEVENON A, ROSAS-HERNÁNDEZ A, et al. Molecular tuning of CO_2-to-ethylene conversion ［J］. Nature, 2020, 577（7791）: 509-513.

［7］ KWAK K, CHOI W, TANG Q, et al. A molecule-like $PtAu_{24}$（SC_6H_{13}）18 nanocluster as an electrocatalyst for hydrogen production［J］. Nature Communications, 2017, 8（1）: 14723.

［8］ SEITZ L C, DICKENS C F, NISHIO K, et al. A highly active and stable IrO_x/$SrIrO_3$ catalyst for the oxygen evolution reaction［J］. Science, 2016, 353（6303）: 1011-1014.

［9］ YAN X, LIU D, GUO P, et al. Atomically Dispersed Co_2MnN_8 Triatomic Sites Anchored in N-Doped Carbon Enabling Efficient Oxygen Reduction Reaction［J］. Advanced Materials, 2023, 35（42）: 2210975.

［10］ ZHAO Y, TAN X, YANG W, et al. Surface Reconstruction of Ultrathin Palladium Nanosheets during Electrocatalytic CO_2 Reduction［J］. Angewandte Chemie International Edition, 2020, 59（48）: 762.

［11］ SUN W, SONG Y, GONG X Q, et al. An efficiently tuned d-orbital occupation of IrO_2 by doping with Cu for enhancing the oxygen evolution reaction activity［J］. Chemical Science, 2015, 6（8）: 4993-4999.

［12］ WANG C, SHANG H, WANG Y, et al. Interfacial electronic structure modulation enables $CoMoO_x$/CoO_x/RuO_x to boost advanced oxygen evolution electrocatalysis［J］. Journal of Materials Chemistry A, 2021, 9（25）: 14601-14606.

［13］ GAO X, LIU X, ZANG W, et al. Synergizing in-grown Ni_3N/Ni heterostructured core and ultrathin Ni_3N surface shell enables self-adaptive surface reconfiguration and efficient oxygen evolution reaction［J］. Nano Energy, 2020, 78（August）: 105355.

［14］ HU C, CAI J, LIU S, et al. General Strategy for Preparation of Porous Nickel Phosphide Nanosheets on Arbitrary Substrates toward Efficient Hydrogen Generation［J］. ACS Applied Energy Materials, 2020, 3（1）: 1036-1045.

［15］ WU Y, GAO Y, HE H, et al. Novel electrocatalyst of nickel sulfide boron coating for hydrogen evolution reaction in alkaline solution［J］. Applied Surface Science, 2019, 480（March）: 689-696.

［16］ WANG X L, XUE C Z, KONG N N, et al. Molecular modulation of a molybdenum-selenium cluster by sulfur substitution to enhance the hydrogen evolution reaction［J］. Inorganic Chemistry, 2019, 58: 12415-12421.

［17］ ZHANG Y C, ULLAH S, ZHANG R, et al. Manipulating electronic delocalization of Mn_3O_4 by manganese defects for oxygen reduction reaction［J］. Applied Catalysis B: Environmental, 2020, 277: 119247.

［18］ CHANG Q, KIM J, LEE J H, et al. Boosting activity and selectivity of CO_2 electroreduction by pre-hydridizing Pd nanocubes［J］. Small, 2020, 16（49）: 2005305.

［19］ SKÚLASON E, BLIGAARD T, GUDMUNDSDÓTTIR S, et al. A theoretical evaluation of possible transition metal electro-catalysts for N_2 reduction［J］. Physical Chemistry Chemical Physics, 2012, 14（3）: 1235-1245.

［20］ LIN Y X, ZHANG S N, XUE Z H, et al. Boosting selective nitrogen reduction to ammonia on electron-deficient copper nanoparticles［J］. Nature Communications, 2019, 10: 4380.

［21］ BAEK D S, LEE K A, PARK J, et al. Ordered mesoporous carbons with graphitic tubular frameworks by dual templating for efficient electrocatalysis and energy storage ［J］. Angewandte Chemie, 2021, 133（3）: 1461-1469.

［22］ JIN W, GUO X, ZHANG J, et al. Ultrathin carbon coated CoO nanosheet arrays as efficient electrocatalysts for the hydrogen evolution reaction ［J］. Catalysis Science and Technology, 2019, 9（24）: 6957-6964.

［23］ JIANG Y, HUANG T W, CHOU H L, et al. Revealing and magnifying interfacial effects between ruthenium and carbon supports for efficient hydrogen evolution ［J］. Journal of Materials Chemistry A, 2022, 10（34）: 17730-17739.

［24］ CHO K H, SEO H, PARK S, et al. Uniform, assembled 4 nm Mn_3O_4 nanoparticles as efficient water oxidation electrocatalysts at neutral pH ［J］. Advanced Functional Materials, 2020, 30（10）: 1910424.

第5章

纳米催化材料在电解水中的应用

5.1 电解水技术简介

2021年2月24日，《麻省理工科技评论》发布了2021年"全球十大突破性技术"，绿色氢能的入选尤为引人注意。当今经济社会的飞速发展，能源消耗急剧增加，随着不可再生的化石燃料的不断消耗，以及对其开采造成的大量环境污染，导致能源危机愈演愈烈，逐渐引起全球范围的担忧。因此，人们把目光投向了可再生能源以及清洁能源。诸如太阳能、风能和潮汐能之类的可持续、可再生能源，可以用作解决部分能源需求问题的潜在替代能源。但这类可再生能源，并不能进行稳定持续的供应，难以作为主要能源。另一方面，通过可再生能源产生的电能，难以长时间大量储存，迫切需要将这部分能源转变为能够长期储存和运输的其他能源。在这方面，利用可再生能源制取氢气，进而存储和运输，成为了一个理想的解决方案。氢能具备清洁环保、效能高、来源广、可储能等优势，还可通过环境友好的燃料电池高效地生成电能，以及作为化工原料，合成高附加值的化学材料，因此被称为"终极能源"，是未来替代矿物能源的最佳选择。

2021年3月11日，《中华人民共和国国民经济和社会发展第十四个五年规划和2035年远景目标纲要（草案）》决议通过，正式将发展氢能纳入其中，这也是我国优化能源消费结构和保障国家能源供应安全的战略选择。在能源结构逐渐向低碳转型的趋势下，世界主要国家纷纷战略布局氢能领域。由此可见，发展氢能，尤其是经济高效的可再生能源制氢技术是对国家重大需求的及时响应，也是全球减少碳排放和减缓气候变化的优质解决方案。

在众多制氢方法中，利用可再生能源电解水制备氢气，被认为是未来全球低碳燃料的最佳供应途径之一。一方面，从低碳环保的角度看，水电解制氢法的整个制氢过程没有碳排放，是真正实现清洁氢气来源的"绿氢"，是能够助力"碳中和"目标实现的制氢技术。另一方面，从技术实现角度看，与其他制氢方法相比，电化学分解水具有制氢纯度高、反应速度快等优点。而其他已知方法，如金属氢化物酸水解、光化学分解水和碳氢化合物水蒸气重整都有各自的局限性：金属氢化物酸水解制氢所用的原料和试剂一般具有腐蚀性和敏感性；光化学分解水制氢法反应较慢；碳氢化合物蒸汽重整法会产生 CO、CO_2 和硫氧化物等产物，此外，还需要高温高压的反应条件。相比之下，从这两个角度看，可再生能源电解水制氢法最具优势。然而制约大规模商业化应用的核心因素还是成本。因此，突破高效、低成本、规模化电解水制氢技术瓶颈可极大地促进氢能的利用和发展。

从 1789 年 Deiman 和 Troostwijk 第一次观察到水能电解成纯度非常高的氢气和氧气至今，电解水系统已经有了长足的发展，不过其核心仍是由两个半反应构成，一个是电解池的阴极部分——氢气析出反应（HER），另一个是电解池阳极部分——氧气析出反应（OER）。然而截止目前，电解水系统仍没有实现大规模商业应用。其中的一个重要原因，OER 过程是一个四电子耦合转移过程，其能量势垒高，动力学反应缓慢，因此，相比于 HER，OER 过程需消耗更高能量来克服动力学能垒，简言之即需要更高的过电位，因此，OER 成为制约电解水系统运行效率的关键步骤。因此，开发经济高效的 OER 催化剂以加速反应并降低能耗，对于电解水制氢系统的进一步发展至关重要。当前，大规模生产普遍使用的贵金属基催化剂（例如 IrO_2、RuO_2）被认为是现阶段最优的 OER 催化剂，然而，贵金属的高成本和稀缺性限制了其在规模化开发中的广泛应用。因此，开发具有低成本和高性能的 OER 替代催化剂仍然是一个巨大的挑战。

电催化水分解包括两个半反应，分别是阴极析氢反应（Hydrogen Evolution Reaction，HER）和阳极析氧反应（Oxygen Evolution Reaction，OER），如图 5-1 所示。水首先在阳极氧化为分子氧（OER）。水氧化反应产生的质子和电子分别通过所施加的膜和外部电路转移到阴极室。最后，质子在阴极与电子结合，生成 H_2（HER）。HER 和 OER 对水电解的整体效率至关重要。在标准条件下，水电解反应的吉布斯自由能（ΔG）变化为 $237.2kJ \cdot mol^{-1}$，对应于 1.23V 的电池电压。然而，在实践中，由于 OER 和 HER 侧都发生了一些动力学障碍，水分解需要比 1.23V 更大的电压。这种大的热力学平衡电势可以用一些活性催化材料修饰电极表面来克服。通常，对于水分解，电催化剂提供

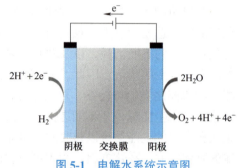

图 5-1　电解水系统示意图

以下三个主要功能：①稳定电荷转移（电子和空穴）并阻止它们复合；②为氧和氢分子提供活性吸附位点；③降低水的氧化和还原的活化能。氢燃料用于清洁和可持续能源转换的主要挑战是设计可扩展和稳定的电催化剂，它可以以优异的效率和耐用性驱动水的分解。一般来说，基于地球中丰度高的金属用于水分解的新一代电催化剂将具有以下特征：①像贵金属基材料一样高效；②在大的 pH 值范围内具有良好的催化活性；③高耐久性和稳定的活性；④生态友好；⑤成本低，资源丰富；⑥在电解池中整合 OER 和 HER 的能力。

5.2　电解水反应机理

5.2.1　HER

HER 过程涉及三个主要步骤，通过在酸性介质中还原质子或在碱性介质中还原水分子为氢气（H_2）进行 HER 过程。如图 5-2 所示，第一步是 Volmer 反应（式 5-1 和式 5-2），其中质子与电子反应，在电极材料表面（M）上产生一个吸附的氢原子（H*）。在酸性和碱性电解质中，质子的来源分别是水合氢离子（H_3O^+）和水分子。随后，H_2 的形成可能通过 Heyrovsky 反应（式 5-3 和式 5-4）或 Tafel 反应（式 5-5）或两者同时发生来进行。在 Heyrovsky 反应中，另一个质子扩散到 H*，然后与第二个电子反应产生 H_2。在 Tafel 反应中，

表面附近的两个 H* 结合在电极表面形成 H_2。整个 HER 过程可以写成：

（1）电化学氢吸附（Volmer 反应）：

$$H_3O^+ + M + e^- \rightleftharpoons M\text{-}H^* + H_2O（酸性介质）\tag{5-1}$$

$$H_2O + M + e^- \rightleftharpoons M\text{-}H^* + OH^-（碱性介质）\tag{5-2}$$

（2）电化学氢脱附（Heyrovsky 反应）：

$$H^+ + M\text{-}H^* + e^- \rightleftharpoons H_2 + M（酸性介质）\tag{5-3}$$

$$H_2O + M\text{-}H^* + e^- \rightleftharpoons H_2 + OH^- + M（碱性介质）\tag{5-4}$$

（3）化学脱附（Tafel 反应）：

$$2M\text{-}H^* \rightleftharpoons H_2 + 2M（酸性或碱性介质）\tag{5-5}$$

塔菲尔斜率（b）表示电流密度增大或减小 10 倍所需的电位差，它表明了 HER 过程的机理。当 Volmer 反应或放电反应速度快，化学解吸（结合）反应是决定速率的步骤时，通过计算公式：

$$b = \frac{2.3RT}{2F} = 0.029\mathrm{V} \cdot \mathrm{dec}^{-1}\tag{5-6}$$

$b = 29\mathrm{mV} \cdot \mathrm{dec}^{-1}$（25℃）。如果放电反应速度快，而电化学解吸（Heyrovsky 反应）是限速步骤，通过计算公式：

$$b = \frac{4.6RT}{3F} = 0.039\mathrm{V} \cdot \mathrm{dec}^{-1}\tag{5-7}$$

$b = 39\mathrm{mV} \cdot \mathrm{dec}^{-1}$（25℃）。如果放电反应速度较慢，通过计算公式：

$$b = \frac{4.6RT}{F} = 0.116\mathrm{V} \cdot \mathrm{dec}^{-1}\tag{5-8}$$

$b = 116\mathrm{mV} \cdot \mathrm{dec}^{-1}$（25℃）。

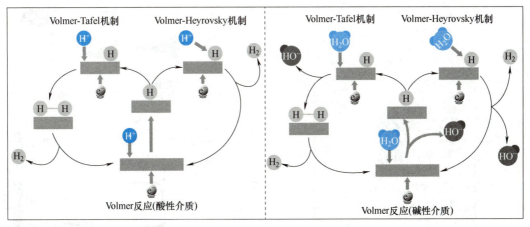

图 5-2　HER 机理示意图

根据 Sabatier 原理，催化剂与反应中间体之间的相互作用应当适当。如果相互作用过弱，催化剂表面会结合过少的中间体，导致反应速率减缓；如果相互作用过强，反应产物可能无法与催化剂表面解离，从而通过阻塞活性位点终止反应。从物理化学角度看，H* 的吸附和 H_2 的解吸都可以通过测量 HER 反应过程的 ΔG_{H^*} 来评估。Sabatier 原理规定，在理

想条件下 ΔG_{H^*} 应为零，具有最高 HER 活性，表现出最大的交换电流密度（j_0）。Parsons 建立了一个"火山型"图（图 5-3a），将 j_0 值与量子化学导出的 ΔG_{H^*} 关联起来。根据实验值 j_0 与密度泛函理论（DFT）计算的 ΔG_{H^*} 之间的相关性，确定了"火山型"趋势。火山峰位于 $\Delta G_{H^*}=0$ 处；当 $\Delta G_{H^*}>0$ 时，H* 吸附相对较弱，导致随 ΔG_{H^*} 减小，j_0 呈指数增加；当 $\Delta G_{H^*}<0$ 时，H* 吸附相对较强，导致随 ΔG_{H^*} 减小，j_0 呈指数下降。受 Parsons 工作的启发，Trasatti 将从各种金属得到的 j_0 值与金属 - 氢（M-H）键的测定强度相关联，呈现出另一种形式的"火山"曲线。随着计算科学和理论计算的发展，DFT 计算在获得 ΔG_{H^*} 值方面起越来越重要的作用，这也有助于构建火山曲线，正如 Nørskov 等人的工作，DFT 计算已成功用于计算各种催化剂的 ΔG_{H^*} 值。图 5-3b 显示了 DFT 导出的 ΔG_{H^*} 值与测得的 j_0 之间的火山型趋势。

对于过渡金属基催化剂，H* 吸附强度和 ΔG_{H^*} 的大小主要与其表面电子结构，尤其是金属 d 轨道水平相关。DFT 理论计算表明，化学吸附能、解离能和活化势垒与金属的 d 带中心有关，这是因为它们与费米能级位置比较接近。Nørskov 及其合作者提出的 d 带中心理论（ε_d），主要是考虑吸附 H* 本身的结合能而建立的（图 5-4a），有时也会考虑 HER 过程中，因能级调整而产生的断键。此外，H* 轨道与金属 d 轨道的相互作用会产生深层填充键合态（σ，低能）和空或部分填充的反键合态（σ^*，高能），其中 M-H 键合强度取决于 σ^* 的占位，σ^* 占位越低，键合强度越高。因此，通过比较计算出的金属表面 d 带状态和费米级，可以定性预测特定过渡金属催化剂的 H* 吸附和 ΔG_{H^*} 并证明其合理性。此外，Santos 及其合作者的研究表明，d 带的位置也是影响 HER 活化能和断键势垒的关键因素（图 5-4b）。

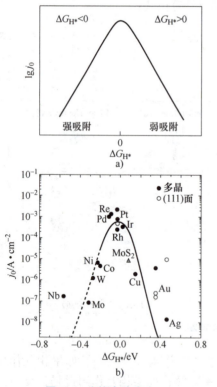

图 5-3　交换电流密度 j_0

a）j_0 与 ΔG_{H^*} 之间的关系图　b）酸性介质下各种金属、合金化合物和非金属材料表面 HER 的 j_0 与 ΔG_{H^*} 的关系

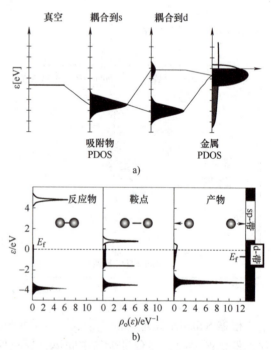

图 5-4　d 带中心理论

a）吸附剂与过渡金属表面之间化学键形成的能级杂化和重新排列示意图　b）H_2 分子、鞍点和断键后平衡时的态密度

5.2.2　OER

与析氢反应相比，析氧反应是一个缓慢的四电子转物过程，涉及三个表面吸附的中间体（OOH*、O* 和 OH*），具体反应方程式取决于电解质的 pH 值，如下：

$$4OH^- \longrightarrow O_2 + 2H_2O + 4e^- \text{（碱性介质）} \tag{5-9}$$

$$2H_2O \longrightarrow O_2 + 4H^+ + 4e^- \text{（酸性介质）} \tag{5-10}$$

这两个方程式在功能上是等效的。由于电解质的环境不同，参与离子也不同。考虑到环境的 pH 值，OER 最少需要在电极上施加相对于可逆氢电极（RHE）为 1.23V 的电位，即平衡电极电位。通常，由于 OER 半反应的动力学缓慢以及热力学势垒较大，在 1.23V 的最小工作电压之外，还需要很大的额外过电位，从而在应用过程中会造成额外的能量消耗。因此，OER 是控制电化学水分解整体效率的关键。

电催化剂的 OER 性能取决于活性位点的数量和活性（后者通常定义为催化剂的内在活性）。针对活性位点的数量，目前可通过减小催化剂的粒度，制备符合工程学的特殊形貌，来增大电化学活性位点的暴露，或者通过促进催化剂表面重构形成更多活性物质等方法提高其占比。针对活性位点的活性，可以尝试提高材料自身的活性以使 OER 的电势接近热力学极限，这要求研究者从根本上了解反应机理，并发现不同材料的活性位点以及过电位产生的机理。尽管人们对 OER 进行了长时间的研究，但是在实验上，确定和识别反应中间体仍十分困难，OER 机理研究尚未得到充分的实验验证。这主要是因为 OER 的中间状态涉及高能表面，反应中间体的寿命非常短，催化剂表面还会产生大量的气体等原因。

应该指出的是，在最近的几十年中，研究人员已经报道了多种反应机理，利用这些报道的机理作为指导，可以更有效地设计高性能 OER 电催化剂。无论如何，一个共识是氧结合能（OBE）和三种含氧中间体（HO*、O* 和 HOO*）的吸附强度对 OER 电催化剂的活性至关重要。目前普遍认为 OER 可通过两种不同的机制进行：吸附物释放机理（Adsorbate Evolution Mechanism，AEM）和晶格氧介导机理（Lattice-Oxygen-Mediated Mechanism，LOM）。

通常认为吸附物释放机理涉及四个以金属离子为中心的协同质子电子转移（Concerted Proton-Electron Transfer，CPET）反应，如图 5-5 所示。每个步骤都有质子进入电解质中，最终与转移到阴极的电子结合。具体来说，OH^- 首先吸附在表面 O 空位上（步骤 1）。然后，吸附的 OH（HO* 物质）随后发生去质子化反应，形成 O*（步骤 2）。接下来，O—O 键形成步骤允许 O* 与另一个 OH^- 反应形成 HOO* 中间体（步骤 3）。最后一步中，通过 HOO* 的去质子化以及活性位点的再生来释放 O_2（步骤 4）。

使用标准氢电极（Standard Hydrogen Electrode，SHE）作为参比电势，在气相中 H^+ + e^- 的化学势计算为 $1/2H_2$。为了在反应（1）-（4）中的协同质子电子转移过程上施加外部偏压（U），需要将 $-eU$ 项加到它们的反应自由能上。可逆氢电极（Reversible Hydrogen Electrode，RHE）的理论过电位并不取决于 pH 值，因为自由能以相同的方式随 pH 值和 U 的变化而变化。因此，这四个步骤的反应自由能（ΔG）计算如下所示：

$$\Delta G_1 = \Delta G_{HO^*} - \Delta G_* + \frac{1}{2} G_{H_2(g)} - eU \tag{5-11}$$

$$\Delta G_2 = \Delta G_{O^*} - \Delta G_{HO^*} + \frac{1}{2} G_{H_2(g)} - eU \qquad (5\text{-}12)$$

$$\Delta G_3 = \Delta G_{HOO^*} - \Delta G_{O^*} + \frac{1}{2} G_{H_2(g)} - eU \qquad (5\text{-}13)$$

$$\Delta G_4 = \Delta G_{O_2(g)} + \Delta G_* - \Delta G_{HOO^*} + \frac{1}{2} G_{H_2(g)} - eU \qquad (5\text{-}14)$$

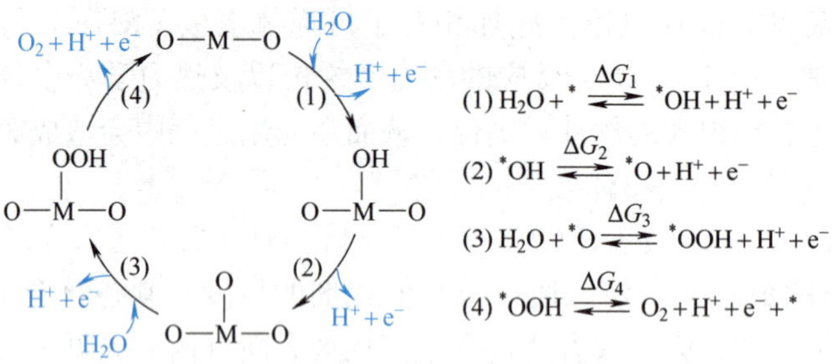

(1) $H_2O + {}^* \overset{\Delta G_1}{\rightleftharpoons} {}^*OH + H^+ + e^-$

(2) ${}^*OH \overset{\Delta G_2}{\rightleftharpoons} {}^*O + H^+ + e^-$

(3) $H_2O + {}^*O \overset{\Delta G_3}{\rightleftharpoons} {}^*OOH + H^+ + e^-$

(4) ${}^*OOH \overset{\Delta G_4}{\rightleftharpoons} O_2 + H^+ + e^- + {}^*$

图 5-5　OER 吸附物释放机理示意图

原则上，对于给定的 OER 催化剂，其催化性能可能受这四个反应步骤中任何一个的限制。ΔG_1、ΔG_2、ΔG_3 和 ΔG_4 中最大的正值决定了 OER 的过电位，由此就可以确定其催化性能。图 5-6a 所示为理想的 OER 催化剂需要在 $U = 0$（即 1.23eV）时，具有相同大小的反应自由能的四个步骤，但是这种理想情况几乎是不可能实现的。这是因为参与 AEM 的 OER 中间体（包括 HO*、HOO* 和 O* 反应物）的吸附能线性相关。特别是，由于 HOO* 和 HO* 都通过一个氧原子与催化剂表面以单键形式结合，HO* 和 HOO* 的结合能紧密相连（图 5-6），对于金属或氧化物表面，其吉布斯自由能差（$\Delta G_{HOO^*} - \Delta G_{HO^*}$）为 3.2 ± 0.2eV，而与结合位点无关。基于这种比例关系，可以获得以下三个重要推论。首先，可以从计算出 ΔG_{HO^*} 直接获得 ΔG_{HOO^*} 的值，反之亦然，从而减少了评估给定催化剂活性所需的计算成本。其次，由于 ΔG_{HO^*} 和 ΔG_{HOO^*} 之间的差大于理想催化剂的预期值 2.46eV（2×1.23eV），因此可以算出最小理论过电势为 0.37eV［(3.2−2.46) eV/2］。这也已经在相关的实验研究中，通过观察基准电催化剂得到了证实。第三，在大多数 OER 催化剂中，ΔG_1 以及 ΔG_4 很少作为反应的决速步骤，因此 ΔG_{O^*} 和 ΔG_{HO^*}（$\Delta G_{O^*} - \Delta G_{HO^*}$）可以用作预测 OER 活性的通用描述符。过电位可以表示为 η^{OER}：

$$\eta^{OER} = \{\max\,[(\Delta G_{O^*} - \Delta G_{HO^*}),\ 3.2eV - (\Delta G_{O^*} - \Delta G_{HO^*})]\,/e\} - 1.23 \qquad (5\text{-}15)$$

根据 Sabatier 原理，理想的催化剂要求关键中间体的吸附强度既不能太强也不能太弱。因此，η^{OER} 作为（$\Delta G_{O^*} - \Delta G_{HO^*}$）的函数的图可得出独立于催化材料之外的通用火山形关系（图 5-6c）。

这种比例关系为合理设计高效的 OER 催化剂提供了依据。一方面，根据 η^{OER} 与（$\Delta G_{O^*} - \Delta G_{HO^*}$）的火山型关系，HOO* 组分的形成是左侧强氧结合分支的潜在决速步骤（图 5-6c）。另一方面，HO* 组分的去质子化是右侧火山区弱氧结合分支的潜在决速步骤。因此，催化剂与氧的结合既不太强，也不太弱，导致 $\Delta G_{O^*} - \Delta G_{HO^*} = 1.6eV$ 时，显示出最佳活性。通过调节催化剂的电子结构，优化催化剂的活性值，可以得到性能优良的催化剂 $\Delta G_{O^*} - \Delta G_{HO^*}$。

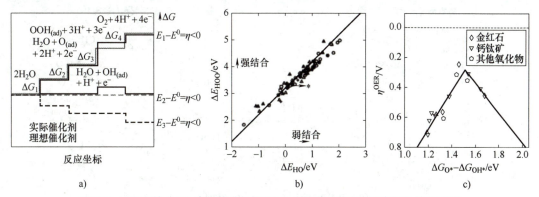

图 5-6　AEM 的 OER 中间体（包括 HO*、HOO* 和 O* 反应物）的吸附能

a）理想和实际催化剂在 $U=0$ 时的吉布斯自由能　b）HOO* 的吸附能与 HO* 在钙钛矿、金红石、锐钛矿、Mn_xO_y、
Co_3O_4 和其他氧化物上的吸附能对应关系　c）OER 火山图

2009 年，Nørskov 及其同事系统回顾了基于第一性原理密度泛函理论（first-principles density functional theory，DFT）的催化剂设计计算方法，并对各种反应的理论描述进行了全面总结，可用于在原子尺度上建立宏观动力学和催化剂活性中心结构之间的关系。基于该研究结果，有人提出使用确定的活性结构和优化的中间吸附的 DFT 的计算方法可以成为促进高效电催化剂设计和活化策略发展的有力工具。为了增强固有的 OER 活性，$\Delta G_{O*}-$ ΔG_{HO*} 应该优化到更接近火山峰值的位置。然而，对于绝大多数氧化物基 OER 电催化剂（例如金红石、钙钛矿、尖晶石、岩盐和铋铁矿），标度关系定义了最低可能的理论过电位，并且大多数催化材料都承受着来自次优的 O* 结合能的额外过电位。在这方面，与 HO* 相比，通过稳定 HOO* 中间体，打破标度关系限制似乎对进一步提高 OER 活性具有重要意义。

除此之外，还可通过调节电子结构，如 3d 过渡金属的 e_g 轨道或 d 带中心，来直接改变氧结合能，这也被认为是 OER 活性影响因素之一。例如，对于某些特殊结构的氧化物，如钙钛矿氧化物，可以在 OER 活性与 3d 过渡金属表面阳离子中 e_g 轨道的填充状态之间建立火山型关系，这也可以作为 OER 活性的描述符。当 e_g 占有率接近 100% 时，其活性也会达到最佳，这也体现了过渡金属氧化物 M-O 的高共价性。Shao-Horn 课题组的研究表明，本征 OER 活性呈现火山状，依赖于钙钛矿氧化物中 3d 电子的占有率和表面 3d 过渡金属阳离子的 e_g 对称性，3d 过渡金属 M-O 键具有高共价性，因为 e_g 轨道参与 σ 键与表面阴离子吸附质的结合，其占有率将影响氧结合能。他们认为，这种 e_g 填充描述符与 3d 电子数（e_g 和 t_{2g}）有本质的不同，与 π 键结合的 t_{2g} 轨道相比，σ 键与 e_g 轨道重合后与跟氧键结合的被吸附物的结合能力更强，直接影响表面 3d 过渡金属阳离子与中间体之间的电子转移。

除了常见的基于吸附质演化的 OER 机制，晶格氧也可以参与 OER 过程，这为使用晶格氧氧化还原过程和非浓缩质子电子转移步骤激活 OER 活性开辟了新的可能性。如图 5-7 所示，通过局部原子排列方式，OER 反应途径从基于吸附物的 OER 机制（AEM）变为晶格氧参与的 OER 机制（LOM），为此，表面氧位起着重要的作用。带有方框标记的中间体是不同 OER 途径的异构中间体，空方块代表氧空位。在晶格氧参与的 OER 过程中，氧的 p 带中心通常在评估 OER 活性中起至关重要的作用。

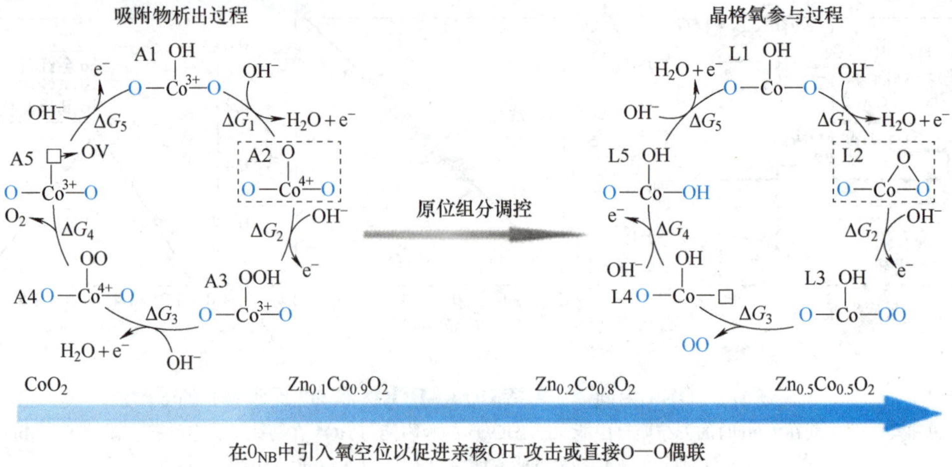

吸附物析出过程   晶格氧参与过程

原位组分调控

在 O_{NB} 中引入氧空位以促进亲核 OH 攻击或直接 O—O 偶联

图 5-7 传统吸附物析出过程（左）和晶格氧参与过程（右）的 OER 机理示意图

Shao-Horn 课题组利用环境透射电子显微镜分析了 BSCF 钙钛矿氧化物的 OER 过程。他们观察到由于 O_2 气泡形成和 BSCF 颗粒内塌陷而引起的剧烈结构振荡。电子能量损失谱（EELS）数据表明，随着结构振荡，氧气逐渐逸出，这表明水在电子束照射下与 BSCF 相互作用而产生氧气。根据这些新发现，他们强调 O 2p 能带中心更靠近费米能级的材料不仅能在表面上，还可以在整体上促进 OER，这归因于低的氧空位形成能，有利于质子在氧化物晶格中的传导。此外，在原位 [18]O 同位素标记质谱分析的帮助下，Shao-Horn 课题组直接证明了某些高活性氧化物上的 O_2 逸出可能源自晶格氧。他们强调，要在 OER 期间触发晶格氧氧化并增强非固定的质子电子转移，增加金属-氧键的共价性。最近，有研究小组将非活性 Zn^{2+} 加入到 CoOOH 电催化剂中形成 $Zn_{0.2}Co_{0.8}OOH$，通过两个相邻的氧化的氧原子杂化它们的氧空穴而不牺牲金属-氧杂化，遵循有效的晶格氧 OER 机制途径（图 5-7）。上述结果强调了改变表面氧位点作为活化 OER 电催化剂活性位点的重要性。总之，通过调节催化剂表面活性位点（金属位点或氧位点）的电子结构来调节含氧中间体的结合能也是一种非常有效的 OER 活性的改性策略。

如图 5-7 所示，AEM 和 LOM 是相互竞争的关系，它们也是设计高效电催化剂最主流的反应机理。这些理论的建立，也为设计高效催化剂提供了指导思路。OER 性能可通过操纵电催化剂的局部原子排列来微调，这可能会将惰性材料激活到活性状态。局部原子结构修饰可以引入表面电催化活性位点的电子结构的变化，这决定了吸附物中间体的结合能。值得注意的是，基于实验和理论结果中新开发的特定的局部结构-性质关系，将利用电催化活性建立新的独立的构效关系。目前，研究者已通过多种局部结构修饰技术，例如多金属协同、杂原子掺杂、单原子位点创建、界面和支持调制、晶相工程和非晶结构的构建，来巧妙地调节氧结合能来提高 OER 活性。

OER 要求催化位点经历一个从水分子/氢氧化物离子吸附到氧分子析出的连续氧化和还原循环。这意味着材料可能经历整体或表面的严重结构重组，以便在催化部位提供催化活性结构。

5.2.3　HER 和 OER 性能评价标准

本节首先阐明一些重要的电催化参数的定义。对于理想的电催化剂，应具备高活性（热力学和动力学）、长循环稳定性和高选择性，这个原则同样适用于 HER 与 OER 电催化剂。电催化剂的活性可通过各种参数来衡量，并用各种方法筛选出来的。

1. 过电位

在 HER 和 OER 催化剂的催化活性评估标准中，最重要的指标是起始电位和过电位。从理论上讲，起始电位是在热力学和动力学势垒下降时向电极施加的电压。起始电位处，电催化电流会开始增加，并且起始电位对于特定电极而言是恒定的，它的值可以从增加的电流与基线的切线的相交处获得。实际上，人们将测试产物达到可检测限的电位作为起始电位。

起始电势与热力学平衡电势之间的电势差定义为过电位。过电位是重要的参数，它是对达到一定电流密度所需能量的直接评估。目前，对于过电位的描述主要有三种不同的方式：

（1）面积活性　规定的区域电流密度下（通常为 $10mA \cdot cm^{-2}$）的过电位值。

（2）质量活性　规定的单位质量电流密度下的过电位。

（3）电化学表面积活性　规定的电化学表面积（Electrochemical Surface Area，ECSA）标准化电流密度下的过电位。

衡量催化剂的过电位时，无论采用何种电流归一化方法，都需要过电位尽可能低。通常来说，研究者会使用 $10mA \cdot cm^{-2}$ 处的过电位来衡量催化剂的 OER 活性。

2. 塔菲尔（Tafel）斜率

Tafel 斜率的大小是评估催化剂电催化活性的关键指标，是最常用的动力学活度参数，它是通过 Tafel 方程（5-16）推导而来。Tafel 曲线是以电流密度的对数为横坐标，过电位为纵坐标得到的：

$$\eta = b \lg j + a \qquad (5\text{-}16)$$

式中，b 代表 Tafel 斜率；j 代表电流密度；η 代表过电位；a 是与电极特性，即电解质和温度有关的常数。当 j 在 10^{-7} 到 $1A \cdot cm^{-2}$ 之间时，Tafel 曲线适用，而当 $j<10^{-7}$ 时，Tafel 曲线就不适用了。当电流密度和过电位都非常小时，过电位与电流密度呈线性关系，即 $\eta= kj$，k 为常数。对于 Tafel 测试，一般采用非常慢速的扫描（$0.1mV \cdot s^{-1}$），来保证良好的重复性，Tafel 斜率的计算中是不能采用 iR 矫正的。

样品的过电位与电流密度的关系显然可以用塔菲尔曲线来描述，Tafel 斜率可以通过拟合 $\eta\text{-}\lg j$ 图的线性部分来估算。一般来说，Tafel 斜率越低，电子迁移速度越快，电催化剂的催化性能越高。这对于阐明电极反应机理和推导多电子转移反应的速率确定步骤非常有用。对于复杂的反应，Tafel 斜率由速率决定步骤以及步骤的数量和性质（电化学或化学性质）决定。Tafel 斜率可以告诉人们反应中除涉及的电化学步骤和化学步骤之外，速率确定步骤是否涉及电子转移（电化学反应）或不涉及电子转移（化学反应）。根据测得的阳极 / 阴极极化曲线的线性 Tafel 面积进行推断，两条曲线交点的横坐标即为电催化剂的交换电流密度（j_0）。换句话说，性能优异的电催化剂通常具有较小的 Tafel 斜率值和较大的 j_0 值。

3. 质量活性和面积比活性

质量活性和面积比活性都是对电催化剂催化性能的评估。质量活性可定义为在一定的过电位下，电催化剂质量负载的电流归一化。如果需考虑电催化剂的成本，质量活性是一个合适的指标，质量活度高意味着可以用少量的电催化剂获得一定的催化性能。对于基于非贵金属的电催化剂，质量活性的参考意义不大。面积比活性通常是通过电极表面积、Brunauer-

Emmett-Teller（BET）表面区域或电化学活性表面积（ECSA）的归一化得到的。其中，ECSA 是较广泛用于反映电催化剂固有催化性能的参数。ECSA 与电极表面的双电层电容（C_{dl}）成正比，即 C_{dl} 基本反映了 ECSA 的大小。C_{dl} 的具体值通常可以通过不同扫描速率下的循环伏安曲线计算出来。

4. 转化频率（TOF）

转化频率（The turnover frequency，TOF）也是通过不同方法获得的另一种动力学活性参数。TOF 定义是在一定的过电位下单位时间内每个活性电催化位点反应的分子数。TOF 值由下式计算：

$$TOF = \frac{jA}{4Fm} \tag{5-17}$$

式中，j 是在一定过电位下测量的电流密度；A 是工作电极的表面积；F 是法拉第常数（96485C·mol^{-1}）；m 是加载在电极上的活性材料的摩尔数，可通过催化剂的电化学活性表面积（ECSA）计算得出。TOF 反映了电催化剂的固有活性，TOF 值越高，催化性能越好。然而，对于大多数固态催化剂，要精确获得 TOF 值并不容易，因为催化剂中并非所有的表面原子都具有催化活性。尽管计算出的 TOF 值并不精确，但它仍然是比较各种催化剂催化活性的有用方法。

5. 稳定性

电催化剂的稳定性是一个关键评价指标，为了实现工业应用的目标，电催化剂应该具备良好的循环稳定性。在 HER 和 OER 电催化中，通常通过在实验电位窗口内快速循环催化电极并监测循环过程中的过电位变化，或者通过长时间的恒电位或恒电流电解测量来评估电极的稳定性。一般来说，如果过电位增加不超过 30mV，并且稳定性试验后的总活性降解不超过 5%，则认为催化剂具有合理的稳定性。除此之外，还必须特别注意催化剂固定方法和基底电极的选择，因为它们对提高催化剂的稳定性有很大的影响。

6. 法拉第效率

电催化剂的选择性对于提高给定电催化剂的能量效率非常关键。所施加的电能必须单独用于电催化过程，除此之外，催化中心还必须经历一个连续的氧化和还原循环。因此，将一部分输入能量用于这些副反应是不可避免的，这也会导致整个过程中的能量损失。法拉第效率（FE）是目前唯一可用的用于确定一个给定的电催化剂选择性的办法。法拉第效率是指形成某种产物所需的电荷与通过电路的总电荷之比。可以使用下面的公式来计算 FE：

$$FE = \frac{\alpha n F}{Q} \tag{5-18}$$

式中，α 表示形成某种产物的转移电子数；n 是所需产物的摩尔数；F 是法拉第常数（96485C·mol^{-1}）；Q 是总电荷量。FE 表示电催化剂对某种产物的选择性。在 FE 测试中，一般常用气相色谱法（Gas Chromatography，GC）和旋转环盘电极法（rotating ring disk electrode，RRDE）来测量法拉第效率。为了使电催化剂在工业水电解槽中得到应用，它的法拉第效率应至少为 90%。通过了解这些参数，有助于研究筛选各种电解水催化剂的活性，并确定其商业化的可行性。

5.3 HER 的纳米催化剂

5.3.1 贵金属基催化剂

1. 铂基催化剂

铂（Pt）具有最高的 HER 活性，广泛用作生产 H_2 的活性 HER 电催化剂。其工业应用的主要障碍是成本高且在腐蚀性电解质中的稳定性较差。因此，最有前途的策略就是找到既能降低铂的负载量，又能保持其高效率的方法。最近，人们研究了支撑铂纳米颗粒的碳基复合材料，这可作为增强 HER 催化活性的一种有前途的方法。通过对碳材料进行精确控制，以获得具有高比表面积的理想纳米结构。这可以作为支持铂纳米颗粒（NPs）的理想基质，提供丰富的活性位点。此外，在使用铂负载的碳基杂化物时，基质增强的导电性允许快速的电子转移，从而实现增强 HER 动力学。金属物种与碳支撑物之间的强相互作用和协同效应可诱导出卓越的催化活性，这也有效地阻止了铂碳粒子在电化学过程中的团聚和浸出。

Sun 等人利用碳基质的协同效应，采用可控原子层沉积（ALD）方法，在掺氮石墨烯纳米片（NGN）基质（ALD Pt/NGN）上制备具有单个铂原子和铂簇的 HER 催化剂。铂前驱体最初锚定在 NGN 基质上，然后在氧化环境下形成含铂单层。经过连续的锚定和氧化过程，铂催化剂的尺寸分布可通过 ALD 的自限制表面反应得到精确控制。测试结果表明 ALD Pt/NGN 的 HER 活性优于 Pt/C，Tafel 斜率值较低（$29\text{mV} \cdot \text{dec}^{-1}$）。质量活性（MA）与铂负载量进行了归一化处理，结果表明，当铂负载量低至 2.1%（质量分数）时 MA 可达 $10.1\text{A} \cdot \text{mg}^{-1}$，同样优于 Pt/C 催化剂（$0.27\text{A} \cdot \text{mg}^{-1}$）。这些结果表明，单个铂原子和铂簇可显著提高铂的利用效率，并降低 HER 催化剂的综合成本。稳定性也是催化剂评估的关键因素之一。ALD Pt/NGN 在 1000 个循环伏安周期前后表现出几乎相同的 LSV 曲线。加速降解测试后的 ALD Pt/NGN 扫描透射电子显微镜（STEM）图像显示，铂粒径略有增大，但未观察到聚集，这进一步证实了 ALD Pt/NGN 在 HER 方面的稳定性。

金属合金化工艺已成为促进铂基 HER 催化剂发展的另一种有前途的技术。通过在铂基材料上装饰其他过渡金属物种而形成的铂基双金属体系也有报道。双金属合金催化剂已被证明具有独特的电子和化学特性，与其基体金属截然不同。对双金属催化剂进行的基础表面科学研究证明，改性是产生特殊性质的关键，这种特性源于杂原子键的变化和双金属体系内的新型纳米结构，这些因素赋予了铂基金属催化剂卓越的活性。Duan 等人合成了单原子镍修饰铂纳米线（SANi-PtNWs，如图 5-8 所示）。所形成的 SANi-PtNWs 具有与单原子镍相邻的大量活化铂位点，而表面阻塞铂位点极少，因此具有最高的质量活性（MA）。与纯铂镍丝相比，SANi-PtNWs 的循环伏安测试表明在 1.32V 和 1.34V 左右出现了两个新的氧化还原峰（Ni^{2+}/Ni^{3+}）。这表明镍物种成功负载到 PtNWs 上。在 1mol/L N_2 饱和 KOH 电解液中进行的线性扫描伏安法（LSV）评估显示，SANi-PtNWs 具有最高的比活度（SA）、MA 和最低的塔菲尔斜率值，分别为 $10.72 \pm 0.41\text{mA} \cdot \text{cm}^{-2}$、$11.80 \pm 0.43\text{A} \cdot \text{mg}_{Pt}^{-1}$ 和 $60.3\text{mV} \cdot \text{dec}^{-1}$，均高于纯 PtNWs（$6.11 \pm 0.34\text{mA} \cdot \text{cm}^{-2}$、$6.90 \pm 0.36\text{A} \cdot \text{mg}_{Pt}^{-1}$、$78.1\text{mV} \cdot \text{dec}^{-1}$）和 Pt/C（$0.95\text{mA} \cdot \text{cm}^{-2}$、$0.71\text{A} \cdot \text{mg}_{Pt}^{-1}$、$133.4\text{mV} \cdot \text{dec}^{-1}$）催化剂。这清楚地表明，单原子负载合金的 HER 动力学显著增强。凭借最高的 ECSA 值和 SA 值，SANi-PtNWs MA 值提高了 3~10 倍，超过了许多已报道 HER 催化剂。DFT 计算表明，单个镍原子对邻近的铂原子进行了电子修饰，降低了它们的金属氢键能垒，从而获得最佳的 HER 活性。

● 与 Ni 相邻的 Pt   ● 不与 Ni 相邻的 Pt   ● Ni

图 5-8　SANi-PtNWs 示意图

活性晶面工程是另一种用于合理设计高效铂基 HER 催化剂的有前途的技术。Markovica 等人在早期的报告中指出，铂表面在碱性介质中表现出面向晶面的 HER 活性。他们认为，这种活性主要源于对结构敏感的 H（H_{opd}）过电位沉积阻断和 HO^-（OH_{ad}）物种在不同铂表面的吸附。不同铂面的活性依次为 Pt（110）> Pt（100）> Pt（111）。然而，即使采用常用的牺牲模板法，构建具有明确表面结构的单晶贵金属也并不总是可行的。在这种情况下，引入其他活性物种来调整富含铂的活性面可能会带来更高的活性。Huang 等人开发出了具有成分隔离特征的铂镍/硫化镍异质结构（Pt_3Ni_2 NWs-S/C）。掺入镍后，活性 Pt（111）面得到极大提升，形成了 Pt_3Ni（111）面。界面 NiS 物种可对具有不同活性的 Pt_3Ni 产生正向协同效应。如图 5-9 所示，DFT 计算表明，Pt_3Ni（111）的氢结合能 G_{H*} 与 Pt（111）的值几乎相同。一旦 Pt_3Ni（111）与 NiS（100）晶面结合，水解离步骤和 H_{ad} 吸附就能达到平衡，从而在碱性环境下实现优异的 HER 活性。

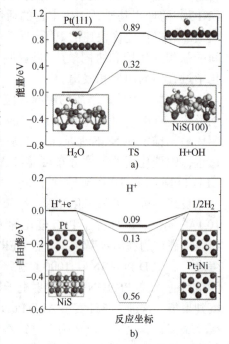

图 5-9　Pt_3Ni_2 NWs-S/C 的 HER 性能 DFT 计算

2. 钌基催化剂

由于钌（Ru）具有合适的氢键强度（约 $65kcal \cdot mol^{-1}$），因此 Ru 被认为是一种有前途的 HER 催化剂。值得注意的是，与许多贵金属相比，Ru 的价格具有很大的优势，仅为 Pt 的 1/4。因此，Ru 基 HER 催化剂已被广泛研究，有望取代 Pt 基 HER 催化剂。Zheng 等人报道了一种结构新颖的 Ru 催化剂，其产氢效率是 Pt 的 2.5 倍，是迄今为止在碱性溶液中报道的最活跃的 HER 电催化剂之一。高分辨率透射电子显微镜图像表明了钌纳米颗粒呈新的面心立方晶体结构，光谱表征和理论分析揭示了其形成机制。此外还发现了 Ru 纳米催化剂在不同条件下测试的电催化活性显著受晶体结构影响。电化学反应速率测量和密度泛函理论计算表明，反常 Ru 催化剂在碱性溶液中的高活性源于其对 HER 过程中一些关键反应中间体的适当吸附能和反应动力学。Beak 等人在氮化孔状二维 C_2N 结构催化剂上制备了 Ru（Ru@C_2N）。C_2N 框架是 Ru 纳米粒子（NPs）吸附、成核和生长的多功能平台，它还为小尺寸 Ru NPs 在 C_2N 层内的分布提供了丰富的配位位点。首先在 0.5mol/L H_2SO_4 溶液中测试了制备的 Ru@C_2N 催化剂以评估其 HER 性能。Ru@C_2N 仅需要 22mV 的低过电位产生 10mA·cm^{-2} 的电流密度，接近 Pt/C（16mV），优于 Co@C_2N（290mV）、Ni@C_2N（410mV）、Pd@C_2N（330mV）和 Pt@C_2N（60mV）。较小的塔菲尔斜率表明 Ru@C_2N 遵循 Volmer-Tafel 反应机制。将测试溶液从酸性改为碱性后，与 Pt/C（20.7mV，43mV·dec^{-1}）相比，Ru@C_2N 表现出更高的活性，达到 10mA·cm^{-2} 时，过电位低至 17mV，塔菲尔斜率小至 38mV·dec^{-1}。DFT 计算为 Ru@C_2N 在不同 pH 值环境中的活性差异提供了更多信息。在酸性溶液中，Ru@C_2N 的氢结合能（0.55eV·H^{-1}）与活性 Pt（111）表面的氢结合能非常近似，而后者通常被认为是有效促进质子吸附、还原和气体解吸的最佳结合能。另一方面，在碱性介质中，Ru@C_2N 的反应以不同的机制进行。Ru@C_2N 表面具有快速吸附 H_2O 的能力，可将吸附的 H_2O 分解为 H 和 OH，然后迅速输送下一反应步骤所需的质子。这就弥补了由于强羟基结合而导致的 Volmer 步骤的效率损失。

如图 5-10 所示，Huang 等人将 Ru 与过渡金属铜（Cu）结合在一起，形成了通道丰富的 RuCu 雪花状纳米片（NSs）。二维纳米片内的通道有助于提高其电催化性能，这源于表面积的增加、质量的提高和电子转移能力的提高。DFT 计算证实了通道丰富区域的表面电子活化，非晶态铜对结晶 Ru 物种产生了至关重要的协同效应，从而产生了卓越的催化活性。在邻近通道区域，短程无序降低了晶格弛豫键解离产生的中间能量成本。PDOS 图表明，在 RuCu NSs 中，Ru 4d 带内广泛的富电子特征与 Cu 3d 带的富电子态共存，有利于 Ru 与吸附物之间的快速电子转移。为了优化 HER 性能，RuCu NSs 被负载在炭黑上，并在不同温度下退火。合成的 RuCu NSs/C-250℃ 在酸性和碱性电解质中均表现出最佳的 HER 活性。在 1.0mol·L^{-1} KOH、0.1mol·L^{-1} KOH、0.5mol·L^{-1} H_2SO_4 和 0.05mol·L^{-1} H_2SO_4 测

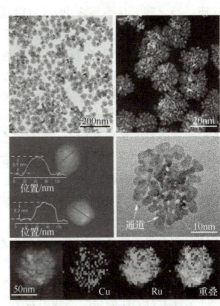

图 5-10　RuCu 纳米片表征示意图

试溶液中，RuCu NSs/C-250℃ 分别仅需要 20mV、40mV、19mV 和 27mV 的低过电位就能达到 10mA·cm^{-2} 电流密度。包括 RuCu NPs/C-250℃、Ir/C 和 Pt/C 在内的其他样品均不如 RuCu NSs/C-250℃。具体来说，RuCu NSs/C-250℃ 在 1mol·L^{-1} KOH 和 0.1mol·L^{-1} KOH 溶液中的塔菲尔斜率较小，分别为 15.3mV·dec^{-1} 和 22.3mV·dec^{-1}，远低于 Pt/C（39.8mV·dec^{-1} 和 42.0mV·dec^{-1}），这证明了 RuCu NSs/C-250℃ 在碱性条件下 HER 反应中，动力学占主导地位。

除了直接参与 HER 反应，Ru 还被用于对其他催化剂的调节，以增强 HER 活性。Dai 及其合作者开发了荚状 Ni@Ni_2P-Ru 催化剂，用于在通用的 pH 值条件下催化 HER。他们首先利用 DFT 计算来预测将 Ru 加入 Ni_2P 组分的积极效果。模拟的 Ni_2P-Ru 团簇具有对中间体 H* 的几乎最佳吸附自由能，ΔG_{H*} 值为 0.01eV。在理论预测的指导下，他们制备出了

多异质 Ni@Ni$_2$P-Ru 纳米棒。同步辐射的 X 射线吸收精细结构（XANES 和 EXAFS）测试结果表明，通过 Ru-Ni 配位效应，在 Ni@Ni$_2$P 中引入 Ru 可以调节 Ni 的磷化过程。同时，引入的 Ru 对金属 Ni 的保留极为有利，从而确保催化剂体系具有良好的导电性。电催化活性评估证实，Ni@Ni$_2$P-Ru 在酸性和碱性电解质中均具有优异的 HER 活性。Ni@Ni$_2$P-Ru 在 $0.5 \text{mol} \cdot \text{L}^{-1}$ H$_2$SO$_4$ 和 $1.0 \text{mol} \cdot \text{L}^{-1}$ KOH 中分别需要 51mV 和 41mV 的低过电位就能达到 $10 \text{mA} \cdot \text{cm}^{-2}$ 的电流密度，并显示出较小的 Tafel 斜率（$35 \text{mV} \cdot \text{dec}^{-1}$ 和 $41 \text{mV} \cdot \text{dec}^{-1}$）。

3. 铱基催化剂

铱（Ir）的氢结合能较弱，因此首先被选作氢的化学吸附剂。在氢吸附／解吸测试中，具有特定（111）晶面的 Ir 具有热稳定性，并表现出相对平衡的氢吸附／解吸能力，与 Pt（111）相当。Ir 在 HER 火山图中的位置接近顶部，因此 Ir 作为 Pt 的一种可行替代品受到广泛关注。

实验和理论计算都证实，根据 HER 反应机理，最佳氢吸附能是高效 HER 催化剂的先决条件。因此，探究催化剂的氢吸附／解吸行为对于开发活性 HER 催化剂至关重要。Baek 等人选择 Ir（111）作为理论模型来研究其氢化学吸附行为。Ir NPs 可通过电负性碳／氮（C/N）基质进行定制，从而暴露出 Ir（111）晶面。之前的一项研究表明，d 轨道对过渡金属表面的氢吸附／解吸有巨大影响。Ir 和 IrNC 的投影 DOS 分布显示，IrNC 表面的 Ir 位点具有更强的氢键。考虑整个 HER 反应途径，通过平衡 C/N 位点的电负性环境，Ir 位点的速率决定步骤的吸附能从 0.25eV 优化到 0.04eV，这甚至低于铂的值（0.09eV）。在这种情况下，IrNC 表面的氢键能将得到更好的优化，从而更有利于水分离过程中的氢吸附／解吸。

迄今为止，双金属表面的 DFT 计算和超高真空（UHV）实验已经取得了相当大的进展。值得注意的是，单层金属会与母体金属基底相互作用，改变表面 d 带中心，进一步影响双金属结构的吸附能，从而获得前所未有的化学特性。Guo 等人报道了一种具有纳米树枝状结构的铱-钨（W）合金（IrW ND），它是一种高效催化剂，可用于 pH 值通用的 HER 过程。由于酸性和碱性条件下的 HER 机制不同，他们分别绘制了基于第一性原理计算的自由能图，以研究 IrW NDs 优异的 HER 活性。以 H（E_H）和 OH（E_{OH}）的结合能为指标，IrW 的结合能被确定为弱于 Pt。根据萨巴蒂尔原理，IrW 的中等强度使其在酸性环境中成为一种很有前景的催化剂。同样，IrW 的水离解结合能和 OH 键离解能也较低（分别为 0.34eV 和 0.61eV），优于 Pt（0.75eV 和 0.88eV）和 Ir（0.77eV 和 1.13eV）。IrW 的较低势垒值与 W 活性位点在碱性条件下对 OH 的较强亲和力有关。综合这些特点，IrW 在酸性和碱性环境中都比 Pt 或 Ir 表现出更好的 HER 活性。这一结果也得到了 DFT 计算的支持，该计算证实了 H 在 Ir 的活性位点上有更强的吸附力，OH 与 IrW 表面的 W 有更高的亲和力。

除了金属与金属之间的相互作用是增强 HER 催化活性的原因，杂原子也因其固有的电负性而被认为是调节惰性金属基电催化剂电催化性能的一个关键成分。掺氮多孔碳不仅是一种理想的基质，可在热解过程中固定和防止活性贵金属原子／颗粒的聚集，还能与贵金属原子协调，改变催化剂的电子结构。据报道，负载在掺氮石墨烯片上的纳米铱粒子在酸性和碱性条件下都具有明显的 HER 活性。与公认的强调整个氮原子的作用不同，有报道称一种特定类型的氮原子能有效影响铱的界面性质。DFT 计算表明，吡啶 N 的形成可显著降低掺氮碳物种的黏附能。一旦将 Ir 团簇引入 N-石墨烯体系，相邻 N 原子的距离就会最小化，并开始形成 Ir-N 位点。相比于 Ir-pyrrole N（−0.77eV）和纯 Ir-graphene 位点（−2.72eV），Ir-N 位

点上吸附 H_2 的吉布斯自由能由附着在 Ir 表面的有利活性吡啶 N 位点（ –0.46eV ）调节。因此，掺杂 N 有利于提高 HER 的电催化性能。

5.3.2　非贵金属基催化剂

1. 合金材料

近年来，电极材料已经从单一金属发展到多元合金，Ni-Mo 合金在 HER 性能方面的研究较多。过渡金属 Ni 由于其原子外层拥有未成对的 3d 电子，容易与氢原子 1s 轨道配对形成 Ni-H 吸附键，在析氢电催化反应中表现出优异的性能，即使在高电流密度电解条件下，其析氢过电位仍然较低。作为高活性的析氢电极，需具备易形成 Ni-H 吸附键的特性，同时也需要良好的脱附能力。贵金属催化剂之所以具有较高的析氢催化活性，主要是因为它们与活性 H 之间有适当的键能，利于活性 H 的吸附 / 脱附，从而提高了析氢电化学反应速率。然而，其他分布在火山两侧的金属，往往存在吸附活性 H 太强或太弱的问题，这不利于析氢反应的进行。有研究者根据 Brewe-Engel 价键理论预测，当 d 电子数大于 d 轨道数的 Mo 系金属与 d 电子数小于 d 轨道数的 Ni 系金属形成合金时，有助于改善电极材料与活性 H 的键合能力，从而产生协同效应，提高析氢催化反应的活性。

Raj 系统比较了几种二元合金的析氢催化活性，析氢反应活性依次为：Ni-Mo>Ni-Zn>Ni-Co>Ni-W>Ni-Fe>Ni-Cr。其中，Ni-Mo 合金是公认最具发展前景的析氢催化材料之一。Ni-Mo 合金电极具有较高 HER 催化活性的原因主要有两个：一是可以形成较大粗糙度值的电极表面。在极化过程中，Ni-Mo 合金电极中的 Mo 会发生溶出作用，产生孔洞状结构，能够有效降低析氢过电位。但是此类电极机械强度差，抗逆电流氧化能力较差，在长时间的电解过程中，多孔结构会发生坍塌而导致活性位点减少，过电位升高。二是 Ni、Mo 的协同效应，即由于电负性的大小差异，电子会由 Ni（1.91）向 Mo（2.61）转移，导致 Mo 的周围电子富集。Ni 元素的电子结构为 $3d^8 4s^2$，含有未成对的 d 电子，而 Mo 元素的电子结构为 $4d^5 5s^1$，含有半充满的 d 轨道，二者合金化后可以形成较强的 Ni-Mo 化学键，该化学键的电子结合状态利于活性氢的吸附 / 脱附，因而具有较高的催化活性。但是，Ni-Mo 合金镀层内应力较大，镀层与基体附着力欠佳，随着反应持续进行，镀层中的 Mo 元素也会逐渐溶解使 HER 性能迅速降低，活性退化快，并严重影响电极的寿命。为此，研究人员在二元合金的基础上，通过引入第三种元素进一步改进镍基合金外层电子结构状态以及电极表面的表面粗糙度，从而提高电极的催化活性和稳定性。Huang 等人通过电沉积获得了 Ni-Mo-Fe 合金镀层，XPS 结果表明镀层中的镍、钼和铁以金属态存在，合金元素的结合能有所提高。Ni-Mo-Fe 合金沉积电极具有比多晶镍电极和 Ni-Mo 合金电极更好的电催化活性，具备较低过电位较低，且符合 Volmer-Tafel 机理。Shahrabi 等人采用优化电沉积工艺制备的 Ni-Mo-P 合金镀层致密，结合力强。由于金属 Mo 具有较高的熔点，将其添加到镀层中可增强镀层原子间的结合力，热稳定性随之提高，而且具备较高的硬度和抗高温腐蚀性能，比 Ni-Mo 合金电极更稳定。

在控制催化剂形貌方面，传统的电沉积法和冶金学方法显得不够理想。因此，早期的 Ni-Mo 合金催化剂通常呈不规则粉末状结构，或形成较为致密的镀层覆盖在导电基底表面。近年来，这个问题引起了越来越多研究者的关注，并提出了一些改进方案或新方法，取得了显著的进展。例如，Feng 等人以生长在泡沫镍上的 $NiMoO_4$ 纳米线为前体，精确控制

NiMoO$_4$ 在热还原过程中 Ni 的偏析，制备了具有纳米线阵列微观形貌的 MONi$_4$/MoO$_2$@Ni 杂化催化剂（图 5-11）。该催化剂因其独特的电子结构和开放式纳米线阵列结构，在碱性条件下表现出优异的析氢催化活性，可与商业 Pt/C 催化剂媲美。Sun 等人采用溶剂热还原法，在相对温和的反应条件下（160℃）制备了超薄 MoNi$_4$ 合金纳米片阵列电极。Yang 等人提出了一种磁场辅助的化学沉积方法，用于调控沉积产物的微观形貌。在制备过程中，溶液中结晶的纳米 Ni-Mo 合金颗粒在外加磁场的作用下，沿磁场方向有序排列，形成最终的纳米线阵列结构。

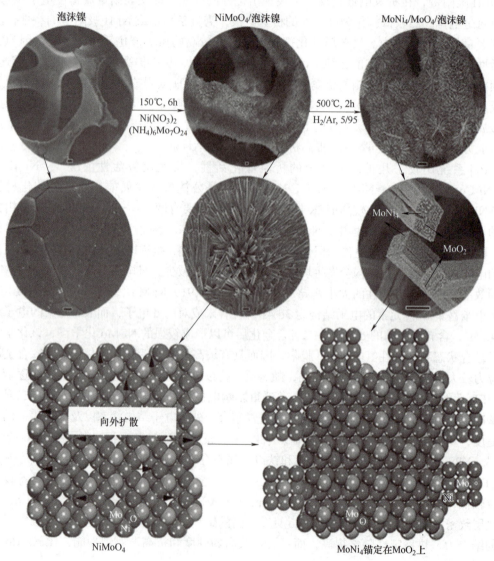

图 5-11　MONi$_4$/MoO$_2$@Ni 的合成示意图

2. 硫属化合物

自然界中存在能够介导 HER 的固氮酶和氢化酶，受它们结构和组成的启发，寻求与之相似的结构材料（例如硫属化合物）是非贵金属 HER 电化剂研究领域中的一项重大成果。

目前广泛研究的硫属化合物主要分为两类，一类是以 MoS_2 为首的具有二维层状结构的 MS_2 材料（M=Mo、W）；另一类是近期发展较为迅速的铁、钴、镍的硫属化合物材料。下面将对以上两类分别进行介绍。

MoS_2 电催化析氢的研究可追溯到 20 世纪 70 年代，但研究对象基本都是性能较差的 MoS_2 块体，因此研究进展比较缓慢。直到 2005 年，Nørskov 等人通过分析 MoS_2 和天然 HER 酶催化剂之间的相似性，例如具有由 Fe、Ni 和 Mo 组成的活性中心的氢化酶和固氮酶，发现 MoS_2 边缘配位不足的硫原子具有与酶活性中心非常相似的性质，并且在实验上进一步验证。Chorkendorff 等人进一步证明了 MoS_2 的纳米颗粒是 HER 的活性催化剂。从那时起，基于 MoS_2 的纳米催化剂逐渐被广泛研究用于 HER。与块体 MoS_2 相比，纳米结构 MoS_2 可以提供更高的比表面积和更多的活性位点，这对 HER 过程是有益的，因为反应物的扩散、电荷转移，甚至催化材料和反应体系之间的相互作用都可以显著增强。MoS_2 纳米材料可通过多种方法获得，包括球磨、超声、化学气相沉积（CVD）和使用不同起始试剂的水热/溶剂热方法等，从而获得具有可调化学计量、结构和形态的材料。除了在纳米尺度上设计 MoS_2，还可以通过主体材料的改性（如用 Co 和碳材料等）来实现优化和增强的性能。此外，由于结构和电子态与 MoS_2 相似，WS_2 也被人们用于 HER 催化过程。Chhowalla 的团队在 2013 年报道了通过锂嵌入法合成化学剥离 WS_2 的单层纳米片。剥离后的纳米片具有高浓度的应变金属 1T（八面体）相，这被证明是提高 WS_2 纳米片催化活性的重要因素。此外，应变引起的局部晶格畸变也被认为利于 HER。

MoS_2 的 HER 催化性能面临的主要挑战是增加活性位点的数量和催化活性。为此 Xie 等人提出了一种在 MoS_2 超薄纳米片中实现可控缺陷工程的新策略（图 5-12）。超薄纳米片中丰富缺陷的存在使催化惰性基面的部分开裂，导致额外的活性边缘位点暴露，由于缺陷诱导的额外活性边缘位点的优点，富含缺陷的 MoS_2 超薄纳米片表现出优异的 HER 活性，具有 120mV 的小起始过电位、大的阴极电流密度和 $50mV \cdot dec^{-1}$ 的小 Tafel 斜率，此外，还实现了显著的电化学耐久性，这项工作将缺陷工程应用于 HER 催化剂可能为生产更高效的催化剂铺平道路，通过设计富含缺陷的结构，也可以预期其他电催化剂（如 WS_2 和 $MoSe_2$）电催化性能的显著提高，在这项工作的基础上，他们还在 MoS_2 纳米片中实现可控的无序工程和氧掺杂工程，成功地协同调节了结构和电子效益，从而显著提高了 HER 活性。无序结构可以为 HER 提供丰富的不饱和硫原子作为活性位点，而氧的引入可以有效地调节电子结构，进一步提高本征电导率。优化的催化剂表现出低的起始过电位，伴随着极大的阴极电流密度和优异的稳定性。这项工作将为通过协同结构和电子调节来提高电催化活性开辟一条新的途径。

而 Xia 等人提出了另一种策略，通过直接掺杂过渡金属来设计 MoS_2 的能级，从而提高 HER 性能。他们发现，锌掺杂的 MoS_2（$Zn-MoS_2$）对 HER 表现出优异的电化学活性，起始电位为 –0.13V vs.RHE，在 300mV 过电位下实现了 $15.44s^{-1}$ 的 TOF 值，远超之前的 MoS_2 催化剂的性能。这种大的增强可分别归因于电子效应（能级匹配）和形态效应（丰富的活性位点）通过热力学和动力学加速的协同效应。Markovic 等人则通过将 CoS_x 构建块的更高活性与 MoS_x 单元的更高稳定性结合成紧凑而坚固的 $CoMoS_x$ 硫凝胶结构，它被证明是一种 pH 通用且具有成本效益的 HER 催化剂。进一步研究表明，过渡金属硫化物材料的活性和稳定性之间的关系由电子效应（底物 - 吸附质结合能）和形态效应（缺陷数量）之间的协同作用决定，而 $CoMoS_x$ 硫属凝胶催化剂优化了这一关系。

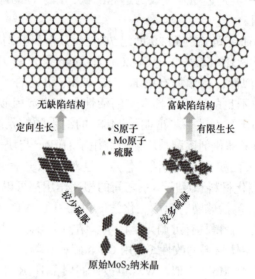

图 5-12　MoS_2 超薄纳米片的可控缺陷工程

此外，Fe、Co、Ni 硫化物也被人们应用于 HER 催化过程，它们是受到氢化酶的组成和结构的启发，构成氢化酶活性位点的金属原子就来源于 Fe、Co、Ni 三种元素。特别地，具有［NiFe］和［FeFe］活性位点的氢化酶是两种被广泛研究的生物酶，它们由蛋白质中的金属硫簇组成。因此，研究人员一直在探索用于能量转换过程的基于铁或镍的析氢催化剂。在这种情况下，Tard 等人研究了 FeS（磁黄铁矿）纳米颗粒作为一种生物启发的催化剂，在中性水中进行电化学析氢，尽管这种材料的催化活性相对较低，但它在至少 6 天内没有结构分解或活性降低，表现出较好的催化稳定性。Cui 等人发现，FeS_2 和 NiS_2（黄铁矿）在酸性电解质中都是活性的非贵金属 HER 催化剂，FeS_2 和 NiS_2 对 HER 具有相当的催化活性，并且 FeS_2 在酸性溶液中比 NiS_2 具有更高的稳定性，其中 FeS_2 比 Tard 等人报道的 FeS 表现出更高的催化活性。在另一项研究中，NiS_2 纳米片阵列生长在碳布上，作为中性溶液中高效HER 的无黏合剂阴极。由于其特殊的结构，该电极可以在 243mV 的低过电位下实现大电流密度（图 5-13a 和图 5-13b）。

尽管 Co 的丰度低于 Fe 或 Ni，并且与 HER 没有生物学相关性，但硫化钴正成为一种有吸引力的 HER 催化剂。最近的研究表明，在酸性和中性介质中，CoS_2 在 HER 方面的性能均优于 FeS_2 和 NiS_2，尤其是那些具有精细纳米结构的 CoS_2 材料，已成为非贵金属 HER催化剂中非常有力的竞争者。例如，Jin 等人合成了具有三种不同形态薄膜、微米和纳米丝的 CoS_2 材料，系统地研究了它们的结构、活性和稳定性，并进一步建立了结构 - 性能关系，得出两个重要结论：① CoS_2 微米和纳米结构可以增加有效电极表面积，提高 HER 催化活性。换言之，形态在决定 CoS_2 的整体催化效果方面起至关重要的作用；② CoS_2 微结构和纳米结构可以促进电极表面析出气泡的释放，从而提高其操作稳定性。在另一项研究中，Ramakrishna 等人合成了一种 CoS_2 纳米片 - 石墨烯 - 碳纳米管三元复合材料作为高效 HER的独立电极，该材料的合成是基于在石墨烯上生长 CoS_2 纳米板和通过真空过滤与碳纳米管结合两种方法，这种纳米杂化膜是最具活性的非贵金属析氢催化剂之一，因为它将大比表面积、高电导率和纳米多孔结构整合在一个材料体系中。

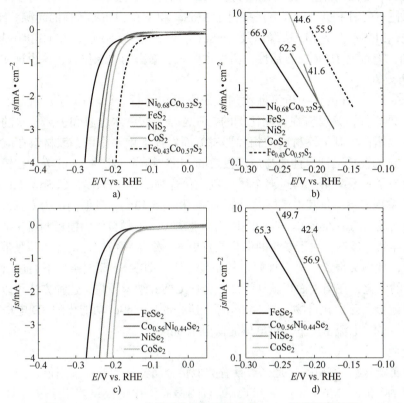

图 5-13　Fe、Co、Ni 的硫化物和硒化物的 HER 性能测试结果

硒（Se）和硫（S）都在元素周期表中的 VIA 族附近，其中，Se 和 S 分别位于第四周期和第三周期。因此，这两个元素有一些相似之处，也有不同之处。对于相似的性质，它们在最外层都有 6 个电子，并且具有相似的氧化数。元素的最外层电子构型通常决定了这些元素形成的化合物的化学性质，这意味着与金属硫化物相比，金属硒化物也可能对 HER 表现出类似的活性。如上所述，随着对用于 HER 的金属硫化物材料的深入研究，各种关于 HER 的金属硒化物材料的研究也受到了很多关注。另外，Se 和 S 在元素周期表中位于不同的周期，这赋予了它们几个不同的特征：①Se 的金属性质比 S 更明显，表明它们具有更好的导电性；②Se 的半径大于 S 的半径；③Se 的电离能小于 S 的电离能。由于这些原因，与金属硫化物相比，金属硒化物可能对 HER 具有一些独特的活性。

最近对 Mo 或 W 硒化物的研究已经引起了相当大的关注，在这一领域也有一些有趣的结果。Yang 等人报告了一种简单快速的自下而上的方法，通过 $MoO_2(acac)_2$ 与二苄基二硒化物在温和条件下的反应，制备只有 2~5 个 Se-Mo-Se 原子层的分级 $MoSe_{2-x}$（$x \approx 0.47$）纳米片，发现在组合物中富含 Mo 且缺乏 Se，这可能产生更多的活性位点并增加 HER 的导电性，该方法有可能成为制备各种金属硒化物的通用途径，如 WSe_2、SnSe 和 PbSe。此外，Lewis 等人合成由三硒化钼（$MoSe_3$）、三氧化钼（MoO_3）和少量 Se 组成的混合物，然后将混合物滴注在玻碳电极上，作为 HER 催化剂，他们发现催化剂一开始 HER 活性较低，但在随后的伏安循环中活性增加了很多，在 $10mA \cdot cm^{-2}$ 的电流密度下，过电位从 400mV 下降到 250mV。催化活性的提高是因为在 HER 条件下，膜的催化活性成分被还原转化为 $MoSe_2$。此外，还采用 DFT 计算方法探讨了 $MoSe_2$ 和 WSe_2 HER 活性的起源。Nørskov 等人的研究发现，$MoSe_2$ 上的 Mo 边缘以及 $MoSe_2$ 与 WSe_2 上的 Se 边缘在 HER 中起重要作用。此外，（0001）基面对 HER 没有活性，活性主要来自暴露的边缘位点，这也证实了边缘位点对 HER 的重要性。

关于 Fe、Co、Ni 硒化物析氢催化剂的研究也在不断进行。Yu 等人制备了新型海胆状 NiSe 纳米纤维组件，该反应在不同比例的二亚乙基三胺、水合肼和去离子水的三元溶剂中进行，这些比例在控制最终材料的相和形态方面发挥了重要作用，该材料在酸性条件下对 HER 具有明显的催化活性，性能与最近报道的 MoS_2 相当。此外，Cui 等人在镜面抛光的玻碳基底上制备了一系列第一排过渡金属二硫族化合物薄膜（$FeSe_2$、$CoSe_2$、$NiSe_2$），以研究 HER 活性，发现 $CoSe_2$ 是其中最好的（图 5-13c 和图 5-13d），且他们认为 $CoSe_2$ 部分填充的 e_g 带可能与其优异的活性有关。他们还使用商业炭黑纳米颗粒作为模板制备了 $CoSe_2$ 纳米颗粒作为对比样品，显然，由于暴露的催化位点更多，纳米颗粒催化剂优于薄膜催化剂。在另一项工作中，他们又报道了另一种简单的制备方法，即在 Se 蒸汽条件下通过氧化钴改性的碳微纤维纸的硒化，在高表面积碳纤维纸上合成 $CoSe_2$ 纳米颗粒，这种方法可以很容易地扩展到制备其他金属硫族化合物，如 $NiSe_2$ 等。所得的用 $CoSe_2$ 功能化的 3D 电极在酸性介质中，$100mA \cdot cm^{-2}$ 电流密度下，过电位能低至 180mV。

3. 磷化物

过渡金属磷化物（TMPs）是一类具有类似贵金属特性的非贵金属催化剂。其中，过渡金属元素如 Ni、Co、Mo、W、Fe 和 Cu 等与磷形成磷化物，并被用于催化 HER。磷在元素周期表中位于第三周期、第 VA 族，原子序数为 15。其价电子层的电子排布为 $3s^2 3p^3 3d^0$，其中价电子层的 3p 轨道上有 3 个未成键电子，而 5 个 3d 轨道则处于全空状态。需要时，3d 轨道也会参与化学键形成。由于磷的价电子层排布，它能夺取很多金属元素的外层电子形成化合物。在形成化合物的过程中，磷元素可采取 3 种成键方式：①共价键，磷元素以 sp^3 杂化方式形成共价键，由此形成的分子呈三角锥结构。磷元素通常与第 VA 族或第 VIA 族元素以此种方式形成共价化合物；②离子键，由于其不饱和的 3p 轨道可以夺取金属元素的三个电子达到饱和态，磷元素与碱金属或碱土金属通常以这种方式形成离子化合物，其中磷以 P^{3-} 形式存在；③配位键，除未成键电子外，磷元素中还存在孤对电子。因此，磷元素可通过配位的方式与过渡金属形成配位化合物。过渡金属与磷元素之间可以形成共价型、离子型和配位型三类化合物，具体取决于上述成键方式的选择。一般而言，不同的成键方式会导致对应化合物的晶体结构差异。

TMP_S 在光电和催化等领域广泛应用，并具有良好的电子导电性。不同种类的过渡金属会形成不同特性的磷化物。例如，磷化镍材料具有出色的稳定性和催化活性；磷化铜具有高的体积容量；磷化铱材料硬度较高，化学性质稳定；而磷化铝则不太稳定，在潮湿环境下会生成磷化物。金属磷化物可以按照磷原子（P）与金属原子（M）个数之比进行分类，分为富金属磷化物（M/P ≥ 1）和富磷磷化物（M/P<1）两类。与富金属磷化物相比，富磷磷化物的稳定性较差。富金属磷化物与氮化物和碳化物在物理性质上相似。此外，富金属磷化物

具有良好的导热性和导电性。

2005 年，Rodriguez 团队根据 DFT 计算首次提出了 Ni_2P 可能是 HER 的最佳实用催化剂的观点，这表明 Ni_2P（001）对 HER 具有优异的催化性能。他们发现，在 Ni_2P 中，Ni 浓度通过引入 P 元素而被稀释，这使得 Ni_2P（001）的行为有点像氢化酶而不是纯金属表面。带负电的非金属原子和孤立的金属原子分别作为质子受体和氢化物受体。换句话说，质子受体位点和氢化物受体位点共存于 Ni_2P（001）表面，这种所谓的"系综效应"将促进 HER，与［NiFe］氢化酶及其类似物的催化机制相似。此外，在 HER 过程中，氢与 Ni 空心位点强烈结合，但在 P 的帮助下，结合的氢可以很容易地从 Ni_2P（001）表面去除。这一重要的理论预测极大地推动了金属磷化物作为 HER 催化剂的研究。

通常，金属磷化物具有与普通金属化合物（如碳化物、氮化物、硼化物和硅化物等）类似的物理性质。它们具有相对较高的强度、导电性和化学稳定性。与具有相对简单晶体结构（例如面心立方、六方紧密堆积或简单六方）的碳化物和氮化物不同，由于磷原子的原子半径较大（0.109nm），因此磷化物的晶体结构基本为三角棱柱，这些棱柱状结构块与硫化物中的类似，但是金属磷化物倾向于形成更各向同性的晶体结构，而不是在金属硫化物中观察到的层状结构，这种结构差异可能导致金属磷化物比金属硫化物具有更多的配位不饱和和表面原子。因此，金属磷化物可能具有比金属硫化物本质上更高的催化活性。总之，近两年来，金属磷化物在 HER 领域引起了特别的关注，更多研究正在进行中。

Schaak 等人通过乙酰丙酮镍在 1- 十八烯、油胺和三正辛基膦（TOP）中的热分解合成了 Ni_2P 纳米颗粒（21nm），研究了磷化镍（Ni_2P）纳米颗粒在酸性溶液中对析氢反应（HER）的电催化活性和稳定性，在酸性溶液下，基于质子交换膜的电解是可行的，具有催化活性的 Ni_2P 纳米颗粒是中空结构，并带有小平面，以暴露出高密度的 Ni_2P（001）表面（图 5-14），因此 Ni_2P 纳米颗粒表现出良好的 HER 活性，以几乎定量的法拉第效率产生 H_2，同时在含水的酸性介质中也具备稳定性。为了优化合成条件并提高 Ni_2P 的稳定性，Hu 等人开发了一种简单且可扩展的固态反应路线，通过 NaH_2PO_2 和 $NiCl_2 \cdot 6H_2O$ 在 250℃ 下的热驱动反应制备直径为 10~50nm 的 Ni_2P 纳米颗粒。在酸性和碱性溶液中都是 HER 的高活性催化剂，所得 Ni_2P 纳米粒子表现出更强的稳定性，而没有活性损失。此外，Sun 等人通过在 Ti 板上电沉积氢氧化镍纳米颗粒膜，然后使用 NaH_2PO_2 进行磷化，成功制备了负载在 Ti 板的 Ni_2P 纳米颗粒膜。所获得的无黏合剂电极在 20 和 $100mA \cdot cm^{-2}$ 的电流密度下分别表现出 138mV 和 188mV 的小过电位。Sundaram 等人随后研究了磷含量对酸性介质中析氢活性和耐蚀性的影响，他们对三种不同磷含量的样品［原子分数，镍磷合金（8%P）、$Ni_{12}P_5$（29%P）和 Ni_2P（33%P）］进行研究，结果表明，磷含量越高的材料，耐蚀性越好，HER活性越强。

磷化钴是另一种金属磷化物，最近已被证实对 HER 具有很大的催化活性。Schaak 等人于 2014 年首次报道 CoP 是一种高活性和酸稳定的 HER 催化剂，他们通过 Co 纳米颗粒与硫基膦（TOP）的反应合成了多方面的中空 CoP 纳米颗粒，将这些纳米颗粒沉积在 Ti 载体上，然后退火处理，以构建 CoP/Ti 工作电极。所制备的电极在 $20mA \cdot cm^{-2}$ 的阴极电流密度下过电位为 85mV，并在 $0.5mol \cdot L^{-1}$ 的 H_2SO_4 中显示出 24h 的良好稳定性。Sun 等人通过对 Co（OH）F/CC 前驱体进行拓扑低温磷化，成功制备了碳布（CC）上的自支撑纳米多孔 CoP 纳米线阵列，作为一种 3D 析氢阴极，CoP/CC 在 0~14 的通用 pH 范围内应用，具有优异的催化性能、稳定性和耐用性，整个制备过程成本低且易于大规模制备，有望在技术设备中得到实际应用，这项研究将为探索由过渡金属磷化物制成的用于 HER 和其他应用的自支撑 3D 电极的设计开辟了新途径。

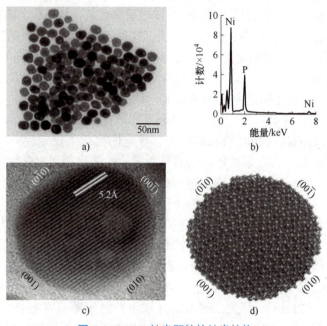

图 5-14　Ni_2P 纳米颗粒的纳米结构

　　MoP 是一种应用较广的加氢脱硫（HDS）催化剂，尽管 HDS 和 HER 是不同的催化过程，但这两种反应仍有一些相似之处，如 H_2 的可逆结合和解离。因此一些研究人员开始探索 MoP 在 HER 方面的引用。Wang 等人提出了一种新的具有成本效益的磷化钼催化剂，它在酸性和碱性介质中对 HER 都表现出高活性，Mo、Mo_3P 和 MoP 催化性能的对比结果表明，磷酸化可以潜在地改变金属的性质，不同程度的磷酸化导致不同的活性和稳定性。密度泛函理论的理论计算表明，Mo 的简单磷化形成 MoP 引入了一个良好的"H 传递"系统，该系统在一定的 H 覆盖率下几乎与 H 零结合，结合实验结果和理论计算，这项工作为探索具有成本效益的 HER 催化剂开辟了一条新途径。

　　双金属磷化物被证实倾向于表现出比单金属磷化物更好的 HER 性能。Jaramillo 等人展示了一种实验 - 理论相结合方法：通过合成不同的过渡金属磷化物（TMP），并将实验确定的 HER 活性与密度泛函理论计算的氢吸附自由能 ΔG_H 进行比较，确定了模拟中所需的细节水平以在实验数据中得出有用的趋势，表明 TMP 遵循 HER 火山关系，通过建立实验 - 理论模型，预测混合金属 TMP（$Fe_{0.5}Co_{0.5}P$）接近最优的 ΔG_H，从而表现出更好的催化活性，通过比较合成了几种磷化钴和磷化铁合金混合物的催化性能，证实了在所研究的 TMPs 中，$Fe_{0.5}Co_{0.5}P$ 表现出最高的 HER 活性。

4. 碳化物

　　1973 年，R.B.Levy 和 M.Boudart 发现碳化钨具有类似 Pt 的催化行为，其 d 带电子密度态与 Pt 相似。这项开创性的工作立即引起化学研究人员的极大兴趣，此后人们对过渡金属碳化物（TMCs）的研究投入了极大的热情，以取代昂贵的贵金属催化剂，这导致基于碳化物的应用取得很大进步。

单相 TMCs 材料在电催化领域得到了广泛的研究，表现出良好的催化性能。由于碳原子的加入引起金属晶格膨胀，从而导致金属 d 带收缩，使费米能级附近的态密度（DOS）增大，因此 TMC 表现出较好的电催化活性。Norskov 等人通过交换电流密度与氢吸附自由能之间的关系，采用密度泛函理论（DFT）计算得出"火山"曲线，可作为 HER 的指导。此外，Peterson 的小组研究了金属催化剂对 HER 催化活性的影响趋势，并绘制了金属碳化物的火山图（图 5-15）。金属的 d 轨道与碳的 s 轨道和 p 轨道杂化使金属碳化物的 d 带结构变宽，使金属碳化物具有与 Pt 相似的 d 带结构。与 Pt/C、RuO_2 和 IrO_2 等贵金属基催化剂相比，这些类 Pt 金属碳化物的成本相对较低。此外，电导率高和强度良好的优点使这些金属碳化物表现出优异的电催化性能。2012 年，Hu 课题组首次报道了钼的碳化物（Mo_2C）是活性 HER 催化剂，催化剂在酸性和碱性介质下对 HER

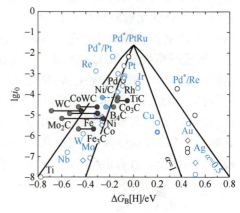

图 5-15　金属碳化物的 HER 火山图

都表现出高活性和耐久性。Leonard 等人合成了四种 Mo-C 相（α-MoC_{1-x}、η-MoC、γ-MoC 和 β-Mo_2C），并研究了它们在酸性溶液中对 HER 电催化活性和稳定性。发现 β-Mo_2C 具有最佳的析氢活性，γ-Mo_2C 活性次之，但它在酸性溶液中显示出优越的稳定性。

然而，制备纳米结构的金属碳化物并不容易，可控合成活性位点充分暴露的小纳米晶体和孔隙结构仍然是一个挑战。在传统的合成方法中，金属碳化物的制备需要较高的渗碳温度（>700℃），导致颗粒烧结、粒径不可控和表面积相对较低。同时，生成的碳化物容易被过量的气态碳前驱体如 CH_4、C_2H_6 或 CO 所产生的焦炭覆盖，藏匿活性位点，严重降低催化活性。Lou 等人使用了含有 Mo 的 MOF 基材料（NENU-5，$[Cu_2(BTC)_4/3(H_2O)_2]_6$ $[H_3PMo_{12}O_{40}]$）为前驱体，在 800℃下退火，再用 $FeCl_3$ 水溶液蚀刻去除其他金属残留，最终得到渗碳均匀的多孔碳化钼纳米八面体和超细纳米微晶。多孔 MoC_x 纳米八面体在酸性和碱性溶液中对 HER 均表现出优越的催化性能，电流密度为 10mA·cm^{-2} 时，过电位为 151mV，Tafel 斜率为 59mV·dec^{-1}。这一策略可推广到其他单 MOFs 来源难以制备的早期 TMCSs 的合成。此外他们小组还先以 MoO_3 作为模板可控合成了 Mo 聚多巴胺纳米管，再通过高温直接渗碳将其进一步转化为分级 β-Mo_2C 纳米管。所制备的分级 β-Mo_2C 纳米管具有超细初级纳米晶体、大的比表面积、快速电荷转移和独特的管状结构等结构优势，在酸性和碱性条件下都表现出优异的电催化 HER 性能，过电位小，稳定性好。Ma 等人通过简单的 urea-glass 路线合成了小粒径的碳化钼纳米颗粒（2~17nm），α-Mo_2C 在碱性和酸性电解质中均表现出良好的 HER 催化性能。特别是在碱性条件下，达到 10mA·cm^{-2} 仅需 176mV 的低过电位。

碳化钨是最重要的金属碳化物之一，它最早被发现具有类似于 Pt 的催化性能。虽然碳化钨已被证明是支持贵金属催化剂（如 Pt）的优秀基底，但开发无贵金属组分的原始碳化钨作为高性能催化剂更具研究价值。Wirth 等人系统研究了一系列商用 IVB-VIB 过渡金属碳化物在酸性溶液中用于 HER，其中碳化钨表现出最好的催化活性，甚至优于碳化钼。

此外，通过引入第二种金属，由于金属间的协同作用，可以优化 M-H 键强度，进而提升 HER 催化性能，还能提升催化剂的长期稳定性。Jaksic 等人通过假设的超低电子理论，证明了 Ni 和 Mo 之间的相互作用会对 HER 产生协同效应。因此，将 M-H 键强度较弱的 Ni 与 M-H 键强度较强的 Mo 结合，可以优化 M-H 键强度，从而优化对 HER 的催化活性。通过掺杂非金属元素同样可实现 HER 性能的提升。Hu 等人通过钼酸（PMo_{12}）引发聚吡咯（PPy）的聚合合成出 P 掺杂的 Mo_2C 纳米晶体。在聚合物网络中，分子规模 PMo_{12} 的存在允许形成石榴状的 Mo_2C 纳米球，其多孔碳壳为壳层，而 Mo_2C 纳米晶体很好地分散在 N 掺杂的碳基体中。Ji 等发现在 Mo 碳化物的不同晶相之间，尽管 Mo_2C 表现出最高的催化性能，但其活性仍然受到强 Mo-H 键的限制。大量增加 Mo_2C-MoC 界面，或在 Mo_2C 晶格中掺入适量的 N、P 富电子掺杂物，使电子从 Mo 转移到碳化物或 N、P 掺杂物周围的 C 中，能够有效削弱 Mo-H 键的强度。Sun 等人介绍了一种超疏水的氮掺杂碳化钨纳米阵列电极，该电极对氢析出反应具有很高的稳定性和活性，氮掺杂和纳米阵列结构加速了氢气从电极中的释放，并能有效促进酸介质中氧气的释放。

5. 氮化物

过渡金属氮化物（TMNs）具有独特的物理和化学性质，一方面，氮原子的加入改变了母体金属 d 带的性质，导致金属 d 带收缩，这使得 TMNs 的电子结构更类似于贵金属（如 Pd 和 Pt）；另一方面，由于原子半径小，氮可以嵌套在晶格的间隙中，因此金属原子总是保持紧密堆积或接近紧密堆积，这赋予了 TMNs 较好的导电性。这些优异的特性，加上它们的高耐蚀性，使这种材料相对于金属或金属合金更可靠，也能更好地适应 HER 催化过程。

与 TMCs 类似，TMNs 的成本低且催化性能优异。已经报道了多种 TMNSs 电催化剂，特别是ⅣB- ⅥB 族前排过渡金属，如 Ti、V、Cr、Mo、Hf、Ta 和 W 等金属氮化物电催化剂。TMNs 的制备过程类似于 TMCs，通常用 NH_3 或 N_2 氮化过程取代渗碳过程。Mo 和 W 基氮化物比其他类型的氮化物更受关注。氮化钨是公认的高效电催化剂。然而，大多已报道的氮化钨是 WN 和 W_2N，富氮钨氮化物，如 W_2N_3 和 W_3N_4，虽然也表现出良好的电催化活性，但很少被研究。然而，富氮钨氮化物的合成通常需要较高的温度甚至较高的压力，氮向钨晶格渗透反应的热力学缓慢，也阻碍了形态可控的富氮钨氮化物的制备。Xie 等人合成了具有高电导率、厘米级多孔金属氮化单品。结果表明，不饱和 Ta_5-N_3 基团在酸性溶液中具有很高的活性和持久的 HER 催化能力，甚至超过了一些常见的金属硫化物。最近，Zhou 等人首次在常压下通过盐模板法合成了原子厚度的二维富氮六方 W_2N_3（h-W_2N_3）纳米片。以 KCl 为模板对前驱体进行氮化，电流密度为 $10mA \cdot cm^{-2}$ 时，得到的 h-W_2N_3 在酸性溶液中的过电位为 98.2mV。氮化钼具有与氮化钨相似的特性。Xie 等人首次合成了原子厚度的 MoN 纳米片作为一种新型的非贵金属电催化剂，并指出暴露在表面的 Mo 原子为活性位点。Cheng 等人通过盐模板法制备了富含缺陷的二维 MoN 纳米片，在酸性和碱性条件下均表现出高效、稳定的 HER 催化作用，证实了边缘缺陷部位对活性部位的贡献大于表面部位。

除了 IVB-VB 早期过渡金属基团，Fe，Co，Ni 基氮化物也因其低成本和高电催化活性而备受关注。Zhang 等人用微波等离子体处理泡沫镍，得到氮空位丰富的氮化镍（Ni_3N_{1-x}）。

Ni_3N_{1-x}/NF 电极表现出优越的 HER 催化活性，电流密度达到 $10mA \cdot cm^{-2}$ 所需过电位为 55mV，塔菲尔斜率仅 $54mV \cdot dec^{-1}$。氮空位的引入降低了 H_2O 吸附的能垒，平衡了中间吸附氢的吸附 - 脱附过程，显著提高了氮化镍的 HER 催化活性。DFT 计算显示，与 Ni_3N（1.05eV）相比，Ni_3N_{1-x}/NF 的 ΔG_{H^*} 下降到 0.28eV。此外，Ni_3N_{1-x}/NF 在中性电解质中也表现出优异的性能。Li 等人最近也做了类似的研究，使用 N_2-H_2 辉光放电等离子体将 $Ni(OH)_2$ 纳米片转化为 Ni_3N/Ni，在 $10mA \cdot cm^{-2}$ 的电流密度下，过电位仅为 44mV，法拉第效率接近 100%，进一步提高了镍氮化物的 HER 催化性能，达到了与 Pt/C 催化剂媲美的水平。Yao 等人在碳布上生出 Cr 掺杂 Co_4N 纳米棒阵列，该材料在碱性溶液中表现出卓越的性能，其在 1mol/L KOH 溶液中仅需 21mV 的过电位即可达到 $10mA \cdot cm^{-2}$ 的电流密度，优于商用 Pt/C 电催化剂，并且远低于大多数报道的过渡金属氮化物基和其他非贵金属基电催化剂的碱性析氢催化剂。DFT 计算和实验结果表明，Cr 不仅是促进水吸附和解离的亲氧中心，而且调节了 CoN 的电子结构，赋予 Co 最佳的氢键结合能力，从而加速了碱性介质中 Volmer 和 Heyrovsky 反应动力学。此外，该策略还可以推广到其他金属（如 Mo、Mn 和 Fe）掺杂的 Co_4N 电催化剂，从而为高效过渡金属氮化物基 HER 催化剂的合理设计开辟了新途径。Cao 等人证明了生产用于 HER 的高活性纳米结构 $Co_{0.6}Mo_{1.4}N_2$ 非贵金属电催化剂的合成路线。中子衍射显示，这种电催化剂具有四层混合封闭堆积结构，具有八面体位置（由 Co^{2+} 和 Mo^{3+} 占据）和三棱柱位置（由化合价大于 3 但不超过 4 的 Mo 占据）的交替层，在不破坏催化活性的情况下，预期这种结构的层状性质允许 3d 过渡金属调节钼在催化剂表面的电子态，并且这种结构类型的八面体位点上的替代可以获得更好的 HER 活性。Chen 等人通过过渡金属掺杂调整 d 带中心的位置，成功赋予了 Co_4N 显著的 HER 催化能力，V 掺杂的 Co_4N 纳米片在 $10mA \cdot cm^{-2}$ 的电流密度下显示出 37mV 的过电位，这明显优于 Co_4N，甚至接近基准 Pt/C 催化剂。XANES、UPS 和 DFT 计算一致表明，性能的增强归因于 d 带中心的降频，这有助于促进 H 的解吸，这一概念可以为 HER 及其他催化剂的设计提供有价值的见解。

5.3.3　非金属基催化剂

理想 HER 催化剂的希望候选者通常基于贵金属或过渡金属基材料，而非金属基催化剂通常表现出较差的活性。但近年来，人们发现，将非金属组分掺入导电性较好的石墨烯，表现出的 HER 催化性能甚至能与含金属的催化剂相当。例如，Ito 等人使用基于纳米多孔金属的 CVD 方法成功合成了氮和硫共掺杂的 3D 纳米多孔石墨烯，发现石墨烯晶格中单独的碳缺陷对 HER 没有催化活性，而 S 和 N 掺杂剂与石墨烯晶格的几何缺陷的耦合，在调节 H^* 吸收的吉布斯自由能方面产生协同效应，这是材料具有 HER 催化性能的原因，具有高浓度掺杂剂和几何缺陷的 S 和 N 共掺杂纳米多孔石墨烯的催化活性甚至能与 MoS_2 纳米片相当。Jiao 等人通过结合光谱表征、电化学测量和密度泛函理论计算，对一系列杂原子掺杂的石墨烯材料作为高效 HER 电催化剂进行了评估，理论计算结果与关于本征电催化活性和 HER 反应机理的实验观察结果非常一致，由此建立了石墨烯基材料的 HER 活性趋势，并探索了它们的反应起源，以指导设计更高效的电催化剂，电子结构分析表明，通过将活性炭的 DOS 峰调节到费米能级附近，可实现最佳的氢吸附，石墨烯基材料有可能优于 HER 的金属基催化剂的性能，并可应用于实际。Zheng 等人基于理论预测设计并合成了 N 和 P 双掺杂石墨烯，作为一种非金属电催化剂，用于可持续高效的制氢。N 和 P 杂原子可通过影响其价轨道能级来共同激活石墨烯基体中相邻的 C 原子，从而诱导协同增强 HER 反应，因此，双掺杂石墨烯比单掺杂石墨烯表现出更高的电催化 HER 活性，并表现出与一些传统金属催化剂相当的性能。除此之外，将石墨氮化碳与氮掺杂的石墨烯偶联，以生产一种不含金属的混合催化剂，该催化剂显示出出乎意料的析氢反应活性，具有与一些发展良好的金属催化剂相当的过电位和塔菲尔斜率。结合密度泛函理论计算的结果，其不同寻常的电催化性能源于内在的化学和电子耦合，协同促进了质子吸附以及还原动力学。

5.4 OER 的纳米催化剂

5.4.1 贵金属基催化剂

尽管贵金属基催化剂（NME）的价格很高，但长期以来一直被认为是用于能量转换器件的高效的电极材料。已经证实，在酸性电解质中，Ru 和 Ir 在 OER 催化方面优于 Rh、Pd 和 Pt 等其他金属。由于 OER 过程通常在高电势环境下进行，选择 RuO_2 和 IrO_2 等金属氧化物作为最先进的 OER 电催化剂。然而，RuO_2 和 IrO_2 存在高价格和严重溶解问题，促使人们开始对催化剂从组成到结构 / 形态优化的改性研究。应用于实际的电催化剂要满足令人满意的本征活性和足够密度的活性位点的要求。在这一设计原则的驱动下，随着合成方法的多样化，用于 OER 催化的 NME 的组成和结构也在不断被优化。首先，人们巧妙设计了具有各种结构的单金属 Ir 或 Ru 及其靶向单原子、氧化物和合金，以满足 NME 作为 OER 电极材料的实际应用标准，这些结构包括零维（0D）纳米团簇（NCL）/ 纳米颗粒（NP）/ 纳米笼（NCA）/ 纳米框架（NFs）、一维（1D）纳米管（NT）/ 纳米线（NWs）、二维（2D）纳米片（NSs）、三维（3D）纳米线网络（NNs）/ 气凝胶等；其次对活性位点进行修饰，在贵金属体系中合理引入外来原子，通常会带来令人惊讶的催化活性改进，原因是电子或几何结构的改变会导致键能向催化剂表面吸附 OER 中间产物的方向转移，在这里，杂原子既可以是次贵金属，也可以是过渡金属，其诱导的协同效应或电子 / 几何效应会对 OER 的电催化行为产生独特的影响；再者，先进的表征技术和理论模拟工具的出现，诸如密度泛函理论（DFT）等理论，为设计催化剂提供了参考。

1. Ru 和 Ir 的氧化物

众所周知，RuO_2 和 IrO_2 被公认为最先进的 OER 电催化剂，其中，IrO_2 在碱性和苛刻的酸性介质中都较为稳定。然而，由于 OER 电化学过程的复杂性，解决有关基于 IrO_2 的催化剂的几个未决问题具有重要意义：①深入了解表面物种及其在 OER 过程中的演变；②识别催化表面或主体的有效深度；③确定有关金属溶解的合理结构 - 活性 - 稳定性关系；④明确 OER 过程中的杂原子掺杂效应。

Nilsson 等人通过常压 X 射线光电子能谱（XPS）等先进技术进行现场观察（图 5-16），验证了 OER 过程中 Ir^{IV} 到 Ir^{V} 的化学变化以及催化剂表面的氧化物 - 氢氧化物 - 氧化物路径，从而完美回答了前两个问题。OOH^- 中间体的形成涉及单个 Ir^{V} 原子位点的较高自由能，这与 Nørskov 等人的研究结果一致。XPS 结果显示，在 0.7nm 的探测深度内，在 OER 过程中顶层原子层上 14.6% 的 Ir^{IV} 转化为 Ir^{V}。通过提高发射动能将探测深度进一步增加到 1.1nm

并未使 Ir^{IV} 和 Ir^{V} 的比例发生显著变化，这表明表面顶层原子层在 OER 性能中起关键作用。受表面氢氧化物演化的启发，Chandra 等人最近进行了一项研究，通过在 300℃ 和 350℃ 下退火，巧妙地制备出了具有末端羟基和桥接氧基图案的中间 $IrO_x(OH)_y$ 薄膜。超小 NPs（3~5nm）为电子通过晶界的快速转移提供了自由通道，$IrO_x(OH)_y$ NPs 中 Ir 位点的内在催化活性超过了无定形 IrO_x 和结晶 IrO_2。因此，调整表面成分对实现高效的 OER 催化具有重要意义。

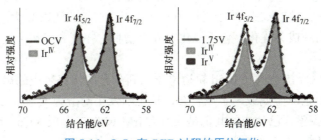

图 5-16　IrO_2 在 OER 过程的原位氧化

掺杂异原子来调整基于 IrO_2 的 OER 电催化剂的组成，不仅能最大限度地减少贵金属的负载量，还能通过其诱导的几何 / 电子或协同效应来提高催化性能，这引起了人们的极大兴趣。然而，不同的客体原子会对宿主体系产生不同的能域。例如，Yang 等人在 IrO_2 晶格中引入铜原子，并揭示了具有独特电子构型（$3d^{10}4s^1$）的掺杂铜原子如何影响宿主 IrO_2 晶格结构，并最终影响 OER 催化行为。在 CuO_6 八面体中发生的较强的 Jahn-Teller 效应，导致了较长的顶端 Ir-O 键，这是由于 Cu-O 键中延长的顶端氧扭曲了邻近 Ir 位点的赤道氧。在 IrO_6 八面体中，只位于顶端氧的氧缺陷的产生促进了 Ir-5d 轨道退变性的解除（$t_{2g}^5 e_g^0$），从而降低了 d_z^2 轨道能量，增加了 d_{xy} 轨道能量。因此，e_g 轨道可能通过电子跳至 d_z^2 轨道而得到部分填充。结合 DFT 计算，$Cu_{0.3}Ir_{0.7}O_\delta$ 的优化轨道构型显示，与 IrO_2 相比，不同反应步骤的自由能差异有所减小，因此，在从酸性到中性和碱性的广泛 pH 值范围内，OER 催化的理论过电位较小。这项工作为通过掺杂杂原子调整 Ir 原子的电子构型（t_{2g} 和 e_g 轨道）来指导高活性 IrO_2 基催化剂的组成铺平了重要道路。

将 IrO_2 稀释到复杂 ABO_3 结构的双金属钙钛矿化合物（DPs）中被认为是优化其结合能和减少 IrO_2 用量的另一种方法。Koper 小组推测了这种 DP 系统的性能增强机制。他们提出，替换较小的镧系元素或钇原子所引起的晶格应变可以削弱对含氧中间体的吸附能，从而有助于提高与 IrO_2 相比的性能。Seitz 等人报道了一种氧化铱 / 氧化锶铱（IrO_x/$SrIrO_3$）催化剂，该催化剂是在电化学测试过程中从 $SrIrO_3$ 薄膜的表层浸出锶而形成的。该催化剂在 $10mA \cdot cm^{-2}$ 下的过电位仅为 270~290mV，并在酸性电解质中连续测试 30h。密度泛函理论计算表明，在用 IrO_3 或锐钛矿 IrO_2 基序浸出锶的过程中形成了高度活性的表面层。IrO_x/$SrIrO_3$ 催化剂优于已知的 IrO_x 和氧化钌（RuO_x）体系。

长期以来，平衡催化活性和稳定性一直是一个棘手的问题，尤其是通过调整合金中的单一参数（如成分）来实现。P.Strasser 研究组提供了一个方案，通过类似的富 Ir 表面的形成来优化 OER 的活性和稳定性。他们开发了 Ir-Ni-O 双金属薄膜系统，该系统在腐蚀性酸性溶液中进行 OER 时采用可调节的 Ni 含量作为牺牲元素。保持高活性和稳定性的内在机制与控制反应性 OH 中间体的数量密切相关，这些中间体适当地结合到了 OER 过程中部分 Ni 浸出所导致的最大量完整 Ir-O-M（M=Ir 或 Ni）基序上。优化后的 Ir-Ni 混合氧化物薄膜显示出卓越的稳定性，与商用 IrO_2 相比，Ir 质量活性提高了 20 倍。这些有趣的发现为进一步开发在苛刻腐蚀介质中用于 PEMWE 的更实用的 Ir-M 氧化物催化剂提供了重要的推动力。

2. Ru 和 Ir 的合金材料

提高单金属 Ir 或 Ru 基 OER 电催化剂的催化性能仅限于通过形态修饰来增加活性位点的数量或改变金属与支撑物之间的相互作用。在这里，首先关注以 Ir 为基础的双/三金属合金在 OER 催化方面的成分优化，包括催化的固有物种、相变和二次金属掺杂效应，以提高电化学性能。

受 IrO_2 体系中 Cu 掺杂诱导 Ir-5d 轨道电子重新分布的优势效应的启发，出现了具有多种纳米结构的 IrCu 基双金属或三金属合金，这也引发了对 Ir 基合金中 Fe、Co、Ni、W 等掺杂效应的进一步探索。已达成的共识是，所有 IrM（M=Cu、Fe、Co、Ni）中 Ir 的金属态演变为氧化物态（Ir^{3+}、Ir^{4+} 或 $Ir^{>4+}$），作为 OER 催化的内在活性位点，其速率由催化剂表面吸附的氢氧化物物种决定。由于 Jahn-Teller 效应，Cu 的加入使 Ir 的电子结构发生畸变，导致其 e_g 轨道被部分占据，d 带中心发生偏移，从而通过调整原子比优化了吸附中间物种的键合强度。Guo 课题组研究的 IrCoNi 体系中观察到 d 带中心远离费米能级，其与纯 Ir 相比，IrCoNi 与含氧中间体的结合能更弱（图 5-17），其 OER 催化活性和反应动力学的提升体现在更小的塔菲尔斜率和更高的 TOF 值上。通过计算 d 波段的状态密度（DOS），可得出 IrM NPs 结合能的等级，其顺序为 Ir > IrNi> IrCo > IrCoNi。同样，钨（W）的添加也遵循相同的机理。除了产生结合能优化效应，更有趣的是，在酸性电解质中在 IrW 纳米树枝状晶体中掺杂 W 能使其在 OER 催化过程中具有更好的耐蚀性。与 IrO_2 相比，IrW 合金更强的耐蚀性使其具有更优越的电催化稳定性，这归因于 Ir^{4+} 与 O^{2-} 之间产生了更强的相互作用。通过计算投影态密度，Ir 5d 和 O 2p 轨道的重叠面积更大。然而，在解释钴和镍的掺杂对催化活性的影响时存在分歧。Alia 等人提出通过 Co 掺杂能够提高比活度，是由于钴引起的 Ir 晶格压缩削弱了 Ir-O 化学吸附作用，但这一推测缺乏可信的证据。另一种推测认为，由于在 OER 过程中 Ni 的溶解产生了 Ir-OH 活性物种，因此添加 Ni 提高了 OER 性能。因此，通过掺杂杂原子来调节结合能或改变表面化学性质以产生更多活性氧化物物种，可有效实现成分优化，从而提高 OER 催化活性。

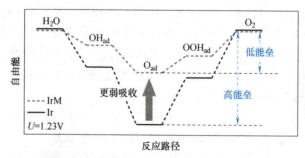

图 5-17　IrM（M=CoNi）与 Ir 吸附能对比

此外，Markovic 的研究小组通过表面偏析方法，对 $Ir_{0.75}Ru_{0.25}$ 合金的近表面成分进行了原子定制。通过热退火形成的 Ir 骨架层保护了 Ru 原子，使其在高过电位条件下不会溶解于酸性溶液，从而实现了卓越的稳定性。此外，通过表面结构改性实现了平衡活性和稳定性的目标。

3. 其他贵金属化合物

除 Ir 和 Ru 外，Rh、Pt 和 Pd 等贵金属也是 OER 的优异电催化剂。通过合理设计 Pt 和 Pd 催化剂，可以构建双功能或三功能电催化剂，这些催化剂在 OER、ORR 和 HER 的电催化中大有可为。然而，单金属 Rh、Pt 和 Pd 电催化剂对 OER 的催化效率远远不够。要进一步提高 OER 性能，就必须对其进行成分改性，以产生更多的活性位点。此外，在过电位较大的酸性电解质中，Rh、Pt 和 Pd 的溶解阻力小于 Ir 和 Ru，因此对其 OER 性能的评估通常在碱性溶液中进行。

最近，Sun 等人报道了通过有机相合成方法制备超薄二维 PtPdM（M = Fe、Co、Ni）纳米环（NRs）的研究。与商用 Pt/C 和 Ir/C 相比，在碱性介质中，装饰有巨大阶跃原子的二维 $Pt_{48}Pd_{40}Co_{11}$ NRs 表现出更高的 ORR 和 OER 催化活性。PtPdM NRs 的 OER 活性和 TOF 比 PtPd NRs 要高源于金属态 Ni、Fe 和 Co 演化成氢氧化物 / 氧化物，这可通过极化曲线中属于过渡金属氧化过程的 1.4V 左右的阳极峰得到验证。另一方面，使用铜作为牺牲模板获得的 RhCu 合金无纺布的情况则有所不同。在该体系中，怀疑活性位点来自氧化的 Rh（Ⅲ）。不过，它们都有一个共同的特点，即由成分改性引起的结构优化在提高 OER 活性方面发挥了关键作用。

5.4.2　3d 过渡金属基催化剂

1. 单质或合金材料

单质金属状态的非贵金属基电催化剂由于强烈的腐蚀作用，通常不能直接应用于在包括酸性和碱性介质在内的苛刻电解质催化过程。因此，无论是单金属状态还是合金状态，它们通常嵌入或装饰在相对稳定的主体（如碳材料）中。例如，Xu 等人通过简单的金属 - 有机框架（MOF）退火策略，将 Ni 纳米颗粒封装在 N 掺杂石墨烯中，制备了高效 OER 电催化剂（Ni@NC），得益于结构和成分之间的协同作用，Ni@NC 在碱性溶液中对 OER 表现出较好的催化活性和优异的耐久性。金属合金通常通过金属之间的协同效应，对反应表现出增强的催化活性。Wang 等人提出一种简单可控的策略制备了具有不同晶相结构的 NiFe 合金 NP，并将它们包裹在 N 掺杂的碳壳中，其中具有六方紧密堆积（hcp）相的 NiFe 金属催化剂在 $10mA \cdot cm^{-2}$ 的电流密度下表现出 226mV 的较低过电位。除了研究金属纳米颗粒，为了最大限度地提高原子效率和电催化剂的催化活性，人们一直专注于探索纳米团簇和单原子催化剂的催化性能。最近，Zhang 等人重点介绍了一种在氮掺杂的空心碳基体上具有原子分布的 Ni 位点的高效 OER 电催化剂（HCM@Ni-N），合成过程为硬模板法以及随后的热解和酸蚀刻过程，得到最终产品，通过 TEM 和环形暗场扫描透射电子显微镜表征得到其形态和结构，显示出均匀分布的球形中空结构，在整个颗粒中具有原子分散的分离的 Ni 原子，性能测试结果显示与其他对照催化剂相比 HCM@Ni-N 显示出更好的 OER 性能，正如 XAS 和 DFT 计算所证明的那样，OER 催化活性的提高源于 Ni 和 N 之间的有效电子耦合，这可以从本质上降低费米能级并调节关键中间体的吸附。

2. 氧化物

过渡金属氧化物因其价格实惠、结构可调和性能稳定等特点，在电催化应用中引起了极大的关注。通过控制形貌、操控组成、外来金属掺杂调节电子结构以及将杂化结构集成到复合材料中等策略制备高效氧化物基 OER 电催化剂是有效的。本节将简要介绍一些最近报道的非贵金属基氧化物 OER 电催化剂，包括单金属氧化物（主要是 Co、Ni、Cu 和 Mn 氧化物）、多金属氧化物、尖晶石型氧化物和钙钛矿型氧化物。

单一过渡金属氧化物电催化剂的 OER 活性取决于金属类型、氧化态、形态和载体。此外，较差的导电性极大地阻碍了它们在 OER 中的应用。为此，人们开发了两种策略来解决导电性差的问题，包括①掺杂杂原子、引入氧空位和形成多金属氧化物来控制氧化物的结构和组成；②结合导电基底（碳材料或金属基底）。

例如，Xu 等人通过等离子体雕刻策略设计了一种高效的 Co_3O_4 基 OER 电催化剂（图 5-18），该催化剂不仅具有更大的表面积，而且在 Co_3O_4 表面产生了氧空位，形成了更多的 Co^{2+}。更大的表面积确保了 Co_3O_4 具有更多的 OER 位点，并且在 Co_3O_4 表面产生的氧空位提高了电子电导率，为 OER 产生了更多的活性缺陷。与原始 Co_3O_4 相比，雕刻的 Co_3O_4 表现出高得多的电流密度和更低的起始电势。这种富含表面氧空位的 Co_3O_4 纳米片的面积比活性（在 1.6V 时为 $0.055mA \cdot cm^{-2}_{BET}$）是原始 Co_3O_4 的 10 倍。Xiao 等人构建了纯尖晶石 Co_3O_4 和富含氧空位（V-O）的 Co_3O_4（$V-O-Co_3O_4$）作为催化剂模型，通过各种原位表征来研究缺陷机制，并研究电催化 OER 过程中缺陷位点的动态行为，原位电化学阻抗谱（EIS）和循环伏安法（CV）表明，在相对较低的外加电势下，V-O 可以促进低价 Co（Co^{2+}，部分由 V-O 诱导以平衡电荷）的预氧化，这一观察结果证实 V-O 可以在 OER 过程发生之前实现 $V-O-Co_3O_4$ 的表面重建，准原位 XPS 和 XAFS 结果进一步证明，$V-O-Co_3O_4$ 的氧空位首先被 OH 中心点填充，促进了低价 Co 的预氧化，促进了中间 Co-OOH 中心点的重建/去质子化，这项工作通过观察有缺陷的电催化剂的表面动态演变过程和识别电催化过程中的真正活性位点，以动态的方式深入了解 Co_3O_4 中 OER 的缺陷机制。

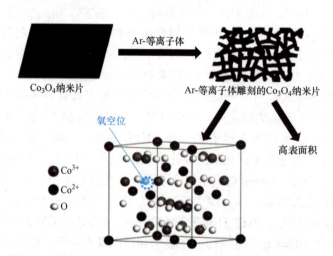

图 5-18 等离子体雕刻策略设计高效的 Co_3O_4 基 OER 电催化剂

此外，多金属氧化物已被证实比单一组分的过渡金属氧化物表现出更好的催化性能。

Trotochaud 等人通过研究一系列金属氧化物薄膜，发现在碱性介质中，$Ni_{0.9}Fe_{0.1}O_x$ 是比 IrO_2 更具活性的 OER 催化剂。Liu 等人使用新型分级 $Zn_xCo_{3-x}O_4$ 纳米结构实现了高 OER 性能，该纳米结构由生长在初级菱形柱阵列上的小型次级纳米针构建，该材料具有较高的结构粗糙度、高的孔隙率和高的活性位点密度，性能测试结果显示 Tafel 斜率为 $51mV \cdot dec^{-1}$，在 $10mA \cdot cm^{-2}$ 的电流密度下过电位为 0.32V，明显优于纯 Co_3O_4 和商业 Ir/C 催化剂，这些优点与纳米结构稳定性相结合，表明该材料是用于电催化析氧过程的有前途的电极。Zhuang 等人开发了一种使用 $NaBH_4$ 作为还原剂的简单溶液还原方法，以制备具有大比表面积（高达 $261.1m^2 \cdot g^{-1}$）、超薄厚度（1.2nm）和丰富氧空位的铁钴氧化物纳米片（Fe_xCo_y ONSs）。在 350mV 过电位下测得的 Fe_1Co_1 ONS 的质量活性高达 $54.9A \cdot g^{-1}$，而其 Tafel 斜率为 $36.8mV \cdot dec^{-1}$，Fe_1Co_1 ONS 优异的 OER 催化活性可归因于其特定的结构，例如，超薄纳米片可以促进 OH 离子的质量扩散/传输，并为 OER 催化提供更多的活性位点，以及氧空位可以提高电子电导率，促进 H_2O 在附近 Co^{3+} 位点上的吸附。

　　此外，非晶材料同样可实现 OER 催化的高活性。Smith 等人证明了低温的光化学金属有机沉积过程，可以产生用于 OER 催化的无定形（混合）金属氧化物膜，这些薄膜含有均匀分布的金属位点，其组成可精确控制，用该技术制备的非晶氧化铁的催化性能优于晶体赤铁矿。Indra 等人提出了一种简单的溶剂热途径，通过随着溶剂和反应时间的变化控制材料的结晶度来控制非晶和晶体钴铁氧化物的合成，进一步将这些材料用作光化学和电化学析氧以及氧还原反应的统一的多功能催化剂。值得注意的是，在光化学和电化学水氧化和氧还原条件下，非晶钴铁氧化物比晶体钴铁氧化物有更好的催化活性。Duan 等人报道了通过简单的过饱和共沉淀方法大规模合成非晶 NiFeMo 三元氧化物，一次合成过程就能产出多达 515g 的催化剂，该材料表现出显著的 OER 性能，在 $10mA \cdot cm^{-2}$ 的电流密度下，过电位为 280mV（在 $0.1mol \cdot L^{-1}$ KOH 条件下测试），对比实验表明，这些非晶态金属氧化物具有快速的表面自重构特征，以形成具有丰富氧空位的氧（氢氧化物）活性层，而对于晶体对应物，这一过程是缓慢的。

　　近年来的研究表明，具有尖晶石结构（AB_2O_4）的氧化物因其具有柔韧性、低成本、易于合成、结构/成分多样性、高吸附能力、在碱性溶液中的稳定性和环境友好性而被认为是有前途的 OER 催化剂。此外，由于其独特的电子构型、多组分和多种价态，尖晶石表现出独有的光学、电学、磁性和催化特性。尖晶石结构氧化物可分为单金属尖晶石或双金属尖晶石。单金属尖晶石可包括 Co_3O_4、Mn_3O_4、Fe_3O_4 等，而双金属尖晶石包括 $NiCo_2O_4$、$CoMn_2O_4$、$CoFe_2O_4$ 等。双金属尖晶石结构氧化物由于其有趣的氧化还原反应、适度的电导率、丰富的过渡金属组合、更好的稳定性、混合的氧化态、增强的吸附能和可调的电子结构，已被证明在 OER 方面优于单金属尖晶石结构氧化物。

　　Bao 等人设计了一系列具有丰富氧空位和超薄厚度的双金属尖晶石结构纳米片（图 5-19），以提高催化剂的反应性和活性位点的数量，并将其作为促进 OER 过程的良好平台，理论研究表明，超薄纳米片中的氧空位可以降低 H_2O 的吸附能，从而提高 OER 效率，事实上富含氧空位的 $NiCo_2O_4$ 超薄纳米片在 0.8V 表现出 $285mA \cdot cm^{-2}$ 的大电流密度和 0.32V 的小过电势，两者都优于本体样品或几乎没有氧空位的样品的相应值，甚至高于大多数报道的非贵金属催化剂的相应值。Wu 等人报道了一种使用 Fe 取代的策略，通过优化尖晶石氧化物的电子结构来实现可调谐的电化学重建，以使非活性尖晶石 $CoAl_2O_4$ 转化为高活性并优

于标准 IrO_2 样品。在 OER 条件下，Fe 取代有助于表面重建为活性钴氢氧化物。它还激活重建的氢氧根上的去质子化过程，以诱导带负电荷的氧作为活性位点，从而显著增强 $CoAl_2O_4$ 的 OER 活性，O 2p 水平的提高促进了 Co 的预氧化并使结构的灵活性增强。这加强了表面氧空位的积累以及晶格氧的氧化，晶格氧的氧化随着 Al^{3+} 的浸出而终止，从而阻止了催化剂的进一步重建。

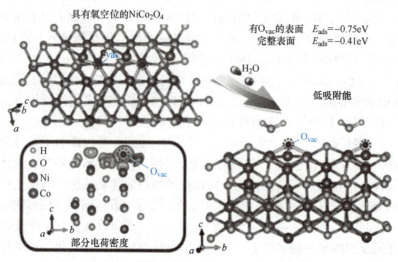

图 5-19　富含氧空位的 $NiCo_2O_4$ 超薄纳米片

此外，作为能量转换和存储的有前途的非贵金属基电催化剂，钙钛矿氧化物为研究热门，它的通式为 ABO_3，A 通常是稀土或碱土金属，B 代表过渡金属。原则上，钙钛矿氧化物可被描述为 $A^{2+}B^{4+}O_3$、$A^{3+}B^{3+}O_3$ 或其他类型。因其高度可调的金属组合和组成、独特的三维电子结构和高稳定性，钙钛矿氧化物对 OER 表现出显著的催化活性。Li 等人研究了 $CaCoO_3$ 和 $SrCoO_3$ 立方钙钛矿氧化物催化剂上共价键和表面氧分离对 OER 的作用。两种钙钛矿催化剂都具有相似的 Co^{4+} 中间自旋态，这是 OER 起始电位相近的原因，然而，与 $SrCoO_3$ 相比，$CaCoO_3$ 由于其较小的晶格常数和较短的表面氧脱附，对 OER 表现出更好的电化学活性和稳定性。表面过氧化物中间体 O^{2-} 的形成被认为是 OER 的速率决定步骤（RDS）。Kim 等人开发了一种通过简单的低温还原退火工艺将钙钛矿 $CaMnO_3$ 制备斜方 $Ca_2Mn_2O_5$ 的新方法，在亚微米尺度上没有明显的颗粒烧结。这种缺氧钙钛矿（$A_2B_2O_5$）结构具有角连接的方形锥体 MnO_5 亚基，由于氧空位导致分子水平的孔隙率，缺氧钙钛矿 $Ca_2Mn_2O_5$ 具有比钙钛矿 $CaMnO_3$ 更高的 OER 活性，这种高 OER 催化性能可能是由于：①晶胞结构有利于 OH^- 离子的传输；②具有高自旋电子占据 e_g 轨道的锰阳离子（B 位）的电子构型促进了性能增强；③ Mn^{3+} 和 OH^- 之间通过氧空位容易形成键。

3. 氢氧化物

过渡金属基氢氧化物主要金属位点为第一行过渡金属（Fe、Co、Ni 等），是 OER 的一组关键的高效电催化剂，其中 Ni（OH）$_2$ 的研究最为广泛，最近的研究表明它将有望取代昂贵的贵金属基催化剂。Gao 等人报道了 α-Ni（OH）$_2$ 纳米晶体的简单合成和在碱性介质中作为性能优异和稳定的 OER 催化剂的用途，他们发现，与最先进的 RuO_2 催化剂相比，

纳米结构的 α-Ni(OH)$_2$ 催化剂表现出在 10mA·cm^{-2} 的电流密度下 331mV 的过电位和 42mV·dec^{-1} 的 Tafel 斜率，在苛刻的 OER 循环条件下这种 α-Ni(OH)$_2$ 催化剂也表现出优异的耐久性，并且其稳定性比 RuO$_2$ 好得多，此外发现在同一系统中合成的 α-Ni(OH)$_2$ 的性能相比 β-Ni(OH)$_2$ 更加优异，这些结果说明使用廉价且易于制备的 α-Ni(OH)$_2$ 来取代昂贵的商业催化剂如 RuO$_2$ 或 IrO$_2$，从而开发有效且稳定性好的 OER 电催化剂成为可能。

此外，层状双金属氢氧化物（Layered double hydroxides，LDHs）是最具代表性的一类 OER 催化剂。它们的结构通式为 $\left[M_{1-x}^{2+}M_x^{3+}(OH)_2\right]\left[A^{n-}\right]_{x/n}\cdot zH_2O$，其中 M 代表两种价态的过渡金属元素，如为镁、铝两种金属元素，则称为水滑石材料，如为其他过渡金属元素（M^{2+}=Zn^{2+}、Ni^{2+}、Fe^{2+}、Co^{2+}、Mn^{2+}、Cu^{2+} 等，M^{3+}=Ga^{3+}、Fe^{3+}、Co^{3+} 和 Cr^{3+} 等），则被称为类水滑石材料；A 代表层间阴离子，主要包括 CO$_3^{2-}$、Cl$^-$、SO$_4^{2-}$、PO$_3^{2-}$、NO$_3^-$ 等。LDHs 是一种具有微观层状结构阴离子插层的无机类功能型材料，主体为羟基金属层板结构 $\left[M_{1-x}^{2+}M_x^{3+}(OH)_2\right]$，层板骨架上的金属元素可选择性高、范围广、种类繁多，同时金属组分比例可控可调，可以据此不断调节优化层状材料的性能，层板夹层空间内是插层小分子，包括普通阴离子与水分子的结构客体。

过渡金属 Ni 和 Fe 基的 LDHs 具有较高的 OER 电催化活性以及较好的稳定性。Indira 等人在早期就证明采用电沉积法将 Fe^{3+} 引入 α-Ni(OH)$_2$，OER 起始电位降低 50mV。Swierk 等人将 Fe^{3+} 引入 NiOOH 晶格中，制备出含有不同比例的 Fe$_x$Ni$_{1-x}$OOH 催化剂。当铁的比例逐渐增大，催化剂的催化性能逐渐增强，直至铁的质量分数增加到 35% 时，催化性能最好；当铁的比例再增大，催化性能则开始变差。Louie 与 Bell 研究了 Ni-Fe OER 催化剂在整个组成范围内的电化学和结构特征。含 40%Fe（质量分数）的电沉积 Ni-Fe 薄膜的 OER 电流密度比新沉积的 Ni 薄膜高 2 个数量级，比 Fe 薄膜高 3 个数量级。电化学测量表明，随着 Fe 含量的增加，Ni(OH)$_2$/NiOOH 氧化还原对单调地向更高的（阳极）电位移动，表明 Fe 抑制了 Ni(OH)$_2$ 向 NiOOH 的电化学氧化。相应地，氧化还原过程中转移的电子数量表明，Ni(Ⅲ) 位点的平均氧化态随着 Fe 的掺入而降低。通过原位拉曼光谱对 Ni-Fe 薄膜的表征，表现出高 OER 活性的催化剂显示出一定程度的无序。拉曼光谱还表明，在 OER 电位下，Ni-Fe 混合物中的 Ni 有类似于 NiOOH 的结构单元。

此外，Fe 的存在极大地改变了 Ni-O 的局部环境，Ni-Fe 薄膜的两种性质，即 NiOOH 型相的氧化还原行为和拉曼特性都与 OER 活性相关。总之，Ni-Fe 膜中 Ni 的局部环境强烈影响 Ni 在碱性电解质中的平均氧化态和 OER 活性。类似地，Bruke 等人研究了电沉积的 Co-Fe（氧）氢氧化物，发现 Fe 的掺入使 OER 活性比纯 CoOOH 提高了约 100 倍，对于钴基 OER 催化剂的众多机理研究具有重要意义。他们结合了催化剂电导率和稳定性的原位测量，以及非原位衍射和 XPS 测量，以确定 Fe 和 Co 在 Co$_{1-x}$Fe$_x$(OOH) OER 催化中的作用。FeOOH 具有比 CoOOH 更高的本征 OER 活性，但它是一种电绝缘体，在 OER 条件下，在碱中溶解时化学不稳定。CoOOH 在 OER 电位下是一种良好的导电体，并且对溶解具有化学稳定性。Co$_{1-x}$Fe$_x$(OOH) 的伏安法显示出 Co^{2+}/Co^{3+} 电位对 Fe 含量的强烈依赖性，表明固体中 Fe 和 Co 之间存在强烈的电子耦合。因此，这些数据支持这样一种假设，即 CoOOH 为 Fe 提供了一种导电、化学稳定和本质上多孔/电解质可渗透的主体，Fe 取代 Co 并成为 OER 催化的（最）活性位点。Zhao 等人报道了一种三维结构的 Ni@NiCo(OH)$_2$，其作为 OER 催化剂时，过电位为 η=460mV@10mA/cm^2。

　　Diaz-Morales 等人在原子尺度上对具有 Cr、Mn、Fe、Co、Cu 和 Zn 的 Ni 基双氢氧化物进行了彻底的表征，不仅解释了其高活性的原因，而且为增强其电催化性能提供了简单的设计原则（图 5-20）。基于活性位点的局部对称性和组成，其方法有助于合理化掺杂剂对 $Ni(OH)_2$ 催化活性的影响。值得注意的是，与最先进的基准催化剂 IrO_2 纳米颗粒相比，NiFe、NiCr 和 NiMn 双氢氧化物（DH）具有优异的催化活性，在 $0.5mA \cdot cm^{-2}$ 条件下，其 OER 过电势分别降低至 230mV、190mV 和 160mV。NiFe 和 NiMn DH 中的活性物种是铁和锰，而在 NiCr DH 中，镍是活性物种。Song 和 Hu 报道了钴 - 锰层状双氢氧化物（CoMn-LDH）的超薄纳米板是一种高活性和稳定的析氧催化剂。该催化剂是在室温下通过一锅共沉淀法制备的，其转换频率（TOF）是 Co 和 Mn 氧化物和氢氧化物的 20 倍以上，比贵 IrO_2 催化剂的 TOF 高 9 倍。阳极处理提高了催化剂的活性，提出在表面形成无定形区域和活性 $Co(\text{IV})$ 物种。

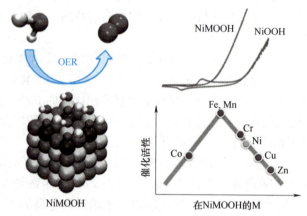

图 5-20　具有 Cr、Mn、Fe、Co、Cu 和 Zn 的 Ni 基双氢氧化物的 OER 活性

　　LDHs 材料的层间距也会影响材料的 OER 催化性能。此外，晶型规整度会影响其晶面排布，进而影响特定晶面的暴露和 OER 催化活性。Sun 课题组与 Xie 课题组分别报道了在不同温度条件下溶剂热法合成的 NiFe-LDHs 的晶型规整度和 OER 催化活性间的关系，同时也初步涉及层间阴离子对其表观性能的影响。在电催化过程中，电解液离子和电子会在材料内部进行不规则扩散，通过调控电解液离子扩散距离和电子传输距离，理论上也可以调控 LDH 的电催化活性。Muller 课题组通过在 NiFe-LDHs 层间引入不同半径的阴离子（CO_3^{2-}、Cl^-、SO_4^{2-} 等）并对其 OER 催化性能做了研究。由于电解液中 OH^- 的扩散和电子的传输机理并不一致，实验结果发现，OER 性能和 LDH 的层间距关系并不明显。但通过进一步的研究发现阴离子的碱度却会影响对应 LDH 的催化活性。他们发现阴离子的共轭酸酸性越强，其对应插层 LDH 的 OER 催化活性越高且稳定。

　　通过合理设计合成路线可控合成 LDHs 能有效提高 OER 催化性能。Jin 等人报道了利用高温高压水热连续流反应器（HCFR）可控合成镍钴层状双氢氧化物纳米板（NiCo LDH），该反应器可直接在导电基底上大量生长，最重要的是，它能更好地控制前驱体的过饱和度，从而更好地控制纳米结构的形态和尺寸。利用金属氨络合物的溶液配位化学反应，无需表面化学氧化，一步就能直接合成定义明确的 NiCo LDH。生长后的 NiCo LDH 纳米板对 OER 具有很高的催化活性。通过将 NiCo LDH 纳米板化学剥离成更薄的纳米片，可进一步提高催化活性，在 10mA·cm^{-2} 下，过电位为 367mV，塔菲尔斜率为 40mV·dec^{-1}。性能的提升可能是由于增加了表面积和暴露了更多的活性位点。XPS 结果表明，剥离还导致电子结构发生了一些变化。Liu 等人首次通过水等离子体剥离制备了具有多功能的超薄 CoFe-LDHs 纳米片作为 OER 电催化剂。水等离子体可以破坏主体金属层和层间阳离子之间的静电相互作用，因此，可以快速剥离纳米片。另一方面，等离子体的蚀刻效应可以同时有效地在剥离的超薄 LDHs 纳米片中产生多个空位。活性位点的增加和多价性有助于增强 OER 的电催化活性。与原始的 CoFe-LDHs 相比，剥离后的超薄 CoFe-LDH 纳米片对 OER 表现出优异的催化活性，在 10mA·cm^{-2} 下的过电位为 232mV，并具有优异的动力学性能（Tafel 斜率为 36mV·dec^{-1}）。Wang 等人通过 Ar 等离子体蚀刻来破坏固有的层间静电相互作用，实现了块体 CoFe-LDH 剥离成具有多个空位的超薄纳米片（图 5-21）。与 LDHs 的液体去角质相比，干去角质方法清洁、省时、无毒，并避免了溶剂分子的吸附。超薄 CoFe-LDH 纳米片的形成增加了 OER 活性位点的数量。更有趣的是，剥离的同时，在纳米片中形成了多个空位。这些可以有效调节超薄纳米片的表面电子结构，降低配位数，增加无序度。所制备的超薄纳米片以粉末的形式是稳定的，这可能是由于残余的 CO_3^{2-} 离子和其他物质（如水分）的电荷平衡。该催化剂表现出较好的 OER 活性，在 10mA·cm^{-2} 下的过电位为 266mV。

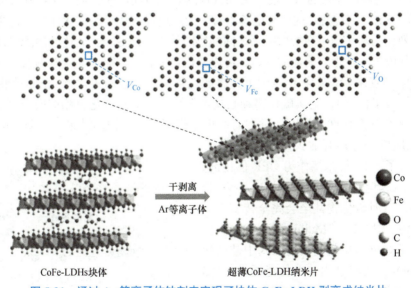

图 5-21　通过 Ar 等离子体蚀刻来实现了块体 CoFe-LDH 剥离成纳米片

最近的研究中，还将三金属层状氢氧化物发展成 OER 催化剂。Yang 等人设计和合成了一种新型稳定的三金属 NiFeCr 层状氢氧化物电催化剂，用于改善 OER 动力学。电化学测试结果表明，摩尔比 Ni:Fe:Cr=6:2:1 表现出最佳的本征 OER 催化活性。此外，这些纳米结构直接生长在导电碳纤维纸（CP）上，用于高表面积 3D 电极，该电极在 25mA·cm^{-2} 的催化电流密度下表现出低至 225mV 的过电位，在碱性电解质中可实现 69mV·dec^{-1} 的小 Tafel 斜率。优化后的 NiFeCr 催化剂在 OER 条件下是稳定的，X 射线光电子能谱、电子顺磁共振谱和元素分析证实了电化学测试后三金属 NiFeCr LDH 的稳定性。由于金属中心之间的协同相互作用，三金属 NiFeCr-LDH 的活性明显高于 NiFe-LDH。Zhang 等人开发了一种室温合成法，以生产具有原子均匀金属分布的三元（FeCoW）凝胶氢氧化物材料。在碱性电解质中，这些凝胶化的 FeCoW 氢氧化物在 $10mA \cdot cm^{-2}$ 下表现出低过电位（191mV）。在超过 500h 的稳定性测试之后，催化剂没有显示出降解的迹象。X 射线吸收光谱和计算研究揭示了钨、铁和钴之间的协同相互作用，产生了有利的局部配位环境和电子结构，增强了 OER 的动力学。

4. 硫族化合物

一般而言，参与电解水反应的金属硫化物主要是基于钴和镍的催化剂。镍的硫化物（如 NiS、Ni_3S_2、$NiSe$）具有地球储量丰富、环境友好、无污染、多价态且稳定等优点。因此，它们不仅在电容器和锂电池等领域有广泛应用，在 OER 电催化中也备受瞩目。Zhu 等人报道了通过对泡沫镍表面进行不同酸碱处理，制备了不同晶向的 Ni_xS_y。这些材料展现出不同的 OER 催化活性，表明泡沫镍的前处理会导致不同晶相的生成。由此推测，催化剂的晶向对于过渡金属硫化物的 OER 催化活性起关键作用。Zhou 等人通过简单的水热反应实现了 Ni_3S_2/Ni 复合材料的大规模制备，即单晶 Ni_3S_2 纳米修饰的泡沫镍。这种复合电极表现出优异的 OER 活性，起始电位约为 157mV。水合 Ni_3S_2 纳米氧化物、氧化镍层和泡沫镍载体之间的协同化学耦合效应可能是 OER 性能提高的原因。Feng 等人合成了一种基于新型 $\{2\bar{1}0\}$ 面暴露的 Ni_3S_2 纳米片阵列的双功能、无黏合剂的非贵金属电催化剂。该材料被证明能有效催化 HER 和 OER。该材料对这些与电解水有关的反应具有优异的催化性能，这主要归因于其纳米片阵列结构和 $\{2\bar{1}0\}$ 高折射率面之间的协同效应。Ni_3S_2/NF 的这些性能以及耐用性和成本效益使其成为一种很有前途的材料，可以取代贵金属基催化剂进行电解水。

从热力学角度来看，在氧化电位下金属硫化物相对于金属氧化物 / 氢氧化物来说稳定较差。因此，在 OER 中，金属硫化物和硒化物等往往会容易氧化成相应的金属氧化物 / 氢氧化物，尤其在强氧化性环境下。许多研究也已经报道了这样的结果，表明导电硫化物在 OER 催化反应中会逐渐释放大量的硫。例如，Gao 等人报道了 NiSe 纳米棒作为 OER 催化剂。在氧化电位下，其结构演变为 $NiO_x/NiSe$ 核 - 壳结构纳米棒，有时硫化物甚至会完全转变为无定形的氧化物（图 5-22）。Mullins 等人发现硫化镍中的硫离子在电催化剂的活性形式中被消耗殆尽，且在 OER 反应过程的电位范围内，NiS 被全部转化为无定形的氧化镍。因此，硫化镍

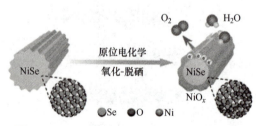

图 5-22　NiSe 纳米棒 OER 过程中的原位氧化

优异的催化活性与催化剂中的硫离子无关，而与金属硫化物作为高活性氧化镍 OER 电催化剂前驱体的能力相关。

近期的研究表明，在 OER 催化过程中，过渡金属硫化物中的硫元素会溶出，这启发了科学家们通过 OH^- 的修饰来提高其催化活性。Wei 课题组观察到 $NiCo_2S_4$ 经过长达 30h 的 OER 催化反应后，其活性损失约为 50%。通过 S 2p 的高分辨率 XPS 光谱显示，$NiCo_2S_4$ 的硫损失高达 85%。为了同时提高硫化物的活性和稳定性，他们提出了 "双配体协同调节策略"，即将 OH^- 配体预先引入金属硫化物中，以形成新的硫氢氧化物（sulhydride）作为

OER 催化剂。双配体 $NiCo_2(SOH)_x$ 催化剂展现出优异的 OER 催化活性，在 $10mA \cdot cm^{-2}$ 的电流密度下具有 $0.29V$ 的极小过电位，并且即使在经过 $100mA \cdot cm^{-2}$ 的加速老化 30h 后，仍具有良好的催化稳定性。DFT 计算表明，OH^- 和 S^{2-} 配体在 $NiCo_2(SOH)_x$ 催化表面的协同作用可以精确优化 OER 中间体的结合能。

5. 磷化物

TMPs 被认为是高效的 OER 电催化剂，通常被称为"预催化剂"，因为在催化过程中，其表面会生成过渡金属氧化物和氢氧化物，这些才是真正的催化活性位点，而磷化物内核则起导电作用。这种原位生成的核 - 壳结构对于 TMP 优异的 OER 催化性能有重要贡献。

单过渡金属元素磷化物 OER 电催化剂包括 Co 基磷化物和 Ni 基磷化物等。Jiang 等人使用电沉积方法在 Cu 箔上生长了 Co-P 薄膜，可作为有效的 OER 催化剂。研究者使用 XPS 研究了催化剂表面化学性质，发现经过 OER 之后，催化剂表面的磷化物峰消失，而磷酸盐峰出现，且出现了 Co^{2+} 的峰，说明表面的 Co-P 被取代，生成了 Co 氧化物或氢氧化物作为 OER 催化活性物质。Stern 等人制备了 Ni-P 纳米颗粒和纳米线，并研究了它们的 OER 特性。研究发现催化剂表面原位生成了 NiO_x，形成了 NiP/NiO_x 核壳结构，从而获得良好的 OER 电催化性能。研究者认为这种以 Ni-P 为模板生长出的特殊 NiO_x 比其他形式的 NiO_x 具有更高的比表面积和催化活性。Ledendecker 等人通过简单地在惰性气体下加热 Ni 箔和红磷的方法，在 Ni 基底上生长了具有 3D 结构的 Ni_5P_4，并在酸性和碱性电解液中研究了它的 OER 催化性能，研究认为催化剂表面生成的非晶态 NiOOH 提供了 OER 催化活性位点。Wang 等人在碳纤维纸上电沉积一层 Ni，再通过磷化的方法制备了 Ni-P，并研究了它的 OER 催化性能。以碳纤维纸作为基底材料可以很方便地制备得到 3D 结构的磷化物催化剂。他们通过微结构和组分研究发现 Ni-P 表面会被氧化，生成包覆有层薄的 $[Ni-P/NiO/Ni(OH)_x]$ 异质结构，带来了 OER 电催化性能的提升。

引入第二种过渡金属元素制备出双金属磷化物，由于电子结构的优化和协同效应，它的 OER 催化性能得到提升。过渡金属磷化物用作 OER 催化剂最重要的进展来自 Sargent 课题组，通过原位同步辐射实验与理论计算相结合的方式，他们发现，过渡金属磷化物中的磷能促进金属高价氧化物的形成，他们分别计算了 Ni、NiCo、NiCoFe、NiP、NiCoP、NiCoFeP 生成高价氧化物的吉布斯自由能变（ΔG），发现 P 与 Fe 的掺入显著降低了生成高价氧化物的 ΔG，使得其在 OER 过程中更加容易生成高价的氧化物（图 5-23）。

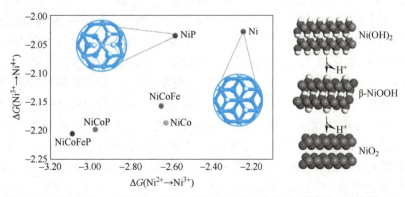

图 5-23　Ni、NiCo、NiCoFe、NiP、NiCoP、NiCoFeP 生成高价氧化物的 ΔG

此外原位同步辐射也证明了相较于过渡金属氧化物，掺杂 P 与 Fe 的过渡金属磷化物在 OER 过程中拥有更高比例的高价金属氧化物。Liang 等人提出了一种新的 PH_3 等离子体辅助方法，将 NiCo 氢氧化物转化为三元 NiCoP。所获得的负载在泡沫镍上的 NiCoP 纳米结构能够高效催化 OER，尽管真正的活性位点是在催化过程中原位形成的表面氧化物。具体而言，在 $10mA \cdot cm^{-2}$ 的电流密度下表现出 280mV 的过电位。最重要的是，当同时用作整体水分解的阴极和阳极时，在低至 1.58V 的电池电压下可实现 $10mA \cdot cm^{-2}$ 的电流密度，使 NiCoP 成为最有效的水分解催化剂之一。Duan 等人先在泡沫镍上生长 CoFeOH 纳米线，再通过磷化/氧化过程得到 CoFePO。事实上制备得到的过渡金属磷化物表面通常都会有一定程度的氧化，这可能对它在 OER 催化过程中进一步被氧化生成过渡金属氧化物或氢氧化物起促进作用。此外还发现当 Fe 掺杂比例适中时，可以获得最佳的 OER 催化性能，他们认为这是由于适当的 Fe 掺杂使得反应过程中间态的结合能得到优化，同时保留了足够的活性位点。Tan 等人使用一种选择溶解方法制备了纳米多孔的 $(Co_{1-x}Fe_x)_2P$ 薄膜。使用一定的电压可以溶解掉其中的体心立方 CoFe 相，得到纯的正交相 $(Co_{1-x}Fe_x)_2P$。通过调节 Co/Fe 比例和多孔性可以在酸性和碱性条件下具有良好 OER 电催化性能的薄膜。DFT 计算表明，在优化的化学组分下，Fe 的掺入能够降低表面吸附能，从而提高电催化活性。Li 等人制备了直径为 5nm 的 CoMnP 纳米颗粒并研究了它的 OER 电催化性能，认为 Mn 掺入导致 OER 催化活性提升的原因可能是质子耦合的电子转移过程热力学势垒下降，更利于 O-O 键的形成。

此外，Xu 等人报道了一系列含有不同等摩尔金属（M=Fe，Co，Ni）成分的纳米颗粒磷化物的碱性 OER 电解。观察到 OER 活性的显著趋势，遵循 FeP<NiP<CoP<FeNiP<FeCoP<CoNiP<FeCoNiP 的顺序，这表明向单金属 TMP 中引入二次金属显著提高了 OER 性能，将此促进作用归因于双金属和三金属 TMPs 增强的氧化能力，这可以促进 MOH 的形成和 OH^- 基团的化学吸附，根据 Tafel 分析，这是这些催化剂的限速步骤。值得注意的是，三金属 FeCoNiP 预催化剂表现出异常高的表观和本征 OER 活性，在 $10mA \cdot cm^{-2}$ 电流密度下表现出 200mV 的过电位，并且在 350mV 的过电位下显示出大于等于 $0.94s^{-1}$ 的高 TOF 值。

6. 氮化物

近年来，过渡金属氮化物（TMNs）因其与贵金属相似的电子结构而备受关注。Xu 等人报道了 Ni_3N 纳米片可作为有效的 OER 电催化剂。第一性原理计算和电输运性质测量表明，Ni_3N 本质上是金属，并且通过尺寸限制可以显著提高载流子浓度。EXAFS 光谱提供了确凿的证据，表明由于 Ni_3N 纳米片尺寸减小而具有无序结构，从而可以为 OER 提供更多的活性位点。得益于金属行为和原子无序结构增强的导电性，与大块 Ni_3N 和 NiO 纳米片相比，Ni_3N 纳米片实现了本质上增强的 OER 活性，因此金属氮化物纳米片可以作为一组新的具有优异性能的 OER 电催化剂。Zhang 等人已经证明了一种新的有效方法，使用 N_2 RF 等离子体将氧化钴前体转化为氮化钴，并完美地保留了其纳米结构。由于更好的导电性和保留的大比表面积，所获得的泡沫镍上的 CoN 纳米线阵列表现出优异的 OER 性能，在 $10mA \cdot cm^{-2}$ 电流密度下表现出 290mV 的过电位，在不同电流密度下具有出色的耐用性。CoN 纳米线阵列的 OER 性能证实了金属氮化物是一类很有前途的无贵金属催化剂。为了补充用于获得多种纳米结构金属氧化物的各种技术，该研究中提出的新方法可以扩展到具有定制纳米结构的各种金属氮化物的制造中。Chen 等人则首次开发了直接生长在柔性基底上的金属 Co_4N 多孔纳米线阵列，作为高活性 OER 电催化剂。得益于金属特性、1 维多孔纳米线阵列和独特的 3 维电极配置的协同优势，生长在碳纤维布上的表面氧化活化的 Co_4N 多孔纳米线阵列在 $10mA \cdot cm^{-2}$ 电流密度下表现出 257mV 的过电位，塔菲尔斜率为 $44mV \cdot dec^{-1}$。此外，深入的机理研究表明，在 OER 过程中，活性相是内部具有薄钴氧化物 / 氢氧化物外壳的金属 Co_4N 核。

5.4.3　非金属基催化剂

以碳基无金属催化剂为代表的非金属基 OER 催化剂正逐渐进入研究者的视野。Lu 等人发现，经过温和的表面氧化、水热退火和电化学活化，多壁碳纳米管（MWCNT）本身是有效的水氧化催化剂，可以在碱性介质中，0.3V 的过电位下引发 OER。在 MWCNT 外壁上产生含氧官能团，如酮（C=O）。通过改变相邻碳原子的电子结构，在催化 OER 中发挥关键作用，并促进 OER 中间体的吸附。MWCNT 保存良好的微观结构和高导电性内壁能够有效传输 OER 过程中产生的电子。

非金属杂原子掺杂已被研究者们证实能促进碳基无金属催化剂的 OER 性能提升。Zhao 等人证明了由富氮聚合物合成的氮掺杂石墨纳米材料在碱性介质中表现出超过传统电催化剂的高效 OER 活性。值得注意的是，在不存在过渡金属的情况下，优化的氮 / 碳材料在 $10mA \cdot cm^{-2}$ 的电流密度下表现出低至 0.38V 的过电位。详细的电化学和物理研究表明，氮 / 碳材料的高 OER 活性来自吡啶 -N 或 / 和季铵 -N 相关的活性位点。使用含氮石墨烯材料进行 OER 过程，进一步确定了非金属电催化剂的概念。Zhang 等人开发了一种低成本和可扩展的方法来制备 N 和 P 共掺杂的三维介孔碳泡沫（NPMC），只需在植酸存在的条件下通过热解由苯胺无模板聚合获得的聚苯胺气凝胶得到。所得的 NPMC 作为一次电池和可充电锌 - 空气电池中的双功能空气电极，对 ORR 和 OER 都显示出有效的催化活性。基于空气中使用 KOH 作为水性电解质运行的 NPMC 无金属空气电极的原电池显示出约 1.48V 的开路电位、能量密度约为 $835Wh \cdot kg_{Zn}^{-1}$，峰值功率密度约为 $55mW \cdot cm^{-2}$，以及出色的耐用性（两次机械充电后运行超过 240h）。此外，使用两个 NPMC 无金属空气电极来分离 ORR 和 OER 的三电极可充电电池也显示出良好的稳定性（600 次充放电循环，运行 100h）。第一性原理模拟表明，N 和 P 共掺杂以及碳泡沫的高度多孔网络对于产生对 ORR 和 OER 的双功能活性至关重要。Chen 等人首次设计和合成了 N、O 双掺杂石墨烯 -CNT 水凝胶膜，该膜非常有利于 OER，并显示出高催化电流和低过电位，优于先前报道的一些金属基催化剂。材料催化动力学显著增强，这可能与优异的结构性质有关，如 3D 骨架，发达的孔隙率和 N、O 元素共掺杂。有趣的是，OER 催化剂在碱性和酸性溶液中都表现出非常好的电化学耐久性，这是由于石墨烯和碳纳米管之间的强相互作用、高耐蚀性以及合理设计的定向 3D 结构。进一步研究表明，C-N 和 C-O-C 这两个双活性位点为 OER 提供了许多催化活性中心。该催化剂是通过简单的溶液策略合成的，可以很容易地扩展到制备许多其他基于 3D 石墨烯的薄膜材料，在催化、太阳能电池和储能方面有着广泛应用。

思　考　题

1. 解释电催化水分解的基本原理及其在氢气生产中的作用。比较电催化水分解与传统方法（如热解或化学反应）在效率和环境友好性上的优势。

2. 分析影响电催化水分解效率的关键催化剂特性，如活性、稳定性和选择性。讨论不同催化剂（如铂、镍、钴等）在水分解中的电催化活性和效率差异。

3. 比较电催化水分解和其他氢气生产技术（如燃料电池电解法或热解法）在能源利用效率和经济性上的优势和劣势。分析提高电催化水分解经济竞争力的关键技术或策略。

4. 讨论当前电催化水分解技术面临的主要挑战，如催化剂的耐久性、成本、原料纯度等。提出未来可能的技术创新方向，以解决这些挑战并提高水分解的效率和可持续性。

5. 分析电催化水分解在资源利用、碳足迹和环境影响方面相较于传统氢气生产方法的优势。探讨电催化水分解在推动绿色能源转型中的潜力及其在减少温室气体排放方面的作用。

6. 分析电催化水分解技术在商业化应用中的现状和前景，例如汽车动力、能源存储等领域。讨论电催化水分解技术的市场竞争力及其在新能源市场中的定位。

7. 探讨国际合作在促进电催化水分解技术发展中的作用，如跨国研究项目或政策框架。分析政策支持对电催化水分解技术商业化和应用普及的影响，如补贴政策、能源政策等。

8. 讨论提高公众对电催化水分解技术认知和接受度的策略，如科普活动、教育课程等。分析社会对清洁能源技术（如水分解）发展的态度及其对技术推广和商业化的影响。

参 考 文 献

［1］ ZHU J, HU L, LEE P, et al. Recent Advances in Electrocatalytic Hydrogen Evolution Using Nanoparticles ［J］. Chem.Rev., 120 (2), 851-918.

［2］ ZHANG K, ZOU R. Advanced Transition Metal - Based OER Electrocatalysts: Current Status, Opportunities, and Challenges ［J］. Small, 17 (37), 2100129.

［3］ HUANG Z F, SONG J, DU Y, et al. Chemical and Structural Origin of Lattice Oxygen Oxidation in Co-Zn Oxyhydroxide Oxygen Evolution Electrocatalysts ［J］. Nat Energy., 4 (4), 329-338.

［4］ LI M, DUANMU K, WAN C, CHENG T, et al. Single-Atom Tailoring of Platinum Nanocatalysts for High-Performance Multifunctional Electrocatalysis ［J］. Nat Catal., 2 (6), 495–503.

［5］ WANG P, ZHANG X, ZHANG J, et al. Precise Tuning in Platinum-Nickel/Nickel Sulfide Interface Nanowires for Synergistic Hydrogen Evolution Catalysis ［J］. Nat Commun., 8 (1), 14580.

［6］ YAO Q, HUANG B, ZHANG N, et al. Channel-Rich RuCu Nanosheets for pH-Universal Overall Water Splitting Electrocatalysis ［J］. Angewandte Chemie International Edition, 58 (39), 13983-13988.

［7］ ZHANG J, WANG T, LIU P, et al. Efficient Hydrogen Production on MoNi4 Electrocatalysts with Fast Water Dissociation Kinetics ［J］. Nat Commun., 8 (1), 15437.

［8］ XIE J, ZHANG H, LI S, et al. Defect-Rich MoS2 Ultrathin Nanosheets with Additional Active Edge Sites for Enhanced Electrocatalytic Hydrogen Evolution ［J］. Advanced Materials, 25 (40), 5807-5813.

［9］ DI GIOVANNI C, WANG W A, NOWAK S, et al. Bioinspired Iron Sulfide Nanoparticles for Cheap and Long-Lived Electrocatalytic Molecular Hydrogen Evolution in Neutral Water ［J］. ACS Catal., 4 (2), 681-687.

［10］ POPCZUN E J, MCKONE J R, READ C G, et al. Nanostructured Nickel Phosphide as an Electrocatalyst for the Hydrogen Evolution Reaction ［J］. J.Am.Chem.Soc., 135 (25), 9267.

［11］ MICHALSKY R, ZHANG Y J, PETERSON A A. Trends in the Hydrogen Evolution Activity of Metal Carbide Catalysts ［J］. ACS Catal., 4 (5), 1274-1278.

［12］ SANCHEZ CASALONGUE H G, NG M L, KAYA S, et al. In Situ Observation of Surface Species on Iridium Oxide Nanoparticles during the Oxygen Evolution Reaction ［J］. Angewandte Chemie International Edition, 53 (28), 7169-7172.

［13］ FENG J, LV F, ZHANG W, et al. Iridium-Based Multimetallic Porous Hollow Nanocrystals for Efficient

Overall-Water-Splitting Catalysis［J］. Advanced Materials，29（47），1703798.

［14］ XU L，JIANG Q，XIAO Z，et al. Plasma-Engraved Co3O4 Nanosheets with Oxygen Vacancies and High Surface Area for the Oxygen Evolution Reaction［J］. Angewandte Chemie International Edition，55（17），5277-5281.

［15］ BAO，J，ZHANG X，FAN B，et al. Ultrathin Spinel-Structured Nanosheets Rich in Oxygen Deficiencies for Enhanced Electrocatalytic Water Oxidation［J］. Angewandte Chemie International Edition，54（25），7399-7404.

［16］ DIAZ-MORALES O，LEDEZMA-YANEZ I，KOPER M T M，et al. Guidelines for the Rational Design of Ni-Based Double Hydroxide Electrocatalysts for the Oxygen Evolution Reaction［J］. ACS Catal.，5（9），5380-5387.

［17］ WANG Y，ZHANG Y，LIU Z，et al. Layered Double Hydroxide Nanosheets with Multiple Vacancies Obtained by Dry Exfoliation as Highly Efficient Oxygen Evolution Electrocatalysts［J］. Angewandte Chemie International Edition，56（21），5867-5871.

［18］ GAO R，LI G D，HU，J，et al. In Situ Electrochemical Formation of NiSe/NiOx Core/Shell Nano-Electrocatalysts for Superior Oxygen Evolution Activity［J］. Catal.Sci.Technol.，6（23），8268-8275.

［19］ ZHENG X，ZHANG B，DE LUNA P，et al. Theory-Driven Design of High-Valence Metal Sites for Water Oxidation Confirmed Using in Situ Soft X-Ray Absorption［J］. Nature Chem.，10（2），149-154.

第6章

纳米催化材料在燃料电池中的应用

　　燃料电池（Fuel Cell）是一种高效、环保的电化学反应装置。其不像传统的化石燃料反应后产生有害污染物。如 CO_2、CO、NO_2 和 SO_2，因此被认定为绿色能源。本章主要介绍燃料电池原理及纳米材料在燃料电池中的应用，帮助理解燃料电池的设计及应用。

6.1　燃料电池的概述和分类

　　燃料电池是一种将化学能直接转化为电能的装置，利用可再生能源或氢气等燃料与氧气进行电化学反应来产生电力。燃料电池的工作原理类似常规电池，但与电池不同的是，反应物存储在电池外部，在持续供应燃料和氧气的情况下可以不断产生电能，所以其性能主要受燃料剂和氧化剂供给的限制。

　　燃料电池由三个部件组成：燃料电极（阳极），氧化剂电极（阴极）和电解质。电极由多孔材料组成，其表面覆盖一层催化剂。图 6-1 显示了典型燃料电池的基本工作原理。为了解氢气和氧气之间的反应如何产生电流以及电子在何处释放，有必要研究每个电极上发生的反应。对于不同类型的燃料电池，反应会有所不同。

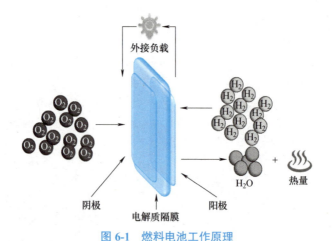

图 6-1　燃料电池工作原理

　　在酸性燃料电池中，氢气在阳极发生氧化反应，产生 H^+ 和 e^-，如下所示：

$$2H_2 \longrightarrow 4H^+ + 4e^- \tag{6-1}$$

该反应以热的形式释放能量。

在阴极处，氧气得到电子并发生还原反应，并与电解质中的 H^+ 发生反应生成水，如下所示：

$$O_2 + 4e^- + 4H^+ \longrightarrow 2H_2O \tag{6-2}$$

因此，整个电池反应为：

$$2H_2 + O_2 \longrightarrow 2H_2O + 热量 \tag{6-3}$$

在酸性电解质燃料电池中，正常工作时，在阳极产生的电子必须通过电路到达阴极，电流从阴极流向阳极。H^+ 必须通过电解质溶液和隔膜在阴极参与反应。某些聚合物和陶瓷材料也可在合成中包含可移动的 H^+，因为 H^+ 被称为质子，这些材料也通常称为"质子交换膜"。式（6-3）表明，每个氧分子将需要两个氢分子，工作原理如图 6-2 所示。

在碱性电解质（AFC）燃料电池中，电池总体反应是相同的，但是每个电极的反应不同。碱性电解液中，OH^- 是大量存在且可移动的离子。OH^- 在阳极与氢气发生氧化反应释放电子和能量（以热的形式释放）和水，如下所示：

$$2H_2 + 4OH^- \longrightarrow 4H_2O + 4e^- \tag{6-4}$$

在阴极，氧气得到电子发生还原反应，电解液中的水反应生成新的 OH^-：

$$O_2 + 4e^- + 2H_2O \longrightarrow 4OH^- \tag{6-5}$$

式（6-4）和式（6-5）表明，与酸性电解质一样，碱性电池所需氢是氧气的两倍，工作原理如图 6-3 所示。

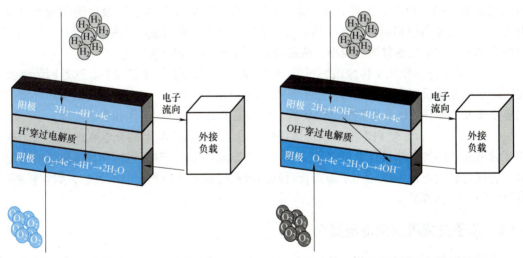

图 6-2　酸性电解质燃料电池原理图　　　　图 6-3　碱性电解质燃料电池原理图

对于碱性电解质燃料电池，电子从阳极流向阴极，电流从阴极流向阳极。但燃料电池还有许多其他类型，每种类型都以电解质和在电极上发生的反应来区分。下面将分别介绍不同类型燃料电池的组成和原理。

迄今为止，已经研究了多种类型的燃料电池，例如质子交换膜燃料电池（PEMFC）、AFC、直接液体燃料电池（DLFC）、磷酸燃料电池（PAFC）、熔融碳酸盐燃料电池（MCFC）和固体氧化物燃料电池（SOFC）。这些类型的燃料电池通过所使用的电解质的类型来区分。从直接液体燃料电池的延伸研究，以上类型可进一步分类，如直接甲醇燃料电池

（DMFC）、直接甲酸燃料电池（DFAFC）、直接硼氢化物燃料电池（DBFC）和直接醇燃料电池（DAFC）等。每种类型的燃料电池在功率输出、工作温度、电气效率和典型应用方面有所不同，并且取决于所使用的电解质或聚合物电解质膜（PEM）的类型。

对于所有类型的燃料电池，商业化的最大阻碍是成本。然而，由于其存在的各种优点以及不同系统具有的特征，燃料电池仍具有较大的潜力，其中包括：

1）**高效性**。燃料电池可以达到较高的能源转换效率，比传统燃烧发电的效率更高。这是因为燃料电池是一种电化学设备，它将燃料和氧气直接转化为电能，而不需要通过燃烧来产生热能，因此损失更少。特别是使用氢气作为燃料的氢燃料电池中，能源利用效率可以超过 60%。这使得燃料电池成为一种高效能源转换的技术。

2）**清洁性**。燃料电池主要产生的排放物是水和少量的热量，不会产生空气污染物和温室气体排放。相比之下，传统燃烧发电产生的废气包含大量的污染物和温室气体，如二氧化碳、氮氧化物和颗粒物。因此，燃料电池可以显著降低碳排放和环境污染，有助于改善空气质量和减轻气候变化问题。

3）**可再生性**。燃料电池可使用多种可再生能源作为燃料，如氢气、生物质和废物气体。这些可再生资源也能通过可持续的方式获取，如通过水电和风能来制造氢气。相比之下，传统能源资源（如煤碳和石油）是有限的，并且对环境和气候有负面影响。使用可再生能源作为燃料，燃料电池可以减少对有限化石燃料的依赖，促进可持续发展。

4）**灵活性**。燃料电池系统可以在不同规模和应用中使用。从小型便携设备（如移动电话和笔记本电脑）到大型交通工具（如电动汽车和公共交通工具），以及住宅和商业建筑的电力供应。这使得燃料电池在各个领域都具有应用潜力，可以满足不同用户和市场的需求。另外，燃料电池系统通常体积较小，质量较轻，因此更适合移动应用。

5）**静音运行**。相比于传统内燃机发动机，燃料电池的运行非常安静。这是因为燃料电池是通过电化学反应产生电能的，而不需要通过爆燃产生动力。这对于需要低噪声环境的应用非常重要，如住宅区、医院和办公场所，可以提供更加宁静的工作和生活环境。

6）**长时间运行**。燃料电池可以持续提供电力，而不需要频繁的充电或加注燃料。相对于存储电池，燃料电池具有更长的运行时间，可以满足需要长时间运行和持续供电的应用需求，这使得燃料电池特别适用于需要长时间离网运行或无法频繁充电的场景，如农村地区、野外探险和应急情况。

6.1.1 质子交换膜燃料电池简介

质子交换膜燃料电池（PEMFC）如图 6-4 所示，因其具有操作温度低、功率密度高和启动快的优点，广泛用作清洁能源转换装置，特别是在车辆以及固定和便携式发电系统中。PEMFC 的商业化成功取决于它们在高电流密度下表现出最佳的燃料 - 电力转化能力。然而，成本和耐用性这两个重要的关键因素限制了 PEMFC 的开发和商业化。PEMFC 的高成本主要是由于使用贵金属（铂）作为催化剂，其占所有制造成本的 55%。虽然研究人员目前正在寻找新的催化剂，但因具有高化学稳定性、交换电流密度和功率，铂仍然是最常用的催化剂。因此，燃料电池的发展方向是开发新的电极和减少铂催化剂的使用。

PEMFC 的基本单元称为膜电极组件，也称为 MEA。一个典型的质子交换膜燃料电池单元包含以下组件：①离子交换膜；②导电多孔扩散层；③电极；④电池连接件和双极板，双极板的作用是集流导电，是反应气体的流动通道。

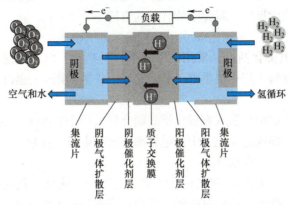

图 6-4　质子交换膜燃料电池示意图

质子交换膜（Proton Exchange Membrane，PEM）是一种有机阳离子交换膜，也是一种有机高聚物膜，通常由氟化聚合物制成，用于在氢燃料电池中作为质子传导层，将燃料和氧化剂分别隔开在两侧电极中。质子交换膜具有高度可选择性的质子传导性能，同时阻隔其他离子和气体的通过。在氢燃料电池中，氢气在阳极一侧与质子交换膜反应，产生质子和电子；质子从阳极侧通过质子交换膜传递到阴极侧，而电子则通过外部电路流动，产生电能；最后，质子和氧气在阴极一侧结合形成水。质子交换膜具有以下特点：

1）高效传导质子。质子交换膜具有高度可选择性的质子传导性能，能够快速传递质子，提高氢燃料电池的效率。

2）启动时间快。相比其他种类的燃料电池，质子交换膜电池的启动时间较短，能够在数秒内达到工作温度。

3）较低的工作温度。相较其他种类的燃料电池，质子交换膜电池的工作温度较低，通常在 80℃左右，有助于减少能量损失和延长电池寿命。

4）紧凑轻便。质子交换膜电池的设计相对紧凑，体积小、质量轻，适合用于移动设备等需要高能量密度的应用。

5）可逆性。质子交换膜电池是可逆的，既可作为电池向电气能的转化装置，也可作为电气能或化学能的转化装置。

多孔扩散层是质子交换膜燃料电池中的重要组成部分，位于质子交换膜和电极之间，起分配燃料和氧气、传递反应产物和电子的作用。

多孔扩散层通常由碳纤维材料制成，具有高导电性和良好的气体渗透性。它的主要功能是提供较大的表面积，以便增大气体扩散的接触面积，促进燃料和氧气的反应。同时，扩散层需要具有一定的孔隙度和孔径分布，以促进气体的均匀传输和水的排出。

在燃料一侧，多孔扩散层将燃料从供应管分配到反应区域，并使氢气与催化剂颗粒接触，促进氢气的氧化反应。在氧气一侧，多孔扩散层将氧气从外部输送到催化剂颗粒，并将反应产生的水分从电池排出。

多孔扩散层的性能对电池的运行效率和稳定性具有重要影响。合理设计多孔扩散层的孔隙度和孔径分布，可以提高燃料和氧气的传输效率，减少质子交换膜的水分浸润，防止产生局部燃料不平衡和水淹没等问题，提高电池的性能和寿命。

催化层是质子交换膜燃料电池中的关键组件之一，位于质子交换膜两侧的电极上，负责催化氢气和氧气的电化学反应，将化学能转化为电能。

催化层通常由一种或多种催化剂、电导剂和扩散剂组成。其中，催化剂是催化层的核心，因其具有良好的电催化活性，常用的催化剂材料是 Pt。电导剂通常选择炭黑或碳纳米管等具有高导电性的材料，用于提供电子传输路径。扩散剂则通过提供一个多孔的结构来促进气体的传输。

在氢气一侧，催化剂促使氢气在催化层表面分解成质子和电子。质子穿过质子交换膜传输到氧气一侧，而电子则通过催化层中的电导剂传输到电极。在氧气一侧，催化剂催化氧气与质子和电子发生反应，产生水分。

催化层的性能对电池的效率和稳定性有着重要影响。优化催化层的组成和结构，可以提高催化活性，降低电化学反应的过电势，从而提高电池的工作效率。同时，催化层还需要具有良好的电导性，以确保快速的电子传输。合理的多孔结构能够促进气体的传输和水的排出，避免气体堵塞和水淹没等问题，提高电池的稳定性和寿命。

6.1.2　碱性燃料电池简介

AFC 是一种使用碱性溶液作为电解质的燃料电池。与 PEMFC 相比，AFC 对阴极和阳极反应均是简单的化学动力学。其基本化学反应原理如图 6-3 所示的通用碱性电解质燃料电池原理图。在阳极处的反应为

$$2H_2 + 4OH^- \longrightarrow 4H_2O + 4e^-, \quad E^\ominus = -0.282V \qquad (6-6)$$

式中，$E^\ominus$ 为标准电极电势。

在阴极处的反应为

$$O_2 + 4e^- + 2H_2O \longrightarrow 4OH^-, \quad E^\ominus = 0.401V$$

碱性燃料电池的概念最早由法国科学家 Felix Trombe 于 1959 年提出，但真正推动该技术发展是来自美国国家航空航天局（NASA）的需求。20 世纪 60 年代初，NASA 开始寻求一种高效且可靠的电力供应方案，以满足太空任务的需求。因此，他们希望找到一种在低温下运行、具有高能量密度和长寿命的燃料电池系统。碱性燃料电池表现出的能量密度和长寿命使其成为 NASA 理想的选择。

现在，碱性燃料电池已经广泛应用于许多领域，包括电动汽车、燃料电池汽车、无人机、船舶和独立电网等。与传统的贵金属催化剂相比，新型的非贵金属催化剂使得碱性燃料电池更加经济和可行。此外，研究人员还在探索新的材料、改进反应动力学和提高电解质的碱稳定性等方面进行着持续的研究，以进一步推动碱性燃料电池的发展和商业化应用。

单个 AFC 电池组件与 PEMFC 类似，如图 6-5 所示，主要有集流片、阴极（阳极）催化剂层、阴离子交换膜、阳极气体扩散层等构成。

在 AFC 中，阴离子交换膜（AEM）是一种用于分离阳极和阴极的重要组件，具有阴离子选择性透过性能。阴离子交换膜通常采用聚合物电解质，例如聚苯乙烯（PSU）、聚丙烯酸（PAA）或聚苯胺（PANI）等。这些聚合物具有良好的阴离子选择性，并且可以在碱性环境下提供足够的电导率。

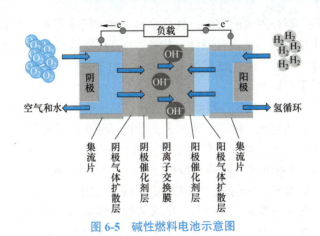

图 6-5　碱性燃料电池示意图

AFC 使用碱性电解质溶液作为电解质。碱性电解质溶液通常由碱性金属氢氧化物（如 KOH 或 NaOH，通常选用 KOH）溶解在水中形成的碱性溶液组成。

在 AFC 中，阴极一侧的反应是氧气还原，产生氢氧根离子（OH^-）。阳极一侧的反应是燃料氧化，一般使用氢气（H_2）作为燃料。当氢气进入阳极区域时，它被氢氧根离子（OH^-）氧化为水，并释放出电子。这些电子通过外部电路流动到阴极，供给氧气还原反应。

碱性电解质溶液中的 OH^- 充当了离子传输的角色，它们在阳极和阴极之间进行迁移。同时，溶液中的金属阳离子（如 K^+ 或 Na^+）也扮演了一定的角色，维持溶液的中性。

碱性电解质溶液具有一些优点，例如很高的离子导电性和较低的电极动力学，它们的碱性特性也可以延长电极的使用寿命和提高电池稳定性。

需要注意的是，由于碱性可能会对催化剂产生腐蚀作用，相较于其他类型的燃料电池，碱性燃料电池的电解质溶液对于阳极催化剂的耐受性要求较高，而且，燃料或氧化剂流中存在的 CO_2 可能与此类氢氧化物反应，并导致电解质溶液中形成碳酸钾或碳酸钠，即

$$2KOH + CO_2 \longrightarrow K_2CO_3 + H_2O \tag{6-7}$$

CO_2 不是一个直接参与电化学反应的物质，这种反应称为碱性电解质溶液的碳酸化反应。该反应的不利影响：

1）碱性电解质溶液中的 CO_3^{2-} 相对 OH^- 来说活泼度较低，可能会降低电池的性能和效率。这是因为 CO_3^{2-} 在离子传输过程中的扩散速率较慢，使电池的内阻增加。

2）增大电解质溶液的黏度，从而导致扩散速率和极限电流降低。

3）电极中碳酸盐形成沉淀，影响传质过程。

为了减少碱性电解质溶液中 CO_2 的影响，有时会采取一些措施，例如在电池中加入碱性金属的碳酸盐（比如碳酸钠或碳酸钾）以吸收 CO_2，或者设计特殊的膜结构以降低 CO_3^{2-} 的扩散。

6.1.3　直接液体燃料电池简介

DLFC 是一种利用液体燃料直接产生电能的燃料电池。与传统的固体氢燃料电池或燃料电池电池堆不同，DLFC 使用液体燃料，如甲醇、乙醇或直接氧化的引擎燃料。液体燃料克

服了氢燃料来源有限、储存困难的难题，具有原料丰富、运输方便、成本低等明显优势，是燃料电池阳极过程中很有前途的能量载体。此外，DLFC 既可以使用 PEM 也可以使用 AEM 作为离子交换膜。DLFC 整个反应过程是无火焰的，由于使用液体燃料，DLFC 的能源密度相对较高，并且更易于存储和运输。

DLFC 的研究历史可以追溯到 20 世纪 60 年代，早期的研究集中在开发液体燃料作为燃料源并在其上开展反应的电池。随后，研究人员着重于使用高效催化剂、解决废物处理问题等方面。然而，由于固态氢燃料电池成为主流，DLFC 的关注度在 20 世纪 90 年代下降。直到 21 世纪年代中期，随着可再生能源和绿色技术的兴起，DLFC 再度受到关注，研究人员开始致力于提高 DLFC 性能、可持续性和在特定领域的应用。

近年来，随着可再生能源和可持续技术的重要性不断增加，目前的研究重点包括开发更有效的催化剂、提高电池寿命、改进电解质膜和设计优化的电极结构，以增强 DLFC 的性能和稳定性。

DLFC 通常可分为酸性和碱性直接液体燃料电池。这两者之间的主要区别是它们的离子交换膜和通过电解质的离子转移的电荷。酸性直接液体燃料电池使用质子交换膜作为离子交换膜，Nafion 膜是最常用的交换膜类型，如图 6-6 所示。同时，碱性直接液体燃料电池的电解质可以是液态或固态。在早期阶段，碱性直接液体燃料电池仅使用碱性水溶液作为电解质溶液，但是液态电解质具有腐蚀性并且使碱性燃料电池的设计复杂化。为了解决这个问题，开发了使用阴离子交换膜作为碱性直接液体燃料电池的固体电解质，如图 6-7 所示。

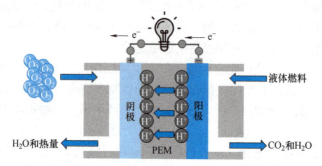

图 6-6　酸性直接液体燃料电池原理图

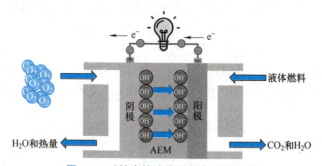

图 6-7　碱性直接液体燃料电池原理图

DLFC 的燃料通过阳极进入电池，然后在阳极催化剂（通常是贵金属，如铂）的作用下，发生氧化反应，产生电子和质子。所用燃料不同，反应原理也不同，不同燃料 DLFC 反应原理见表 6-1。

表 6-1　不同燃料 DLFC 反应原理

燃料类型	反应	$E°/V$	能量密度 $/Wh \cdot L^{-1}$
甲醇 （CH_3O）	阳极：$CH_3OH + H_2O \longrightarrow CO_2 + 6H^+ + 6e^-$ 阴极：$6H^+ + 6e^- + 3/2O_2 \longrightarrow 3H_2O$ 总反应：$CH_3OH + 3/2O_2 \longrightarrow 2H_2O + CO_2$	1.213	4820
乙醇 （C_2H_5O）	阳极：$C_2H_5OH + 3H_2O \longrightarrow 2CO_2 + 12H^+ + 12e^-$ 阴极：$12H^+ + 12e^- + 3O_2 \longrightarrow 6H_2O$ 总反应：$C_2H_5OH + 3O_2 \longrightarrow 2CO_2 + 3H_2O$	1.145	6280
丙醇 （C_3H_7O）	阳极：$C_3H_7OH + 5H_2O \longrightarrow 3CO_2 + 18H^+ + 18e^-$ 阴极：$18H^+ + 18e^- + 9/2O_2 \longrightarrow 9H_2O$ 总反应：$C_3H_7OH + 9/2O_2 \longrightarrow 4H_2O + 3CO_2$	1.122	7080
乙二醇 （$C_2H_6O_2$）	阳极：$C_2H_6O_2 + 2H_2O \longrightarrow 2CO_2 + 10H^+ + 10e^-$ 阴极：$10H^+ + 10e^- + 5/2O_2 \longrightarrow 5H_2O$ 总反应：$C_2H_6O_2 + 5/2O_2 \longrightarrow 3H_2O + 2CO_2$	1.220	5800
丙三醇（$C_3H_8O_3$）	阳极：$C_3H_8O_3 + 3H_2O \longrightarrow 3CO_2 + 14H^+ + 14e^-$ 阴极：$14H^+ + 14e^- + 7/2O_2 \longrightarrow 7H_2O$ 总反应：$C_3H_8O_3 + 7/2O_2 \longrightarrow 4H_2O + 3CO_2$	1.210	6400
甲酸（HCOOH）	阳极：$HCOOH \longrightarrow CO_2 + 2H^+ + 2e^-$ 阴极：$2H^+ + 2e^- + 1/2O_2 \longrightarrow H_2O$ 总反应：$HCOOH + 1/2O_2 \longrightarrow H_2O + CO_2$	1.400	1750
硼氢化物（BH_4^-）	阳极：$BH_4^- + 8OH^- \longrightarrow BO_2^- + 6H_2O + 8e^-$ 阴极：$2O_2 + 4H_2O + 8e^- \longrightarrow 8OH^-$ 总反应：$BH_4^- + 2O_2 \longrightarrow 2H_2O + BO_2^-$	1.620	6100

6.1.4　熔融碳酸盐燃料电池简介

MCFC 是一种高温燃料电池，利用碱金属碳酸盐（通常是锂和钾或锂和碳酸钠的二元混合物）作为电解质，保存在 $LiAlO_2$ 的陶瓷基质中。其工作温度通常为 600~700℃，碱金属碳酸盐形成高导电性的熔融盐，而 CO_3^{2-} 提供离子导电性。

作为高温燃料电池中重要的一种，MCFC 被认为是最有希望在 21 世纪率先实现商品化的燃料电池。除具有一般燃料电池的不受热机卡诺循环限制，能量转换效率高；洁净、无污染噪声低；模块结构，积木性强，适应不同的功率要求，灵活机动，适于分散建立；比功率、比能量高，降载弹性佳等共同优点外，MCFC 还具有如下的技术特点：

1）由于 MCFC 的工作温度为 650~700℃，属于高温燃料电池，其本体发电效率较高，比第一代燃料电池 PAFC（phosphoricacid fuel cell）的发电效率（40%~50%）要高，并且不需要使用贵金属做催化剂，制造成本低。

2）既可以使用纯氢气做燃料，又可以使用由天然气甲烷、石油、煤气等转化产生的富氢合成气做燃料，可使用的燃料范围大大增加；而 PAFC 只有 H_2 才可作为直接燃料，要求 CO 含量不大于 15%。

3）排出的废热温度高，可以直接驱动燃气轮机/蒸汽轮机进行复合发电，进一步提高系统的发电效率。与 PAFC 相比，MCFC 具有更高的热效率，还可实现电池的内重整，简化系统；与 SOFC 相比，MCFC 的部件材料结构设计、密封方式较简单，工程放大较容易，其发电技术应用前景十分广阔。

4）中小规模经济性。与几种发电方式比较，当负载指数大于 45% 时，MCFC 发电系统年成本最低。与 PAFC 相比虽然 MCFC 起始投资高，PAFC 的燃费远比 MCFC 高。当发电系统为中小规模分散型时，MCFC 的经济优越性则更为突出。

目前，MCFC 主要应用于工业和固定电源等领域，如发电厂、污水处理厂和钢铁厂等，以及一些对高温电能需求较高的特定应用场景。尽管 MCFC 仍面临一些技术和经济挑战，但随着科学技术的进步，这种高温燃料电池有望在未来取得进一步的发展和商业化应用。

MCFC 使用熔融碳酸盐作为电解质材料，由一个陶瓷质的隔膜将阳极和阴极隔开。熔融碳酸盐隔膜通常由氧化物陶瓷材料制成，例如氧化铈、氧化锌等。这些材料具有较高的导电性和化学稳定性，能够在高温下承受碳酸盐离子的迁移。

MCFC 的主要组件包括阳极、阴极和熔融碳酸盐电解质。阳极通常由 Ni 的多孔体组成，阴极则通常由 NiO 的多孔体构成，电解质组成通常为 62%Li_2CO_3+38%K_2CO_3（摩尔比）。与其他燃料电池不同的是，CO_2 和 O_2 必须同时进入阴极发生还原反应生成碳酸根离子，而碳酸根离子通过熔融的碳酸盐电解质传导到阳极，在阳极处与燃料反应生成水蒸气和 CO_2 等产物，同时将电子输送至外电路，其原理如图 6-8 所示。

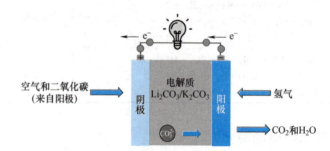

图 6-8 熔融碳酸盐燃料电池原理图

$$阳极：H_2 + CO_3^{2-} \longrightarrow H_2O + CO_2 + 2e^- \qquad (6-8)$$

$$阴极：CO_2 + 1/2O_2 + 2e^- \longrightarrow CO_3^{2-} \qquad (6-9)$$

$$总反应：H_2 + 1/2O_2 \longrightarrow H_2O \qquad (6-10)$$

6.1.5 固体氧化物燃料电池简介

SOFC 是一种高效、环保的燃料电池技术，它可以直接将化学能转化为电能。SOFC 具有许多优点，包括高效能、低污染排放和适应多种燃料的能力，因此被广泛看作是未来清洁能源的一个重要选择。

SOFC 可以使用各种碳氢化合物作为燃料。SOFC 运行不需要基于贵金属（例如 Pt）的催化剂。余热可通过热电联产再利用，这将基于 SOFC 的系统的整体效率提高到 90%。此外，所有 SOFC 组件均由硬质材料制成；因此，它们不限于平面几何形状，并且可以成形为任何形式。

SOFC 由阴极、阳极和电解质组成的三明治结构构成。电解质通常采用氧化物陶瓷材料，如氧化钇稳定的氧化锆（YSZ）或氧化钇稳定的氧化铈（YDC），具有高氧离子离子导电性和化学稳定性。阳极通常由镍 -YSZ 组成，而阴极则由氧化钇稳定物质或其他氧化物构成，如钙钛矿结构的氧化物。

SOFC 通常在 600~1000℃的高温下运行，这使得它具有高氧离子导电性和反应速率，有利于提高电池性能。同时，高温环境还使得 SOFC 对燃料适应性更广，可以直接利用多种燃料，如天然气、甲烷、生物质气等。

在 SOFC 内部，燃料（如氢气、甲烷等和其他碳氢燃料等）通过阳极进入，碳氢燃料可通过重整反应产生 H_2 和 CO，阳极表面吸附燃料气体，发生氧化还原反应。在阴极表面，氧气在催化作用下得到电子还原成 O^{2-}，O^{2-} 通过固体电解质导体，由于浓度梯度引起扩散，最终到达阳极。H_2 和 CO 与 O^{2-} 结合，生成 CO_2、水蒸气和热量。整个过程通过电化学反应实现，不涉及燃烧过程，因此几乎没有污染物排放，其原理如图 6-9 所示。

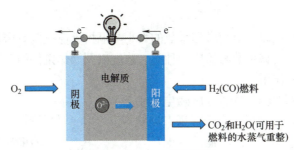

图 6-9　SOFC 工作原理图

若燃料为 H_2，则电极反应为

阳极：$2H_2 + 2O^{2-} \longrightarrow 2H_2O + 4e^-$

阴极：$O_2 + 4e^- \longrightarrow 2O^{2-}$

总反应：$2H_2 + O_2 \longrightarrow 2H_2O$

若燃料为 CO，则电极反应为

阳极：$2CO + 2O^{2-} \longrightarrow 2CO_2 + 4e^-$

阴极：$O_2 + 4e^- \longrightarrow 2O^{2-}$

总反应：$2CO + O_2 \longrightarrow 2CO_2$

6.2　燃料电池的性能表征

6.2.1　燃料电池性能

燃料电池在实际运行条件下存在过电位的影响，因此，电池的工作电压（E_{cell}）总是低于其电动势（可逆电压 E_r），并随着放电电流的增大而逐渐减小。电池工作电压与电流的关系是体现燃料电池性能（尤其是电极电催化性能）的一个重要特性，是燃料电池电极反应动力学研究的重要内容之一。

燃料电池的电流与端电压的关系可以用下式描述：

$$E_{cell} = E_r - \eta_a - \eta_c - iR_\Omega \tag{6-11}$$

式中，i、R_Ω、η_a、η_c 分别为通过电池的电流、电池内阻、阳极过电位和阴极过电位。电池内阻包括电解质、电极材料、电池连接材料等的欧姆电阻以及电极材料之间的接触电阻，经过电池材料以及结构的优化后，其主要由电解质欧姆电阻决定。阴、阳极的极化过电位由电极的电催化活性以及传质性能决定，在通常情况下，可以进一步分解为电化学活化过电位以及扩散过电位（浓差过电位）。过电位是为了使电荷转移反应能够进行而施加的外部电势，该电势的施加使反应物突破反应速控步的能垒（活化能）而使反应按照一定的速率进行。过电位（η）与电流密度（j）的关系通常可以用 Butler-Volmer 公式描述：

$$j = j_0 \left[\exp(\alpha_a F\eta/RT) - \exp(\alpha_c F\eta/RT) \right] \tag{6-12}$$

式中，j_0 为交换电流密度；F 为法拉第常数；R 为气体常数；T 为热力学温度；α_a 和 α_c 为阳极和阴极的电荷转移系数。电荷转移系数与反应的总电子转移数（N）及反应速控步进行的次数（v）的关系为

$$\alpha_a + \alpha_c = N/v \tag{6-13}$$

交换电流密度的特性以及电荷转移系数的大小与电极反应机制有密切的关系，通过分析交换电流密度以及电荷转移系数与反应物种类、浓度以及操作条件的关联，对于解析电极催化反应机理具有重要的作用。

图 6-10 为典型燃料电池的端电压随电流变化的示意图。没有电流通过的条件下（即开路状态，对应的电压为开路电压），电池的端电压与电池的可逆电压相等的条件下，电极反应速率迅速提高，电池的端电压主要受过电位的控制；在中等电流的条件下，电极反应速率迅速提高，电池的端电压主要受欧姆电阻的影响；在大电流下，当反应物的传质速率无法满足电极反应的需求时，反应将受扩散过电位的控制而进入物质传递控制区。

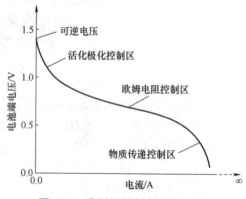

图 6-10　典型燃料电池的极化曲线

影响燃料电池动力学特性的主要参数为电池的电动势、电极反应的交换电流密度和电荷传递系数、极限扩散电流以及电池内阻。电动势由燃料电池中发生的电化学反应决定，即决定于燃料与氧化剂的组成、电池操作温度等条件。具有高电动势的电池在相同的极化过电位下具有高的电压效率，因此选择高电动势的燃料电池体系及操作条件是保证电池效率的一个前提。在电极反应的电荷转移系数相同的条件下，交换电流密度是决定电极活化过电位的重要因素，是表征电极电催化活性的一个重要常用参数。对于同一个反应，具有高交换电流密度的电极具有电催化活性，在相同的电流下产生的活化极化过电位较小，因此，提高电极反应的交换电流密度是提高电池效率的重要手段。交换电流密度的提高可通过增加反应活性位点的数量或提高活性位点的催化活性实现。电荷转移系数与电极反应的机理相关，对电极极化过电位同样有重要的影响，利用交换电流密度作为标准比较不同电极的活性时，必须保证电极反应具有相同的电荷转移系数。

6.2.2　单电池测试技术

催化剂的电催化活性、稳定性及耐久性最终需通过组装单电池来测试。最重要的步骤为膜电极组（Mebrane electrode assembly，MEA）制备。MEA 是质子交换膜燃料电池的核心部分。

MEA 为三明治结构，包括两侧的阴/阳极气体扩散层（Gas diffusion layer，GDL）、催化层（Catalyst layer，GL）和中间的质子交换膜（Proton exchange membrane，PEM），是电化学反应的发生区域。气体扩散层一般是以碳纸为基底，再喷涂上一层微孔层（参与燃料电池的水管理过程，调节气体和液体之间的界面，帮助维持适当的温度）。催化层材料一般包括载体、催化剂、质子导体（Nafion ionomer）与添加剂，如疏水性聚四氟乙烯、亲水性陶瓷材料和造孔剂等。催化层的电化学反应发生在三相界面上，包括固相（催化剂起催化电化学反应和传导电子的作用）、液相（质子导体起质子传导的作用）和气相（燃料）。适当添加质子导体会使三相界面增加，添加剂的选择主要依据电池操作条件和电池应用，主要作用是改善孔洞结构和亲疏水性。在燃料电池应用中，降低催化剂的载量并保持最佳的电池性能非常重要。

1. 膜电极组制作方法

目前 MEA 的制备主要有气体扩散介质法（Gas diffusion medium，GDM）和催化剂涂覆膜法（Catalyst coated membrane，CCM）。传统的 GDM 直接将催化剂涂布在气体扩散层，热压至质子交换膜两侧，完成 MEA 制作。该方法简单、产量高，但催化层与膜界面的阻力较大。虽然可以利用热压的方法减少界面的阻抗，但是热压也会破环材料结构，导致催化剂的损失。

传统的 CCM 方法包括转印法（Decal transfer），即 Decal-CCM，是催化剂浆料涂布于转印基材，再通过热压将催化剂层转印至膜两侧的方法。转印基材相对于气体扩散层更平坦，因此，具有较低的界面阻抗，但其制备过程较为复杂，而且有部分催化剂残留在转印基材上。另一种 CCM 方法是直接将催化剂浆料喷涂到膜上，优点是界面阻抗较低，但在制作过程中需克服膜膨胀的问题。MEA 制备是直接将催化剂浆料滴于膜上（滴涂法）、用笔刷涂在膜上，发展到网印法、喷涂法、电喷法等，每个方法各有特色和优缺点，由于浆料配方不同，需找出最佳的制备方法，从而得到最佳电池性能和催化剂利用率。

2. 单电池性能测试

（1）工作曲线　将制备好的 MEA 与防漏垫片、石墨流道板、加热片、金属集流体和端板等组装成单电池，在燃料电池运行时可直接测得电池的工作曲线，包括极化曲线、功率曲线和电池电压（电流)-运行时间曲线等。极化曲线（图 6-10）是电池性能表征的最常见方法，通过记录电流和电压的关系，可提供有关极化损失的信息。燃料电池的理论开路电压为 1.23V，通常测得的开路电压比理论电压低，主要原因为燃料从阳极扩散到阴极，还包括气体不纯或者电流渗漏等。在氢-氧燃料电池中，动力学活化极化由氢气氧化反应（HOR）和氧气还原反应（ORR）两部分组成。

极化曲线一般用于表达质子交换膜燃料电池系统的特征，反映电池结构内部各参数的相互影响和操作条件。通过实验技术和模拟计算来分析燃料电池和极化曲线之间的关系，从而优化电池结构和操作条件来提高电池性能。功率曲线可通过极化曲线得到，在一定负载条件下得到的电位（电流）- 时间曲线可直接反映电池性能的稳定性和耐久性。

（2）电化学交流阻抗谱（Electrochemical impedance spectroscopy，EIS） 仅用极化曲线很难分析出不同极化过程带来的性能损失，而用 EIS 能够较好地分析出各部分极化的贡献，如在给定的电流密度下，工作电压的损失主要是由动力学电阻、欧姆电阻或物质传输电阻造成的。燃料电池研究中的 EIS 能提供：①电池系统的微观信息，有利于优化电池结构和获得最适合的操作条件；②通过合适的等效电路拟合电池系统，可获得电池的电化学参数；③区分出各个组成，如膜、气体扩散层对电池性能的贡献，找出电池的问题；④鉴别出催化剂层或者气体扩散层电子传输或物质传输对总电阻的贡献。在 EIS 测试中，可改变不同的测试条件（如恒电位和电流测量），在不同的燃料供给条件下（H_2-O_2，H_2-H_2，O_2-O_2，H_2-N_2，H_2- 空气），或者在燃料电池的不同操作条件下（温度、压力、催化剂载量、湿度等）得到各个组件或者电极的电化学信息。

在燃料电池研究中，通过 EIS 得到的参数信息，可以优化 MEA 的结构。MEA 制作方法和组分如催化剂种类和载量、聚四氟乙烯和离子导体浓度、质子交换膜厚度、气体扩散层及其孔隙度等均可影响电化学性能，在 EIS 中以不同的形式体现，通过欧姆阻抗、电子阻抗和物质传输阻抗信息来获得最佳的 MEA 结构和制作方法。此外，还可研究燃料中的污染物如 CO 毒化、NH_3、H_2S 等对电池性能的影响。

（3）加速老化试验 催化剂的稳定性和耐久性可直接进行燃料电池的寿命测试，但要维持电池的长时间连续运行，需要大量的时间和较高的经济成本，因此，一般通过加速老化试验（Acclerated degradation teast，ADT）来测试。目前常用的加速老化试验方法有电位控制（Potential control）和负载循环（Load cycling）等方法。

电位控制是最常用的加速老化方法之一，包括方波或三角波电位控制和恒电位控制，主要研究催化剂的溶解 / 沉积和碳载体的腐蚀。

6.2.3 催化剂的电催化性能

电催化性能直接影响燃料电池的功率密度和能量转化效率。催化剂能够降低氧化还原反应的过电位，提高反应速率，从而提高燃料电池的输出功率。此外，电催化性能也影响燃料电池的稳定性和寿命，减少催化层的腐蚀和失活可延长燃料电池的使用寿命。一些特殊设计的催化剂甚至可以提高电催化反应的选择性、减少副反应的发生，进一步提高电池的稳定性。

因此，燃料电池科研和工程领域的研究人员需不断改进催化剂设计，提高其活性和稳定性，从而促进燃料电池技术的发展和应用。

1. 电化学活性

燃料电池催化剂的电化学活性是指其在电化学反应中促进反应发生的能力。提升燃料电池催化剂电化学活性是推动其技术发展的关键之一。为了实现更高的活性，研究人员一直在探索新的催化剂材料、结构和合成方法。一种常见的方法是合成纳米结构的催化剂，因为纳米材料具有更大的比表面积和更多的活性位点，从而提高了电化学活性。此外，通过调控催化剂的晶体结构、表面形貌和组分比例，也可以有效改善其电化学性能。除了催化剂材料本身，载体和支撑材料的选择也对电化学活性起重要作用。载体材料可以提高催化剂的稳定性和耐久性，同时保持其高活性。此外，设计合适的催化剂层结构和界面工程也是提高电化学活性的重要手段之一。

　　PEMFC 电极组件包括由隔膜隔开的两个催化层。催化剂层通常在高比表面积的载体材料（如炭黑）上含有小的铂或铂合金颗粒。这有助于最大限度地提高催化剂的利用率，因为它确保催化剂的表面积非常大，从而提供大量催化活性中心。这也意味着催化剂表面积往往比外电极表面积高出几个数量级。

　　有多种方法可以研究这类材料的催化活性面积。其中一种标准方法涉及测量样品在水 /酸溶液中的循环伏安曲线（CV），并根据所得到的 H^+ 吸附 / 解吸量来计算电化学活性面积（ECSA）。电催化剂的 ECSA 是单位质量催化剂的电化学活性中心数量的量度。它是根据质子在吸附 / 解吸过程中通过的总电荷计算出来的。首先，每个质子能够占据一个活性位点。其次，在从质子吸附到氢脱附或氢吸附到质子脱附的转变过程中，所有活性位点都将被一个 H 原子填充。因此，假设质子吸附 / 脱附过程中通过的总电荷摩尔数等于活性中心的摩尔数。例如，Pt 为 $210\mu C/cm^2$，可按照一定的比例将该电荷转换为表面积（m^2 Pt/g）。因此，具有相同 Pt 负载量的 C，可认为 ECSA 值越高，材料越好，因为这意味着有更多的活性位点可用于反应。

2. 电池性能

　　燃料电池的催化剂性能还需要进行电池性能的评估。通常将其组装成单电池进行催化活性和耐久性测试。燃料电池单电池性能测试是一项关键的实验，用于评估燃料电池的电池单元在不同条件下的性能表现。通过该测试，可以确定燃料电池的电压、电流、功率输出以及效率等重要指标。常规测试包括恒压、恒流和电流电压特性曲线测试，以及稳态和动态性能测试。这些测试结果有助于优化燃料电池设计和操作参数，提高其性能和稳定性，进而推动燃料电池技术的发展和应用。

　　电极表征和性能测试是评估所用电极适用性水平的非常重要的阶段。常见电极表征和性能测试如下所述。

　　（1）电导率　燃料电池催化剂的电导率对其性能有着重要影响。电导率决定了催化剂层内电子和离子的传输效率，这对于燃料电池的正常运行至关重要。催化剂层（catalyst layer，CL）的电导率越高，电子和离子的传输速度就越快，从而提高了燃料电池的功率输出和响应速度。

　　催化剂层的电导率受多种因素影响，包括催化剂的材料类型、催化剂层的厚度、催化剂层的孔隙度以及催化剂层的湿度等。例如，催化剂层的湿度可通过影响催化剂层的疏水性来间接影响电导率。如果催化剂层过于亲水，可能导致水分淹没，覆盖催化剂的活性位点，阻碍电子和离子的传输，从而降低催化剂层的电导率。

　　此外，催化剂层的电导率还受催化剂材料本身特性的影响。例如，某些催化剂材料可能有更高的电导率，这有助于提高催化剂层的整体电导率。然而，这些高电导率材料也可能带来其他问题，如成本较高、稳定性较差等。

　　（2）疏水性　疏水性是指物质对水的排斥程度，这在燃料电池催化剂的设计和性能上起着重要的作用。特别是在 PEMFC 中，疏水性是一个重要的参数，因为它直接影响到催化剂层的性能和电池的整体效率。

　　在 PEMFC 中，催化剂层的疏水性会影响到反应过程中水的管理和排放。如果催化剂层过于亲水，可能会导致水分淹没，这会覆盖催化剂的活性位点，阻碍氧气的扩散，从而导致电池性能下降。相反，适当的疏水性可以促进水分的排出，保持催化剂层的干燥，从而提高电池的性能和稳定性。

为了调控催化剂层的疏水性，研究人员采用了多种方法。例如，通过合金化改变催化剂的亲疏水性，或者利用模板压印法制备结构疏水的气体扩散层。这些方法可以帮助优化催化剂层的微结构和提高电极的稳定性，从而提高电池的性能。

疏水性不仅影响催化剂层的性能，也直接关系整个燃料电池的性能。研究表明，阳极催化层疏水性的增强有利于提升电池放电性能，而阴极催化层疏水性适中时电池性能最优。此外，通过提高气体扩散层的疏水性，可进一步改善 PEMFC 在大电流工作时的性能和耐用性。

(3) 孔隙率、表面形貌和颗粒分析　孔隙率是指催化剂内部的空隙比例，它直接关系到催化剂的表面积和活性位点的数量。较高的孔隙率通常意味着催化剂具有更多的通道，这有助于提高气体的传输效率。孔隙率高的催化剂通常具有较大的表面积和较多的活性位点，这有利于提高燃料电池的反应速率和转化效率。此外，高孔隙率也有助于气体在 CL 中的快速传输，减小了气体传输阻力，提高了燃料电池的工作效率和响应速度从而提高燃料电池的性能。

催化剂的表面形貌，特别是疏水性和亲水性，也会影响其在燃料电池中的表现。疏水性催化剂能够促进水分的排除，减少催化剂层的淹没，从而提高催化剂层的活性位点暴露率和燃料电池的性能。表面形貌则会影响催化剂与反应物的接触面积和反应速率。表面粗糙、多孔的催化剂可以提供更多的活性位点和扩散路径，从而提高催化剂的活性和选择性。此外，表面形貌还可能影响催化剂的稳定性和耐久性，这对于燃料电池的长寿命运行至关重要。

颗粒大小和形状也是决定催化剂性能的重要因素。较小且均匀的催化剂颗粒可以提供更大的表面积，增加活性位点的数量，从而提高催化剂的效率。同时，颗粒的大小和形状还会影响催化剂层的均匀性和稳定性，这对于维持燃料电池长期稳定的性能至关重要。

燃料电池催化剂在使用过程中的孔隙率和表面形貌会发生一些变化。这些变化可能会导致催化剂性能的下降，进而影响燃料电池的整体效率和寿命。以下是一些具体的可能变化及其原因：

1) 孔隙率降低。随着使用时间的增长，催化剂可能会因为各种原因（如催化剂材料的腐蚀、催化剂层的压实等）导致孔隙率降低。这种情况下，催化剂层的孔隙变得较少，气体传输效率下降，导致燃料电池的性能下降。

2) 表面形貌改变。催化剂的表面形貌也可能随着使用时间的增长而发生变化。例如，催化剂表面的活性位点可能会因为反应物或产物的覆盖、催化剂材料的腐蚀等原因而减少或消失，这会导致催化剂的活性下降，进而影响燃料电池的性能。

3) 催化剂层的结构变化。催化剂层的结构也可能会随着使用时间的增长而发生变化。例如，催化剂层的厚度可能会因为催化剂材料的腐蚀、催化剂层的压实等原因而减小，这可能会导致催化剂层的活性下降，进而影响燃料电池的性能。

总之，在使用过程中燃料电池催化剂可能会因为各种原因导致孔隙率和表面形貌发生变化，这些变化可能会导致催化剂的性能下降，进而影响燃料电池的整体效率和寿命。因此，为了保持燃料电池的良好性能，需定期检查和更换催化剂，并对催化剂的使用条件进行适当的控制。

（4）电化学性能　电化学表征和电极性能测试，特别是在 CL 中，可使用各种方法完成，即 CV、LSV 和 EIS 等。

1）CV 常用于评估燃料电池催化剂的活性以及电化学活性面积（Electrochemical Surface Area，ESCA）。在燃料电池系统中，CV 技术可测量催化剂在不同电压下的电流响应，从而得到催化剂的性能参数和活性。

CV 技术的核心是在一个固定的时间内对电极施加一个线性的电压扫描，记录电极上的电流响应，从而得到电流 - 电压曲线。分析这个曲线可以推断出催化剂的活性以及电化学活性面积。

实际操作中，CV 测试通常使用一个三电极系统，包括工作电极、参比电极和对比电极。工作电极的电势在最大值和最小值之间来回扫描，同时记录通过工作电极和对电极之间的电流。电流与电势绘制的图称为循环伏安曲线，而电化学活性面积就是根据该曲线计算得出的。

2）LSV 通过在一定时间内对电极施加一个线性变化的电压，来研究电极表面上的化学反应过程。在燃料电池性能测试中，LSV 主要用于评估催化剂的活性和稳定性，以及燃料电池在不同电压下的性能表现。

LSV 技术在燃料电池性能测试中的应用主要包括以下几个方面：

① 催化剂性能评估。通过 LSV 可以测量催化剂在工作电压范围内的活性，这对于选择最佳催化剂以提高燃料电池效率和稳定性至关重要。

② 催化剂老化监测。LSV 还可监测催化剂在使用过程中的性能变化，如孔隙率和表面形貌的变化，这些变化可能会影响催化剂的活性，从而影响燃料电池的性能。

③ 燃料电池设计与优化。LSV 提供的关于催化剂性能的数据可用于指导燃料电池的设计和优化，包括催化剂层的厚度、催化剂的分布等，这些都是影响燃料电池性能的重要因素。

进行 LSV 测试时，通常需考虑的因素包括电压扫描的速度、催化剂的类型、催化剂层的厚度等。此外，LSV 测试的结果还需要结合其他电化学测试结果一起分析，才能全面评估燃料电池的性能。

3）EIS 通过在宽频范围内施加小振幅的交流电压信号到工作电极，同步测量工作电极上的交流电流响应，从而得到阻抗谱。EIS 技术在燃料电池性能测试中尤为重要，因为它能帮助评估催化剂的活性以及电化学活性面积。

燃料电池性能测试中，EIS 可以监测催化剂在使用过程中的性能变化，例如孔隙率、表面形貌和电导率的变化，这些变化可能会影响催化剂的活性，从而影响燃料电池的性能。此外，EIS 还可以评估燃料电池的设计和优化，包括催化剂层的厚度、催化剂的分布等，这些都是影响燃料电池性能的重要因素。

6.2.4　催化剂的耐久性

燃料电池催化剂的耐久性是指催化剂在使用过程中能够保持其性能的能力，尤其是长期的运行和频繁的充放电循环。催化剂的耐久性对于燃料电池的性能和寿命至关重要，因为它直接影响到燃料电池的能量转换效率和使用寿命。

在燃料电池中，催化剂通常用于促进氢气在阳极的氧化和氧气在阴极的还原反应。这些反应是燃料电池产生电能的基础。因此，催化剂的性能和耐久性决定了燃料电池的整体效率和可靠性。许多研究人员试图了解每个组件的降解机制，以降低整个燃料电池的降解速度。根据研究结果，降解通常发生在 GDL、铂催化剂和 CL、碳载体、膜和双极板中。除上述因素外，由于水管理的效率低下，还可能发生降解，从而导致脱水，使燃料和氧化剂中毒。此外，催化剂在燃料电池长期运行过程中会发生粒径增大、颗粒团聚、表面氧化态变化、组分迁移和流失以及载体腐蚀等现象。

当催化剂或 CL 降解时，燃料电池以恒定电压和电流运行时，通常无法观察到催化剂粒径的变化。然而，当燃料电池长时间使用时，阳极会出现退化，而在阴极，粒径随着温度、测试时间、电位和水分含量的增加而增加。Zhang 等研究人员全面研究了铂基氯离子的降解，涵盖了铂基氯离子降解的原因及成分、设备以及减少或克服这种降解的诊断方法和策略。

1. 颗粒团聚和粒径增大

燃料电池催化剂颗粒的团聚和粒径增大是一个重要的研究领域，因为它直接关系到催化剂的活性和稳定性。在燃料电池中，催化剂通常用于加速电化学反应，如氢气的氧化和氧气的还原。催化剂颗粒的大小和分布会影响这些反应的效率和速度。

催化剂颗粒的团聚是指催化剂颗粒之间的聚集，这种现象可能会导致催化剂活性的降低，因为团聚的颗粒比单个颗粒更容易失活或堵塞。粒径增大则意味着催化剂颗粒的平均尺寸变大，这可能会减少催化剂表面的有效接触面积，从而降低其活性。

实际操作中，为了保持催化剂的高活性和稳定性，研究人员尝试通过各种方法来控制催化剂颗粒的大小和分布。例如，调整催化剂的合成条件，如温度、压力和 pH 值，可以改变催化剂颗粒的粒径和分散性。此外，还可以使用特定的载体材料来分散催化剂颗粒，以提高其在反应过程中的稳定性和活性。

2. 表面化学组成改变

Pt/C 被用作 PEMFC 两个电极的电催化剂。PEMFC 的性能衰减是由于阴极电催化剂的降解而导致阴极性能的降低。铂的电化学活性表面积（ECSA）在燃料电池操作期间减小。催化剂层中铂催化金属的烧结是普遍现象。人们认为，铂金属颗粒表面积的损失有两种机制：溶解/再沉淀和铂颗粒的迁移。溶解/再沉淀机制被称为电化学奥斯特瓦尔德熟化，溶解的铂离子再沉积到其他铂颗粒上，导致铂颗粒生长。迁移机制涉及铂颗粒在碳载体上的迁移及聚结以形成更大的颗粒。用目前的分析方法不容易阐明催化剂层内的烧结机理。但是，在开路电位（OCV）等高阴极电位的条件下，铂的溶解变得显著。特别是在 PEMFC 的情况下，可以清楚地观察到铂溶解。铂的一部分从催化剂层扩散并沉淀在聚合物电解质膜中，并且在 PEMFC 的长期运行期间形成所谓的"铂带"。

3. 载体腐蚀

燃料电池的电催化剂——铂基纳米颗粒与碳材料（通常为碳黑）一起用作催化剂载体。该催化剂载体的作用是在整个催化剂层中进行电子接触，使铂颗粒彼此隔离以保持高的电化学表面积，并使催化剂层稍微疏水，避免被产出的液态水淹没。燃料电池催化剂的碳载体腐蚀是影响 PEMFC 性能的关键因素。碳载体的腐蚀会导致催化剂层性能下降，从而影响整个燃料电池的效率和稳定性。以下是几个主要的影响方面：

（1）催化剂活性丧失　碳载体腐蚀会破坏负载位点，削弱载体与铂基纳米颗粒之间的相互作用，导致催化金属纳米颗粒的团聚和分离，从而降低催化剂的 ECSA。

（2）电连通性降低　碳载体腐蚀会引起催化剂层孔隙率的损失和传质阻力的增加，导致氧还原反应动力学损失和氧传质损失，从而导致性能下降。

（3）结构强度削弱　碳载体腐蚀会导致阴极催化层变薄，结构强度削弱，这可能增加阴极中的水淹可能性，阻碍传质通过。

（4）欧姆电阻增加　碳腐蚀会损坏阴极中的电导体，迫使电子通道重建，增大了阴极的欧姆阻抗和接触电阻。

（5）性能衰减　碳腐蚀对于整个传质过程也存在影响，具体表现为电解质的分布改变、阴极催化层孔隙率下降、碳载体表面亲疏水性的变化等，这些都会导致燃料电池性能的衰减。

为了提高电池的耐久性，缓解催化剂载体的腐蚀十分重要。目前缓解催化剂载体的策略主要有使用具有更好耐蚀性能的碳材料作为催化剂载体、利用稳定性更高的材料代替碳载体、对碳材料提前处理提高其耐蚀能力等。

6.3　燃料电池的电催化机理

催化剂在燃料电池中扮演着关键角色，通过加速氢气裂解、提高反应速率和电化学活性，可有效降低反应活化能、提高效率和延长使用寿命。铂等催化剂能促进氢气的氧化反应，提高燃料电池的性能和输出功率，是燃料电池技术实际应用的重要支撑。本节主要介绍燃料电池阴阳两极电催化剂的特点和主要机理。

6.3.1　阳极电催化机理

1. 氢气氧化反应机理（HOR）

燃料电池中的电极反应分别是氢气发生在阳极催化剂上的氧化反应（HOR）和氧气发生在阴极催化剂上的还原反应（ORR）。目前最好的催化剂是 Pt 或 Pt 基催化剂。对于阳极，HOR 在 Pt 表面反应动力学极快，当 Pt 的含量降低至 $0.05mg \cdot cm^{-2}$ 时，电池性能并不会明显下降。但是，HOR 的本征动力学在碱性电解质比在酸性环境中慢两个数量级，HOR 反应机理如图 6-11 所示。

HOR 反应机理可以分为 3 个基元反应，即 Tafel 反应（重组反应）、Volmer 反应（电荷转移反应）和 Heyrovsky 反应。

图 6-11　HOR 反应机理图

在酸性溶液中 HOR 的基本步骤为

1）Tafel 反应。$H_2 + 2M \rightleftharpoons 2H\text{-}M$（速度控制步骤）

2）Volmer 反应。$H\text{-}M + H_2O \rightleftharpoons M + H_3O^+ + e^-$

3）Heyrovsky 反应。$H_2 + M + H_2O \rightleftharpoons H\text{-}M + H_3O^+ + e^-$

其中，M 是催化剂表面活性位点，H-M 是催化剂表面的吸附态氢。

在铂表面，HOR 的速控步是 Tafel 反应，故可通过 Tafel/Volmer 过程来研究强酸中铂表面的 HOR，该途径涉及分子氢的解离吸附形成 H-M 作为速率决定步骤，然后氧化为质子。Tafel/Volmer 途径中，H_2 与 M 作用就能使 H-H 键断裂形成 M-H 键，而 Heyrovsky 途径需要水分子的碰撞才能使 H-H 键断裂。二者的差异在于，M 与 H 原子间作用力的强弱不同：前者的 M 与 H 原子间作用力强，后者的作用弱。过渡金属大多在吸附氢时直接解离成 M-H，PEMFC 中的 H 在 Pt 上氧化的途径为 Tafel/Volmer 过程。

HOR 动力学主要由 H-M 反应中间体的吸附能决定。HOR 在酸中的催化活性表示为各种金属表面上的交换电流密度与 H-M 键能的关系，呈现火山形曲线，如图 6-12 所示。高活性 Pt 表面位于火山曲线的顶部，通常提供的结合能对于 H 吸附来说既不太强也不太弱。

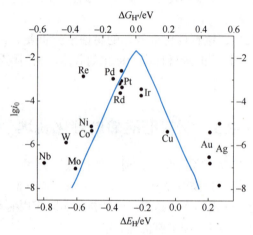

图 6-12　HOR 的吸附火山图

在碱性溶液中，在 Tafel 步骤中形成的吸附的氢中间体，HOR 的基本步骤为

1）Tafel 反应。$H_2 + 2M \rightleftharpoons 2H\text{-}M$

2）Volmer 反应。$H\text{-}M + OH^- \rightleftharpoons M + H_2O + e^-$　（速度决定步骤）

或　$H\text{-}M + OH\text{-}M \rightleftharpoons H_2O + 2e^-$

$OH^- + M \rightleftharpoons OH\text{-}M + e^-$

3）Heyrovsky 反应。$H_2 + M + OH^- \rightleftharpoons H\text{-}M + H_2O + e^-$

或　$H_2 + OH\text{-}M \rightleftharpoons H\text{-}M + H_2O$

$OH^- + M \rightleftharpoons OH\text{-}M + e^-$

其中，OH-M 是催化剂表面的吸附态羟基。

酸性和碱性 HOR 之间的主要区别是在 Heyrovsky 和 Volmer 步骤中涉及 OH^-。因此，在高 pH 值下，HOR 动力学不仅取决于 M-H 键强度，还取决于提供反应性氢氧化物物种的相关过程。

尽管 Pt 催化剂对于 HOR 具有良好的动力学特性，但其适用范围主要局限于纯氢反应。在实际的燃料电池应用中，常用燃料包括重整氢气和甲醇等含氢燃料。重整氢气通常通过蒸汽重整或者部分氧化碳氢燃料（如石油、柴油、甲烷等）制备，其中包含 1%~3% 的 CO、19%~25% 的 CO_2 以及 25% 的 N_2。这些杂质除了将氢气稀释外，还含有毒性的 CO 和 CO_2，可能导致催化剂中毒，进而影响燃料电池的性能。

2. 甲醇氧化反应机理（MOR）

DMFC 使用液态 CH_3OH 为燃料。甲醇氧化反应（MOR）需脱去 4 个质子，涉及 6 个电子的转移（表 6-1），是多步骤、多中间体的反应过程。目前，在较低温度下，酸性电解质中吸附和催化甲醇电氧化反应的仍然是 Pt 及合金。甲醇在 Pt 表面的电氧化机理分为两个步骤：

1）通过碳原子吸附甲醇在电催化剂表面逐步脱质子形成含碳中间产物；

2）水在催化剂表面发生解离吸附，生成活性含氧物种，与含碳中间产物反应，释放出 CO_2。

一般认为，酸性体系中 Pt 对甲醇电化学催化的机理为：

$$CH_3OH + 2Pt \longrightarrow Pt\text{-}CH_2OH_{ads} + Pt\text{-}H_{ads}$$

$$Pt\text{-}CH_2OH_{ads} + 2Pt \longrightarrow Pt_2\text{-}CHOH_{ads} + Pt\text{-}H_{ads}$$

$$Pt_2\text{-}CHOH_{ads} + 2Pt \longrightarrow Pt_3\text{-}COH_{ads} + Pt\text{-}H_{ads}$$

甲醇首先吸附在 Pt 界面，同时逐渐脱去甲基上的 H。$Pt_3\text{-}COH_{ads}$ 是甲醇氧化的中间产物，也是主要的吸附物质。随后，$Pt\text{-}H_{ads}$ 发生解离反应生成 H^+，即

$$Pt\text{-}H_{ads} \longrightarrow Pt + H^+ + e^-$$

上述反应速度极快，但缺少活性氧时，$Pt_3\text{-}COH_{ads}$ 会发生如下反应，并占主导地位：

$$Pt_3\text{-}COH_{ads} \longrightarrow Pt_2\text{-}CO_{ads} + Pt + H^+ + e^-$$

$$Pt_2\text{-}CO_{ads} \longrightarrow Pt\text{-}CO_{ads} + Pt$$

催化剂被 $Pt_2\text{-}CO_{ads}$（桥式吸附）所毒化或 $Pt\text{-}CO_{ads}$（线式吸附）所毒化，其中 $Pt\text{-}CO_{ads}$ 是导致催化剂中毒的最主要原因。有活性氧存在时，$Pt_3\text{-}COH_{ads}$ 等中间产物不在毒化催化剂，而是发生如下反应：

$$Pt\text{-}CH_2OH_{ads} + OH_{ads} \longrightarrow HCHO + Pt + H_2O$$

$$Pt_2\text{-}CHOH_{ads} + 2OH_{ads} \longrightarrow HCOOH + 2Pt + H_2O$$

$$Pt_3\text{-}COH_{ads} + 3OH_{ads} \longrightarrow CO_2 + 3Pt + 2H_2O$$

中间产物与活性氧发生反应后，将活性 Pt 释放出来，并同时生成少量的 HCHO 和 HCOOH。

由此看出，MOR 是一个多步脱氢的复杂过程，氧化过程产生的某些中间产物（如 CO_{ads} 或 COH_{ads}）吸附在电催化剂表面，会使电催化剂失去活性，发生电催化剂"中毒"。只有当反应过程中存在大量的活性氧（OH_{ads}）时，才能把甲醇完全氧化成 CO_2，从而避免出现催化剂中毒的现象。

由于甲醇电氧化动力学较慢，也会产生 CO、CO_2 和其他中间产物等，使 Pt 催化剂中毒。特别是 CO，当 CO 的含量达到 1.0×10^{-5} 时，就会显著恶化阳极性能。如果 CO 通过质子交换膜渗透到阴极，还会对阴极性能造成负面影响。因此，Pt 催化剂中毒机理成为燃料电池电催化研究领域中的重要研究内容。PEMFC 中，燃料和氧化剂中含有少量的杂质（如 CO、CO_2 和 NH_3）以及燃料电池部件的腐蚀产物（如 Fe^{3+} 和 Cu^{2+}）显著影响催化层中的电催化反应，造成电池性能的严重退化甚至失效。

6.3.2　阴极电催化机理

对于阴极上的 ORR 反应，其速度比 HOR 反应慢得多。通常氢氧化的交换电流密度比

氧还原的交换电流密度高 3 个数量级，且阴极上的催化基层中的铂负载量通常比阳极上的催化基层中铂负载量高得多。目前，阴极上的 ORR 具体机理不是很清楚，普遍认为 Pt 表面的 ORR 主要是一个包含多步骤的四电子反应，ORR 反应机理如图 6-13 所示。因为四电子的 ORR 过程是一个高度不可逆过程，即使温度高于 100℃ 且在最佳催化剂 Pt 的情况下，也是高度不可逆，致使热力学可逆电势很难由实验得到验证。

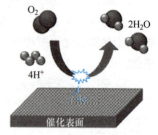

图 6-13　ORR 反应机理图

ORR 的四电子转移过程可表示为

$$O_2 + 4e^- + 4H^+ \longrightarrow 2H_2O, \quad E^{\ominus} = 1.229V$$

实际上，ORR 是一个非常复杂的过程。尽管理想情况下，燃料电池阴极的 ORR 应该是一个通过四电子途径的氧还原过程，但在实际中，由于 ORR 的表现会受到许多因素的影响，例如催化剂的缺陷、活性位点的密度以及颗粒之间的距离等，二电子途径也是不可避免的。二电子转移过程因具有较低的电位和氧化能力强的特点，会对催化剂产生不利影响。

ORR 的二电子转移过程可表示为

$$O_2 + 2H^+ + 2e^- \longrightarrow H_2O_2, \quad E^{\ominus} = 0.67V$$
$$H_2O_2 + 2H^+ + 2e^- \longrightarrow 2H_2O, \quad E^{\ominus} = 1.77V$$
$$或 \quad 2H_2O_2 \longrightarrow 2H_2O + O_2$$

由于反应机理和反应介质不同，ORR 在酸性/碱性电解质中是两种不同的反应途径，见式（6-14）～式（6-17）。

1）在酸性溶剂中

$$O_2 + M^* \xrightarrow{H^+ + e^-} M\text{-}OOH \xrightarrow{H^+ + e^- - H_2O} M\text{-}O \xrightarrow{H^+ + e^-} M\text{-}OH \xrightarrow{H^+ + e^- - H_2O} M^* \quad (6\text{-}14)$$

$$O_2 + 2M^* \longrightarrow 2M\text{-}O \xrightarrow{2H^+ + 2e^-} 2M\text{-}OH \xrightarrow{2H^+ + 2e^- - 2H_2O} 2M^* \quad (6\text{-}15)$$

2）在碱性溶剂中

$$O_2 + M^* \xrightarrow{H_2O + e^- - OH^-} M\text{-}OOH \xrightarrow{e^- - OH^-} M\text{-}O \xrightarrow{H_2O + e^- - OH^-} M\text{-}OH \xrightarrow{-OH^- + e} M^*$$

$$(6\text{-}16)$$

$$O_2 + 2M^* \longrightarrow 2M\text{-}O \xrightarrow{2H_2O + 2e^- - 2OH^-} 2OH^- + 2 \xrightarrow{-e} 2M\text{-}OH \quad (6\text{-}17)$$

其本质区别在于 O_2 质子化的氢是来自 H_2O 还是溶剂中的 H^+ 离子。ORR 反应机理也可分为结合（反应式（6-14）和（6-15））和解离（反应式（6-16）和（6-17））。对于结合过程，ORR 从 O_2 的缔合吸附开始，先后消耗 4 个电子。在结合机制中，OOH* 接受一个电子会导致过氧化氢的形成和反应链的终止，从而形成 2 个电子的 ORR。对于解离过程，吸附在催化剂活性位点（表示为 "M*"）上的 O_2 分子可直接解离成 O* 原子，随后与 4 个电子反应，完成 4 电子 ORR。因此，中间体（M-OOH，M-O，M-OH）的形成和分解是反应的关键。中间体在催化剂活性部位的结合能力不能太强或太弱。具体来说，如果中间体和催化剂活性中心之间的相互作用太强，那么中间体的分解和反应将受到阻碍，而相互作用太弱将限制氧的吸附和中间体的形成。因此，理想的催化剂应该表现出与催化剂的适当的相互作用强度，以确保中间体的形成和解离可以顺利进行。

　　Norskov 等人基于简单解离机理（即认为只有吸附氧以及羟基这两种中间态）并结合 DFT 计算，得到了金属与吸附氧以及羟基间的键能，并将键能值与金属催化 ORR 活性能力进行了关联，发现两者呈现火山型关系，催化 ORR 活性最好的 Pt 以及 Pd 处于火山的顶点（图 6-14）。

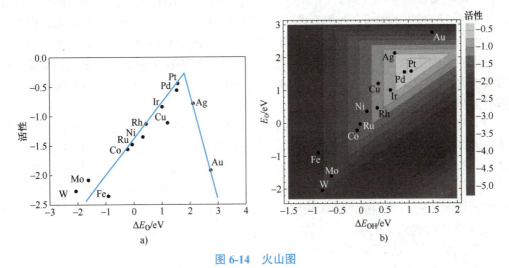

图 6-14　火山图

a）氧还原活性随 M-O 键能变化的趋势图　b）氧还原活性随 M-O 键能值以及 M-OH 键能值变化的趋势图

6.4　燃料电池的纳米催化材料

　　在燃料电池领域，纳米催化材料的应用具有重要意义。这些材料通过在纳米尺度上调控结构和形貌，可以显著改善催化性能，提高燃料电池的效率和稳定性。一般而言，纳米催化材料主要分为两大类：铂基纳米催化剂和非铂基纳米催化剂。

　　铂基纳米催化剂是传统燃料电池中最常用的催化材料之一。铂的优异催化活性和稳定性使其成为 ORR 的理想催化剂。铂核壳结构和单原子铂催化剂等新型结构的出现，进一步提高了铂基催化剂的性能，并在减少铂使用量的同时保持了催化效率。

　　除了铂基纳米催化剂，非铂基纳米催化剂具有更低的成本和更广泛的资源来源，因此也备受关注，但其在制备、性能优化和长期稳定性等方面仍存在挑战。钯基催化剂是其中最常见的替代铂的选择之一，具有较高的催化活性。此外，非贵金属催化剂和非金属催化剂也在燃料电池催化剂研究中得到了广泛探索。

　　这些纳米催化剂的研究和应用为推动燃料电池技术的发展和商业化应用提供了新思路，为可持续能源的实现提供了重要支持。

6.4.1　铂基纳米催化剂

　　Pt 系金属由于其优异的催化效果，在氧化还原反应中被广泛应用，特别是在 PEMFC 中。然而，PEMFC 的商业化进程中，Pt 系金属的催化剂虽然表现出色，但也面临着降解和失活的问题，而使其成为商业化进程的主要障碍。为了提高利用率和降低成本，通常采用具有高活性和低 Pt 负载量的纳米级颗粒 Pt/C 催化剂。然而，在 PEMFC 工作条件下，Pt/C 催化剂的耐久性较差，其 ECSA 逐渐减少，导致 Pt 活性位点减少。Pt/C 催化剂 ECSA 减小的主要原因包括 Pt 纳米颗粒的迁移、团聚，溶解再沉积，Pt 中毒以及碳载体的腐蚀导致 Pt 纳米颗粒的脱落。

（1）Pt 在碳载体上的迁移、团聚　　长时间运行后，PEMFC 的性能明显下降，其中催化层中的铂纳米颗粒逐渐增大。Pt 颗粒的尺寸会随着循环次数和温度的升高而增加，同时，高湿度条件也会加速 Pt 颗粒的增大。在 Pt/C 催化剂中，Pt 颗粒高度分散在碳载体，由于颗粒尺寸减小而表面能增加，导致 Pt 颗粒的稳定性下降。Pt 颗粒受表面能最小化的驱动，倾向于形成更大的颗粒。此外，金属铂与载体之间的黏附力较弱，这使得 Pt 纳米粒子易于在碳载体表面发生迁移、聚集和增大。

（2）Pt 纳米粒子的溶解再沉积　　长时间运行中，PEMFC 中的 Pt 催化剂表面会发生氧化并最终溶解，尤其在中间电位范围（0.6~1.2V）下更为明显。这是因为在更高电位下，铂颗粒表面会形成 Pt 氧化物，形成一层保护膜，抑制铂的溶解；而在较低电位下，铂颗粒相对稳定。溶解的高电位下的 Pt 离子在电位循环过程中会再次沉积到其他 Pt 纳米粒子上，导致 Pt 颗粒的增大，Pt 催化剂的 ECSA 相应减少，进而降低了催化剂的活性。此外，部分溶解的 Pt 离子会扩散到质子交换膜中，在阳极还原并沉积，可能取代质子交换膜中的质子，导致交换膜性能下降，从而影响燃料电池的性能。

（3）Pt 中毒　　由于成本和来源的问题，PEMFC 通常使用重整制备的富氢气体，而非纯氢气。这种重整气体中通常含有少量的 CO_2、CO、NH_3 和 H_2S 等杂质。同样，PEMFC 使用的氧化气体通常是空气而非纯氧气，空气中的微量 SO_x、NO_x 和烃类杂质会强烈吸附在铂催化剂表面，阻碍氢气的氧化和氧气的还原反应，导致铂催化剂中毒。特别是 CO 和 H_2S 会以强键合力吸附在 Pt 表面，覆盖其活性点。当燃料气体中的 CO 体积浓度超过 0.001% 时，电池性能会显著下降；而 H_2S 的毒化作用比 CO 更强，且其中毒后的电催化剂性能恢复更困难。此外，燃料气和氧化气中的这些杂质除了会稀释反应气体，更重要的是这些杂质还可能吸附在碳载体上，改变载体的表面特性，从而影响载体的憎水性和 PEMFC 的传质性能。

（4）碳载体腐蚀并伴随着的 Pt 纳米颗粒脱落　　ORR 使用的 Pt/C 催化剂通常采用多孔碳载体，如介孔碳、碳纳米管和石墨烯，因其大比表面积、优良导电性以及稳定的化学和电化学性能。然而，碳载体的腐蚀不可避免，尽管其具体机理尚未完全得到。纳米 Pt 颗粒高度分散于碳载体上，一旦载体腐蚀，必然会影响 Pt 催化层的性能。特别是在高电位条件下，碳载体的腐蚀会导致铂颗粒与载体分离，失去催化作用。PEMFC 工作时，碳表面在约 0.207V（vs.NHE）时会形成中间氧化物，这些氧化物在 0.6~0.9V（vs.NHE）的高电位和水存在下会进一步产生表面缺陷。碳载体表面的缺陷和不饱和键在这种条件下容易生成含氧官能团，如 -COOH 和 -OH，增大了电极的亲水性和阻抗，阻碍气体传质，降低电极的扩散性能。此外，这些缺陷在 Pt 催化、约 80℃ 和潮湿环境下易被氧化生成 CO、HCOOH 和 CO_2。电位低于 0.55V（vs.NHE）时，CO 和类 CO 产物会稳定吸附在 Pt 催化剂表面，导致 Pt 中毒。这些产物需要更高的电位才能被氧化成 CO_2。CO 和 CO_2 的形成减少了碳载体含量，严重时可导致电极坍塌、铂颗粒塌陷并聚集，进一步被碳载体遮蔽，导致铂催化剂失活。

负载在碳载体上的 Pt 纳米颗粒不仅发挥催化作用，还会加速碳载体的腐蚀。随着 Pt 载量和分散均匀度的提高，碳载体的腐蚀速度也加快。同时，Pt 纳米颗粒的尺寸也会影响碳腐蚀的程度。温度低于 50℃时，担载有 Pt 颗粒的碳的腐蚀速率明显高于未负载 Pt 的碳。因此，Pt 对碳腐蚀起催化作用。

在燃料电池纳米催化材料的研究中，铂基催化剂被广泛应用。然而，传统的铂基催化剂存在活性颗粒脱落、腐蚀和溶解等问题，这些问题在电化学操作过程中会导致催化活性下降和失效。因此，优化铂基催化剂的结构和成分是实现其高效稳定性的关键策略。

氧还原反应是一种界面反应，对催化剂的表面特性非常敏感。因此，提高铂基氧还原催化剂性能需要合理调控其表面结构性质，如表面电子结构、原子排列和组成分布等。表面电子结构的变化会影响催化剂的化学吸附特性，特别是会使铂表面含氧物种的生成电位发生正移。研究表明，这种吸附行为的变化是提高氧还原活性的根本原因。

一般来说，有四种方法可以调控铂表面的结构特性：①晶面调控，即制备具有特定晶面或特殊形貌（非球形）的铂基纳米催化剂；②通过引入其他金属，构建二元或多元金属结构，以降低铂的使用量并提高其活性；③提升铂基纳米颗粒的分散性，控制其颗粒尺寸及均匀性；④挑选非碳质载体，利用它们与铂纳米颗粒的相互作用，以提升铂的 ORR 活性和稳定性。下面将深入讨论上述分类下的铂基纳米催化剂。

1. 晶面调控

质量比活性（Mass activity，MA）和面积比活性（Area specificactivity，AS）是评价 Pt 电催化剂性能的两个常用指标。SA 是指催化剂单位表面积所展现的催化活性，可通过 ECSA 归一化得到，反映了 Pt 电催化剂单位表面积的活性水平，而 MA 则是指绝对活性与 Pt 负载量的比值，较高的质量比活性意味着催化剂单位质量能够产生更高的催化活性。Pt 原子利用效率（Atom Utilization Efficiency，AUE）是衡量表面暴露的 Pt 原子与总 Pt 原子数之间比率的指标。随着 Pt 颗粒尺寸的减小，活性位点数量增加，因此，Pt 的 AUE 也随之增加。比如，当 Pt 颗粒尺寸从 11.7nm 减小到 3.9nm 时，AUE 从 9.5% 增加到 26%。然而，尺寸非常小的 Pt 电催化剂容易发生烧结并从载体上脱落，这是需要考虑的问题。因此，研究 Pt 纳米颗粒的合适尺寸以及 Pt 粒径与电催化性能之间的关系具有重要意义。

电催化反应性能对催化剂的结构极为敏感，因此，Pt 基电催化剂的形貌在电化学活性中起重要作用。不同形貌的催化剂暴露的晶面和表面原子排列各不相同，影响其电化学活性和适用的反应类型。特殊形貌的电催化剂具备以下优势：①暴露高活性晶面。对于 ORR，在 $HClO_4$ 电解质溶液（非吸附型电解质）中测试 Pt 单晶，低指数晶面的电催化活性顺序为 Pt（110）> Pt（111）> Pt（100），在 H_2SO_4 电解质溶液中（吸附型电解质），由于 SO_4^{2-} 或 HSO_4^- 在 Pt（111）晶面上的吸附比其他晶面更强，电催化活性顺序为 Pt（110）> Pt（100）> Pt（111）；在 KOH 电解质溶液中（吸附型电解质）中，由于 OH^- 在不同晶面上的吸附不同，电催化活性顺序为 Pt（111）>Pt（110）>Pt（100）。②增强催化剂的活性和稳定性。纳米框架结构的催化剂由于其开放结构，能够显著增大活性比表面积，暴露更多活性位点，从而提升催化剂的活性。因此，通过形貌调控制备不同形貌的 Pt 基纳米材料，可以有效暴露高活性晶面，显著提高 Pt 基电催化剂的活性和耐久性。

（1）一维 Pt 基电催化剂　一维 Pt 基超细纳米线由于其极高的长径比，被视为具有高 Pt 原子利用效率的理想纳米结构。这些纳米线不仅能显著减少 Pt 的溶解并抑制奥斯特瓦尔德熟化，展现出优异的热稳定性和化学稳定性，同时其独特的表面配位状态和更快的电子传输能力也能增强电催化活性。例如，Xia 等通过溶剂热法制备了直径为 3nm、长度可达 10μm 的 Pt 纳米线（图 6-15a、图 6-15b），其在甲酸和甲醇氧化反应中表现出良好的活性和稳定性。该电催化剂表现出较好的甲酸、甲醇氧化活性和稳定性。Li 等合成了直径为 2~3nm 的极细锯齿状 Pt 纳米线（J-PtNWs）（图 6-15c、图 6-15d），其电化学表面积为 118m^2/g$_{Pt}$，在 0.9V（vs.RHE）的条件下，MA 可以达到 13.6A/mg$_{Pt}$。

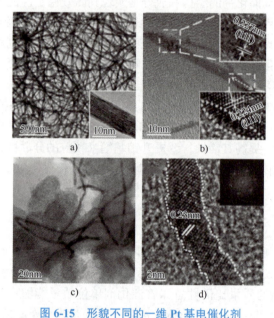

图 6-15　形貌不同的一维 Pt 基电催化剂
a）Pt 纳米线的 TEM　b）Pt 纳米线的 HRTEM 图　c）锯齿状 Pt 纳米线的 TEM
d）锯齿状 Pt 纳米线的 HRTEM 图

（2）二维 Pt 基电催化剂　在纳米尺度下，二维 Pt 基材料（如纳米片和纳米板）的二维扩展表面或许能提供更高的结构稳定性，同时它们的厚度足够小，能提供充足的活性比表面积。Huang 等成功合成了具有高度均匀的六边形的 PtPb-Pt 核 - 壳纳米板（图 6-16a），其具备了显著的双轴拉伸应变。这些纳米板的边缘长度约为 16nm，厚度大约为 4.5nm，其电化学活性比表面积为 55.0m^2·g^{-1}，活性面积 SA 为 7.8mA·cm^{-2}。因为二维纳米板的厚度较大，Pt 的 AUE 较低，导致其 MA 仅为 4.3A·mg$_{Pt}^{-1}$。研究中，金属间化合物结构和 Pt 壳层均有助于提高纳米板的稳定性，有效防止内部过渡金属的溶解。经过 50000 次循环后，PtPb-Pt 核 - 壳纳米板的 MA 仅减少了 7.7%。Guo 等制备了 PtBi-Pt 核 - 壳纳米板（图 6-16b），其边缘长度大约为 25nm，厚度为 4.5nm，ECSA 和 SA 分别达到 33.9m^2·g^{-1} 和 1.04mA·cm^{-2}，由于尺寸较大，其活性仍有待进一步提升。

（3）Pt 基多面体电催化剂　电催化剂的活性会因 Pt 基催化剂表面原子的排列或形貌不同而显著变化。通常，碳载铂基纳米颗粒催化剂无法精确地暴露特定晶面。通过调控 Pt 基纳米颗粒的形貌，可以增大高活性晶面的暴露，从而提升其电催化性能。此外，多面体电催化剂由于其高密度的孪晶、角和缺陷位点，能显著提升碳负载 Pt 基电催化剂的性能。通常，碳负载的 Pt 基多面体电催化剂，如（100）晶面闭合的纳米立方体、（111）晶面闭合的纳米四面体、纳米八面体或纳米二十面体，或同时具有（100）和（111）晶面闭合的截角八面体，相比于球形纳米颗粒，表现出更高的活性和耐久性。Wang 等人在高温有机相中合成了单分散且主要暴露（100）晶面的 Pt 纳米立方体，平均粒径为 7nm（图 6-17a），在 H_2SO_4 电解质溶液中表现出优异的 ORR 活性。Strasser 及其团队合成了掺杂 Mo 的 PtNi 八面体，Mo 主要存在于富 Pt 的边缘和顶点位置（图 6-17b），该电催化剂在半池和单池测试中表现出优异性能。

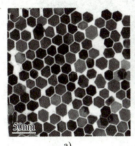
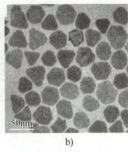
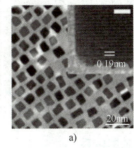

图 6-16　形貌不同的二维 Pt 基电催化剂
a）PtPb-Pt 核 - 壳结构纳米板的 TEM 图
b）PtBi-Pt 核 - 壳结构纳米板的 TEM 图

图 6-17　形貌不同的 Pt 基多面体电催化剂
a）Pt 纳米立方体的 HRTEM 照片　b）PtNiMo 八面体的
HAADF-STEM 照片

（4）Pt 基空心纳米结构电催化剂　空心纳米结构包括纳米盒、纳米笼、纳米壳和纳米框架等。与实心纳米颗粒相比，Pt 基空心结构纳米颗粒具有一些优势。在实心纳米颗粒中，Pt 原子内部不参与电催化反应，导致 Pt 的 AUE 较低。而在空心纳米结构中，特别是在纳米笼和纳米框架结构中，反应物能够同时到达内外表面，提高了 Pt 的 AUE。除此之外，空心纳米结构表现出由应变诱导的高度反应活性的表面。与此同时，适度的空间限制效应能够增加反应物与催化剂表面之间的接触，进而提升催化活性。然而，催化过程中，空心的纳米结构存在着缺乏结构稳定性的问题。在相关领域，研究人员已经开展了大量工作，致力于制备多种具有高活性和稳定性的中空结构纳米电催化剂。

Stamenkovic 和 Yang 等采用了一种新方法制备了 Pt_3Ni 纳米框架结构电催化剂，该催化剂具有 Pt 表层。首先，他们合成了菱形十二面体结构的 $PtNi_3$ 晶体，然后利用内部刻蚀将其转化为 Pt_3Ni 纳米框架。热处理后，形成了 Pt 表层的 Pt_3Ni 纳米框架结构电催化剂，其 Pt 表层厚度小于 2nm（图 6-18）。这种催化剂表现出出色的 ORR 活性。10000 次稳定性测试后，框架结构基本没有变化，活性几乎没有下降。这主要归因于 Pt 表层电子结构的改变，使氧结合能降低，从而降低了含氧中间体的覆盖率，可能减少了 Pt 的溶解。此外，优化后的 Pt 表层厚度最少有 2 个单原子层，电化学反应期间，通过位置交换，Pt 表层原子可以有效阻止亚表层的过渡金属从纳米框架中流失。除了上述方法，Kown 等人提出了一种新的方法，即通过 Co 掺杂来增强 PtCu 纳米框架顶点的稳定性，从而提高电催化剂的耐久性。在制备特殊形貌电催化剂的过程中，为了实现形貌及尺寸的可控，制备过程中通常会使用一些长链有机物和表面活性剂等，而这些有机配体会吸附在 Pt 基纳米晶体表面，覆盖电催化剂表面的反应活性中心，降低电催化剂的活性。因此，这些电催化剂在进行电化学测试前需对其表面进行清洁，暴露其活性中心。

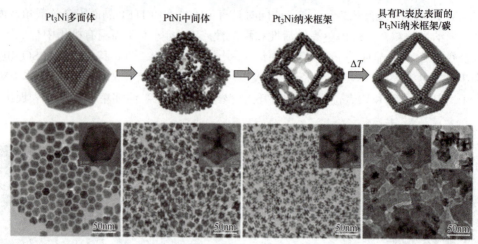

图 6-18　样品从多面体转变为纳米框架结构的示意图和相应的 TEM 图

2. 构建双金属或多金属体系

（1）铂基合金催化剂　通常情况下，合金催化剂展现出比单一组分更卓越的性能。将过渡金属 M 与 Pt 形成的二元或多元合金电催化剂是当前研究的主要方向，旨在降低铂使用量的同时提高其活性。已有报道指出，PtPd、PtAu、PtAg、PtCu、PtFe、PtNi、PtCo、PtW和 PtCoMn 等合金体系具有显著提升的 ORR 活性。这种活性增强可能是由于合金中 Pt 电子结构的优化，导致 Pt-Pt 间距缩短，从而促进氧的双位解离吸附。

大量理论研究已经证明了 Pt-Ni 催化剂，特别是 Pt_3Ni（111）面具有极高的 ORR 催化活性。在此基础上，实验工作紧随其后，致力于设计结构、成分、尺寸和形貌可控的 Pt-Ni 纳米晶，以实现理论模型预测的活性。其中，对 Pt-Ni 八面体纳米粒子的研究最为深入。目前，研究人员已经能够利用 N, N- 二甲基甲酰胺（DMF）作为溶剂，并采用弱还原剂或一氧化碳封端的方法，制备出成分 / 尺寸可控、粒径均一的 Pt-Ni 八面体纳米粒子。这些 Pt-Ni 八面体纳米粒子展现出优异的 ORR 活性。例如，Cui 等人利用溶剂热方法合成的 Pt-Ni 八面体具有 $1.45A \cdot mg^{-1}$（单位质量 Pt）的氧还原质量活性，而 Choi 及其团队合成的催化剂达到了 $3.3A \cdot mg^{-1}$ 的出色质量活性，刷新了当时的最高纪录。尽管 Pt-Ni 纳米八面体表现出优异的 ORR 活性，其长期稳定性仍存在一定的挑战，例如，上述 Choi 等研究人员报道的催化剂在经过 5000 圈的加速稳定性测试后，催化剂显示出约 40% 的质量活性下降。因此，进一步设计纳米晶的结构以提升催化剂的稳定性成为另一个备受关注的研究方向。

在 Pt-Ni 二元纳米晶的基础上，掺入少量第三种金属可能进一步调控纳米晶的局部配位环境和应力分布，从而优化催化剂的活性和稳定性。Huang 等人通过在 Pt-Ni 八面体中引入V、Cr、Mo、W 等元素，通过羰基化合物的分解进行掺杂，发现 $Mo-Pt_3Ni$ 催化剂的质量活性达到 $6.98A \cdot mg^{-1}$，面积比活性为 $10.3mA \cdot cm^{-2}$。8000 次循环后，质量活性仅下降 5.5%（图 6-19a）。DFT 计算结果显示，Mo 的掺入可以形成强的 Mo-Pt 和 Mo-Ni 键，从而提高催化剂的稳定性。随后，该研究团队通过同步辐射技术进一步研究了 Mo 的作用。结合分子动力学模拟和原位同步辐射技术发现，Mo 元素主要以氧化态存在，优先占据低配位位点如边界和顶点，如图 6-19b 所示。Mo 的存在可以稳定近邻的 Pt 原子，降低其迁移速率，从而保持纳米晶的八面体形貌。同时，纳米晶内部的 Ni 被表面 Pt 壳层保护，防止 Ni 被侵蚀和流失。这种保护作用共同提升了 Pt-Ni（111）晶面的稳定性。

Beermann 等认为纳米晶出现性能衰减主要是因为八面体的坍塌，而不是 Ni 元素的流失。为了改善催化剂的稳定性，他们在 Pt-Ni 纳米八面体中引入了少量的铑（Rh）。电化学测试显示，虽然 Pt-Rh-Ni 八面体的起始 ORR 活性比 Pt-Ni 八面体略低，但其稳定性显著提升，4000 次循环后，Pt-Rh-Ni 纳米八面体的 ORR 质量活性从 0.82A·mg^{-1} 提升至 1.14A·mg^{-1}，8000 次循环后继续维持在 0.72A·mg^{-1}，而 Pt-Ni 纳米八面体的活性下降至 0.12A·mg^{-1}。TEM 结果表明，Rh 主要分布在纳米晶表面，可以阻止铂原子的移动，因此，在电化学反应的过程中，纳米晶的八面体结构得以维持，从而使高活性的 Pt-Ni（111）面能稳定存在，显示出色的 ORR 稳定性（图 6-19c~图 6-19d）。然而，未掺入 Rh 的纳米晶循环 4000 圈后即失去八面体形貌，导致性能急剧下降，如图 6-19d 所示。除了 Rh，掺入 Ga、Cu、Fe 等元素也在一定程度上维持了八面体形貌，从而提高了 Pt-Ni 催化剂的 ORR 稳定性。

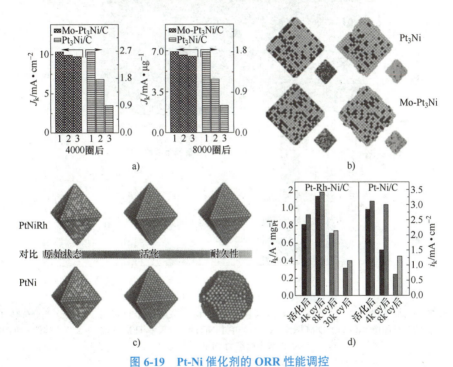

图 6-19　Pt-Ni 催化剂的 ORR 性能调控

a）Mo-Pt$_3$Ni 和 Pt$_3$Ni 纳米八面体循环前后的氧还原活性　b）分子动力学模拟的元素分布
c）Rh-PtNi 和 PtNi 纳米八面体的形貌变化　d）循环前后的氧还原活性

形貌效应被证实可以调制催化剂的催化性能，因此合成各种不同形貌的纳米颗粒成为一个重要的研究方向。通常情况下，对于有机溶剂热方法，金属前驱体被快速成核过程消耗后，由于表面能差异，没有足够的时间来让不同晶面之间引起的热力学效应（即完全由能量最低的面组成颗粒）体现出来，从而使得通常情况下合成的纳米颗粒具有立方八面体或截角八面体的形貌，即有（111）面，又有（100）面。因此为了获得具有特定面的纳米颗粒，纳米颗粒全部暴露（111）面，或者全部暴露（100）面，研究人员尝试了很多方法，Stamenkovic 等发现在 HClO$_4$ 溶液体系中，直径约为 6mm 的 Pt$_3$Ni（111）单晶，RDE 测试其表面催化 ORR 的面积比活性比 Pt（111）表面约高一个数量级，是 Pt/C 催化剂的 90 倍，而其他低指数面［Pt₃Ni（100）和 Pt₃Ni（110）］面积比活性远不及 Pt₃Ni（100）。这个发现给研究者带来极大的兴趣，如果能够制备暴露面全为 {111} 取向的纳米晶，那就有望将面积比活性提高两个数量级（对比最佳 Pt/C 催化剂比活性）。Carpenter 等以 N，N- 二甲基甲酰胺为溶剂，在水热条件下合成了 PtNi 八面体，控制反应时间，可以改变 PtNi 八面体的表面组成分布。粒径为 9.5nm 的 PtNi 八面体，其面积比活性高达 $3.14mA \cdot cm^{-2}$，是商业化 Pt/C 催化剂的 10 倍。Zou 等以 W（CO）₆ 为形貌调控剂，采用高温有机溶剂法，制备了（111）晶面包围的 Pt₃Ni 纳米八面体和（100）晶面包围的 Pt₃Ni 纳米四面体。其中，Pt₃Ni 纳米八面体的活性是 Pt₃Ni 纳米四面体的 5 倍，Pt₃Ni 纳米八面体的面积比活性和质量比活性分别是 Pt/C 的 7 倍和 4 倍（图 6-20）。

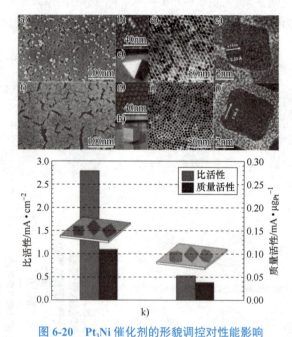

图 6-20　Pt₃Ni 催化剂的形貌调控对性能影响

a）～e）Pt₃Ni 纳米八面体图像　f）～j）Pt₃Ni 纳米立方体图像　a）、f）场发射扫描电镜图像　b）、g）高分辨率 SEM 图像 c）八面体的三维图像　d）、i）TEM 图像　e）、j）单个 NC 的高分辨率 TEM 图像　h）立方体的三维图像 k）两种催化剂的 ORR 活性比较

（2）**铂基核壳结构催化剂**　近年来许多研究致力于构筑 Pt 基非贵金属核壳型催化剂，其外部的富铂壳层可以保护内部非贵金属核，可有效缓解非贵金属的溶解，从而提高催化剂的稳定性；此外，由于 ORR 是界面反应，实际反应过程中，只有催化剂表面的几层铂原子才真正起催化作用，因而核壳型催化剂可在很大程度上降低铂载量、提高铂的利用率。目前制备 Pt 基核壳结构催化剂一般分为核粒子或金属合金的制备和包覆层的形成，常见的制备方法有欠电位沉积法（UPD）和置换法、热处理法、酸处理法和电化学去合金化法等。

欠电位沉积法和置换法（GD）相结合的方法是先通过欠电位使金属 M 沉积在基底层 S 上，然后沉积的金属层 M 被更加活泼的金属 P 置换，从而形成 P/S 结构，如图 6-21a 所示。

另一种形成铂基核壳结构的方法是热处理 PtM 合金前驱体。高温下，原子倾向于从表面能较低或原子半径较大的元素向表面能较高或原子半径较小的元素表面分离。因此热处理会导致催化剂近表面区域原子迁移、重组，减少低配位原子数量，形成具有特殊结构和组成的区域。例如，Stamenkovic 等观察到，当热处理温度提高到约 400℃时，富 Co 核上形成了富 Pt 壳，这提高了 Pt_3Co 核 - 壳结构催化剂的 ORR 活性。Mayrhofer 等证明即使在较低的退火温度（约 200 ℃）下，强吸附质（如 CO）的存在也会加速 Pt 在 PtCo 纳米颗粒表面的分离，如图 6-21b 所示。

去合金化法是先制备 PtM 金属合金，再通过化学法（酸处理）或电化学法溶解表面的 M 金属，从而形成具有粗糙表面、且表面铂原子为低配位或无配位的"Pt 骨架"型核壳结构催化剂。Toda 等首先发现这种结构，且他们指出当表面 Pt 壳层足够薄时，这种结构的催化剂可以表现出可观的 ORR 活性。Sun 等人利用酸处理去合金化法合成 Pt/FePt 核壳催化剂（图 6-21c），表现出优异的 ORR 性能。Strasser 等人通过电化学去合金化法合成一系列去合金二元 PtM_3（M = Co、Cu 和 Ni）电催化剂，并证明去合金 PtM_3 催化剂与商业 Pt 催化剂相比表现出改进的 ORR 性能（图 6-21d）。

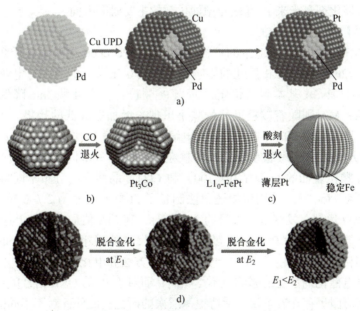

图 6-21　铂基核壳催化剂的合成策略

a）欠电位沉积法和置换法相结合　b）热处理法　c）酸处理去合金法　d）电化学去合金化

此外，通过控制添加的铂前体的量改变外壳厚度也是一种构筑特殊新型核壳催化剂的策略。Huang 等人通过过湿化学反应法合成了一类 Pt/PtPb 核壳纳米片催化剂，包括 PtPb 核和均匀的四层 Pt 壳。Xie 等人报道了一种在 Pd 纳米晶上沉积超薄铂壳的方法。此种 Pt_{nL}/Pd 核 - 壳催化剂中铂壳的数量（$n = 1\sim6$）可以精确控制，如图 6-22 所示。

对于核壳型纳米颗粒，内部的"核"会改变外表层的"铂壳"电子结构和几何性质，从而调控表层原子的化学吸附性质，进而影响 ORR 活性。此外，核壳型纳米颗粒也具有稳定的优异性能。例如，由 Adzicik 课题组制备得到的 $Pt_{ML}/Pd_9Au_1/C$ 纳米催化剂在经过 200000

圈电位扫描后，其质量比活性只降低了 30%，而商业化 Pt/C 在经过不到 50000 圈电位扫描后活性已完全丧失。他们认为 $Pt_{ML}/Pd_9Au_1/C$ 催化剂稳定性高的原因是 Pd_9Au_1/C 核升高了 Pt 壳层的氧化电位。

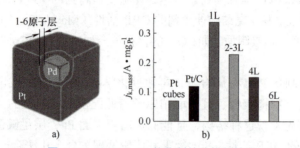

图 6-22　**$Pd@Pt_{nL}/C$ 催化剂的结构与性能**

a）$Pd@Pt_{mL}/C$ 催化剂的结构示意图　b）Pt/C 和 $Pd@Pt_{nl}/C$ 催化剂质量活性的比较

总之，Pt 基核壳型催化剂可以提高铂利用率，降低铂担载量，提高 ORR 活性和稳定性，是一类具有很大商业应用前景的材料。如何进一步大批量生产具有可控组成、壳厚度和高分散的核壳型纳米催化剂是未来 Pt 基核壳型催化剂的主要研究方向。

3. 控制铂颗粒尺寸及均匀性

以 Pt 电催化剂在氧还原反应中的粒径效应为例，Peuckert 等人研究了 Pt/C 电催化剂的 Pt 颗粒尺寸（1~12nm）对 ORR 活性的影响，发现在 0.5mol/L 的 H_2SO_4 电解液中，当 Pt 颗粒粒径大于 4nm，其 SA 基本保持恒定，而当 Pt 颗粒粒径尺寸从 3nm 降低到 1nm 时，其 SA 约降低 20 倍；MA 则随着颗粒尺寸的减小出现先增加后降低的趋势，当粒径约为 3nm 时，其 MA 值最高。Kinoshita 等报道了酸性电解质中高分散 Pt 颗粒 ORR 动力学的粒径效应，研究发现由于 ORR 为结构敏感型反应，Pt 颗粒粒径约为 3nm 时，Pt 的 MA 最高，当粒径大小改变时，Pt 颗粒表面的 Pt 原子在（100）和（111）晶面上的分布不同将会影响 Pt 电催化剂的 MA 和 SA。Joo 等人采用浸渍还原法制备了 Pt 颗粒尺寸为 2.7~6.7nm 的 Pt/C（质量分数为 60%）电催化剂，发现颗粒直径约 3.3nm 时，其 MA 值最高，与上述报道结果一致。但是，Watanabe 等人则认为 Pt 的 MA 随着 Pt 颗粒尺寸的减小而增加，Pt 的 SA 与 Pt 的颗粒尺寸无关。到目前为止，由于 Pt 纳米颗粒的制备方法和电化学测试条件不同，导致 Pt 颗粒的粒径大小对电催化剂性能的影响也不尽相同，而对于 Pt 的 ORR 活性随颗粒尺寸不同而改变的规律及其原因仍存在着争议，亟待更深层次的研究。此外，对于不同的载体及反应体系，Pt 颗粒的粒径大小对电催化性能的影响也不尽相同。

上述研究的 Pt 纳米颗粒的尺寸效应中，Pt 颗粒尺寸为 1nm 以上，当 Pt 纳米颗粒的尺寸在 1~2nm 以下，称为 Pt 原子团簇。与 Pt 纳米颗粒相比，Pt 原子团簇表面 Pt 原子比例增大，有利于提高 Pt 的 AUE。Nesselberger 等人制备了粒径分别为 0.6nm、0.8nm 和 2.3nm 的 Pt_{20}、Pt_{46} 和 $Pt_{>46}$ 团簇，与粒径分别为 5nm 和 3nm 的商业 Pt/C（Pt/C^a 和 Pt/C^b）相比，在 0.85V（vs.RHE）下，MA 和 SA 大小关系分别为：Pt/C^a（5nm）< Pt/C^b（3nm）< Pt_{46} < Pt_{20} < $Pt_{>46}$ 和 Pt_{46} < Pt/C^a（5nm）< Pt/C^b（3nm）< Pt_{20} < $Pt_{>46}$（图 6-23）。

Kunz 等人在超高真空条件下将 Pt 原子团簇直接沉积在平面载体（透射电镜碳网支持膜或玻碳电极）上，ORR 测试结果发现，虽然 Pt 原子团簇的 SA 高于高比表面积碳载体担载的 Pt 纳米颗粒（5nm）电催化剂，但低于多晶的 Pt 电极。由于制备方法及载体的不同会影响 Pt 原子团簇的分散及性能，因此，人们对其尺寸效应的研究相对较少。

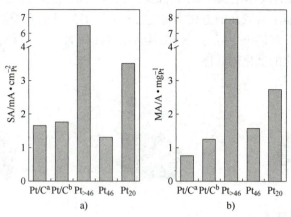

图 6-23　Pt 纳米颗粒的直径与 SA 和 MA 之间的关系

为了进一步提高 Pt 的 AUE，Pt 单原子电催化剂被广泛研究。由于具有较高的表面自由能，在活化与反应过程中，Pt 单原子容易发生团聚，因此，Pt 单原子催化剂制备的关键在于 Pt 原子在载体上的固定，主要采用与碳载体上的杂原子（N、P、S 等）、氧化物载体上的氧原子、载体上的碱金属离子或金属载体形成共价键、配合物或合金等来固定 Pt 原子。如图 6-24 所示，Pt 单原子电催化剂的制备方法包括：①浸渍法，将载体与金属前驱体溶液混合，金属前驱体吸附在载体上，干燥、煅烧或还原后，得到电催化剂，当金属负载量较低时，可获得担载的单原子电催化剂；②共沉淀法，此方法主要用于在金属氧化物载体上（如铁氧化物）沉积单原子，但由于金属氧化物载体导电性较差、稳定性弱，不适合应用于电催化剂；③电化学置换法，根据两种不同金属的还原电势不同，载体金属低于担载金属，当载体金属与担载金属离子接触时，载体金属氧化溶解，担载金属离子还原沉积在载体金属表面，该方法无需表面功能化和高温，仅通过控制金属盐的种类和浓度、载体金属的选择即可制备不同尺寸形貌的催化剂；④原子层沉积法，这是制备单原子催化剂的有力途径，能精确控制单个原子和纳米团簇的沉积，有助于研究电催化剂的结构与催化性能之间的关系；⑤光化学还原法，在光化学还原过程中，Pt 原子的分散和分离以及 Pt 前驱体在载体上的分散至关重要，其次，为了避免 Pt 单原子的迁移和团聚，在紫外光处理过程中，反应相通常是固相；⑥空间限域法，通过利用多孔材料（如沸石、MOFs 等）分离和封装合适的单核金属前驱体来实现。

尽管 Pt 单原子电催化剂可有效提高 Pt 的 AUE，但由于 Pt 单原子具有极高的表面能导致其有很强的活性和流动性，制备过程中易产生团聚现象。因此，Pt 单原子电催化剂的 Pt 负载量通常较低。开发一种有效的方法来实现 Pt 单原子电催化剂的高负载对其未来的商业应用仍是一个巨大的挑战。

4. 载体增强

催化剂载体对催化剂的活性和稳定性均有重要影响，是催化剂组成中不可或缺的关键部分。比表面积、孔隙率、电子导电性、电化学稳定性和表面官能化等是考察载体的重要性质。催化剂载体必须对贵金属具有较高的分散性，较小的粒径分布是催化剂具有较好催化性能的先决条件。载体与贵金属之间存在相互作用也可以影响催化剂性能。通常情况下，良好的催化剂载体应具有以下特点：①较高的比表面积；②较好的导电能力；③在燃料电池操作环境下有较高的电化学稳定性；④具有合适的孔隙度；⑤载体和贵金属之间存在相互作用；⑥较好的再生能力。碳黑具有比表面积大、导电性好并且孔结构均匀等优点，是目前唯一商品化的催化剂载体。

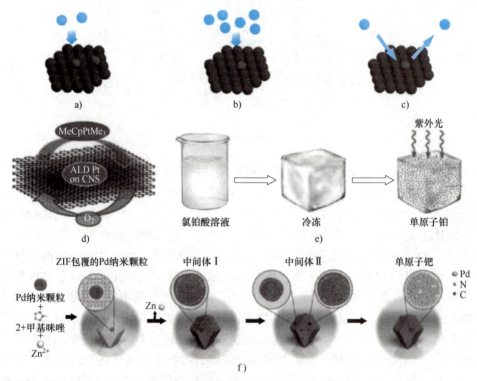

图 6-24 Pt 单原子电催化剂的制备方法
a）浸渍法制备 b）共沉淀法制备 c）电化学置换法制备 d）原子层沉积法制备
e）光化学还原法制备 f）空间限域法制备

但是碳黑的耐蚀性差，容易造成 Pt 的损失及毒化而导致催化剂性能下降，因而需开发新型的催化剂载体。近几十年来，越来越多的科研工作者投入到新型载体的开发，研究方向主要有两个，①通过不同的方法改善碳材料，如石墨化、杂原子掺杂；②开发耐蚀性更强的非碳材料。另外，将碳材料与非碳材料杂化作为催化剂载体，设计其结构和性质，同样是目前的研究热点之一。

（1）新型碳材料载体 石墨化碳材料相比传统碳黑具有更高的耐蚀性，同时较高的石墨化程度会产生更多的离域 π 键，从而加强载体和 Pt 之间的相互作用，起固定铂纳米粒子的作用。为了提高石墨化碳材料的比表面积，通常使其具有特殊的结构，如碳纳米管、石墨烯、碳纳米纤维等。

碳纳米管（CNTs）由石墨片卷曲形成的一维纳米材料结构，具有高导电性、高稳定性、低杂质、大比表面积等优势。碳纳米管可分为单壁碳纳米管（SWCNTs）和多壁碳纳米管

（MWCNTs），MWCNTs 比 SWCNTs 的导电性更好，但 SWCNTs 的表面积更大。Yuan 等人研究了 CNTs 的管壁数对 Pt 催化剂电催化性能的影响，两者明显呈火山形的变化，管壁数为 7 对应的催化剂催化性能最佳，这种变化是由于不同管壁数的 CNTs 对含氧基团的亲和力不同。Zhao 等研究了不同管径和比表面积的 MWCNTs 作为载体对催化剂性能的影响，结果表明：比表面积为 $120m^2 \cdot g^{-1}$ 的 MWCNTs 作为载体具有最好的催化性能。

CNTs 作为燃料电池催化剂载体应用研究很多，金属催化剂在 CNTs 上的沉积方法也多种多样，如浸渍法、电沉积法、微波法、溅射法和离子交换法等（图 6-25a）。原始的 CNTs 表面石墨化结构较完整，很难负载金属催化剂，因此负载之前一般要对 CNTs 进行预处理。经常使用的处理方法是强酸氧化处理，Ahmadi 等人在硫酸处理的 CNTs 上负载了 Pt 纳米粒子，Pt 的分散性较好，平均粒径在 3nm 以下，相比商业 Pt/C 催化剂的甲醇氧化性能有了很大提高。然而，酸氧化处理 CNTs 虽然可以使 CNTs 表面官能化，但是同样破坏了 CNTs 的石墨化结构，从而稳定性和导电性降低。除了酸氧化处理，还可以采用吸附原子、聚合物等对 CNTs 进行表面修饰。Geng 等人成功合成了聚乙烯亚胺（PEI）功能化的 MWCNTs，然后在其表面均匀沉积了 PtRu 双金属粒子，催化剂的电化学活性比表面积和甲醇氧化活性，相比于经过氧化处理的 MWCNTs 催化剂，均有了很大提高。

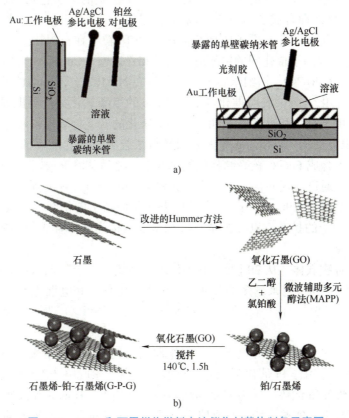

图 6-25　CNTs 和石墨烯作燃料电池催化剂载体制备示意图

a）电沉积法制备 CNTs 作燃料电池催化剂载体的示意图　b）制备石墨烯作燃料电池催化剂载体的示意图

石墨烯是近些年出现的新型石墨化碳材料，是仅有一个或几个原子层厚度的二维平面结构。石墨烯有很多优点，如高的导电性，大的比表面积，独特的石墨化平面结构，高的稳定性，并且可以与金属粒子产生强的相互作用等，这些优点使其很快成为燃料电池催化剂载体的研究热点。大量研究表明，石墨烯载体对 Pt 催化剂的活性和稳定性均有提高作用。Soin 等人采用微波辅助化学气相沉积法合成了垂直排列的石墨烯纳米片，石墨烯层数为 1~3 层，通过溅射法负载 Pt 用于甲醇氧化，相比 Pt/C 催化剂，具有更高的电化学活性和抗 CO 毒化能力。Yang 等人采用电沉积法同样得到了一种垂直排列的石墨烯载体，并同时负载了 PdCu 催化剂，催化剂的甲醇氧化活性是商业 Pt/C 的 7.1 倍，并且具有很高的稳定性和抗 CO 毒化能力。Zhao 等人报道了一种新颖的石墨烯 -Pt- 石墨烯（G-P-G）三明治结构的催化剂，研究发现，G-P-G 催化剂的甲醇氧化活性是 P-G 催化剂的 1.27 倍，稳定性则提高 1.7 倍。这种三明治的结构加强了 Pt 与石墨烯之间的相互作用，提高了催化剂活性，同时可以锚定 Pt 粒子，提高稳定性（图 6-25b）。

除了常见的碳纳米管和新近兴起的石墨烯，还有很多其他结构的碳材料也可作为催化剂载体，如碳纳米纤维、碳纳米笼、介孔碳、碳纳米角和碳纳米卷等。

杂原子掺杂碳材料可以改变碳材料的电子性质和物理化学性质，起改进碳载体的导电性，促进纳米粒子在碳载体上的成核和生长并加强纳米粒子与碳载体的相互作用，从而提高催化剂的活性和稳定性。目前研究较广泛的，用于掺杂的原子包括硼、氮、磷和硫等。Lu 等人通过一步热处理合成了 B 或 N 掺杂的石墨烯，并作为 PtRu 催化剂载体催化甲醇氧化反应，结果表明：B 或 N 原子的掺杂促进了 PtRu 粒子在石墨烯上的分散性，减小了 PtRu 粒子的尺寸，提高了催化剂的甲醇氧化活性和稳定性。Cao 等人采用双模板法合成了 N 掺杂的介孔碳（N-MCs），铂纳米粒子均匀分散在 N-MCs 上，平均粒径仅为 2.0nm，远小于商业 Pt/C。电化学测试表明催化剂 Pt/N-MCs 的甲醇氧化活性要明显高于 Pt-MCs 和商业 Pt/C，这是由于吡啶和吡咯型 N 可以为 sp2 杂化的石墨化碳提供 p 电子，导致介孔碳上 Pt 的分散沉积更加均匀。Sheng 等人采用模板法合成了高孔隙率的 S 掺杂石墨纳米笼结构，过程是首先合成 Fe@C 核壳结构的纳米粒子，之后移除 Fe 核得到石墨纳米笼结构，同时引入 S 原子。通过模板的移除，其比表面积从 $540m^2 \cdot g^{-1}$ 提高到 $850m^2 \cdot g^{-1}$，孔体积从 $0.44cm^3 \cdot g^{-1}$ 提高到 $0.90cm^3 \cdot g^{-1}$。大的比表面积提高了催化剂的负载分散性，而高的孔隙率则促进了分子的扩散。以 S 掺杂石墨纳米笼结构为载体合成的 PtRu 催化剂，表现出优异的催化性能。

（2）导电聚合物载体　从 20 世纪 70 年代后期开始，由于共轭杂环导电聚合物独特的金属 / 半导体特性受到了越来越多的关注，在电子、电化学和电催化等领域均有潜在应用价值。常用的一些导电聚合物有聚苯胺（PANI）、聚吡咯（PPy）、聚噻吩（PTh）和聚乙炔（PA）等。

Pickup 等人首次尝试了将导电聚合物用作催化剂载体，合成了聚吡咯 / 聚苯乙烯磺酸复合导电聚合物，并用作 Pt 催化剂载体。近些年，由于聚吡咯（PPy）的化学稳定性好、合成简单、导电性高等优势，成为催化剂载体的研究热点。Huang 等人通过原位化学氧化聚合法合成了聚吡咯，实验表明：聚吡咯在高压下会发生氧化，比传统的 VulcanXC-72 更耐腐蚀，从而使 Pt/PPy 催化剂的稳定性要高于 Pt/C。另外，还有一些其他复合导电聚合物可作为催化剂载体。Tintula 等人将 PtRu 纳米粒子负载在聚（3, 4- 乙烯二氧噻吩）- 聚（苯乙烯磺酸）（PEDOT-PSSA）复合导电聚合物上，作为固体聚合物电解质直接甲醇燃料电池的阳极，其电池性能可与传统的 VulcanXC-72 作载体的催化剂相媲美。另外，实验表明，PEDOT-PSSA 的耐蚀性要优于 VulcanXC-72，使得 PtRu/PEDOT-PSSA 催化剂的稳定性要优于 PtRu/C。

（3）金属氧化物载体　过渡金属氧化物是近些年研究较多的新型催化剂载体，相比传统碳载体，过渡金属氧化物虽然表面积较小，但是具有更好的电化学稳定性，还可与金属粒子产生协同作用，从而同时增强催化剂的催化活性和稳定性。常用的一些金属氧化物包括钛氧化物（TiO_x）、钨氧化物（WO_x）、二氧化锡（SnO_2）和氧化铌（NbO_2）等。

钛氧化物，尤其是二氧化钛，其资源丰富、成本低廉并且化学性质稳定，不易被酸碱腐蚀，是一种非常理想的商业化材料，广泛用于光催化和电催化领域。二氧化钛还与 Pt 金属之间存在电子相互作用和动态溢流效应，有助于提高 Pt 的催化性能。Jiang 等人研究了在碳黑中添加 TiO_2 对 Pt 催化剂的影响，结果表明：TiO_2 尺寸为 20nm，添加量为 40%（质量分数）时，催化剂的综合活性和稳定性最佳。另外，由于金属氧化物完整的晶面不利于金属粒子的负载，往往需要先对其进行一定的处理。Kim 等人使用尿素、硫脲和氢氟酸分别对 TiO_2 进行了水热处理，研究发现，不同添加物的处理不仅会影响 TiO_2 的形貌，而且对 Pt 纳米粒子的分散性也有影响。添加氢氟酸处理的 TiO_2 形状更圆，Pt 纳米粒子的分散更佳、尺寸更小。XPS 研究表明，氢氟酸处理的 TiO_2 含有 Ti^{3+} 更多，与 Pt 粒子存在更强的相互作用。

钨氧化物是一种多变价的过渡金属氧化物，钨价态可在 +2 ~ +6 之间变化，在光电催化、传感器、燃料电池等领域均有应用。燃料电池载体中应用较多的是三氧化钨（WO_3），WO_3 在酸性溶液中可形成非化学计量比的 H_xWO_3 可加快有机小分子的脱氢反应，使 Pt 表面的 H 迅速转移至 H_xWO_3 表面，释放出更多的 Pt 活性位，从而加快有机小分子的吸附氧化。另外，WO_3 良好的亲氧性有助于 Pt-OH 的生成，利于 Pt 上吸附 CO 的氧化脱除。

二氧化锡（SnO_2）是一种比较有前景的金属氧化物载体，不仅能在较低的电势下吸附 -OH，催化氧化 Pt 表面的毒化中间体，即双功能机理；而且与 Pt 粒子之间还存在电子效应，改变 Pt 表面电子结构，促进 Pt 粒子的催化作用。另外，SnO_2 在恶劣条件下具有较好的稳定性，利于提高催化剂的寿命，并且价格便宜，环境友好。研究表明，杂原子掺杂 SnO_2 可以明显提高 SnO_2 的导电性，进一步改善催化剂性能。Oh 等人研究了 Sb、In 和 F 掺杂 SnO_2 作为催化剂载体，研究表明材料的导电性大大提高，达到了 0.102~0.295S·cm^{-1}，比表面积达到 125~263m^2·g^{-1}，载体的电化学稳定性要远高于碳黑（图 6-26）。Zhang 等人合成了 Co 掺杂的三维海胆状 SnO_2 纳米结构，这种结构由大量纳米针自组装而成。另外也合成了纳米花状的 Co 掺杂 SnO_2，并分别合成了 Pt 基催化剂。对比发现，Pt/Co-SnO_2 的催化性能要优于 Pt/SnO_2 和 Pt/C，表明 Co 掺杂利于改善催化性能，另外，Pt/Co-SnO_2（海胆状）的催化性能要高于 Pt/Co-SnO_2（纳米花），表明载体结构对催化剂性能有影响。杂原子掺杂 SnO_2 尤以 Sb 最为常用，即氧化锑锡（ATO）。掺杂后的 ATO 导电性更好，比表面积更大，并且热稳定性更佳。Kim 等将 ATO 纳米线掺入 Pt/C 催化剂中，极大地提高了催化剂的甲醇和乙醇氧化活性和稳定性。混合催化剂性能的提高得益于一维半导体 ATO 纳米线导电性的提高，以及 ATO 与 Pt/C 存在的相互作用和 ATO 较高的稳定性。

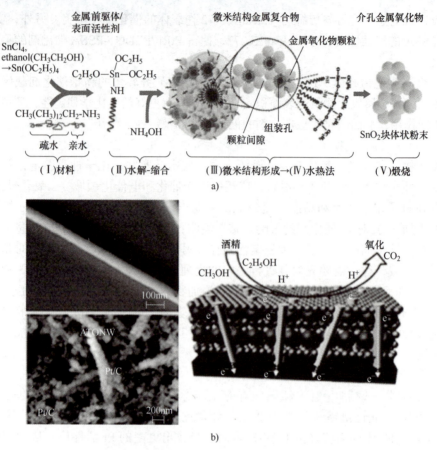

图 6-26　不同燃料电池催化剂载体制备示意图

a）制备 Sb、In 和 F 掺杂 SnO$_2$ 作燃料电池催化剂载体的示意图

b）制备 Sb 掺杂 SnO$_2$ 作燃料电池催化剂载体的示意图

6.4.2　非铂基纳米催化剂

1. Pd 基催化剂

金属钯具有丰富的储量和相对低廉的价格，被认为是铂的理想替代品。然而，钯基催化剂的活性远不及铂基催化剂，这限制了它在商业应用中的广泛使用。与铂类似，钯也可以通过与许多其他金属合金化来提高其活性。Pd-M（Co、Fe、Ni、Cr、Mn、Ti、V、Sn、Cu、Ir、Ag、Rh、Au、Pt）合金的 ORR 活性远高于纯 Pd，有些合金的 ORR 活性甚至与铂相当。Wang 等人报道了在乙二醇中采用核诱导法合成 Pd-Co/C，然后在 500℃ 下进行热退火的最佳比例。另一方面，在水溶液中采用核诱导法合成 Pd-Co/C 也有不同的最佳比例（30%~40% 或 10%~20% Co）。在 Pd-Fe/C 体系的研究中，通常在 Pd∶Fe（原子比）= 3∶1 的时观察到最高的活性。Zhou 等人证实了 Pd$_3$Fe 的高活性，他们证明制备良好的 Pd$_3$Fe（111）表面具有与 Pt（111）相当的 ORR 活性。少量的 Ir 掺杂可进一步提高 Pd$_3$Fe 的活性。对于在 800 ℃ 下退火的 Pd-W 合金，当合金中 W 的质量分数仅为 5% 时，活性最大。对一些 Pd- 非金属元素合金也进行了研究，但活性提高有限。

另外，Pd 的电子结构会随暴露晶面的改变而改变。因此，调控 Pd 的纳米几何形态以暴露不同的晶面也是一种调节 Pd 金属电子结构的有效方法。Kondo 等人最近的一项研究表明，钯单晶的 ORR 活性与铂的趋势相反，即 Pd（110）< Pd（111）< Pd（100），这表明 Pd（100）表面为 ORR 提供了最活跃的位点。然而，Xiao 等人根据他们的理论计算提出，Pd（110）比其他位点更活跃。近期，Shao 等研究了具有不同晶面的 6nm 钯颗粒 Pd/C 催化剂的活性，发现由 {100} 面包围的 Pd/C 立方体比由 {111} 面包围的 Pd/C 八面体的 ORR 活性高一个数量级，如图 6-27 所示。表明 ORR 活性在很大程度上取决于钯纳米催化剂所暴露的晶面，这为设计更高活性的 ORR 催化剂及其他应用提供了指导。

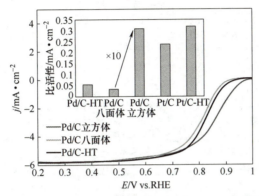

图 6-27　Pd/C 立方体以及 Pd/C 八面体在 0.1mol·L^{-1} HClO$_4$ 溶液中的 ORR 极化曲线

利用载体和金属纳米颗粒之间的电子耦合效应也是优化金属纳米颗粒电子结构的一种手段。金属纳米颗粒在载体上可以暴露出多种复合位点，包括不同的晶面、边缘、棱角以及缺陷。这些复合位点会与载体产生较强的相互作用，从而对金属纳米颗粒的电子结构产生较大的影响。虽然单独的无支撑钯纳米颗粒或 W$_{18}$O$_{49}$ 对 ORR 的催化活性较低，但它们的混合物不仅表现出惊人的高 ORR 活性，而且在碱性溶液中的稳定性优于铂。催化活性异常高的原因可能是钯纳米晶体与 W$_{18}$O$_{49}$ 纳米片之间存在很强的化学作用和电子耦合效应，这可以削弱钯与非活性含氧物种之间的相互作用，从而为 O$_2$ 的吸附和活化提供更多的活性位点。Wei 等人的研究表明，当 Pd 被支撑在剥离蒙脱石（ex-MMT）纳米片上时，Pd-O 氧化物共价键可以增强 Pd 的 ORR 活性和稳定性。

Libuda 研究发现，金属颗粒 Pd 开始氧化时，在 Pd 与载体 Fe$_3$O$_4$ 的接触界面上形成了一层 Pd 氧化物，并在载体的作用下稳定存在。该界面氧化物可以导致 Pd 的电子状态或者是费米能级改变，进而改变 Pd 的电子结构。Wei 课题组采用具有单片层结构的剥离蒙脱土片（ex-MMT）负载纳米 Pd 金属颗粒，调节 Pd 催化剂的电子结构，以增强其稳定性和提高催化活性。蒙脱土的引入减少了因为碳载体的腐蚀而造成催化金属从载体脱落和流失的可能性，从而提高了催化剂的稳定性。此外，蒙脱土具有优异的质子传导能力，可加速质子在燃料电池催化层内部的传递，提高催化活性。电化学测试表明，Pd/ex-MMT 具有与 Pt/C 相似的催化活性（图 6-28）。理论计算和实验数据表明，催化剂活性及稳定性的提高是由于在 Pd 金属颗粒与载体之间的界面上形成了一层界面氧化物 PdO$_x$ 或 Pd-O-ex-MMT 价键。这种特殊的结构改变了 Pd/ex-MMT 催化剂的电子结构，使 Pd 的 d 带宽化，d 带中心负移，使其电子结构更趋近于 Pt，从而表现出与 Pt 相当的 ORR 催化活性，以及酸性环境中良好的稳定性，如图 6-28a 所示。

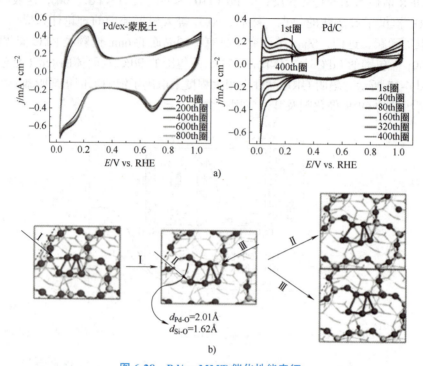

图 6-28 Pd/ex-MMT 催化性能表征

a）Pd/ex-MMT 和 Pd/C 催化剂在 N_2 饱和的 $0.1mol \cdot L^{-1}$ $HClO_4$ 溶液中的 CV 曲线

b）Pd_5/MMT 催化剂的氧原子氧化过程

多个研究小组对钯合金活性增强的原因进行了研究。Bard 等人认为对于 Pd-M 合金，活性金属 M 构成了断裂 O-O 键的位点，形成的 O_{ads} 会迁移到以 Pd 原子为主的中空位点，很容易被还原成水。根据这一机理，合金表面应由相对活跃的金属（如 Co）构成，且该金属的原子比应为 10%~20%，以便有足够的位点供 M 上的 O-O 键断裂和 O_{ads} 在 Pd 原子形成的空心位点上进行还原反应。在酸性介质中确认过渡金属是否存在于合金表面是很有意义的。理论计算和实验数据表明，Pd-M 合金发生了 Pd 偏析，Pd 原子迁移到表面，高温退火后在块体合金上形成纯 Pd 表层。与 3d 金属合金化后，钯晶格收缩，在钯表层产生压应变。例如，对于 Pd_3Fe（111），仅压应变就使 Pd-O 结合减弱了 0.1eV。过渡金属通过电子转移（配体效应）进一步改变了钯的电子结构。在 Pd_3Fe（111）中，配体效应使 Pd-O 的结合能进一步减弱了 0.25eV。应变和配体效应是钯合金 ORR 活性增强的主要原因。Pd-Co 和 Pd-Ir-Co 合金也得到了类似的结果。

2. 非贵金属催化剂

（1）金属氧化物　许多金属氧化物，尤其是Ⅳ族和Ⅴ族金属氧化物，在酸性电解质中化学性质稳定，因此被建议用作催化剂载体以取代碳。与之相关的问题是导电性差以及金属氧化物表面缺乏氧物种的吸附位点，导致金属氧化物块体的 ORR 活性极低。为了解决这些问题，人们通过表面改性、掺杂、合金化和形成高度分散的纳米颗粒等方法做出了大量努力。

Ota 课题组发现在氩气环境下通过溅射各自的金属氧化物靶制备的许多金属氧化物，包括 ZrO_{2-x}、Co_3O_{4-x}、TiO_{2-x}、SnO_{2-x} 和 Nb_2O_{5-x}，在 H_2SO_4 溶液中显示出明显的 ORR 活性。在溅射过程中引入 O 空位等表面缺陷被认为是催化活性增强的主要原因。金属氧化物的 ORR 活性还可能取决于表面结构。例如，研究发现 Ti 氧化物催化剂上的 ORR 活性随着 TiO_2（金红石型）（110）面百分比的增加而增加。Takasu 等人采用浸涂法在 Ti 基底上制备了 TiO_x、ZrO_x 和 TaO_x 以及相应的二元氧化物薄膜，并在 400~500℃ 的温度下于空气中退火。通过在 TiO_x 中加入一定量的 Zr 和 Ta 形成二元氧化物，如 $Ti_{0.7}Zr_{0.3}O_x$ 和 $Ti_{0.5}Ta_{0.5}O_x$，提高了纯 TiO_x 的 ORR 活性。还测试了用相同方法制备的 RuO_x、IrO_x、RuM（M = La、Mo、V）和 IrM（M = La、Ru、Mo、W、V）O_x 薄膜。如图 6-29a 所示，与 0.5mol/L H_2SO_4 中的 RuO_x 和 IrO_x 薄膜相比，Ru-LaO_x 和 Ir-VO_x 二元氧化物的 ORR 活性显著提高。

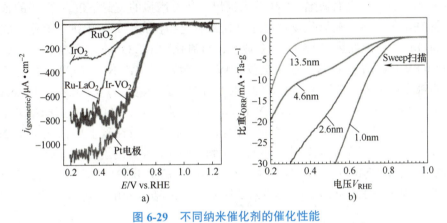

图 6-29　不同纳米催化剂的催化性能

a）以 RuO_2 和 IrO_2 为基底的各种电极在 Ti 基底上的 ORR 电流曲线　b）沉积在碳黑电极上的
不同平均粒径的 TaO_x 纳米颗粒的线性扫描伏安图

提高金属氧化物催化活性的另一种方法是减小其晶体尺寸，这可以增加可用的反应位点、表面缺陷和导电性。在 450 °C 空气中对 Ta 前驱体进行热处理，制备出 TaO_x 粉末显示出较高的 ORR 起始电位（0.9V vs RHE）和电流密度。与块状 TaO_x 氧化物相比，粉末的 Ta $4f_{7/2}$ 峰值低了 0.5eV，这表明粉末形式的 Ta 离子价较低。Seo 等人利用静电电沉积法在炭黑上沉积了高度分散的精细金属氧化物纳米颗粒，包括 NbO_x、ZrO_x 和 TaO_x。由于Ⅳ族和Ⅴ族金属前体不溶于水溶液，因此电沉积是在乙醇溶液中进行的。这些氧化物纳米颗粒的 ORR 活性远高于其块状的颗粒 / 薄膜，起始电位分别为 $0.96V_{RHE}$（NbO_x）、$1.02V_{RHE}$（ZrO_x）和 $0.93V_{RHE}$（TaO_x）。通过调整沉积条件（如沉积电位和时间），金属氧化物的粒径可以很好地控制在 1~14nm。如图 6-29b 所示，质量比活性随着 TaO_x 粒子尺寸的减小而增加。颗粒越小，ORR 活性越强，这主要是由于表面积、表面缺陷密度和导电率增加了。随着颗粒变小，表面结构和电子特性（如氧空位和功函数）的变化需要更多的研究来证实。Ota 小组使用有机金属复合物氧钽酞菁（$TaOC_{32}H_{16}N_8$）作为前驱体，成功地在多壁碳纳米管上沉积了微纳米颗粒 Ta_2O_5（<10nm）。热处理过程中在金属氧化物颗粒上形成的碳膜为导电介质，提高了 Ta_2O_5 的活性，同时也是覆盖活性位点的屏障。因此，碳膜的数量和结构在决定金属氧化物颗粒的活性方面起重要作用。

（2）金属氮化物 金属氮化物纳米颗粒作为酸性溶液中的 ORR 电催化剂的研究也备受关注。一般来说，它们的活性低于大多数金属氧化物。例如，将平均粒径为 4nm 的 MoN 纳米粒子负载在碳粉上，在室温、0.5mol·L^{-1} 的 H_2SO_4 中显示出 0.58V 的起始电位。相比之下，金属氧化物颗粒的起始电位高于 0.9V。Isogai 等人使用由 TiN 纳米颗粒（6nm）和少壁碳纳米管（FWCNT）组成的复合材料表现出极为优异的活性。TiN/FWCNT 复合材料是使用介孔氮化石墨（C_3N_4）作为硬模板和氮源，在少壁碳纳米管的三维网络中实现了 TiN 纳米颗粒的直接合成。

在金属氧化物中掺入 N，形成金属氧氮化物，由于 O 和 N 之间的杂化，可能会缩小带隙，从而提高导电性。在 $Ar + O_2 + N_2$ 中采用射频磁控溅射法制备的 Ta、Nb 和 Zr 基氧化物氮化物薄膜显示出一定的 ORR 活性。溅射氧化物中过渡金属的电离电位低于相应的块状氧化物，这表明前者存在表面缺陷。Ota 等人提出，活性增强的关键不仅在于 N 的置换掺杂，还在于表面缺陷的产生。氮氧化物也可通过金属氧化物在高温氨流中进行氮化合成。例如，在氨气中将 Ta_2O_5 粉末加热到 850℃，合成了钽氧氮化物（$TaO_{0.92}N_{1.05}$）粉末，其 ORR 活性（起始电位 0.8V）远高于 Ta_3N_5（起始电位 0.4V）。ZrO_xN_y、TiO_xN_y、$Co_xMo_{1-x}O_yN_z$ 和 HfO_xN_y 纳米粒子也被合成出来，并显示出中等的 ORR 活性，起始电位为 0.7~0.8V。Domen 等人发现负载在碳上的 NbO_xN_y 纳米粒子的 ORR 起始电位从 NbO_x 的 0.78V 正向移动了 80mV，这表明氮在提高活性方面发挥了作用。该团队还制备了负载在碳上的二元（Ba-Nb-O-N）和三元（Ba-Nb-Zr-O-N）氧氮化物。发现 Ba 和 Zr 的加入抑制了 Nb^{4+} 的形成，增加了表面 Nb^{5+} 的含量。Ba-Nb-Zr-O-N/CB 的 ORR 起始电位高达 0.93V，反应主要通过四电子转移反应进行。要了解 Ba 和 Zr 掺入 NbO_x 基体所引起的结构和电子特性变化，还需进一步的研究。

（3）金属碳氮化物 受到大环配合物和过渡金属 -N 修饰的碳材料的高 ORR 活性的启发，一些研究团队开始研究过渡金属碳氮化物在 ORR 中的应用，包括在 N_2 下，通过溅射金属和碳靶制备 Fe-C-N、Co-C-N、Cr-C-N 和 Ta-C-N 薄膜，随后进行退火。例如，当 N 含量从 0% 增加到 3%（原子分数）时，起始电位从 0.6V 显著增加到 0.82V。由于表面活性位点的饱和，进一步增加 N 的含量并不会改变 ORR 活性。尽管碳氮化物的 ORR 活性比其金属氮化物的对应物有所增强，但它们仍不具备足够优异的性能。部分氧化过程可能导致碳氮化物表面形成一种特殊由金属碳氮化物核和氧化物壳组成的核 - 壳结构。Ota 小组系统研究了氧化还原反应活性与 TaC_xN_y 氧化程度（DOO）的关系。仅发生部分氧化的情况下，活性位点也能立即形成，这些活性位点在进一步氧化过程中并没有发生变化，直到材料完全转化为 Ta_2O_5。

图 6-30 概括了非贵金属催化剂中讨论的不同金属化合物 ORR 活性的总体趋势。ORR 的起始电位一般遵循以下趋势：金属氮化物 < 金属碳氮化物 < 金属氧氮化物 < 金属氧化物 < 部分氧化的金属碳氮化物。

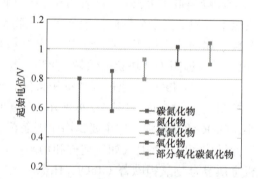

图 6-30 氧化物、氮化物、氧氮化物、碳氮化物和部分氧化碳氮化物在酸溶液中的起始电位比较

3. 非金属催化剂

虽然铂合金或非贵金属已被开发为 ORR 的替代催化剂，但它们仍存在多种缺点，例如在常用的燃料电池测试条件下稳定性低、易受燃料穿透的影响以及对环境有害。因此，研究人员一直在寻找用于 ORR 的非金属催化剂，这引起了广泛关注。非金属催化剂也称为无金属催化剂，不包含金属元素。为了进一步降低成本和提高 ORR 活性，非金属催化剂的合成取得了很大进步。非金属催化剂通常由各种碳基材料组成，如石墨、石墨烯、碳纳米管和有序介孔碳。随着利用一系列杂原子（如 B、N、S、Se、P 和 F）改性碳材料的研究取得进展，大量掺杂碳基催化剂（包括双掺杂和三元掺杂碳材料）已被报道。然而，目前关于不同原子掺杂碳材料的催化机理尚不明确。Dai 等人提出，掺氮碳（NC）催化剂的高活性可能归因于 N 的电负性（氮的电负性为 3.04）大于 C 原子的电负性（碳的电负性为 2.55），N 原子的引入使得邻近的碳原子带正电荷，从而利于氧气的吸附，进而促进氧还原反应的进行。然而，这种解释并不适用于电负性较碳原子小的磷和硼原子（磷的电负性为 2.19，硼的电负性为 2.04）。Hu 等人认为，无论掺杂原子的电负性与碳原子相比是大还是小，只要破坏了 sp^2 杂化的碳原子的电中性，生成了利于氧吸附的带电位点，就可提升催化剂的活性。对于电负性与碳接近的硫原子（硫的电负性为 2.58），Zhang 等人认为其催化活性增强的原因是自旋密度变化改变了表面电子结构。

掺氮碳催化剂主要通过三种不同的途径制备。一是原位掺杂，即在纳米碳材料合成期间直接引入氮原子，例如化学气相沉积法（CVD）。Higgins 等人通过简单的 CVD 装置合成了三种掺氮碳纳米管（N-CNTs），分别为乙二胺（ED-CNTs）、1,3 二氨基丙烷（DAP-CNTs）和 1,4 二氨基丁烷（DAB-CNTs）。然后，用 N-CNT 制作的薄膜作为 ORR 电催化剂，在氢气和氧气均以 300sccm（标准立方厘米每分钟）的速率输入的单燃料电池中进行了测试。结果表明，ED-CNT 薄膜（25.5mW·cm^{-2}）在碱性介质中的性能明显高于商用 Pt/C（19.1mW·cm^{-2}），这归因于氮的高度掺杂，导致 N-CNT 具有独特的结构特性和更强的电子特性。尽管这种方法能获得高掺杂率的产物，但不适用于大规模生产。二是后掺杂，即在纳米碳材料合成后，通过添加含氮原料热处理进行掺杂。然而，这种方法的氮掺杂率相对较低。三是直接热解，即将富含氮原子的有机物如氮化石墨碳、三聚氰胺泡沫和聚合物框架直接热解，制备氮掺杂的碳材料。由于这种方法制备简单易行，是目前最常见的方法。然而，在高温下直接热解氮前驱体往往会导致活性氮物种的大量损失，并且无法控制内部多孔结构，从而导致 ORR 活性位点的形成受到限制，传输性能也相对较差。

此外，在过去的研究中，有报道利用介孔氧化铝和介孔硅模板作为辅助，在纳米碳材料中实现氮掺杂。这种方法是通过引入纳米孔结构来提高材料的比表面积，并保持高含量的氮原子。例如，Müllen 和 Feng 等人采用有序介孔硅（SBA-15）作为模板，制备了氮掺杂的有序介孔石墨阵列，此种催化剂具有较高的电催化活性、出色的长期稳定性。这些特性优于商业 Pt/C 催化剂。然而，这些基于模板的方法需要复杂的合成程序，因此限制了它们的大规模生产。近年来，一些研究已经尝试使用金属有机框架（MOFs）和共价有机材料（COMs）作为前驱体，以制备纳米多孔碳材料。这些材料具有多样的结构、高比表面积、大孔体积和各种孔径。

尽管多孔掺氮碳催化剂的表面积和总氮含量都有所提高，但在酸性环境下，其 ORR 活性仍明显低于 Pt/C 材料。这是因为，在酸性环境下，吡啶氮和吡咯氮这两种平面结构对氧还原反应至关重要。这些吡啶型和吡咯型的二维平面结构使得氮掺杂石墨烯（NG）能保持石墨烯原有的平面共轭大 π 键结构，因而具有优异的导电性和 ORR 催化活性。相反，石墨氮则具有三维空间不规则结构，打破了石墨烯原有的共轭大 π 键结构，使其导电性较差，ORR 催化活性也较低。因此，在高度石墨化的条件下，选择性地合成具有平面构型的吡啶氮和吡咯氮（即平面氮），并尽可能减少甚至抑制石墨氮的形成，是获得高活性 ORR 催化剂的关键。最近，Wei 等人利用层状蒙脱石（MMT）作为一种近乎封闭的扁平反应空间，提出了一种选择性合成吡啶和吡咯烷氮掺杂石墨烯（NG）的新策略（图 6-31a）。由于 MMT 的层间限域效应，限制了石墨氮的形成，但却促进了吡啶氮和吡咯氮的形成。结果表明，当 MMT 间距宽度为 0.46nm 时，平面氮位点的最终含量会达到最大值。平面掺杂 N 的石墨烯具有低电阻和高电催化活性（图 6-31b，图 6-31c）。在酸性电解质中，ORR 的半波电位仅比 Pt/C 催化剂低 60mV（图 6-31c）。此种催化剂不仅克服了传统开放体系下合成的 NG 以石墨型为主、导电性差、活性低的弊病，还克服了开放体系下因掺氮效率低而导致合成 NG 成本高的问题。

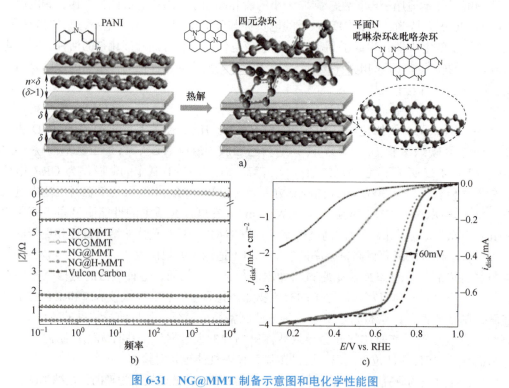

图 6-31　NG@MMT 制备示意图和电化学性能图

a）NG@MMT 制备示意图　b）采用振幅为 5.0mV 的正弦波从 10MHz 至 10kHz 频率对不同催化剂测量得到的 Bode 光谱　c）不同催化剂在 0.1mol/L 的 HClO₄ 中的 ORR 极化曲线

此外，还研究了其他具有新型纳米结构的碳基催化剂。例如，碳材料之间的复合是一种有效制备非金属催化剂的方法。最近，Wei 等以 FeMo-MgAl 层状双氢氧化物为模板，采用 CVD 法制备了氮掺杂石墨烯/单壁碳纳米管复合物（NGSHs）（图 6-32）。FeMo-MgAl 层状双氢氧化物中的 Fe 纳米颗粒不仅可作为氮掺杂单壁碳纳米管生长的高效催化剂，还可以作为氮掺杂石墨烯沉积的基底。以此制备得到的 NGSHs 催化剂不仅具有大表面积和高孔隙率，而且石墨化程度高。研究发现，NGSHs 复合物表现出比其单组分更好的 ORR 活性，因而氮掺杂石墨烯与单壁碳纳米管的复合很有可能协同增强最终氧还原活性。

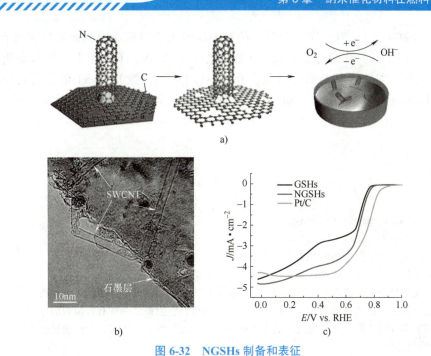

图 6-32　NGSHs 制备和表征

a) NGSHs 制备示意图　b) NGSHs 的 TEM 图像　c) GSHs、NGSHs 和 Pt/C 的 ORR 极化曲线

值得注意的是，大多数使用的碳材料在制备过程中都有一些金属的参与，例如，通过 Hummers 法制备氧化石墨烯、CVD 法制备碳纳米管和以生物或自然材料为前驱体或模板制备碳材料。以 Hummers 法制备氧化石墨烯为例，最终石墨烯产品中含有大量金属杂质，其含量最高可达材料的 2%（质量分数）。这些金属杂质包括 Fe、Ni、Co、Mo、Mn、V 和 Cr，它们会极大地影响纳米材料的电催化特性。在某些情况下，即使这些杂质的含量仅为痕量，它们也能主导材料的催化活性。因此，在制备过程参与的痕量金属（trace metal）对最终催化剂的氧还原活性的影响不能忽略。Masa 等人证明了无定形碳中的痕量金属残余对 ORR 活性是有贡献的。研究表明，在整个制备周期不涉及任何金属参与的非金属催化剂，其 ORR 活性低于制备时有少量金属参与的催化剂。而且，加入低至 0.05%（质量分数）的 Fe 就会对最终 ORR 活性和选择性有很大影响。最近，Pumera 等人研究了痕量金属杂质对杂原子掺杂石墨烯 ORR 性能的影响。为了探究锰基金属杂质的影响，他们采用 Hummers 氧化法（得到的产品标记为 G-HU）和 Staudenmaier 氧化法（利用氯酸盐氧化剂制备肼还原的石墨烯，得到的产品标记为 G-ST）制备了两组不同的石墨烯材料，并且利用耦合等离子体质谱法（ICP-MS）分析制备原料及产品中的金属杂质含量，如图 6-33 所示。研究结果表明，富

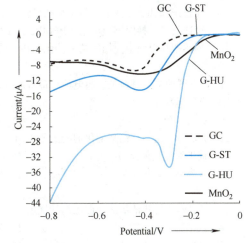

图 6-33　在 0.1mol/L KOH 溶液中，使用裸玻碳（GC）电极以及用 G-HU 和 G-ST 石墨烯材料修饰的 GC 电极记录的线性扫描伏安图

含锰基杂质（>8000×10⁻⁶%，质量分数）的 G-HU 催化剂的氧还原起始电位比含有少量锰基杂质（约 18×10^{-6}%，质量分数）的 G-ST 催化剂大 50mV，有力证明了锰基杂质的 ORR 催化作用。此外，即使锰基杂质含量低至 0.0018%（质量分数），G-ST 催化剂表现的 ORR 电位比裸露的玻碳电极大 80mV，进一步证明痕量金属杂质足以改变石墨烯材料的氧还原电催化性能。

思 考 题

简答题

1. 燃料电池和原电池的原理有何不同？
2. 燃料电池的分类有哪些？
3. 质子交换膜燃料电池的结构和工作原理是什么？
4. 固体氧化物燃料电池与熔融盐燃料电池的主要区别是什么？
5. 燃料电池的性能表征有哪些关键参数？这些参数如何影响燃料电池的实际运行和效率？
6. 单电池测试技术在燃料电池性能评估中扮演什么角色？它能提供哪些有价值的信息？
7. 催化剂的电催化性能对燃料电池的功率密度和能量转化效率有何影响？如何通过改进催化剂设计来提高其活性和稳定性？
8. 催化剂的耐久性对燃料电池整体效率和可靠性有什么影响？可采取哪些策略来提高催化剂的耐久性，以降低整个燃料电池的降解速度？
9. 燃料电池中阳极和阴极的反应机理是什么？它们在燃料电池中的作用是什么？
10. 为什么铂催化剂在燃料电池中具有良好的电催化活性？它在氢气氧化和氧气还原反应中的作用是什么？
11. 非 Pt 催化剂（如钯、钌等）在燃料电池电催化研究领域中的应用有哪些？它们的优势和局限性是什么？
12. 简述铂基纳米催化剂在燃料电池中的作用及其优势。
13. 简述非铂基纳米催化剂的研究现状及其在燃料电池中的应用前景。
14. 简述燃料电池中铂基纳米催化剂的失活机制及解决方法。
15. 描述非铂基纳米催化剂在燃料电池中的合成方法。
16. 比较铂基和非铂基纳米催化剂在燃料电池中的电化学性能。
17. 简述质子交换膜燃料电池（PEMFC）中使用纳米催化剂的必要性。
18. 简述燃料电池中使用的纳米催化剂在环境和经济方面的影响。

单选题

1. 以下哪种纳米材料是燃料电池中最常用的催化剂？
A. 金纳米粒子　　　　　　　　　　B. 铂纳米粒子
C. 银纳米粒子　　　　　　　　　　D. 铜纳米粒子
2. 在燃料电池中，铂基催化剂的主要作用是？
A. 促进氧化还原反应　　　　　　　B. 提供机械支撑
C. 作为电子导体　　　　　　　　　D. 提供热稳定性

多选题

1. 以下哪些是非铂基纳米催化剂的优点？
A. 成本低　　　　　　　　　　　　B. 耐久性高
C. 活性高　　　　　　　　　　　　D. 环境友好
2. 影响燃料电池催化剂性能的因素有哪些？
A. 粒径大小　　　　　　　　　　　B. 比表面积

C. 电极电势　　　　　　　　　D. 催化剂载体类型

情景题

假设你是一个科研团队的负责人，计划设计一种新的非铂基催化剂用于质子交换膜燃料电池（PEMFC），请描述你的设计思路和实验方案。

计算题

假设某铂基纳米催化剂在氧还原反应（ORR）中的交换电流密度为 $0.1A \cdot cm^{-2}$，催化剂表面积为 $10cm^2$。计算在 0.8V 下反应的电流。

案例分析题

分析某研究中发现的铂基催化剂在燃料电池运行过程中由于碳载体腐蚀导致性能衰退的问题，并提出可能的解决方案。

综合应用题

设计一个实验，比较铂基和非铂基纳米催化剂在质子交换膜燃料电池中的性能。实验应包括催化剂制备、性能测试及结果分析。

参 考 文 献

［1］　LEE J，QUAN S，et al. Polmer electrolyte membranes for fuel cells［J］. Journal of Industrial Engineering Chemistry，2006，12（2）：175-183.

［2］　RAMASWAMY N，MUKERJEE S. Alkaline Anion-Exchange Membrane Fuel Cells：Challenges in Electrocatalysis and Interfacial Charge Transfer［J］. Chemical Reviews，2019，119：11945-11979.

［3］　DAVYDOVA S，MUKERJEE S，JAOUEN F，et al. Electrocatalysts for Hydrogen Oxidation Reaction in Alkaline Electrolytes［J］. ACS. Catalysis，2018，8（7）：6665-6690.

［4］　FISHTIK I，CALLAGHANC，FEHRIBACH J，et al. A reaction route graph analysis of the electrochemical hydrogen oxidation and evolution reactions［J］. Journal of Electroanalytical Chemistry，2005，576（1）：57-63.

［5］　NØRSKOV J K，ROSSMEISL J，LOGADOTTIR A，et al. Origin of the Overpotential for Oxygen Reduction at a Fuel-Cell Cathode［J］. J.Phys.Chem.B，2004，108（46）：17886-17892.

［6］　XIA B Y，WU H B，YAN Y，et al. Ultrathin and ultralong single-crystal platinum nanowire assemblies with highly stable electrocatalytic activity［J］. J Am Chem Soc，2013，135（25）：9480.

［7］　BU L，ZHANG N，GUO S，et al. Biaxially strained PtPb/Pt core/shell nanoplate boosts oxygen reduction catalysis［J］. Science，2016，354（6318）：1410.

［8］　WANG C，DAIMON H，ONODERA T，et al. A General Approach to the Size-and Shape-Controlled Synthesis of Platinum Nanoparticles and Their Catalytic Reduction of Oxygen［J］. Angewandte Chemie International Edition，2008，47（19）：3588.

［9］　CHEN C，KANG Y，HUO Z，et al. Highly Crystalline Multimetallic Nanoframes with Three-Dimensional Electrocatalytic Surfaces［J］. Science，2014，343（6177）：1339.

［10］　BEERMANN V，GOCYLA M，WILLINGER E，et al. Rh-Doped Pt-Ni Octahedral Nanoparticles：Understanding the Correlation between Elemental Distribution，Oxygen Reduction Reaction，and Shape Stability［J］. Nano letters，2016，16（3）：1719.

［11］　ZHANG J，YANG H，FANG J，et al. Synthesis and Oxygen Reduction Activity of Shape-Controlled Pt_3Ni Nanopolyhedra［J］. Nano letters，2010，10（2）：638.

［12］　MAYRHOFER J J，JUHART V，HARTL K，et al. Adsorbate-Induced Surface Segregation for Core-Shell Nanocatalysts［J］. Angewandte Chemie International Edition，2009，48（19）：3529.

［13］　STEPHENS I E L，Bondarenko A S，Bech L，et al. Oxygen Electroreduction Activity and X-Ray

Photoelectron Spectroscopy of Platinum and Early Transition Metal Alloys [J]. Chem Cat Chem, 2012, 4 (3): 341.

[14] ZHAO X, SASAKI K. Advanced Pt-Based Core-Shell Electrocatalysts for Fuel Cell Cathodes [J]. Accounts of Chemical Research, 2022, 55 (9): 1226.

[15] PARK J, ZHANG L, CHOI S I, et al. Atomic Layer-by-Layer Deposition of Platinum on Palladium Octahedra for Enhanced Catalysts toward the Oxygen Reduction Reaction [J]. ACS Nano, 2015, 9 (3): 2635.

[16] NESSELBERGER M, ROEFZAAD M, FAYÇAL HAMOU R, et al. The effect of particle proximity on the oxygen reduction rate of size-selected platinum clusters [J]. Nature materials, 2013, 12 (10): 919.

[17] AHMADI R, AMINI M K. Synthesis and characterization of Pt nanoparticles on sulfur-modified carbon nanotubes for methanol oxidation [J]. International Journal of Hydrogen Energy, 2011, 36 (12): 7275.

[18] ZHAO L, WANG Z B, LI J L, et al. A newly-designed sandwich-structured graphene-Pt-graphene catalyst with improved electrocatalytic performance for fuel cells [J]. Journal of Materials Chemistry A, 2015, 3 (10): 5313.

[19] OH H S, NONG H N, STRASSER P. Preparation of Mesoporous Sb-, F-, and In-Doped SnO_2 Bulk Powder with High Surface Area for Use as Catalyst Supports in Electrolytic Cells [J]. Advanced Functional Materials, 2015, 25 (7): 1074.

[20] KIM Y S, JANG H S, KIM W B. An efficient composite hybrid catalyst fashioned from Pt nanoparticles and Sb-doped SnO_2 nanowires for alcohol electro-oxidation [J]. Journal of Materials Chemistry, 2010, 20 (36): 7859.

[21] SHAO M, YU T, ODELL J H, et al. Structural dependence of oxygen reduction reaction on palladium nanocrystals [J]. Chemical Communications, 2011, 47 (23): 6566.

[22] FILHOL J S, NEUROCK M. Elucidation of the Electrochemical Activation of Water over Pd by First Principles [J]. Angewandte Chemie International Edition, 2006, 45 (3): 402.

[23] TAKASU Y, SUZUKI M, YANG H, et al. Oxygen reduction characteristics of several valve metal oxide electrodes in HClO4 solution [J]. Electrochimica Acta, 2010, 55 (27): 8220.

[24] SEO J, CHA D, TAKANABE K, et al. Particle size dependence on oxygen reduction reaction activity of electrodeposited TaOx catalysts in acidic media [J]. Physical Chemistry Chemical Physics, 2014, 16 (3): 895.

[25] DING W, WEI Z, CHEN S, et al. Space-Confinement-Induced Synthesis of Pyridinic-and Pyrrolic-Nitrogen-Doped Graphene for the Catalysis of Oxygen Reduction [J]. Angewandte Chemie International Edition, 2013, 52 (45): 11755.

[26] DENG D, YU L, CHEN X, et al. Iron Encapsulated within Pod-like Carbon Nanotubes for Oxygen Reduction Reaction [J]. Angewandte Chemie International Edition, 2013, 52 (1): 371.

[27] WANG L, AMBROSI A, PUMERA M. "Metal-Free" Catalytic Oxygen Reduction Reaction on Heteroatom-Doped Graphene is Caused by Trace Metal Impurities [J]. Angewandte Chemie International Edition, 2013, 52 (51): 13818.

[28] ZHANG L, DOYLE DAVIS K, SUN X L. Pt-Based electrocatalysts with high atom utilization efficiency: from nanostructures to single atoms, 2019, 12 (2): 492-517.

[29] SHAO M H, CHANG Q W, et al. Recent Advances in Electrocatalysts for Oxygen Reduction Reaction [J]. Chemical Reviews, 2016, 58 (3): 3594-3657.

第7章

纳米催化材料在二次电池中的应用

7.1 纳米催化材料在金属空气电池中的应用

随着人口增长和经济发展的加速，人类对能源的需求不断增加。同时，传统化石燃料的开采和使用也导致环境问题加剧，如气候变化、大气污染、水资源短缺等。到目前为止，能源供应总量的很大一部分（超过 80%）来自化石燃料，如煤、石油和天然气，使大气中温室气体急剧积聚。更严重的是，这些化石燃料的储量十分有限。因此，发展可再生能源是一种十分具有前景的解决方案，以减少对化石燃料的依赖，同时减少大量二氧化碳的排放。然而，由于天气条件的变化，所谓的可再生和"绿色"电力，如太阳能或风能，本质上是波动和间歇性的，因此急需大规模的能源储存装置。在各种电能存储技术中，二次电化学电池是最有效、最简单、最可靠的系统之一，它可通过可逆的电化学氧化还原反应将电能直接转化为化学能，也可将化学能直接转化为电能，从而实现能源的高效利用和可持续发展。为了满足不断增长的能源需求和解决环境问题，电化学储能逐渐成为一种重要的解决方案。可充电锂离子电池由于其相对较长的循环寿命（>5000 次循环）和高能量效率（>90%），传统上被认为是最有前途的存储技术。然而，这种传统的插层反应机制使锂离子电池的能量密度较低（理论值为 $400Wh \cdot kg^{-1}$），且成本较高，限制了其长期应用。此外，即使对这项技术进行优化，现有材料仍难以满足可再生能源和电动汽车的大规模电力储存的高能量需求。在此背景下，迫切需要开发高能量密度的能源存储技术。随着电化学储能技术的不断发展和改进，一些新型电池，如钠离子电池、金属 - 空气电池和锂硫电池等逐渐成为锂离子电池的替代。

7.1.1 金属 - 空气电池概述

金属 - 空气电池包括以各种金属材料为负极的空气电池，这种能量储存器件的理论能量密度高、成本低，且较为环保，近年来备受关注。该电池利用氧还原反应（ORR）和析氧反应（OER）电极取代传统的利用插层反应来储存能量的负极。金属 - 空气电池通过金属与空气中的氧气发生氧化还原反应来发电，该电池的一大特点是具有开放式结构，正极的活性物质来自空气中的氧气，可以实现连续的活性物质供应。由于正极的氧气来自空气，而不是储存在电池中，因此相比于可充电铅酸电池、镍氢电池和锂电池这些传统电池，金属 - 空气电池的理论能量密度明显更高。其中，锌 - 空气电池的理论比能量密度可达 $1084Wh \cdot kg^{-1}$，且具备放电电压平坦、安全性高、成本低等优点。近年来，人们对锂-空气电池进行了大量的研究。由于锂-空气电池在非水溶液中反应，且锂是最轻的金属元素，其理论能量密度高达 11680Wh·kg^{-1}，几乎可与汽油媲美。因此可以说锂-空气电池有望成为下一代储能设备。

1. 金属-空气电池的结构

金属-空气电池结构示意图如图 7-1 所示，由金属负极、空气正极和隔膜组成，隔膜浸泡在金属离子导体电解质中。放电过程中，金属负极被氧化并向外部电路释放电子。与此同时，氧气接受从负极传来的电子，并被还原为含氧物质。氧还原物质和解离的金属离子在电解质中迁移并与对应物结合形成金属氧化物。充电过程则相反，负极被还原生成金属，而正极释放氧气。OER 和 ORR 是这种电池在充放电过程中与氧有关的两个过程。金属-空气电池中采用的负极材料包括 Li、Na、Fe、Zn 等金属元素。电解质则包括水电解质、非水电解质、固态电解质和混合电解质。

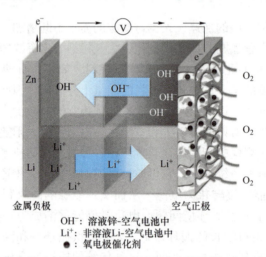

OH$^-$：溶液锌-空气电池中
Li$^+$：非溶液 Li-空气电池中
●：氧电极催化剂

图 7-1　金属-空气电池（水溶液锌-空气电池和非水溶液锂-空气电池）**结构示意图**

2. 金属-空气电池的分类

金属电极包括锌、锂、镁、铝及其他金属，金属-空气电池的理论能量密度和比能量比较如图 7-2 所示。在非理想情况下，放电过程中，放电固体产物在沉淀过程中会消耗活性电解质成分，降低电池整体的能量密度。镁金属-空气电池在充放电过程中，Mg 金属可实现均匀沉积，但是 Mg 电极在溶液中腐蚀严重，限制了溶液体系电池的发展。为解决这一问题，人们尝试将几种离子液体电解质应用于镁-空气电池中。仍存在电化学不稳定的问题，在充电过程中尤其明显，电池的可逆性受到了限制。铝-空气电池同样也得到了广泛的研究，因为铝是一种来源丰富且安全的元素，同时铝拥有较高的理论能量密度和比能量。钠的成本低、资源丰富，与锂特性相似，这推动了人们对钠-空气电池的研究。不过这些体系仍处于发展阶段。硅-空气电池最近也受到了很多关注，其能量密度很高，并且在电解质（包括水溶液）中可以稳定存在。不过不管是在离子液体还是在碱性电解质中，负极的放电产物均为固体，不可逆性高，且容易在沉淀过程中堵塞材料的孔隙，这些都是目前硅-空气电池研究中需解决的问题。

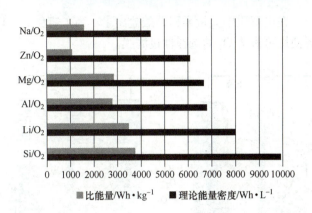

图 7-2　常见金属 - 空气电池的理论能量密度和比能量

目前，锂 - 空气和锌 - 空气是两种最有前途的金属 - 空气电池。锂 - 空气电池的研究已经进行了几十年，但直到最近才成为科学界高度探索的课题。电解质是阻碍该技术进步最大的绊脚石。通常在锂 - 空气电池中使用的电解质是非质子（非水）和水电解质的组合。早期研究集中在非质子电解质上，Abraham 等人使用非质子电解质（$LiPF_6$）溶于碳酸乙烯酯（EC）中，提出了一个生成 Li_2O_2 或 Li_2O 的整体反应，并于 1996 年发表。

锌 - 空气电池（ZABs）是目前唯一一种得到完全开发的金属 - 空气电池体系，作为原电池已经成功销售了几十年。例如，助听器是一种仅需低电流即可运行的设备，锌 - 空气电池在该设备上得到了应用，不过它们的寿命和可充电性都是有限的。锌作为电极材料的一个显著优点是，它在水中是稳定的，不像金属锂在水中极其活泼。目前在锌 - 空气电池中比较常用的电解质是近中性的水溶液和离子液体电解质的结合。一些初创企业，如 Eos Energy Storage 和 Fluidic Energy，正努力将其商业化。

7.1.2　金属 - 空气电池的充放电机理

在实际的电化学能量转换过程中，通常存在较高的活化能垒，因此需施加额外的能量来克服。能垒的大小由过电位或法拉第效率来定义。过电位过高或法拉第效率过低将导致能量以热的形式被浪费掉。在金属 - 空气电池中，很大程度上是由于空气（氧）电极的性能差，因为氧还原 / 析出反应动力学十分缓慢。因此，电池正极电极上通常会修饰电催化剂，以降低正极反应的活化能，同时提高转化率。电催化剂的性能会限制电化学系统的性能，如能量效率、倍率容量、寿命和成本，因此，催化剂成为高效电化学能量转换器件中不可或缺的一部分。为了合理设计 ORR 和 OER 的高效催化剂，还需要进一步深入理解空气电极上的 ORR 和 OER 机理。

本节将分别以水溶液电解质和有机电解质为基础，讨论金属 - 空气电池中的碱性氧电化学反应，金属 - 空气电池在两种电解质中的机理如图 7-3 所示。

1. 水溶液反应原理

金属 - 空气水溶液电池通常使用碱性溶液，因为金属负极在该条件下相对稳定。相反，酸性电解液与金属负极会发生剧烈反应，导致负极腐蚀严重，无法在实际情况下得到应用。然而，当使用空气作为反应物质时，使用碱性电解液也存在一些缺点，因为空气中的二氧化碳会与碱性溶液反应，在电解质中大量累积碳酸盐离子。为了避免这一情况发生，可以选择通入过滤空气，或者使用可渗透 O_2 的选择性过滤膜。

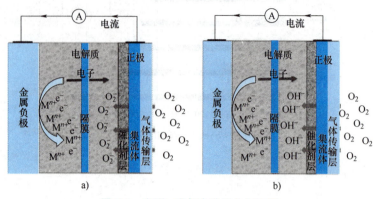

图 7-3　金属 - 空气电池工作机理图
a）非水溶液电解质　b）水溶液电解质

在水溶液电解质中，如果不使用电催化剂，氧电极的电化学反应动力学通常相当缓慢。氧电极电催化剂的存在可以加速 ORR 或 OER 过程。空气电极中的 ORR 过程包括多个步骤：氧气从外界大气中扩散到催化剂表面、催化剂表面吸附氧气、电子从负极转移至氧分子、氧键结合力变弱并断裂、催化剂表面生成羟基离子产物并从催化剂表面脱附。充电过程中的 OER 则涉及 ORR 的反向过程。由于氧的不可逆性强，其电化学过程非常复杂，反应过程中包含一系列复杂的电化学反应，涉及多步电子转移过程。同时，不同的催化剂对应不同的反应机理。比如金属和金属氧化物是两种最典型的氧催化剂，已有不少工作深入研究了其反应机理。在金属催化剂表面，根据吸附类型的不同，ORR 可通过四电子途径或两电子途径进行反应。这里主要涉及吸附类型：双氧吸附（两个氧原子与金属配位）和端对双氧吸附（一个氧原子垂直于表面配位），分别对应于直接 4 电子途径和 2 电子途径。

2. 非水溶液反应原理

在非水溶液体系中进行的氧还原反应也同样得到了广泛的研究，因为锂 - 空气电池的安全运行和非水溶液电解质中的 ORR 和 OER 反应密切相关。因此，深入研究非水溶液体系中 O_2 的反应机理十分重要。

对有机溶剂中的电化学氧还原反应研究表明，在非水溶液环境下，分子氧有可能被还原为超氧化物 O_2^-。Laoire 等人探索了阳离子对 ORR 和 OER 的影响，发现正极在四丁基铵（TBA^+）和四乙基铵（TEA^+）等大阳离子电解质中，O_2/O_2^- 氧化还原电对的反应是单电子可逆过程，而在含 Li^+ 的电解质中，氧还原反应逐步生成 O_2^-、O_2^{2-} 和 O^{2-}，这些反应在动力学上是不可逆或准可逆的。可以用软硬酸碱（HSAB）理论来解释 ORR 在大阳离子和小金属阳离子电解质中热动力学的变化。TBA^+ 是一种软酸，可以有效稳定软碱 O_2^-（由于其半径相对较大、电荷密度相对较低），防止其发生进一步反应。而 Li^+ 等碱金属阳离子属于硬酸，不能有效稳定 O_2^-。因此，在锂离子存在的情况下，不稳定的 LiO_2 利于发生歧化，生成 Li_2O_2。Li^+ 和超氧离子之间的离子键强，导致在电极表面沉淀，使电极钝化并阻碍还原反应，使其成为不可逆反应。相关研究小组还研究了路易斯酸度（即阳离子硬度）递增的一系列阳离子：$TBA^+<PyR^+<EMI^+<K^+<Na^+<Li^+$ 的 ORR 和 OER 过程，发现 TBA^+、PyR^+、EMI^+

和 K^+ 可以有效稳定超氧离子，而不会歧化形成过氧化物，从而实现可逆的单电子反应，如图 7-4 所示。相反，硬阳离子如 Li^+ 和 Na^+，会促进金属超氧化物歧化形成金属过氧化物，发生不可逆的两电子转移过程。

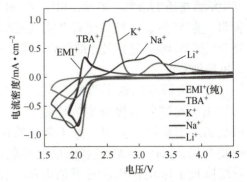

图 7-4　在纯 EMITFSI 中加入浓度为 0.025M 的不同盐溶液得到的不同 CV 曲线

7.1.3　金属 - 空气电池的负极材料

1. 负极材料的发展

自 1878 年第一个金属 - 空气电池（锌 - 空气电池）发明以来，科研人员对该领域进行了大量的开发和研究。许多金属，包括锌、铝、铁、锂、钠、钾和镁，都可作为金属 - 空气电池的负极，每种金属都有自己的优点和缺点。其中金属锂 - 空气电池的能量密度理论上最高，不过要想实现可充放电的锂 - 空气电池还是面临较多困难。其他金属，比如锌、镁和铝等有环境友好、储量丰富、经济可商业化等优点，最重要的是这些金属比金属锂的安全系数高。此外，铝易于大量回收，并且具有更高的能量密度（$8.1kWh \cdot kg^{-1}$）、理论电压高达 2.7V。因此，铝金属 - 空气电池被认为仅次于 Li，是能量密度第二高的金属 - 空气电池。负极材料的化学活性决定了负极的放电容量。由于金属的活性普遍较高，与电解质的各种成分可能会发生副反应，这些反应可能以不同的速率发生，对电池效率产生不同的影响，影响程度取决于金属的纯度和储存条件。比能量的计算公式如下：

$$W_{Me}/_{MeOx} = n \times F \times M_{Me}/_{MeOx-1} \times U_{cell} \tag{7-1}$$

式中，W 为材料的比能；n 为转移的原子数；M 为摩尔质量；U_{cell} 为电池电压。

2. 负极材料的研究进展

铝 - 空气电池具有能量密度高、重量轻、可回收性好、环保、价廉等特点。此外，铝 - 空气电池的电解质可以是碱性溶液、盐溶液和非水溶液。

研究人员采用等通道角压（ECAP）法制备了超细晶（UFG）铝负极（图 7-5），在恒定放电电流 $10mA \cdot cm^{-2}$ 的条件下，研究了在 3 种不同电解质（NaOH、KOH 和 NaCl）中该电池的性能。电池的负极采用的是一种双层结构的空气电极，包含气体扩散层和催化剂（银粉）层，和集流体 Ni 网层压在一起，该研究还比较了 UFG 和粗晶粒铝（CG）。

图 7-5　不同合成方法得到的超细晶铝负极的电镜照片
a）铸造法　b）等通道角压法（ECAP）

晶粒尺寸越细，电池在碱性电解质中的性能越好，这是因为铝负极在碱性电解质中会发生活性物质的溶解。然而，由于在 NaCl 电解液中存在局部腐蚀和氧化膜堵塞，研究结果表明，将 Al 负极晶粒细化对性能没有影响。在 NaOH 中，CG 和 UFG 的负极效率分别为 55.3% 和 77.4%。晶粒尺寸细化后，能量密度可提高 55.5%，但在 NaCl 和 KOH 溶液中的提升机理仍未知。

另一项研究比较了两种不同纯度的铝负极，考察了负极的杂质对铝空气电池性能的影响。测试的负极分别为质量分数为 99.5% 的 2N5 和质量分数为 99.99% 的 4N 级铝金属。实验结果表明，由于杂质的存在，负极材料中形成了含有铁、硅、铜等元素的复合层，2N5 级 Al 组装的电池性能低于 4N 级 Al 组装的电池，因为 2N5 铝中的杂质层降低了电池待机状态下的电压，耗尽了电池效率和 1V 下的放电电流。然而，在 0.8V 电压下，杂质层会溶解，因此在低电压下性能反而得到了提高。随着放电电压的降低，杂质复合层逐渐减少，减少自腐蚀反应提高了电池效率和放电电流密度。因此，在铝 - 空气电池大功率放电的条件下，可以使用更便宜的 2N5 级铝负极代替 4N 级铝负极。

在铝空气电池负极材料中，锌是一种常见的合金元素，在提高电池的电压的同时，降低电池的自腐蚀率。然而，一项研究表明，将锌元素加入到质量分数为 99.7% 的 Al 负极中会降低其放电性能，这是因为形成了锌氧化物膜。为防止形成该氧化物膜，研究人员将 In 元素加入到 AlZn 负极中，通过掺杂降低锌氧化物膜的电阻，最终电池的放电性能得到了提高。除此之外，还有研究工作在商业级 Al（质量分数 99.7%）的基础上制备了 Al-Zn-In 合金，这种材料的成本比 4N 级的 Al 更低。

7.1.4　金属 - 空气电池的电解液

图 7-6 总结了金属 - 空气电池中常用的电解质，电解质可以是溶液、离子液体、固态电解质或混合电解质。

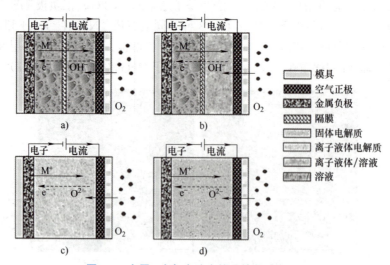

图 7-6　金属 - 空气电池中使用的各种电解质

a）溶液电解质　b）混合电解质　c）离子液体电解质　d）固态电解质

7.1.5　金属 - 空气电池的正极

正极是金属 - 空气电池中的第三个组成部分，正极的活性物质是来自周围环境的氧，来源丰富。此外，正极不需要任何额外的保护层或容纳层，大大增加了电池的能量密度。正极发生的反应为 ORR 和 OER，放电时发生 ORR 反应，充电时发生 OER 反应。

合理选择氧电极电催化剂有助于提高金属 - 空气电池的功率密度、循环能力和能量转换效率。近年来，研究人员在一次和可充电金属 - 空气电池电催化剂的开发方面做出了巨大的努力。

尽管最近有工作对锂空气电池中实际的电催化效果提出了质疑，但现有研究结果仍然可以为未来氧电催化剂的研究提供一定的指导。此外，由于原理相似，大多数适用于燃料电池的催化材料也可以应用于金属 - 空气电池中。金属 - 空气电池中常见的电催化剂大致可以分为以下七类：①过渡金属氧化物，包括单金属氧化物和多金属氧化物；②功能碳材料，包括纳米结构碳和掺杂碳；③金属氧化物 - 纳米碳复合材料；④金属 - 氮配合物，包括非热解的金属 - 氮配合物和热解的金属 - 氮配合物；⑤过渡金属氮化物；⑥导电聚合物；⑦贵金属、合金、氧化物，例如 Pt，Ag，PtAu，RuO_2 等。下面的章节中将总结这类催化剂在水溶液和非水溶液金属 - 空气电池中的应用。

1. 空气电极的组成

空气电极由气体扩散层（GDL）、催化剂和集流体组成，如图 7-7 所示。该电极会对金属空气电池的性能产生很大的影响，因此必须提高 ORR 性能、减少碳酸盐和副产物的形成、避免空气正极被电解液渗透、防止电解液蒸发。

集流体的主要作用是连接外电路，形成闭合回路，并在该回路中进行电子的传输。集流体可以是金属材料或者非金属材料，金属集流体一般是多孔泡沫状金属，比如泡沫镍、铜、不锈钢。非金属集流体包括碳布、导电碳纸、石墨纤维，即非金属集流体一般是碳材料。

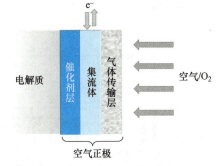

图 7-7　空气电极的组成

GDL 有多种功能，在空气和催化剂层之间充当导线的作用，可允许氧气扩散入大气中，同时从大气中吸收空气。除此之外，气体传输层还可以抑制电解质泄露，防止水分进入电池，同时起支撑催化剂的作用。气体传输层应具备以下的特性：疏水性、轻薄、多孔。气体传输层通常为碳材料或者催化材料，以及疏水黏合剂，比如聚四氟乙烯（PTFE），通常催化剂材料和黏合剂结合，然后压印在集流体上。

催化剂层对金属空气电池的性能有着较为重大的影响。通常催化剂层的材料为 OER 和 ORR 双功能催化剂，因为氧反应动力学缓慢，提高氧反应动力学可以提高金属空气电池的电化学性能，同时降低过电位。电催化剂可分为四种：①贵金属及其合金，比如 Pt、Ir 氧化物、Ru 氧化物，这些材料在 OER 和 ORR 催化中都表现出优异的性能；②金属氧化物，包括单金属、双金属、三金属氧化物；③碳材料，比如掺杂碳和纳米碳材料；④过渡金属和金属大环复合物。

2. 金属 - 空气电池（MABs）中的氧电化学反应

由于氧在水和非水电解质中的作用是不同的，反应途径如图 7-8 所示，因此有必要开发各种催化剂，以催化不同的反应过程。这两个过程虽然都可以在不使用催化剂的情况下，在空气正极电极上进行，但是氧的反应动力学非常缓慢，因此需使用电催化剂，以加速这一反应。ORR 和 OER 是有氧存在时发生的两个过程。ORR 主要发生的是：①氧气从周围环境扩散到催化剂表面；②催化剂表面吸收氧气；③负极的电子通过外部电路转移到氧分子上；④氧断裂，氧键变弱；⑤羟基离子产物从催化剂表面除去，转移到电解液中。所有这些过程在 OER 中都是可逆的，发生在充电过程中。由于氧在催化剂上吸附后产生的中间体相对稳定，因此普遍接受的 ORR 和 OER 机制是四步电子转移或两步电子转移。由双电子机制产生的超氧化物中间体是一种活性氧。

电解质		氧反应	反应途径	
			两步	四步
溶液 MABs	碱性	ORR	$> O_2 + H_2O(l) + 2e^- \longrightarrow O^* + 2OH^-$ $> O^* + 2OH^- + H_2O(l) + 2e^- \longrightarrow 4OH^-$	$> O_2 + H_2O(l) + e^- \longrightarrow OOH^* + OH^-$ $> OOH^* + e^- \longrightarrow O^* + OH^-$ $> O^* + H_2O(l) + e^- \longrightarrow OH^* + OH^-$ $> OH^* + e^- \longrightarrow * + OH^-$
		OER		$> OH^- + * \longrightarrow OH^* + e^-$ $> OH^* + OH^- \longrightarrow O^* + H_2O(l) + e^-$ $> O^* + OH^- \longrightarrow OOH^* + e^-$ $> OOH^* + OH^- \longrightarrow * + O_2(g) + H_2O(l) + e^-$
	酸性	ORR		$> O_2(g) + H^+ + e^- \longrightarrow OOH^*$ $> OOH^* + H^+ + e^- \longrightarrow O^* + H_2O(l)$ $> O^* + H^+ + e^- \longrightarrow OH^*$ $> OH^* + H^+ + e^- \longrightarrow * + H_2O(l)$
		OER		$> H_2O(l) + * \longrightarrow OH^* + H^+ + e^-$ $> OH^* \longrightarrow O^* + H^+ + e^-$ $> O^* + H_2O(l) \longrightarrow OOH^* + H^+ + e^-$ $> OOH^* \longrightarrow * + O_2(g) + H^+ + e^-$
非溶液 MABs	例如，非溶液电解质LAB	ORR	$> O_2 + e^- \longrightarrow O_2^-$ $> O_2^- + Li^+ \longrightarrow LiO_2$ $> 2LiO_2 \longrightarrow Li_2O_2 + O_2$	
		OER	$> Li_2O_2 \longrightarrow 2Li^+ + O_2 + 2e^-$	

注：*代表表面活性位点，(l)代表液相，(g)代表气相，O^*、OH^*、OOH^* 是吸附的中间物

图 7-8　金属 - 空气电池在不同电解质中的反应途径

由于四步电子转移可以为金属空气电池提供高功率和能量密度，研究人员更倾向于四电子反应途径。为避免碳酸盐离子随反应时间在液体电解质中的积累，碱性介质中必须加注净化空气或采用透氧膜。

3. 双功能氧电极纳米催化剂

虽然贵金属基电催化剂具有优异的性能，但其大规模应用仍受到耐久性差和成本高的限制。为了克服这些限制，研究人员开发了一种石墨烯水凝胶 / 石墨烯量子点（GH-GQD）复合物结构，它在碱性溶液中具有良好的耐久性和优异的电催化活性。与氧化石墨烯和石墨烯水凝胶相比，GH-GQD 具有更多的活性位点，在锌空电池中表现出良好的 ORR 催化剂性能，并且在更高电流密度下的放电性能可与商用催化剂 Pt/C 相比较。

一维锰钴氧化物（尖晶石型），$MnCo_2O_4$（MCO）和 $CoMn_2O_4$（CMO）纳米纤维作为双功能正极催化剂，可应用于可充电金属空气电池中，如图 7-9 所示。

如图 7-9g~ 图 7-9f 所示，在碱性溶液中对 ORR 和 OER 都有很高的催化活性。这些材

料作为催化剂在 ZABs 中进行了测试，结果表明使用催化剂可以显著减小放电电压和充电电压之间的电势差。结果表明，与没有催化剂的电池相比，循环效率得到了提高。尽管经历反复充放电循环，但 CMO-NF 和 MCO-NF 催化剂仍能保持稳定性。催化剂 / 碳复合正极中的碳腐蚀则导致电池的循环性能明显下降。

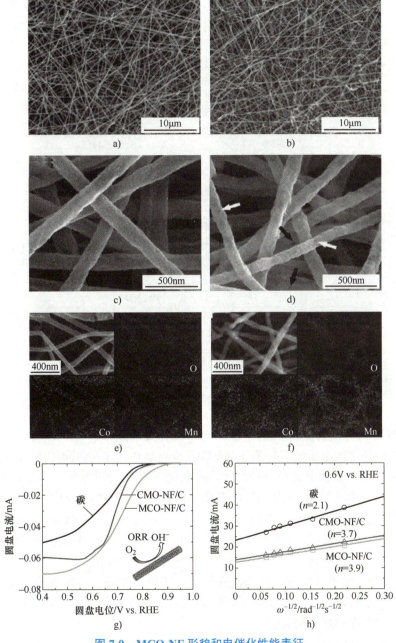

图 7-9　MCO-NF 形貌和电催化性能表征

a-c）MCO-NF 和（b-d）CMO-NF 的 SEM 显微照片　d）中的箭头表示纤维表面的孔隙　e）MCO-NF
f）CMO-NF 中 Co、Mn 和 O 元素分布的能谱图　g）测量的 ORR 在 $\omega = 1200$r/min 时的正极极化曲线
h）0.6V 时相对于 RHE 的 K-L 曲线

采用 Pt/C 和无催化剂碳正极制备纳米纤维催化剂，用于组装的 ZABs 的电化学性能比较如图 7-10 所示。MCO-NF 和 CMO-NF 的结构促进了物质通过多孔一维结构的移动，并提供了大量的活性反应位点，这可能是电化学性能增强的原因。

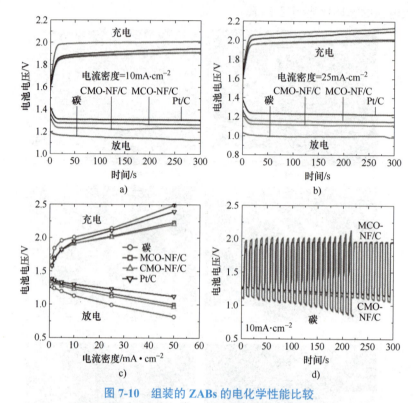

图 7-10 组装的 ZABs 的电化学性能比较

a）10mA · cm⁻² 和 b）25mA · cm⁻² 条件下的恒流充放电图　c）不同电流密度下的电池电压
d）不同催化剂下可充电碱性 ZABs 在 10mA · cm⁻² 条件下的循环性能

为了寻找可以替代贵金属 Pt 的电催化剂，研究人员混合了 Ni、Co 和 S 以获得更好的电化学性能。由于过渡金属元素与单一硫化物或金属氧化物存在协同作用，混合硫化物和含有过渡金属的金属氧化物通常拥有较为优异的电化学效率。$NiCo_2S_4$ 空心微球拥有类似绣球的形貌，具有高度多孔结构。$NiCo_2S_4$ 的多孔结构有助于氧和羟基反应物的扩散，并且由于其多孔性，通常具有较高氧反应表面积。在碱性介质中，$NiCo_2S_4$ 微球对 OER 和 ORR 表现出良好的电催化活性和较高的稳定性，是一种适用于水系金属空气电池和可充电金属空气电池的催化剂。此外，绣球状结构表现出许多解吸和吸附氧的位点。

PdCo/C 双金属纳米催化剂可作为潜在的空气正极催化剂。将制备的催化剂在 H_2/Ar 气氛中，200℃ 下热处理 4 ~ 24h，各热处理周期的图像如图 7-11 所示。热处理（HT）与催化剂的总性能之间存在明显的相关性。

最佳热处理时间为 8h，此时，催化剂的 ORR 和 OER 活性最高。因此，HT-8h PdCo/C 催化剂在可充电锌 - 空气电池和镁 - 空气电池中进行了测试。每个电池的最终性能分别如图 7-12a 和图 7-12b 所示，以证明该催化剂的有效性。当使用 HT-8h PdCo/C 催化剂时，锌 - 空气电池和镁 - 空气电池的稳定性和活性都得到了改善，活性有所增加，表明其具有广泛应用潜力。

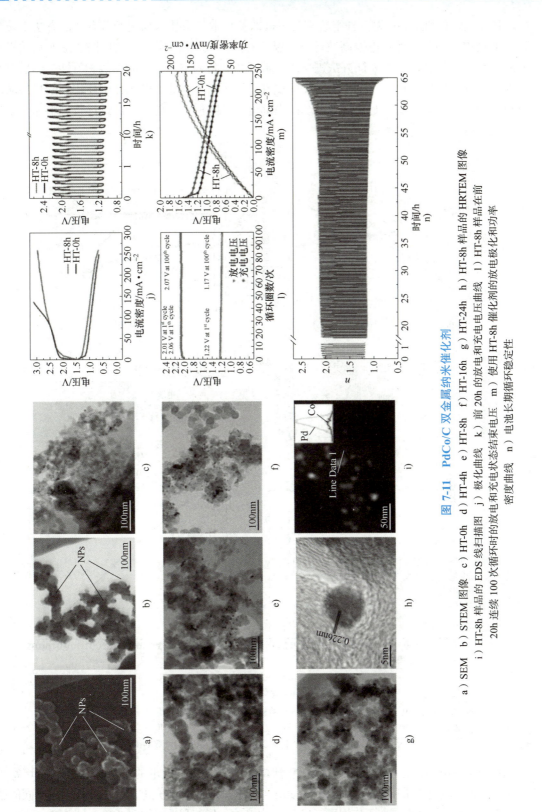

图 7-11　PdCo/C 双金属纳米催化剂

a) SEM　b) STEM 图像　c) HT-0h　d) HT-4h　e) HT-8h　f) HT-16h　g) HT-24h　h) HT-8h 样品的 HRTEM 图像
i) HT-8h 样品的 EDS 线扫描图　j) 极化曲线　k) 前 20h 的放电和充电电压曲线　l) HT-8h 样品在前
20h 连续 100 次循环时的放电和充电状态结束电压　m) 使用 HT-8h 催化剂的放电极化和功率
密度曲线　n) 电池长期循环稳定性

图 7-12c 和图 7-12d 为一种组装空气正极的新技术，该技术采用经济有效的方法来减少正极的结构，同时可保持电池高效运行。温度对该空气正极的影响为如图 7-12e 所示的极化曲线。研究小组利用各种表征方法进一步了解了新制备的空气正极的性能和特性，然后将其与商用空气正极进行比较。由于新开发的空气正极不需要商业空气正极中使用到的热封涂层材料，因此对气体流动限制减少、系统的内部电阻也降低，使得空气渗透性得到增加，水输送到反应活性位点的效率增加。

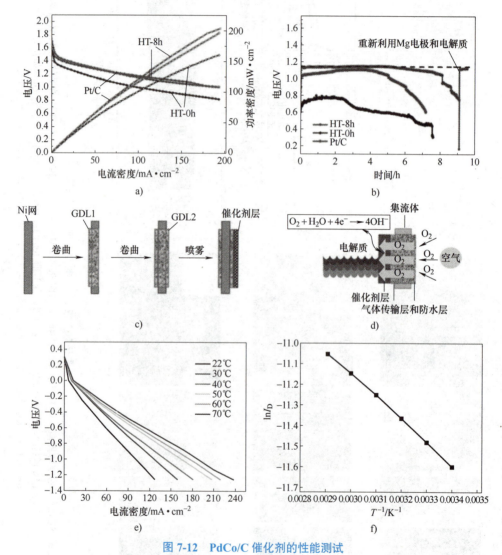

图 7-12　PdCo/C 催化剂的性能测试

a）金属空气电池中 HT-8h、HT-0h 和 Pt/C 的放电极化和功率密度曲线　b）放电稳定性曲线
c）空气正极的制备工艺示意图　d）空气正极示意图　e）不同温度下空气正极在 NaCl
溶液中的 LSV 曲线　f）正极 ORR 图的 lnio 随温度倒数的函数

对非水系电池进行操作温度对放电产物形貌的影响研究。放电的产物 Li_2O_2 固体会堵塞正极孔，因此放电过程被中止，致使该产品必须经氧化处理才能在充电过程中使用。在不同的放电电流密度下，施加不同的工作温度，Li_2O_2 放电产物的形貌和性能如图 7-13a~ 图 7-13c 所示。

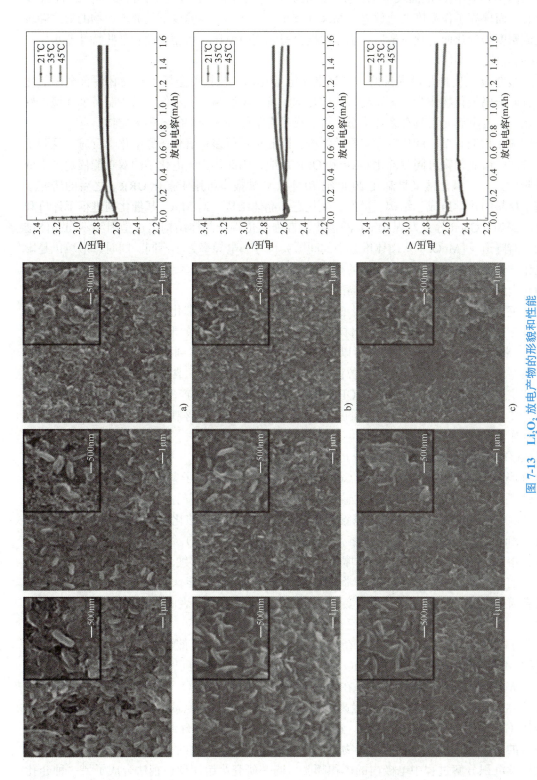

图 7-13　Li₂O₂ 放电产物的形貌和性能

a）0.1mA·cm⁻² 在不同温度下的 SEM 图像和放电曲线　b）0.2mA·cm⁻² 在不同温度下的 SEM 图像和放电曲线
c）0.3mA·cm⁻² 在不同温度下的 SEM 图像和放电曲线

由图 7-13 中的放电曲线可知，在一定的放电电流密度下，改变工作温度不会影响 Li_2O_2 的形态，而提高工作温度会使放电产物尺寸减小。另外，给定温度下的放电产物的形式随放电电流密度的变化而变化。最后，工作温度会影响充电电压、可循环性和某些特性非水体系电池的容量。

过渡金属氧化物是最常见的一类氧电极电催化剂，包括单金属氧化物和混合金属氧化物。过渡金属氧化物作为贵金属的替代催化剂，具有丰度高、成本低、易于制备、环境友好等优点。过渡金属元素具有多种价态，可形成具有不同晶体结构的各种氧化物。

锰氧化物拥有多变的价态和丰富的结构，因此可进行多种氧化还原电化学反应，受到了广泛关注。锰氧化物可同时催化 ORR 和 OER 反应，因此作为氧电化学的双功能催化剂十分具有吸引力。二氧化锰最早是在 20 世纪 70 年代初被报道可用于催化 ORR。之后的研究工作基于材料的化学组成、结构、形态、氧化态和晶体结构，对 MnO_x 基催化剂进行了评价和优化。例如，Chen 等人发现 MnO_2 的催化活性强烈依赖于晶体结构，这是因为不同晶体结构的固有隧道（$[MnO_6]$ 八面体堆叠中的间隙）尺寸和电导率大小不同。同时，形貌也是影响电化学性能的重要因素。在相同的相中，α-MnO_2 纳米球和纳米线的性能优于对应的微粒，因为它们的尺寸更小，而且拥有更高的比表面积。

研究人员还研究了在金红石型 β-MnO_2 中引入氧缺陷对催化活性的影响，如图 7-14b 所示，在氩气和空气中热处理会使材料中的氧以非化学计量比的形式存在，通过 Mn^{4+} 还原为 Mn^{3+} 来补偿电荷。图 7-14d 中可以看到，热处理后可以观察到两个区域，这表明产生了一个典型的软锰矿晶格和一个氧空位诱导的新结构。结果表明，含有氧空位的 MnO_2 可使氧电极产生更大的正电位和电流，且 ORR 电催化过程的过氧化物产率较低，也有利于 OER 催化。DFT 计算进一步表明，氧空位的存在增强了电催化过程中含氧中间物与 MnO_2 表面之间的相互作用，降低了动力学势垒。

Co_3O_4 的电催化活性高、成分可调，是碱性介质中的另一种非贵金属双功能 ORR/OER 催化剂。Co_3O_4 晶体结构中，Co^{2+} 和 Co^{3+} 两种价态的离子共存。一般来说，ORR 电催化性能对电极表面的结构较为敏感，反应发生在氧化态较高的阳离子氧化物表面上。因此，Co_3O_4 电催化剂上 Co^{3+} 离子暴露的活性位点对 Co_3O_4 电催化剂的性能起决定性作用。最近，Zhao 等人开发了一种采用溶剂介导的方法来控制 Co_3O_4 纳米结构的形态。通过调节混合溶剂中水和二甲基甲酰胺的摩尔比，制备了棒状和球形纳米结构。在不同条件下制备的所有催化剂样品中，Co_3O_4 纳米棒表现出最高的催化性能，其 ORR 催化活性甚至高于贵金属钯催化剂，这表明通过改变钴氧化物的形态可以改变表面暴露 Co^{3+} 离子的数量和活性。

除了水溶液体系，金属氧化物在非水溶液体系中的氧电极催化性能也得到了广泛的研究。除 MnO_x 外，Fe_xO_y、NiO、CuO 和 Co_3O_4 等金属氧化物也已在非水体系中得到应用。例如，Wen 等人通过化学沉积法，在泡沫镍上设计了一种 Co_3O_4 独立正极材料（无需碳和黏合剂），组装的空气电极的比容量高达 $4000mA \cdot h$，并且在高放电电压（2.95V）和低充电电压（3.44V）下的过电位很小。这种优异的性能归功于特殊结构的空气电极，使其具有丰富的催化活性位点，且放电产物与催化剂密切接触，开放的孔隙体系有效抑制了放电产物后续沉积分解过程中电极内的体积膨胀。同一研究小组用硬模板法合成了另一种介孔氧化钴作为锂氧电池的正极催化材料，结果表明，大孔径、大孔体积、大 BET 表面积的氧化钴具有较高的效率，高达 81.4%（放电和充电平台分别为约 2.85 和约 3.5V），比容量高达 2250mA·h·g$_{carbon}^{-1}$。多孔结构可以促进离子或 O$_2$ 的快速传输，并提高催化剂在非水电解质中的利用率。

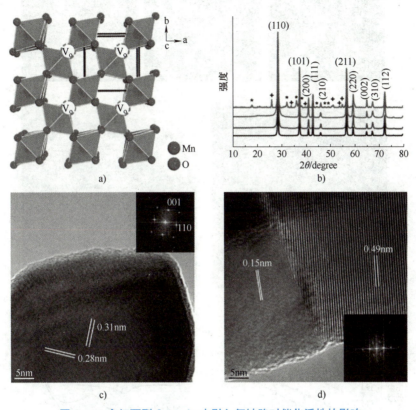

图 7-14　金红石型 β-MnO$_2$ 中引入氧缺陷对催化活性的影响

a）含氧空位的金红石型 MnO$_2$ 结构　b）不同氧化物的 XRD 谱图。符号 * 和 + 分别表示 Mn$_3$O$_4$ 和 MnOOH。
从上到下依次为 H$_2$/Ar-350-2h、Ar-350-2h、Air-350-2h、未经热处理的样品
c）β-MnO$_2$ 的 HRTEM 图像　d）在 Ar 中加热的 β-MnO$_2$ 的 HRTEM 图像

除了单金属氧化物，多金属氧化物，如尖晶石、钙钛矿或焦绿石结构金属氧化物也可作为 ORR 和 OER 双功能催化剂。Wu 等人开发了一种自支撑介孔 Ni$_x$Co$_{3-x}$O$_4$ 纳米线阵列，并研究其 OER 电催化性能。通过氨蒸发诱导生长，使得纳米线阵列在含有金属硝酸盐的水溶液中的 Ti 箔上生长（图 7-15a~ 图 7-15c）。在导电基底上直接生长纳米线阵列有两个结构上的优势：首先，导电基底与纳米线之间直接接触，确保每条纳米线都能参与反应。其次，介孔结构带来的大表面积有利于活性物质扩散，加速表面反应。从电化学结果（图 7-15）可以发现，Ni 掺杂剂的引入改变了纳米线的物理性质，例如粗糙度系数更大，导电性更好，活性位点密度更高，纳米线的电化学性能得到增强。在相同的电位下，NiCo$_2$O$_4$ 的电流密度大约是纯 Co$_3$O$_4$ 的 6 倍。

4. 功能碳材料

原始碳材料在水溶液中对 ORR/OER 的催化活性通常较低，但是碳材料可以为非水电解质中的氧电极反应提供足够的催化活性。因此，纳米碳作为催化剂的应用主要集中在非

水溶液体系的锂 - 空气电池中。在这种情况下，碳不仅是催化剂载体，还是良好的 ORR 催化剂。

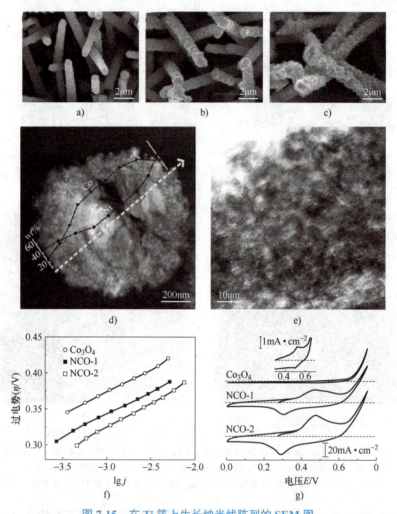

图 7-15　在 Ti 箔上生长纳米线阵列的 SEM 图

a）~ d）纯 Co_3O_4、$NiCo_2O_4$（NCO-1）、$Ni_{1.5}Co_{1.5}O_4$（NCO-2）和 $NiCo_2O_4$ 扫描透射电子显微镜（STEM）横截面及元素线扫　e）$NiCo_2O_4$ 的 HRTEM 图　f）纯 Co_3O_4、NCO-1 和 NCO-2 的极化曲线
g）循环伏安图（放大的纯 Co_3O_4 的氧化还原峰）

（1）**纳米碳材料**　碳材料在水溶液中对 ORR/OER 的催化活性通常较低，但是在非水电解质中，碳材料则可以为氧电极反应提供足够的催化活性。因此，纳米碳作为催化剂的应用主要集中在非水体系的金属 - 空气电池中。在这种情况下，碳不仅起负载催化剂的作用，其本身也是一种良好的 ORR 催化剂。按照维度划分，碳纳米结构可以分为一维纳米管和纳米纤维、二维石墨和石墨烯纳米片以及三维纳米孔结构。

在非水体系的锂 - 空气电池中，由于 Li_2O_2 不溶于水，放电产物积聚在空气电极的活性部位，可能会堵塞材料的孔隙，最终导致气体通过孔隙的阻力变大。因此，科研人员对非水体系锂 - 空气电池的空气电极的微观结构进行了大量优化研究。早期研究主要集中在传统多

孔碳材料在锂 - 空气电池中的应用，并对其影响因素进行了研究。例如，Hall 和 Mirzaeian 的工作表明电池性能取决于碳的形态，并且碳的孔隙体积、孔径和表面积等各种因素都会影响电池的存储容量。使用碳材料组装的锂 - 空气电池具有大孔隙体积和宽孔径，具有较高的比容量。

石墨烯作为一种新型的单原子层厚二维碳材料，由于其拥有优异的导电性、柔韧性、导热性和较高比表面积而受到广泛的关注。石墨烯通常是通过剥离物理性能制备的，可以大规模地从石墨中生产剥离的石墨烯片。产物表面有许多边缘位点和缺陷位点，可作为催化剂促进某些化学转化。

为了研究石墨烯对 ORR 的催化活性，Li 等人首先将石墨烯纳米片（GNSs）应用于非水锂 - 空气电池的空气电极中。与碳粉（BP-2000 为 1900mAh·g^{-1}，Vulcan XC-72 为 1050mAh·g^{-1}）相比，基于 GNSs 的空气电极的放电容量高达 8700mAh·g^{-1}。虽然主要的放电产物是 Li_2CO_3 和少量的 Li_2O_2，但这可初步表明 GNSs 独特的形态和结构对锂 - 空气电池是有利的。如之前所述，多孔结构对非水锂 - 空气电池的性能至关重要。基于这一结论，Xiao 等人采用胶体微乳液法制备了一种由分层多孔石墨烯组成的新型空气电极，将含有晶格缺陷和官能团的石墨烯片构建成分层多孔结构。具有这种独特石墨烯片结构的空气电极的容量极高，主要归功于其独特的层次结构、微孔通道，可促进 O_2 快速扩散和高度连接的纳米级孔以及高密度反应位点。DFT 计算还表明，石墨烯上的缺陷和官能团有利于形成分散均匀的纳米级 Li_2O_2 颗粒，并有助于防止空气电极中的空气传输通道的阻塞。

电极结构的设计对改善能量转换过程具有重要意义。以往的研究主要集中在碳颗粒本身的孔隙结构上，而忽略了碳颗粒在正极中的排列对锂氧电池性能的影响。一般来说，多孔碳颗粒在正极上通过黏结剂紧密聚集，这种紧密聚集不可避免地会导致 O_2 扩散速率低，Li_2O 沉积空间有限，从而使碳颗粒利用率低，进一步导致 $Li-O_2$ 电池的容量低、倍率性能低。为了解决这一问题，研究人员提出一种新的策略，通过一种简单有效的原位溶胶 - 凝胶法，从氧化石墨烯凝胶中构建独立的分层多孔碳（FHPC），从而最大限度地利用多孔碳颗粒。图 7-16a 为拥有大孔骨架的泡沫镍。原位合成后，多孔碳片垂直于骨架表面排列（图 7-16b），在电极中留下大量相互连接的通道。高倍观察（图 7-16c 和图 7-16d）显示，碳片由许多小的纳米级孔隙组成，应用于锂 - 空气电池的正极时，同时表现出高比容量和优异的倍率性能。当电流密度为 0.2mA·cm^{-2}（280mA·g^{-1}）时，容量达到 11060mAh·g^{-1}，即使电流密度增加 10 倍（2mA·cm^{-2}），也可获得 2020mAh·g^{-1} 的高容量。相比之下，商用 KB 碳在电流密度为 0.2mA·cm^{-2} 时的容量为 5180mAh·g^{-1}，仅为 FHPC 电极的一半（图 7-16f）。这主要归功于碳的松散堆积，为不溶性 Li_2O_2 的沉积提供足够的空隙体积，提高了碳的有效利用。同时，泡沫镍的大孔、碳颗粒的中孔和微孔等分层多孔结构有利于 O_2 的扩散、电解液的润湿和反应物的传递。

(2) 掺杂杂原子的碳材料　如上所述，原始碳材料在水溶液中通常表现出较低的催化活性。对原始碳材料进行杂原子（如 N、B、P 和 S）掺杂后，碳材料在水电解质中对氧还原的催化活性增强。掺杂杂原子增加了石墨碳网络中的缺陷程度和边缘平面，从而诱导产生 ORR 的活性位点。

Dai 等人证明了垂直排列的含氮碳纳米管（VA-NCNTs）可作为无金属电极，在碱性燃料电池中的氧还原中拥有比铂更优异的电催化活性，稳定性高，且对 CO 中毒的耐受性高（图 7-17c）。电催化活性的提高可归因于碳纳米管掺杂过程中电子结构的变化。将接受电子的氮原子掺入共轭纳米管碳平面上，可能会在相邻的碳原子上产生相对较高的正电荷密度（图 7-17d）。因此，氮掺杂和垂直排列结构的协同效应使这种电极材料可按照四电子路径进行 ORR 反应。

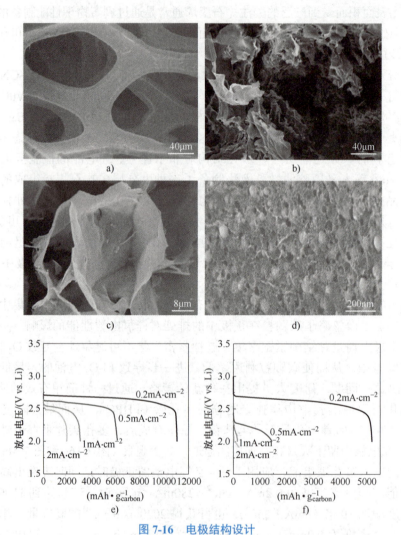

图 7-16 电极结构设计

a）大孔骨架泡沫镍的 SEM 图像 b）~d）FHPC 电极的不同倍数 e）FHPC 电极在 $0.2mA \cdot cm^2$ 至 $2mA \cdot cm^2$ 不同电流密度下的放电曲线 f）商用 KB 碳电极在 $0.2mA \cdot cm^2$ 至 $2mA \cdot cm^2$ 不同电流密度下的放电曲线

除氮掺杂外，B、P、S 等元素的掺杂也能增强碳材料对 ORR 的催化活性。研究人员使用化学蒸汽法，以苯、三苯硼烷（TPB）和二茂铁为前驱体，制备了硼含量可调的掺杂碳纳米管（BCNTs）。随着硼含量的增加，电催化性能逐渐提高，体现在还原电流的增加和峰电位的正移。理论计算表明，硼的掺杂增强了 BCNTs 对 O_2 的化学吸附。BCNTs 对 ORR 的电催化能力源于共轭体系的 p* 电子在硼掺杂物的空 $2p_z$ 轨道上的电子积累。此后，以硼为桥的化学吸附 O_2 分子很容易发生转移。转移的电荷削弱了 O-O 键，促进了 BCNTs

上的 ORR。

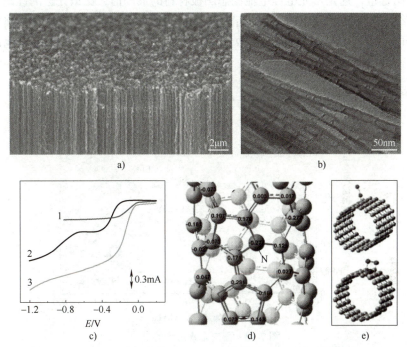

图 7-17　含氮碳纳米管（VA-NCNTs）电极的形貌与性能表征

a）石英基底上合成的 VA-NCNTs 的 SEM 图像　b）VA-NCNTs 的 TEM 图像　c）0.1M KOH 饱和空气中氧还原在 Pt-C/GC（曲线 1）、CNTs/GC（曲线 2）和 VA-NCNTs（曲线 3）电极上的 RRDE 伏安图　d）计算得到的 NCNTs 的正电荷密度分布　e）氧分子在碳纳米管（上）和碳纳米管（下）上可能的吸附模式示意图

7.2　金属 - 硫电池

7.2.1　金属 - 硫电池概述

随着对高能量密度和耐久电源需求的日益增长，努力探索和开发更先进的储能解决方案。可充电锂离子电池的商业化是现代储能技术的巨大成功。利用插层材料作为电极，现有的锂离子电池能够实现约 200Wh·kg^{-1} 的能量密度（图 7-18）。然而，对于更复杂和对性能要求更高的应用，如电动汽车和智能电网，现有电池的能量密度还存在较大差距。为实现更长的行驶里程和更高的储能水平，必须开发具有更高能量密度的存储系统。此外，商用锂离子电池阴极使用的锂化过渡金属氧化物往往价格昂贵、资源稀缺且可能造成环境污染。因此，需探索自然资源丰富、价廉且环境兼容的新电极材料。

锂硫电池作为锂离子电池的替代储能技术，具有高电荷存储容量、低成本和硫原料广泛等特点。锂硫电池的电化学反应涉及硫（S_8）、多硫化锂（Li_2S_x，x=4~8）和硫化锂（Li_2S_2 和 Li_2S）之间的可逆转换。硫与多硫化锂和硫化锂之间的这种转化涉及液态多硫化物与固态硫和硫化物之间的相变。在电化学循环过程中，锂硫电池的转化反应能够保持电极的初始晶体化学状态不变。因此，每个硫原子的双电子氧化还原反应以可逆和稳定的方式发生。与目前使用的插层型氧化物阴极相比，其电荷存储容量显著增加。硫阴极具有 $1672mAh \cdot g^{-1}$ 的高理论电荷存储容量，这是可充电锂电池固态阴极材料的最高值，比最先进的锂离子电池阴极高一个数量级。除了提供高电荷存储容量，地壳中的硫含量也很丰富。硫的价格比最常见的商用锂离子电池阴极 $LiCoO_2$ 低近 2 个数量级。因此，锂硫电池被视为未来电池市场最有前途的高能量密度电池系统之一。

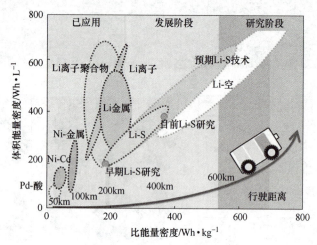

图 7-18　面向未来市场的电池

然而，由于锂源有限和预期的价格上涨，锂金属电池的使用受限。基于锂硫电池的研究和进展，研究人员广泛探索了转换型电池电化学技术，将高容量硫阴极与其他金属阳极耦合，如钠、钾、镁和铝。各种金属硫电池与锂硫电池具有非常相似的特点，包括高理论容量、高元素丰度和低成本。然而，金属硫电池中多硫化物穿梭效应、电化学利用率和稳定性等方面也面临着与锂硫电池类似的挑战。例如，在循环过程中，产生的放电和充电中间体（即多硫化物）循环稳定性差以及金属阳极易腐蚀。其他金属阳极的大尺寸和高价态离子进一步减缓了硫阴极已经十分迟缓的反应动力学。此外，电极和电解质之间的兼容性也是这些新兴金属硫电池的挑战之一。

7.2.2　金属 - 硫电池的电催化反应原理

典型的金属 - 硫电池主要包括硫阴极、金属阳极、有机电解质和隔膜。硫阴极反应为：$S_8 + 16e^- \longrightarrow 8S^{2-}$，包括多硫化物还原反应（pSRR）和多硫化物氧化反应（pSOR）过程。

在 30 多种固体同素异形体中，硫总是以最稳定的环状八硫化物（S_8）的形式存在。Li-S 电池的典型充放电曲线如图 7-19 所示。可以看出，氧化还原过程中，S_8 的组成和结构发生变化，包括固体（S_8）→液体（S_8^{2-}，S_6^{2-}，S_4^{2-}）→固体（S_2^{2-}/S^{2-}）的相转变以及硫链长度的缩短。Li-S 电池的电化学反应如下：

总反应：

$$S_8+16Li^++16e^- \longrightarrow 8Li_2S（阴极）\tag{7-2}$$

$$16Li \longrightarrow 16Li^++16e^-（阳极）\tag{7-3}$$

充电和放电反应：

$$S_8 + 2Li^+ + 2e^- \longleftrightarrow Li_2S_8 \tag{7-4}$$

$$3Li_2S_8 + 2Li^+ + 2e^- \longleftrightarrow 4Li_2S_6 \tag{7-5}$$

$$2Li_2S_6 + 2Li^+ + 2e^- \longleftrightarrow 3Li_2S_4 \tag{7-6}$$

$$Li_2S_4 + 2Li^+ + 2e^- \longleftrightarrow 2Li_2S_2 \tag{7-7}$$

$$Li_2S_2 + 2Li^+ + 2e^- \longleftrightarrow 2Li_2S \tag{7-8}$$

如图 7-19 所示，电催化 pSRR 过程主要分为两个步骤。第一步由阶段 I 和阶段 II 组成，提供了约 418mAh·g^{-1} 的理论容量，对应于硫向多硫化物中间体的转化（$S_8 \longrightarrow S_6^{2-} \longrightarrow S_6^{2-} \longrightarrow S_4^{2-}$）。第二步由阶段 III 和阶段 IV 组成，提供约 1254mAh·g^{-1} 的理论容量，代表绝缘放电产物的变化（$S_4^{2-} \longrightarrow S_2^{2-} \longrightarrow S^{2-}$）。在随后的 pSOR 过程中，固态 S_2^{2-}/S^{2-} 通过形成多硫化物中间体重新转化为硫，从而形成可逆循环。无论 pSRR 反应经历哪个转化步骤，多硫化物的吸附和解吸对反应速率都有至关重要的影响。多硫化物与活性位点之间的弱键合会导致多硫化物在电催化剂表面的吸附减少，并带来更严重的穿梭效应。而太强的键合则会使多硫化物很难从催化剂表面解吸，从而降低电催化活性位点的可用性。因此，可通过计算多硫化物在催化剂表面上的吸附能来估计结合键。对于电催化 pSOR 过程，充电过程中的阶段 II 和阶段 III 两个平台经常重叠，这应归因于固体 Li$_2$S 向可溶性多硫化锂的缓慢转化。因此，催化剂上吸附的 Li$_2$S 的初始分解过程通常被认为是关键步骤，其中涉及 Li-S 键的断裂和 Li$^+$ 的扩散。具体而言，是吸附的 Li$_2$S 分解为 LiS 簇和 Li$^+$ 的分解反应（$Li_2S \longrightarrow LiS + Li^+ + e^-$）。随后，Li$_2$S 中的 Li-S 键断裂，Li$^+$ 扩散远离 S 原子的同时，伴随着孤立的 Li$^+$ 与催化剂中的阴离子之间的结合。这两个步骤的势垒对 Li$_2$S 氧化反应速率起至关重要的作用。人们普遍认为反应势垒与关键中间体的吸附能密切相关。Li$_2$S 和催化剂之间的相互作用太强将促进 Li$_2$S 解离成 LiS 和 Li，但抑制 Li$^+$ 扩散离开催化剂的活性位点。而 Li$_2$S 与活性位点的相互作用太弱，则无法促进整个 Li$_2$S 氧化反应。这是由于分解中间体（Li 和 LiS）在催化剂表面不稳定，Li$_2$S 氧化反应会自动重新结合。因此，Li$_2$S 和电催化剂之间的适度吸附能对于 Li-S 电池中的 pSOR 过程同样重要。

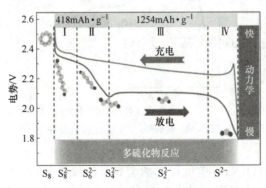

图 7-19　Li-S 电池的充放电曲线

钠硫（Na-S）电池因被广泛应用于大型固定能源系统中的高温钠硫（HT Na-S）电池而闻名。HT Na-S 电池的优势体现在钠和硫的低成本以及高达 760Wh·kg^{-1} 的理论比能量。在配置中，它通常采用管状设计。其中，β-氧化铝作为固态电解质和隔膜，熔融钠作为阳极，熔融硫作为阴极。工作温度通常为 300~350℃，工作电压窗口为 1.78~2.06V。Manthiram 等人基于大量研究，提出了使用甘醇二甲醚电解质的 HT Na-S 电池的详细反应机理，如图 7-20 所示，放电过程分为四个连续的子过程。

总反应：

$$S_8+16Na^++16e^- \longrightarrow 8Na_2S（阴极） \tag{7-9}$$

$$16Na \longrightarrow 16Na^++16e^-（阳极） \tag{7-10}$$

充电和放电反应：

$$S_8+2Na^++2e^- \rightleftharpoons Na_2S_8 \tag{7-11}$$

$$Na_2S_8+2Na^++2e^- \rightleftharpoons 2Na_2S_4 \tag{7-12}$$

中间反应：

$$3Na_2S_8+2Na^++2e^- \longrightarrow 4Na_2S_6 \tag{7-13}$$

$$5Na_2S_6+2Na^++2e^- \longrightarrow 6Na_2S_5 \tag{7-14}$$

$$4Na_2S_5+2Na^++2e^- \longrightarrow 5Na_2S_4 \tag{7-15}$$

过程 3：

$$3Na_2S_4+2Na^++2e^- \longrightarrow 4Na_2S_3 \tag{7-16}$$

$$Na_2S_4+2Na^++2e^- \rightleftharpoons 2Na_2S_2 \tag{7-17}$$

$$Na_2S_4+6Na^++6e^- \longrightarrow 4Na_2S \tag{7-18}$$

过程 4：

$$Na_2S_2+2Na^++2e^- \longrightarrow 2Na_2S \tag{7-19}$$

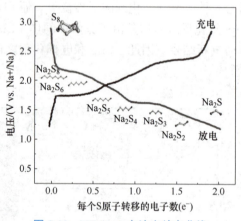

图 7-20　HT Na-S 电池充放电曲线

与 Li-S 电池类似，HT Na-S 电池存在两个典型的放电平台，对应的电压分别为 ~2.2V 和 ~1.6V（图 7-20）。较高电压平台对应于 S_8 钠化为 Na_2S_8，这是一种固液反应。较低电压平台是 Na_2S_4 到固体 Na_2S_3、Na_2S_2 和 Na_2S 的液固转变。电压曲线中，两个平台之间的第一个下降区域与来自高阶 Na_2S_8 转变为低阶可溶性多硫化钠的中间反应有关。第二个下降区域是 Na_2S_2 到 Na_2S 的固固过程，充电时，该过程是放电时的逆反应。

7.2.3　硫电极纳米催化剂

不同金属-硫电池中，多硫化物催化转化的化学成分和机理略有不同，但存在相似的问题，主要是体积膨胀和多硫化物的迁移。以锂-硫电池中的 pSRR 和 pSOR 过程为例，硫分子（S_8）与 Li^+ 反应转化为高序多硫化物，然后转化为多种低序多硫化物。这会降低反应动力学并增加多硫化物状态的停留时间，导致活性材料的严重损失。具体来说，即多硫化物在吸附基底上的缓慢转变，导致多硫化物的饱和状态。因此，多硫化物进一步吸附受到阻碍，死硫比例增加。相比之下，催化剂上多硫化物的快速转化使多硫化物处于不饱和状态。因此，多硫化物的进一步吸附得以继续。同时，由于 Li_2S_2/Li_2S 在非质子电解质中具有离子/电子绝缘性和不溶性。导致在充电过程中，当 Li_2S_2/Li_2S 转变为可溶性多硫化物时，需要大量的额外驱动力。这表明 Li_2S_2/Li_2S 的氧化过程缓慢以及硫的利用率低。

作为备受关注的材料，多硫化物催化材料，包括各种有机和无机电催化剂，显示出突出的优势。不同类型的有机和无机多硫化物催化材料作为金属-硫电池的电极起多层作用。①导电有机催化材料，如导电聚合物、共价有机骨架（COF）和金属有机框架（MOFs），突出优势是有助于高硫负载、具有与多硫化物的强大化学亲和力和可以实现快速的电荷转移；②金属硫化物、金属氮化物、金属纳米颗粒、黑磷等无碳极性无机催化材料，可以与多硫化物适当结合从而加速氧化还原动力学；③具有杂原子掺杂的碳材料以及负载金属纳米颗粒或金属化合物的碳材料实现了降低内阻、高硫负载和提升多硫化物氧化还原动力学等目标。本章节将全面总结高效多硫化物催化剂的结构设计原则，合理设计的催化活性中心包括催化聚合物和框架、无机/金属催化剂和杂原子掺杂碳材料。特别是最有前景的单原子催化剂和包封金属化合物的多孔碳催化剂，为金属-硫电池中的多硫化物催化材料提供指导和灵感，并促进其在能源相关应用中的商业化。

1. 用于金属-硫电池中 pSRR/pSOR 的催化聚合物和框架

（1）用于多硫化物催化的 COFs　COFs，即共轭有机框架，是一种新型多孔有机材料。自从 2005 年由 Yaghi 等人首次报道以来，COFs 受到广泛关注。COFs 具有有序结构和多孔晶体特征，可通过基本有机结构之间的强共价键精确整合在一起。由于其可调节的孔径和结构、高比表面积、热稳定性和低密度等优点，COFs 在气体储存和催化等多个领域显示出了很大的潜力。最近，硼酸酯基 COFs 以及一些 N 掺杂的 COFs 被应用于锂硫电池（图 7-21a~图 7-21c）。Yoo 等人首次提出了一种 COFs 修饰的介孔复合材料用于捕获多硫化物，如图 7-21d~图 7-21e 所示。COFs 的各种孔隙可作为多硫化物的化学捕获器。而具有介孔结构的 CNT 则充当离子导通通道和电子网络，满足理想的多硫化物捕获的要求。除了 COFs，还设计了一种富含氮原子和氧原子的新型邻苯二氮酮基共轭三嗪框架（P-CTFs）。这些 P-CTFs 可以通过极性基团的强化学吸附有效捕获硫化物并加速电子传输，如图 7-21f~图 7-21g 所示。

原始导电 COFs 作为硫宿主具有巨大潜力，但目前只有初步的结果被报道。因此，以下挑战和合理的解决方案被提出：①原始 COFs 材料可能无法捕获太多的硫，因为只有一些硫分子能进入微孔。因此，有必要引入分级多孔结构来吸附硫物种，然后利用多孔 COFs 实现多硫化物的催化转化；② COFs 在金属-硫电池中的应用也因其导电性较差而受到动力学缓慢的限制。因此，将 COFs 与导电基体结合并增强 COFs 的电导性是促进动力学的良好解决方案；③ COFs 具有柔韧性和稳定性，但其块状形式使其活性位点暴露不足。因此，调控

COFs 形态，如片状、核 - 壳结构、花状和三维分级结构，可以有效地最大化暴露极性活性位点，从而改善电化学性能并减轻穿梭效应；④需要一些能够结合和捕获多硫化物的金属化合物，如金属氧化物、金属硫化物和金属碳化物，以增强电池性能；⑤可以引入活性杂原子来功能化 COFs 分子，增强化学结合能力和催化活性，以缓解穿梭效应。

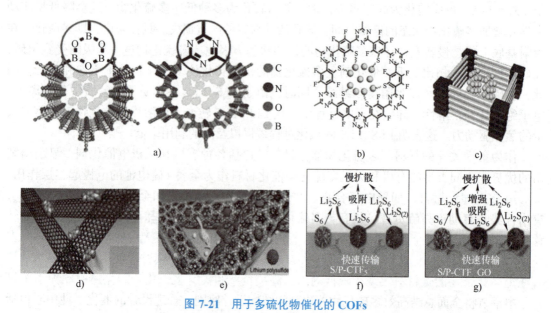

图 7-21　用于多硫化物催化的 COFs

a）N 和 B 掺杂 COFs 的化学结构　b）FCTF-S 的化学结构　c）基于卟啉的 POFs（Por-POFs）的结构示意图
d）CNT 模板原位 COFs 的合成示意图　e）COFs 复合物的结构示意图　f）S/P-CTFs 阴极放电过程的示意图
g）S/P-CTFs@rGO 阴极的放电过程示意图

（2）用于多硫化物催化的 MOFs　除了基于 COFs 的催化剂之外，MOFs 作为另一种类型的有机框架材料，具有均匀分布的纳米孔和大的比表面积，也为解决金属 - 硫电池中的关键问题提供了有前景的方案。MOFs 可以被预设计为具有不同的分级结构和丰富的极性 / 催化位点。MOFs 中开放的金属位点 / 团簇与多硫化物之间的强 Lewis 酸碱相互作用可以抑制穿梭效应。此外，与传统无机多孔或极性催化剂相比，MOFs 由于其均匀分布的活性位点和较高的表面积表现出优越的催化性能，并对多硫化物具有充分的结合能力以及高效的电荷传递效率。基于这些 MOFs 的优点，在过去的两年中，研究人员已经研究了用于金属 - 硫电池系统的各种 MOFs 及其改性材料。

含有配位不饱和金属位点的金属节点 / 团簇将导致活性中心的生成，从而产生具有高催化性能 MOFs。有报道称，具有更多不饱和配位位点的铈基 MOF 为多硫化物的快速吸附和催化转化提供了更多的活性位点（图 7-22a～图 7-22b）。Ce-MOF-1 中羧基配位的六核 Ce（Ⅳ）簇比 Ce-MOF-2 中仅被一个羧基包围的六核 Ce（Ⅳ）簇多两个不饱和配位点。因此，与 Ce-MOF-1 相比，Ce-MOF-2 可以提供更多的活性位点，用于多硫化物的快速吸附和催化转化。同时，Ce-MOF-2/CNT 的电流 - 电压曲线显示了两个尖锐的氧化还原峰。氧化峰的显著负移和还原峰的显著正移，表明其极化减小，电催化效果更好（图 7-22c～图 7-22d）。此外，Ce-MOF-2/CNT 在不同电流密度下展现出最佳的倍率性能和可逆性（图 7-22e），充分证明了 Ce-MOF-2/CNT 具有催化多硫化物转化的功能。

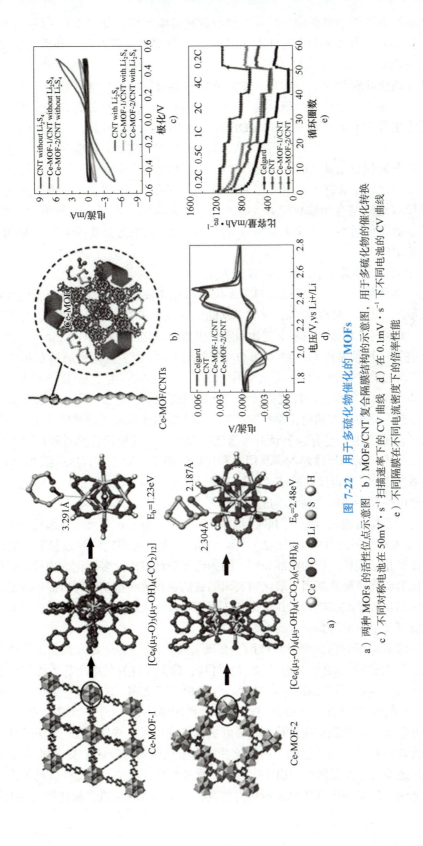

图 7-22　用于多硫化物催化的 MOFs

a）两种 MOFs 的活性位点示意图　b）MOFs/CNT 复合隔膜结构的示意图，用于多硫化物的催化转换
c）不同对称电池在 50mV·s⁻¹ 扫描速率下的 CV 曲线　d）在 0.1mV·s⁻¹ 下不同电池的 CV 曲线
e）不同隔膜在不同电流密度下的倍率性能

因此，原始有机框架材料的可控化学组分和高孔隙率应该受到重点关注。因为它们能够捕获多硫化物并缓解循环过程中的体积膨胀。尽管如此，仍存在一些需要解决的问题。①目前报道的大多数 MOFs 是电绝缘体，需要额外的导电涂层材料或高温炭化处理。因此，通过引入高度共轭和导电结构来开发新的导电有机催化剂非常有必要。②液体电解质应具有高化学和电化学稳定性，以确保这些框架结构保持完整。因此，在金属 - 硫电池中应设计和探索更稳定和导电性更好的 MOFs。③应构建合适的孔径，与 S_8 分子（0.69nm）的直径相匹配，以便将硫和相应的反应产物限制在 MOFs 内部。还应注意，需适当的多孔结构和孔隙配置来促进快速 Li^+ 传输动力学和高效硫限域。④应该创建足够的暴露吸附位点，通过化学相互作用和框架限域与多硫化物结合；同时，可在 MOFs 内引入次级金属离子或金属团簇以增强结合和催化能力。⑤此外，表面缺陷的数量也在阴极设计中起作用，这可提高固有的催化活性和多硫化物限域效果。因此，未来有必要探索基于 MOFs 的阴极材料之间的确切关系。

2. 用于金属 - 硫电池中 pSRR/pSOR 的无机催化剂

（1）用于多硫化物催化的无机材料　无机多硫化物催化剂，如无碳金属化合物、金属纳米颗粒 / 合金、黑磷、MXene 等，具有丰富的反应位点和较大的极性表面。这有利于在金属 - 硫电池中实现高硫负载、强多硫化物固定和快速的氧化还原动力学。

最近报道了一种独特的 Fe（0.1）/Co_3O_4 多壳结构，它为多硫化物的捕获提供了多重限域，并且在循环过程中缓解了体积变化（图 7-23a～图 7-23b）。由于 Fe 掺杂引入了丰富的氧空位，Fe（0.1）/Co_3O_4 可作为多硫化物转化的优异电催化剂。通常，阳离子和阴离子缺陷可以调节电子结构，获得良好的电化学性能，进一步影响电子和离子的传输性质。氧缺陷理论上由于低氧配位而产生。它有利于吸引多硫化物以促进快速电荷转移过程以及丰富多硫化物转化的催化位点，从而导致硫的高利用率和良好的循环性能（图 7-23c～图 7-23d）。因此，通过缺陷制备和表面 / 结构设计的结合，最近报道的 Fe（0.1）/Co_3O_4 在 Li-S 电池中实现了电导性、离子导电性和催化活性高度改进的状态。

此外，为了确保对硫进行完全封装，蒋等人展示了一种通过与氧化锰颗粒和聚吡咯原位反应来封装硫纳米颗粒的策略（图 7-23e～图 7-23f）。为了实现硫的高效封装，他们将硫纳米颗粒包覆在氧化锰颗粒上作为内部壳层。因为已经确认可溶性多硫化物物种可以被氧化锰颗粒轻易氧化为硫代硫酸盐基团。氧化锰表面形成的硫代硫酸盐基团可以促进长链多硫化物的锚定。将它们连接形成多硫酸盐并催化其还原为不溶性短链多硫化物，因此，多层封装的无黏结剂阴极可实现稳定的高硫负载（图 7-23g）。

此外，许多其他新兴的二维材料被用于金属 - 硫电池。Nazar 等人开发了一种由交错排列的 B 和 Mg 层组成的 MgB_2。它作为硫宿主材料，确保了优异的电子导电性和对多硫化物的限制作用（图 7-24a、图 7-24b）。通过第一性原理计算证明，B 和 Mg 封端的表面都可以与 S_x^{2-} 阴离子（非 Li^+）结合，从而促进电子传递到活性的 S_x^{2-} 离子。黑磷（BP）由于其二维特性、低电阻率、高室温空穴迁移率、良好的体内导电性、快速的 Li^+ 离子扩散常数以及与硫的高结合能等特性，也显示出对多硫化物的电催化潜力。最近，BP 被报道可以催化多硫化物的氧化还原反应，其活性归因于边缘处丰富的活性催化位点。此外，林等人通过第一性原理计算证明，缺陷的出现使电荷转移得到改善，从而可以促进多硫化物与 BP 之间的吸附作用力。

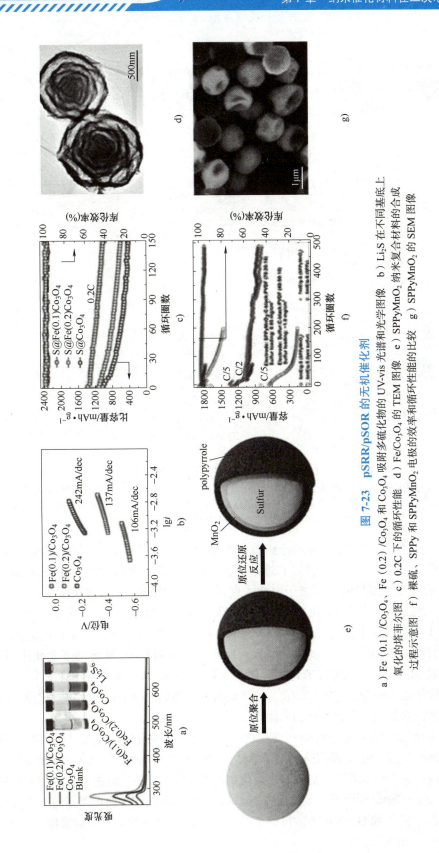

图 7-23 pSRR/pSOR 的无机催化剂

a）Fe (0.1) /Co₃O₄、Fe (0.2) /Co₃O₄ 和 Co₃O₄ 吸附多硫化物的 UV-vis 光谱和光学图像 b）Li₂S 在不同基底上氧化的塔菲尔图 c）0.2C 下的循环性能 d）Fe/Co₃O₄ 的 TEM 图像 e）SPPyMnO₂ 纳米复合材料的合成过程示意图 f）裸硫、SPPy 和 SPPyMnO₂ 电极的效率和循环性能的比较 g）SPPyMnO₂ 的 SEM 图像

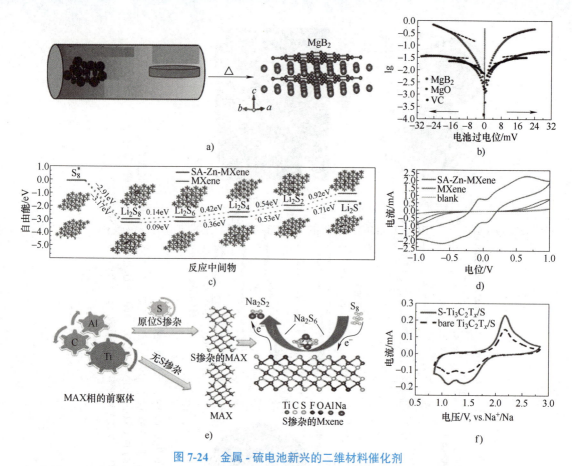

图 7-24　金属 - 硫电池新兴的二维材料催化剂

a）通过气固反应合成 MgB_2 的示意图　b）不同主体材料上 Li_2S_4 氧化还原的塔菲尔图　c）不同锂多硫化物在基底上的吉布斯自由能　d）不同对称电池的 CV 曲线　e）S 掺杂 MXene 的合成以及硫掺杂 MXene 阴极中的放电过程　f）具有不同阴极的 Na-S 电池在第二个循环周期中的电流 - 电压曲线

MXenes 于 2011 年由 Gogotsi 的小组首次报道。由于其高导电性、高锂存储容量、快速锂离子扩散和低工作电压等特点，它逐渐成为一种有前景的电极材料。MXenes 最初在能源存储方面的应用主要局限于锂离子电池。直到最近，MXenes 才被应用于金属 - 硫电池。MXenes 是一类二维过渡金属碳化物、氮化物和碳氮化物，包含 $Ti_3C_2T_x$、V_2CT_x、Nb_2CT_x 和 $Ti_4N_3T_x$ 等。T 代表表面上的官能团，如 O、OH、S、Cl、F。大多数金属 - 硫电池都是由基于 $Ti_3C_2T_x$ 的催化剂来构建的。例如，邱等人报道了一种 MXenes 诱导的多功能协同界面，具有高导电性和活性，可调节多硫化物转化动力学。同样，张等人发现极性的 $Ti_3C_2T_x$ 能有效地与多硫化物发生反应，将它们转化为硫代硫酸盐和随后的硫酸盐复合物。这作为保护层抑制多硫化物穿梭效应，并提高硫的利用率。

此外，掺杂了单原子的 MXene 可能是进一步改进其多硫化物催化效果的一种有前景的策略（图 7-24c~ 图 7-24d）。杨团队使用了单原子锌嵌入的 MXene 层（SA-Zn-MXene）作为硫的宿主材料。它不仅能有效地加强与多硫化物的相互作用，还能促进 Li_2S_4 向 Li_2S_2 和 Li_2S 的转化。SA-Zn-MXene 层能够有效地促进固态 Li_2S_2 和 Li_2S 在其大面积裸露的二维表面上的成核。此外，王团队和 Gogotsi 团队报道了通过原位硫掺杂策略制备表面官能化 MXene 纳米片作为阴极材料应用于室温 Na-S 电池（图 7-24e～图 7-24f）。值得注意的是，硫端的引入可显著提高 Na-S 电池的氧化还原动力学，并限制多硫化物的扩散，从而导致 RT-Na-S 电池的良好性能。此外，Gogotsi 团队通过 DFT 计算证明，在各种功能基团中，S 和 O 是 Ti_3C_2 表面修饰的最佳选择。他们证明 $Ti_3C_2T_2$（T 为 N、O、S）可以吸附 Li_2S_6 并形成 S-T 键，从而削弱多硫化物中的键。并提出在考虑催化和 Li^+ 扩散的动力学性质时，Li-S 电池的优先级顺序是 $Ti_3C_2S_2 > Ti_3C_2O_2 > Ti_3C_2F_2 > Ti_3C_2N_2 > Ti_3C_2Cl_2$。因此，设计基于 MXene 支架的催化剂或掺杂了杂原子的 MXene 被认为是十分有前景的多硫化物催化剂。

（2）用于多硫化物催化的金属颗粒 / 合金　受金属对氧化反应活性的催化作用的启发，研究人员将金属材料应用于金属 - 硫电池。值得注意的是，考虑到电极稳定性的需求以及在电池运行期间副反应可能形成金属化合物，金属的电化学稳定性应该被考虑在内。李团队通过前驱体 $Bi_2O_2CO_3$（BiOC）合成了超薄的二维 Bi 纳米片，并将其用作多硫化物氧化还原反应的多功能催化剂（图 7-25a～图 7-25c）。二维 Bi 已被证实是一种优异的阴极材料，可以有效地催化固液转换，并促进多硫化物的氧化还原反应。此外，Ni、Pd 和 Pt 也是具有出色催化能力的稳定金属。Ni 基海绵状多孔材料 RANEY 镍（RN）已被制备为宿主硫的新型固定剂（图 7-25d～图 7-25f）。如图所示，S/RN 阴极表现出良好的倍率性能，这应归功于 RN 的优异电导率。RN 固定剂与硫颗粒形成镍化学键，从而充当物理和化学吸附剂。与硫物种的强化学键和优异的电子导电性使其能够促进多硫化物的催化转化动力学。这些结果验证了金属催化剂在金属 - 硫电池中的重要性。因为它们可以显著减少穿梭效应，具有对多硫化物氧化还原反应的活性催化作用。

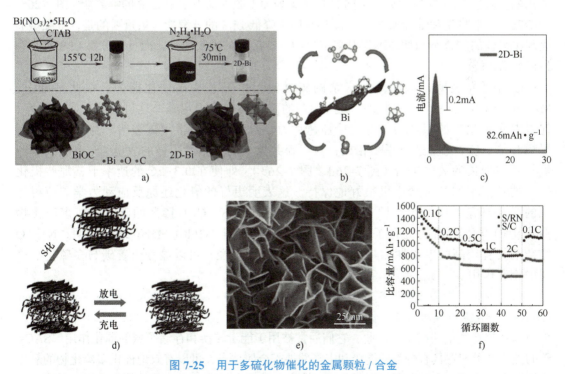

图 7-25　用于多硫化物催化的金属颗粒 / 合金

a）2D-Bi 纳米片的制备　b）Li_2S_x 在 2D-Bi 纳米片上的内部转换示意图　c）在 2.08V 下的计时电流曲线　d）硫渗入 RN 的方案以及在循环过程中多硫化物的限制　e）RN 的 SEM 图像　f）不同阴极的放电容量

目前，只有非常有限的报告显示金属和合金可用于催化多硫化物的电化学转化。由于多硫化物在金属表面上的吸附是电催化过程中的第一步，因此，充放电过程中不可避免地形成金属化合物，例如金属硫化物。这可能会显著影响表面氧化还原动力学和电池性能。此外，与单原子催化剂相比，金属纳米颗粒负载催化剂的催化位点最大化也是一个挑战。通过引入碳或其他多孔基底可能改变材料的孔隙结构，增强催化位点的密度，并调整金属的价带中心，从而调控其吸附能力和催化效果。

3. 碳负载 pSRR/pSOR 催化剂用于金属 - 硫电池

碳材料，包括传统的无序碳、最近报道的碳纳米管和各种多孔纳米碳，具有低廉的价格、优异的导电性、高比表面积和令人满意的物理 / 化学强度等优势。这些特性都有助于构建高性能的多硫化物催化剂。此外，这些碳材料的另一个特点是能够用各种杂原子装饰，从而调整碳骨架的电子结构。这些修饰策略经常被用于增强金属 - 硫电池中原始碳的催化活性。目前提出了两种主流的碳基催化剂制备途径。①向碳骨架中掺杂单个或多个杂原子以增加其极性并产生活性碳原子。②引入金属基催化中心，例如金属纳米颗粒、单个金属原子和金属化合物，实现强烈的多硫化物约束和快速的氧化还原动力学。

（1）用于多硫化物催化的无金属碳　由于杂原子掺杂碳具有制备工艺简便、化学稳定性好、结构可调、电子构型特殊、制备简便等优点，是非常有前景的多硫化物催化剂。最近，杂原子掺杂的碳材料已成功用于捕获多硫化物，因为它们的活性位点与多硫化物之间具有强烈的化学相互作用。此外，N 掺杂的碳可以像一把锋利的刀，打破锂和硫之间的键合，降低活化能。通过 DFT 模拟计算了不同 N 掺杂碳表面上脱锂动力学中 Li_2S 的解离能（图 7-26a~图 7-26c）。吡咯烷和吡啶型 N 掺杂碳都有助于降低 Li_2S 的分解能。更重要的是，吡啶型 N 表现出最佳的碳掺杂结构，不仅对多硫化物具有最强的吸附能力，而且在分解 Li_2S 时具有最低的活化能。

已有研究表明，氮和硫共掺杂的碳材料可以显著提高催化能力。在此基础上，Manthiram 等人展示了一种氮、硫共掺杂的碳材料用于固定硫，这可显著提高电导率，促进对多硫化物的亲和力，并支持加速动力学过程。电化学测试表明，与还原氧化石墨烯和单一硫 / 氮掺杂石墨烯相比，氮、硫共掺杂的石墨烯阴极的放电 / 充电曲线有明显较高和较长的放电平台（图 7-26d、图 7-26e）。即使在 0.3~2C 的速率下，那些极化较小的长而平坦的平台也可很好地保持。这表明更好的氧化还原反应动力学。值得注意的是，研究者已经对杂原子（B，N，O，F，P，S，Cl）掺杂的碳电极在多硫化物催化中的电化学性能进行了系统研究（图 7-26f~图 7-26h）。DFT 结果表明，N 和 O 掺杂剂具有较高的电负性和与 Li 原子匹配的合适半径，可以显著改善碳与多硫化物之间的相互作用。

（2）单原子掺杂碳用于多硫化物催化　单原子掺杂碳催化剂（Single-atoms doped carbon catalysts，SACs）在碳骨架中拥有原子尺度的金属中心，通常有最大的原子利用率、活性金属位点和独特的电子配置。因此，它们通常被用于能量转换和存储领域的催化作用。SACs/碳的独特电子配置具有分裂的能级和丰富的裸露金属位点，可以有效地催化多硫化物的氧化还原反应。通常，为了获得稳定的 SACs 结构并进一步促进 SACs/ 碳的催化性能，过渡金属（M）通常与氮基团相互作用形成 M-Nx 结构。

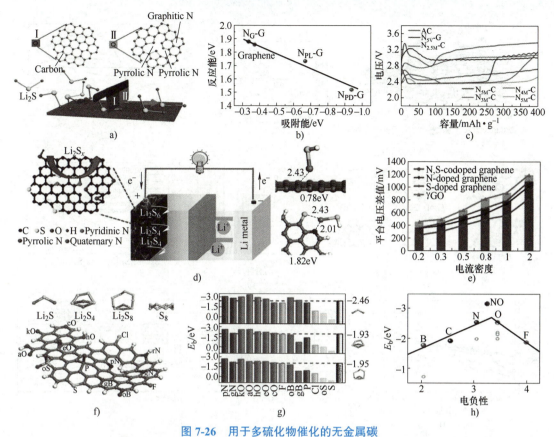

图 7-26　用于多硫化物催化的无金属碳

a）基于 N 掺杂碳的固态 Li_2S 到 LiS^- 和 Li^+ 的演变　b）各种含 N 结构的反应能量　c）激活能量
d）多硫化物与 N、S 共掺杂石墨烯电极的相互作用　e）基于 N 或 S 掺杂的石墨烯以及原始
石墨烯的不同充放电平台　f）掺杂杂原子的纳米碳材料　g）对多硫化物的结合能 E_b（eV）
h）结合能 E_b（针对 Li_2S_4）与掺杂剂特殊电负性之间的关系

黄等人提出了一种原子尺度催化剂 Co-N-C，用于加速 Li-S 电池中的多硫化物转化。这里，Co-N-C 作为催化剂，加速了 $Li_2S_{1/2}$ 的反应动力学，并作为原子调节剂调控了 $Li_2S_{1/2}$ 的形成和再生，从而提高了放电容量。同时，在导电基底中存在亲锂和亲硫中心，增强了多硫化物的转化。因此，实现了低的循环衰减率（300 个循环后为 0.10%），优异的倍率性能（2C 下 1035mAh·g^{-1}），以及显著的面积容量（S 负载量为 11.3mg·cm^{-2} 时，10.9mAh·cm^{-2}）。此外，单个 Ni 原子掺杂的 N- 石墨烯（Ni@NG）在循环过程中表现出对多硫化物具有固定和氧化还原催化作用（图 7-27a~ 图 7-27b）。$Ni-N_4$ 结构中的氧化镍位点通过形成 S_x^{2-}-Ni-N 键而对多硫化物具有可逆的催化作用。此外，DFT 计算揭示了 $Cr-N_4$/ 石墨烯表现出高电导率，与可溶性 Li_2S_n 物种的适度结合强度，这归功于金属 -S 和 N-Li 原子之间的协同作用，并伴随一定量的电荷转移（图 7-27c~ 图 7-27e）。同样，周等人最近研究了十种材料（石墨烯，Mn，Ru，Zn，Co，V，Cu 和 Ag）对多硫化物的潜在催化转化。重要的是，单个 V 催化位点在充放电过程中改善了固态 Li_2S 的成核和分解，这归因于在速率限制步骤中的低吉布斯能障（图 7-27f、图 7-27g）。这些研究证明了 SACs/ 碳在锂硫电池中的重要作用，其优异的催化能力极大地减轻了穿梭效应。

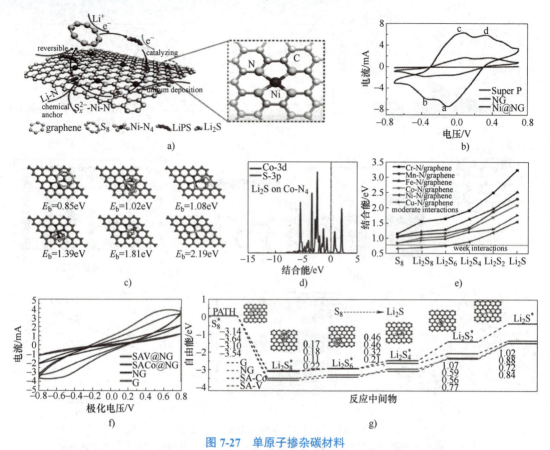

图 7-27　单原子掺杂碳材料

a）在 Ni@NG 表面上 S8 ⇌ Li₂S 的演变过程　b）对称电池测试　c）Co-N₄/ 石墨烯上吸附的 S 物种的优化结构
d）Co-N₄/ 石墨烯上吸附的 Li₂S 的投影态密度　e）各种 M-N₄/ 石墨烯上 S 物种的计算结合能
f）基于不同电极的对称电池的 CV 曲线　g）不同催化剂上多硫化物还原的相对自由能曲线

　　最近，马氏及其合作者设计了单原子 Fe 和极性 Fe_2N 共嵌入 N 掺杂石墨烯（SA-Fe/
Fe_2N@NG）来催化多硫化物的转化。单原子 Fe 和 Fe_2N 共同作用，加速了双向液 - 固转化
过程。具有平面对称 Fe-N₄ 结构的单原子 Fe 可以选择性地催化 Li_2S_n 还原。具有 Fe-N₄ 单原
子位点的亲硫 Fe_2N 不仅有助于将 Li_2S_n 还原为 Li_2S，还具有优异的 Li_2S 氧化的催化选择性。

　　尽管在基于单原子催化剂阴极方面取得了明显的成功，但仍存在一些挑战，需要进一
步优化金属 - 硫电池。①目前尚未很好地实现掺杂位点和配位几何结构的精确构建。由于
碳载体中结合位点的随机性，解决这些问题受到限制。因此，需设计具有与杂原子配位的
均匀位点的催化材料。②对于 Li-S 化学反应，目前对 SACs 和多硫化物的亲和力以及 Li_2S
的成核 / 分解行为还不完全了解。特别是在 SACs 和 S 基物种之间的电子给体和受体途径。
因此，有必要通过理论计算和原位表征来确定确切的机制和氧化还原过程。③目前报告的
许多单原子基催化剂仍需通过调整原子金属 -N-C 结构来同时提高催化效率和稳定性。

　　总之，本章节详细总结了用于金属 - 硫电池的多硫化物催化材料的最新进展以及目前报
道的多硫化物催化转化的过程和机理。全面探讨了如何对多硫化物催化材料进行合理设计以
解决金属 - 硫电池常见的失效及穿梭效应等问题。多硫化物氧化还原反应催化剂作为新兴且

快速发展的研究领域，近年来取得了显著成果。与其他电催化领域的迅猛发展相比，这种电化学催化剂加速 pSRR 和 pSOR 的研究仍处于起步阶段，尚有未知数。

　　虽然相应的研究仍处于起步阶段，但得益于其独特的结构、多功能特性和有效的催化性能，多硫化催化材料在未来的金属 - 硫电池中具有巨大的吸引力和前景。需要指出的是，在今后对不同多硫化物催化材料进行研究时，需认真考虑一些挑战和实际问题。主要包括对金属 - 硫电池中多硫化物催化转化机理的认识不足、缺乏对单原子催化活性的深入研究以及极端条件下催化剂设计的挑战等问题。通过设计和制造更高效的催化剂，有望进一步提高金属 - 硫电池的性能。

<h1 style="text-align:center">思　考　题</h1>

1. 解释金属 - 空气电池的工作原理及基本反应过程。
2. 比较金属 - 空气电池与传统电池（如碱性电池或锂电池）在原理上的主要区别。
3. 讨论金属 - 空气电池在能量密度和功率密度方面的优势和局限性。
4. 分析不同金属（例如锌、铝等）与空气电极之间的电化学性能差异如何影响电池的性能。
5. 探讨金属 - 空气电池在可再生能源存储中的潜在应用。
6. 讨论当前金属 - 空气电池技术面临的主要挑战以及未来发展方向。
7. 金属 - 硫电池是什么类型的电池，其在能源存储领域有哪些独特的特点和优势？
8. 在电催化反应的过程中，有哪些因素可能限制金属 - 硫电池的效率，以及如何克服这些限制？
9. 当前存在的硫电极纳米催化剂的研究进展是什么？有哪些创新性的设计和合成方法被提出？

<h1 style="text-align:center">参 考 文 献</h1>

[1] ALLEN C J, HWANG J, KAUTZ R, et al. Rechargeable Lithium/TEGDME-LiPF6/O$_2$ Battery [J]. J. Phys.Chem.C, 2012, 116, 20755.

[2] DINCER I. Comprehensive Energy Systems [M]. Netherlands: Elsevier, 2018.

[3] JUNG, K N, HWANG S M, PARK M S, et al. One-dimensional manganese-cobalt oxide nanofibres as bi-functional cathode catalysts for rechargeable metal-air batteries [J]. Sci. Rep, 5: 7665.

[4] ZHAO C, YAN X, WANG G, et al. PdCo bimetallic nano-electrocatalyst as effective air-cathode for aqueous metal-air batteries [J]. Int. J. Hydrogen Energy, 43: 5001-5011.

[5] ZHANG L, HUANG Q A, YAN W, et al. Design and fabrication of non-noble metal catalyst-based air-cathodes for metal-air battery [J]. Can. J. Chem.Eng, 97: 2984-2993.

[6] TAN P, SHYY W, ZHAO T S, et al. Discharge product morphology versus operating temperature in non-aqueous lithium-air batteries [J]. J. Power Sources, 278: 133-140.

[7] CHENG F, ZHANG T, ZHANG Y, et al. Enhancing Electrocatalytic Oxygen Reduction on MnO$_2$ with Vacancies Angew [J]. Chem., Int. Ed., 52 (9): 2474-2477.

[8] LI Y G, HASIN P, WU Y Y. NixCo$_3$-xO$_4$ Nanowire Arrays for Electrocatalytic Oxygen Evolution [J]. Adv. Mater., 22 (17): 1926-1929.

[9] WANG Z L, XU D, XU J J, et al. Graphene Oxide Gel-Derived, Free-Standing, Hierarchically Porous Carbon for High-Capacity and High-Rate Rechargeable Li-O$_2$ Batteries [J]. Adv. Funct. Mater., 22 (17): 3699-3705.

[10] GONG K P, DU F, XIA Z H, et al. Nitrogen-Doped Carbon Nanotube Arrays with High Electrocatalytic Activity for Oxygen Reduction [J]. Science, 323 (5915): 760-764.

［11］ JOO Y, SHI H, TIAN Q, et al. Engineering Nanoreactors for Metal-Chalcogen Batteries ［J］. Energy Environ. Sci., 14 (2): 540-575.

［12］ DING Y, CANO Z, YU A, et al. Automotive Li-Ion Batteries: Current Status and Future Perspectives ［J］. Electro. Ener. Rev, 2: 1-28.

［13］ YU M, ZHOU S, WANG Z, et al. A Molecular-Cage Strategy Enabling Efficient Chemisorption-Electrocatalytic Interface in Nanostructured Li_2S Cathode for Li Metal-Free Rechargeable Cells with High Energy ［J］. Adv. Funct. Mater, 29 (46): 1905986.

［14］ MANTHIRAM A, YU X. Ambient Temperature Sodium-Sulfur Batteries ［J］. Small, 11 (18): 2108-2114.

［15］ GHAZI Z, ZHU L, WANG H, et al. Efficient Polysulfide Chemisorption in Covalent Organic Frameworks for High-Performance Lithium-Sulfur Batteries ［J］. Adv. Energy Mater, 6 (24): 1601250.

［16］ XU F, YANG S, JIANG G, et al. Fluorinated, Sulfur-Rich, Covalent Triazine Frameworks for Enhanced Confinement of Polysulfides in Lithium-Sulfur Batteries ［J］. ACS Appl. Mater. Interfaces, 9 (43): 37731-37738.

［17］ YOO J, CHO S, JUNG G, et al. COF-Net on CNT-Net as a Molecularly Designed, Hierarchical Porous Chemical Trap for Polysulfides in Lithium-Sulfur Batteries ［J］. Nano Lett., 16 (5): 3292-3300.

［18］ GUAN R, ZHONG L, WANG S, et al. Synergetic Covalent and Spatial Confinement of Sulfur Species by Phthalazinone-Containing Covalent Triazine Frameworks for Ultrahigh Performance of Li-S Batteries ［J］. ACS Appl. Mater. Interfaces, 12 (7): 8296-8305.

［19］ LIAO H, WANG H, DING H, et al. A 2D Porous Porphyrin-Based Covalent Organic Framework for Sulfur Storage in Lithium-Sulfur Batteries ［J］. Mater. Chem. A, 4 (19): 7416-7421.

［20］ WANG W, ZHAO Y, ZHANG Y, et al. Enhanced Adsorptions to Polysulfides on Graphene-Supported BN Nanosheets with Excellent Li-S Battery Performance in a Wide Temperature Range ［J］. ACS Appl. Mater. Interfaces, 12 (11): 12763-12773.

［21］ ANSARI Y, ZHANG S, WEN B, et al. Stabilizing Li-S Battery Through Multilayer Encapsulation of Sulfur ［J］. Adv. Energy Mater., 9 (1): 1802213.

［22］ PANG Q, KWOK C, KUNDU D, et al. Lightweight Metallic MgB_2 Mediates Polysulfide Redox and Promises High-Energy-Density Lithium-Sulfur Batteries ［J］. Joule, 3 (1): 136-148.

［23］ BAO W, SHUCK C, ZHANG W, et al. Boosting Performance of Na-S Batteries Using Sulfur-Doped Ti_3C_2Tx MXene Nanosheets with a Strong Affinity to Sodium Polysulfides ［J］. ACS Nano, 13 (10): 11500-11509.

［24］ XU H, YANG S, LI B, et al. ZnS Spheres Wrapped by an Ultrathin Wrinkled Carbon Film as a Multifunctional Interlayer for Long-Life Li-S Batteries ［J］. J. Mater. Chem. A, 8 (1): 149-157.

［25］ ZHU X, TIAN J, LIU X, et al. A Novel Compact Cathode Using Sponge-Like RANEY® Nickel as the Sulfur Immobilizer for Lithium-Sulfur Batteries ［J］. RSC Adv, 7 (56): 35482-35489.

［26］ YUAN H, ZHANG W, WANG J, et al. Facilitation of Sulfur Evolution Reaction by Pyridinic Nitrogen Doped Carbon Nanoflakes for Highly-Stable Lithium-Sulfur Batteries ［J］. Energy Storage Mater, 10: 1-9.

［27］ ZHOU G, PAEK E, HWANG G, et al. Long-Life Li/Polysulphide Batteries with High Sulphur Loading Enabled by Lightweight Three-Dimensional Nitrogen/Sulphur-Codoped Graphene Sponge ［J］. Nat. Commun., 6: 7760.

［28］ ZHANG L, LIU D, MUHAMMAD Z, et al. Single Nickel Atoms on Nitrogen-Doped Graphene Enabling Enhanced Kinetics of Lithium-Sulfur Batteries ［J］. Adv. Mater, 31 (40): 1903955.

［29］ ZHOU G, ZHAO S, WANG T, et al. Theoretical Calculation Guided Design of Single-Atom Catalysts toward Fast Kinetic and Long-Life Li-S Batteries ［J］. Nano Lett., 20 (2): 1252-1261.

［30］ ZHOU G，ZHAO S，WANG T，et al. Theoretical Calculation Guided Design of Single-Atom Catalysts toward Fast Kinetic and Long-Life Li-S Batteries ［J］. Nano Lett.，20（2）：1252-1261.

［31］ WANG Z L，XU D，XU J J，et al. Oxygen electrocatalysts in metal-air batteries：from aqueous to nonaqueous electrolytes ［J］. Chemical Society Reviews，43：7746-7786.

［32］ CLARK S，LATZ A，HORSTMANN B. Air Cathodes and Bifunctional Oxygen Electrocatalysts for Aqueous Metal-Air Batteries ［J］. Batteries，9：394.

［33］ WANG C，YU Y，NIU J，et al. A.Silicon-air batteries：Progress，applications and challenges ［J］. Appl.Sci.，9：2787.

［34］ OLABI A G，SAYED E T，WILBERFORCE T，et al. Metal-Air Batteries—A Review ［J］. Energies，14：7313.

［35］ LEE，C H，LEE S U. Theoretical basis of electrocatalysis.In Electrocatalysts for Fuel Cells and Hydrogen Evolution-Theory to Design ［M］. London：Intech Open，2018.

［36］ JUNG，K N，HWANG S M，PARK M S，et al. One-dimensional manganese-cobalt oxide nanofibres as bi-functional cathode catalysts for rechargeable metal-air batteries ［J］. Sci. Rep，5：7665.

第 8 章

工业电催化

　　催化作为化学与工程学科的一门交叉学科，属于交叉型应用基础学科。真正的催化研究已经持续了一个多世纪，取得了许多里程碑性的工业催化技术，但早期的催化研究由于测试技术的限制，很难进入主流科学领域。催化剂已广泛应用于现代化学工业，成为庞大的化学工业生产得以正常运行的关键技术，使人类从根本上解决了诸如食不果腹（合成氨）、衣不蔽体（合成纤维）、日用品稀缺（三大合成材料）的命运。化学工业中 80% 以上的转化过程是通过催化实现的。催化作用是在纳米尺度下发生的化学现象。从纳米的概念出发，催化剂分为纳米尺度催化剂和纳米结构催化剂两大类。在催化材料研究与开发中，已走过漫无边际的摸索阶段，初步进入理性设计与系统研制过程。纳米结构材料为催化材料开发提供了全新的机遇，纳米结构材料或含有特定的晶形结构，都是催化材料不可缺少的结构要素。

　　经过近 100 年的发展，电催化从最初作为催化科学的一个分支，目前已经成为一门交叉性极强的学科。电催化的基础涉及电化学、催化科学、表面科学以及材料科学等众多学科，其应用则广泛存在于能源转换与储存（燃料电池、超级电容器、化学电池、水解制氢、太阳能电池等）、环境工程（水处理、土壤修复、传感器、污染治理、臭氧发生等）、绿色合成与新物质创造（有机和无机电合成、氯碱工业、新材料等）、表面处理、微米与纳米尺度加工以及生物医学与分析传感等重要技术领域。随着社会和经济的飞速发展，能源短缺和环境污染等问题日益突出。发展高效、清洁的能源获取与转化技术，绿色物质合成技术成为当前科学与技术研究的首要任务之一，电催化无疑在这些技术中处于关键地位。

　　有鉴于此，本章将详细介绍纳米电催化材料工业化应用的研究进展。首先介绍工业电催化的基础知识；随后介绍几类传统的工业电催化应用现状；而后，简要介绍几类新兴的催化反应的工业化进程。比如，在电解水反应中包括阴极析氢反应（HER）与阳极析氧反应（OER）的纳米催化材料的构筑方案与相关扩大实验研究；在电化学合成氨反应中纳米催化材料的研究进展与工业化进程；以及响应"双碳"目标号召下二氧化碳还原电催化纳米材料的研究进展。最后，简要介绍了纳米催化材料在一些传统领域的工业化研究进展。

8.1　工业电催化基础

　　催化是将催化剂加入到某一反应体系中，可以改变这一反应的速度，即改变这一反应趋向化学反应平衡的速度，而其自身反应前后并不改变的现象。这表明，催化剂既改变了反应速率，同时，以相同的幅度改变了逆反应的速率，即不影响化学反应的平衡。目前，大约 80% 的化学化工产品是经过催化转化生产的，价值约 10^{13} 美元。因此，催化剂是整个化学与化工、能源与环境产业的中心，尽管催化剂概念直到 1836 年才由 Berzelius 提出，1894 年 Ostwald 首次给催化科学定义，20 世纪才取得巨大的发展。目前催化已成为人类能源、材料、化工与环境可持续发展的关键。

8.1.1　催化剂

尽管人们对催化剂结构、活性中间体以及反应机理等方面的了解均不够深入，多相催化在现代化工、材料工业仍占着举足轻重的地位。长久以来，多相催化被认为是"黑箱艺术"，一直进入不到主流科学，主要是由于催化剂表面结构复杂，表面分析手段有限，因而对真实的表面反应无法探索造成的。电催化剂实际上是提供一个反应平台或模板，使反应物分子相互接近，直至活化转化为产物分子。其另外一个功能就是允许反应物分子在其表面解离。例如氢气分子可以在铂表面解离，形成两个吸附态 H 原子而稳定存在。这样，每一个 H 原子都可与其他表面物种独立作用。这是由于吸附态 H 原于可以与 Pt 催化剂晶格作用，甚至进入催化剂晶格。

同时，催化剂提供的巨大表面也是一个非常重要的因素。这样的表面可以承载更多的反应物分子介入可能的反应。更重要的是，随着表面探测技术、表面物理、化学和结构理论以及表面催化理论的不断完善，我们已能够在一定程度上了解催化反应的本质。结果发现，多相催化剂的性能往往取决于其表面的纳米结构组成。如担载型过渡金属催化剂，活性中心由多个金属原子组成的表面纳米金属粒子。又如分子筛的择形催化作用则由其纳米微孔结构控制。这也意味着纳米技术及纳米结构材料操控技术的发展，将给电催化带来全新的发展机遇。

在未来世界经济中催化剂将扮演更加重要的角色，如图 8-1 所示。催化剂不仅局限于化学、化工以及制药领域，同时，将在环境与生态的持续发展、能源的更新换代、生物工程领域发挥更加重要的作用。但是，能否在这些领域真正发挥作用甚至是关键性作用，关键在于使用的催化剂的性能好坏，以及能否持续开发出新的性能更加优越的催化剂产品。催化剂的开发，已经从早期的试验性摸索，逐步走向理论设计与实验相结合的阶段，最终将通过催化剂的分子设计，实现催化剂的配方优化与合成路线的选择。

图 8-1　某工业合成氨生产现场

对于催化剂的设计及其工业化推进，常需考虑以下几点：

1）催化剂活性相的设计与选择。这是催化剂设计的关键所在。一个催化剂性能的好坏，关键在于活性组分的选择、结合方式等是否处于最佳状态，包括活性组分的选取、活性组分的组成、活性组分的分散方法、活性组分性能的修饰等过程。它主要决定催化剂的活性、选择性，催化反应的稳定性等关键指标。

2）催化剂载体的选择与设计。载体是活性组分分散与催化反应的场所，其性能好坏直接影响催化剂的使用。载体的选择应尽可能改善活性组分的分散状况，改善催化剂的热稳定性、水热稳定性以及抗中毒能力。载体的选择还有一个非常关键的因素就是孔结构的设计，可以对催化剂选择性地进行有效修饰，以改善催化剂的整体性能。

3）催化反应器的设计。大量证据表明，一个好的催化剂能否发挥其最佳性能，很大程度上受反应器结构的影响。适合于某一特定催化剂的反应器设计，也是非常重要的催化剂设计应解决的关键性问题。反应器的设计，主要在于如何保证催化剂与反应物间的充分接触，如何方便地调控反应程度，如何方便反应物料的流动等。纳米尺度催化剂和纳米结构催化剂目前基本处于实验室研究阶段。因此，催化剂的设计，主要是活性相的设计与载体的设计。当然，如果将现有的工业催化剂看成是纳米尺度催化剂或纳米结构催化剂，反应器的设计就必须予以重视。

8.1.2　催化反应器

与实验设计比较，催化剂的理性设计不仅在于了解催化反应机理，更重要的在于如何控制活性位结构、调节活性相组成，特别是在一定的反应条件下。由于在诸如表面分析仪器、表面科学、金属有机化学、固体化学、合成化学、材料科学与理论等与催化相关学科的不断发展，为理性设计催化剂奠定了基础。表面分析技术的进步，使我们在反应条件下，或者接近反应的条件下，对催化剂表面活性相结构及浓度、表面反应中间体的结构及其浓度等进行有效的表征，以使我们在更深层次上了解催化表面反应的本质。这些对于理性设计是非常重要的理论基础。表面科学的进步可以使我们在分子水平上认识表面基元反应的特点；动力学及同位素实验，可使我们区分出哪些组分或物种是催化反应最重要的，以及其催化转化的轨迹。同样，有机合成化学、金属有机化学的进步，拓展了我们催化反应的视野，加深了对催化本质的认识，有利于我们设计一些特殊的精细化工催化剂。量子化学手段，也已成为我们了解与催化过程或与催化剂设计有关的分子间相互作用的有效工具。固体化学的进展，为我们对催化剂合成以及催化剂性能的必要修饰，提供了很多成熟的技术与方法，也拓展了催化材料的种类。

因此，这里简单介绍一下常见的工业催化反应器（图8-2）。

每一个工业化学过程和催化过程，无一例外地是为了在经济上和安全上生产所需要的产品，或者从各种原料生产一系列产品而设计的。最理想的是能在安全和低成本的情况下，高生产能力、高产低耗（100%选择性和转化率）又极端环境冲击下生产。要在选择和设计催化转化过程中达到这样的理想情况是很不容易的，因为总有一些强加于过程的不同要求起着作用。在这一节将介绍几种在工业上经常使用的最重要的催化反应器及其特点。首先，根据操作条件进行分类，即间隙式的和连续式的；其次，根据催化剂是不是固体分类。这样的分类并不是很明确，因为许多连续式的反应器也可以间隙地应用。

立式反应釜　　　　　　　　卧式反应釜　　　　　　　　电解铝车间

图 8-2　几类常见的工业催化反应器

1. 间隙式反应器

间隙式反应器常用来生产产量有限的高附加值产品，例如，精细化工产品和催化剂，也可用于试验尚未完成开发的新过程以及还难以转入连续操作的过程，如一些聚合过程。典型的反应器体积约为 $10m^3$。同时，反应介质是液体，机械搅拌能保证有很好的混合以及和环境有足够的热交换。如果需要，也能用于悬浮的固体。反应器一般通过上部开孔加料，反应可通过加温或者催化剂启动，反应结束后，未转化的原料和反应产物由反应器底部的排放管排放出来。间隙式反应器通过反应物在反应器持续的时间较长而得到高转化率的优点。但是，大规模生产会有单元生产人工费用高的缺点。所以，常常是不同的产品在同一个工厂中生产，即使用相同的反应器、相同的原料等的多种产品或者综合工厂，就可以降低每种产品的投资费用。对快的放热反应，温度控制是一个问题，常将一部分反应物通过热交换器的外循环，或通过增加内部热交换面积加以解决。此外，也可利用半间隙式操作，即把一部分反应物在一定时间内稳定或通过一定时间间隔加入，这还能减少不希望的副反应发生。在生物催化中，温度控制常不是一个问题，因为反应的热效应不大。但是，在生物催化中，pH 值的控制却是一个重要问题，需要和控制温度一样加以处理。

2. 用于固体催化反应的连续流动反应器

多相催化反应是二相、三相，甚至多于三相的操作。固体催化剂和气体及液体反应物在一起相遇，成功地进行所需的转化。下面简要介绍几种常见反应器及其优缺点。

气固反应器是众所周知的连续操作的双相催化反应器，主要反应器有固定床、流化床和夹带流反应器。固定床反应器既可在绝热，也可在等温条件下操作。在后一种情况下，常选用为热载体所包围的列管式反应器体系。催化剂床的固有特性包括高选择性和高转化率以及催化剂的长寿命。催化剂床的这些特性使固定床反应器在工业应用中具有显著的优势。绝热固定床反应器的优点是简单，单位体积的催化剂负载量高，催化剂磨损和反混小；缺点则是压力降大，温度控制难和扩散距离长。气体反应物使用绝热固定床的一些反应器有甲醇和合成氨的生产以及萘的氢处理。

类似于固定床反应器的反应器体系还有移动床反应器，其失活速度相对较低，但是，操作成本则太高，催化重整过程就是一个实例。目前主要为流化床反应器，一方面，流化床反应器的主要优点是有很好的热交换性质和均匀的温度分布，另外床层的类流体行为，催化剂在迅速失活时可在操作期间通过加入和取出进行再生和置换。加之由于微粒尺寸相对较小，扩散距离较短；另一方面，缺点则是催化剂磨损和反混以及流化床反应器难以放大等。夹带流反应器可在接触时间很短的情况下使用，因为在催化剂活性高的情况下失活很快，在流化催化裂解（FCC）中，循环用的催化剂也能对吸热反应提供部分热，根据催化剂担载量的不同，还可区分为"稀"和"浓"相的"提升管"。

总之，催化剂本身可以看作是一个微型化学反应器，反应物进入其中进行转化，形成一定的产物，从催化剂反应器中传输出来。对于这样一个微型反应器，从前面介绍的众多实例可以看出，催化剂设计应从以下几个方面考虑：①任何催化剂类微型化学反应器，均应包括以下基本结构组成：催化活性中心、反应物、产物、能量的获取与供给。②微型催化反应器中各组成间的相互作用。设计催化剂时，必须综合评估，优化出最佳的催化剂配方和结构。

催化反应工艺是关联催化基础和实际应用之间的桥梁，通过催化化学家和表面科学家对催化反应机理的不断了解，继而开发出允许定量描述反应条件对反应速度和所需产物选择性影响的速度方程式——本征反应动力学，再研究那些仅由化学事件决定的因素过渡到催化反应工艺的基础研究。这是因为与之相关的领域还有传输（包括传质和传热）和化学反应之间相互作用的问题。这种相互作用，对工业反应器中的速度和选择性也有显著的影响，这也必须通过将反应放大到工业规模来加以验证和说明。所以，了解催化反应工艺对催化化学工作者来说并非是多余的，恰恰相反，是一门必备的知识。

8.2 氯碱工业电催化

通过电催化电极开发，降低电极过程过电位，一直是电化学工业发展中的重要课题。电催化在氯碱工业、电化学合成、电化学冶金及环境治理等方面的研究与应用已取得了显著成效。其标志性事件就是 20 世纪 60 年代比利时人 H.Beer 在意大利利德诺拉公司的资助下，成功研制出表面覆盖有电催化剂涂层的钛基形稳阳极（Dimensinally stable anode，DSA），使阳极的析氯反应过电位由原来石墨阳极的 500mV 以上降低到 DSA 阳极的 50mV 以下，并大幅提高了电解槽的生产能力。目前，DSA 已成为氯碱工业的主流阳极。受氯碱工业应用DSA 取得巨大成功的启发，自 20 世纪 80 年代开始，人们又先后将电催化技术引入到电化学冶金工业（氯化物溶液、硫酸盐溶液以及高温熔盐中金属电解提取）、电化学合成工业和污水治理等工业领域。

8.2.1 氯碱工业过程电催化

电解氯化钠水溶液的同时生产氯气和烧碱的氯碱工业，是目前世界上电解工业中规模最大的，也是最重要的电化学工业之一。如图 8-3 所示，氯碱工业是基础化工产业，主要产品氯气和烧碱广泛应用于轻工、化工、纺织、建材、国防、冶金等部门，副产品氢气也有多种用途。氯气主要用于生产 PVC 等有机物、水处理化学品、氯化中间体、无机氯化物和造纸等；烧碱主要用于有机合成、造纸、纺织、洗涤品、铝冶炼及各种无机化合物生产等。在电解法发明之前的 100 多年间，一直采用化学法生产氯气和烧碱。1851 年，英国 WTT 首先提出电解食盐水溶液制取氯气的专利，1867 年，大功率直流发电机发明后实现了工业电解。第一个电解法制氯的工厂于 1890 年在德国建成，第一个电解食盐水同时制取氯和氢氧化钠的工厂于 1893 年在美国建成。第一次世界大战后化学工业的发展，使得氯气不但用于漂白与杀菌，还用于生产各种有机、无机化学品等；第二次世界大战后石油化工业的兴起，更使得氯气需求量激增，氯气（或化学品）与烧碱的产量与年俱增，氯碱工业进入快速发展阶段。目前，全球共有 500 多家氯碱生产企业。2011 年，全球烧碱产量约 6110 万 t，氯气产量约 5587 万 t；我国烧碱产量约 2466 万 t，氯气产量约 2255 万 t，居世界首位。氯碱工业生产过程包括盐水精制、电解和产品精制等工序，其中电解是最主要工序。在氯碱工业电解槽中，两极产物的分隔非常重要，否则将发生各种副反应和次级反应，使产率锐减、产品质量下降，并可能发生爆炸。根据产物分隔方法的不同，氯碱的工业生产采用水银法、隔膜法和离子膜法三种工艺。由于离子膜法不仅具有效率高与能耗低的优点，而且可以减少隔膜电解法使用石棉、水银电解法使用汞而造成的公害以及环境污染，因而成为现阶段氯碱工业的主要生产工艺。

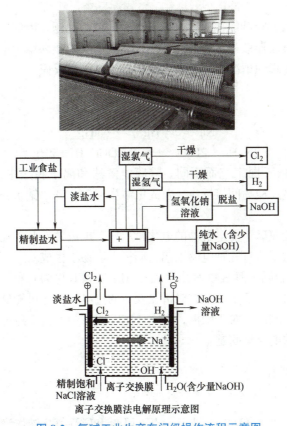

图 8-3　氯碱工业生产车间级操作流程示意图

　　水银法中，阳极为石墨电极，阴极为汞。阴极上还原出来的钠被汞吸收，生成钠汞齐。然后将钠汞齐与水一起在解汞塔内进行反应，获得含 50%（质量分数）的 NaOH 水溶液。在析氯过程中由于石墨阳极也有少量氧同时析出，造成石墨阳极的逐渐消耗，并使得阴极与阳极间的距离逐渐扩大。如不控制，极间距离的增大就会引起槽电压升高，导致电能消耗增大。

　　在隔膜法中，电解槽用改性石棉做成的隔膜把阳极同阴极分开。石棉经不同聚合物改性后性能变好，把它直接覆盖在钢架阴极上做成隔膜，可以把两极产物分开，使阳极上产出的氯和阴极上产生的氢与 NaOH 溶液（含有食盐）分开。但有了隔膜后，电解槽的电阻增大，不能采用高电流密度生产，否则电耗大增。在此种电解槽中，石墨阳极也同样存在逐渐消耗的问题，它也将导致两极间的距离变大，槽电压增高，电耗增大。

阳离子交换膜法原理与隔膜法一样，只是此种膜只允许阳离子 Na^+ 和少量的 H^+ 通过，不允许阴离子通过。此种膜紧贴着阳极和阴极，形成几乎"零极距"的结构。原则上说，此种方法可以直接生产出不含氯离子的 50% 纯度的 NaOH 产品。但实际上还不能完全做到这一点，主要是还有少量 OH^- 也随阳离子渗过来，使得 NaOH 溶液较稀，一般含 35%~48% NaOH。尽管如此，使用该方法制得的 NaOH 溶液中含氯少，所得氯气含氧低，产品质量好。更因为几乎"零极距"操作，槽电阻小，可用大电流密度生产，因而单位产品的电耗低。此法的上述优点使它自 1970 年以来发展迅猛，不断取代隔膜法，成为氯碱工业的主流工艺。

氯碱生产用电量大，降低能耗始终是氯碱工业的核心问题。因此，提高电流效率、降低槽电压、提高大功率整流器效率、降低碱液蒸发能耗以及防止环境污染等，一直是氯碱工业科技工作的努力方向。理想情况下，氯碱工业电解槽的电极反应为

$$2Cl^- + 2e^- \longrightarrow Cl_2 \tag{8-1}$$

$$2H_2O + 2e^- \longrightarrow H_2 + 2OH^- \tag{8-2}$$

$$Na^+ + e^- + Hg \longrightarrow NaHg \tag{8-3}$$

$$2NaHg + 2H_2O \longrightarrow 2NaOH + H_2 + 2Hg \tag{8-4}$$

其中，阴极反应依不同工艺而不同。隔膜电解法和离子膜法中，阴极反应为直接反应，水银电解法的阴极反应为间接反应，首先电解生成钠汞齐，钠汞齐在解汞塔中分解得到 NaOH。

但是，在分析讨论氯碱工业电解槽的电化学反应、电流效率及能耗指标时，通常要考虑各种副反应的发生。对于所有三种电解工艺，阳极上应易于生成 Cl_2 而不利于生成 O_2，阳极气体中的含 O_2 应尽可能低。但 H_2O 氧化生成 O_2 比产生 Cl_2 更为有利。因此，必须寻求合适的阳极材料和阴极材料，对于阳极，它对析氯反应的过电位应尽可能低，而对不希望的析氧反应，则过电位应尽可能高；对于阴极，则是要求在碱液中的析氢过电位尽可能低。这就是氯碱工业所需要解决的电催化问题。

8.2.2 析氯阳极电催化

1. 石墨阳极

直到 1913 年，电解法生产 Cl_2 工业上一直采用 Pt 和磁性氧化铁作为阳极材料。然而 Pt 太昂贵，磁性氧化铁太脆，且只能在平均为 $400A \cdot m^{-2}$ 的阳极电流密度下工作。从 1913 年 ~1970 年的近 60 年中，氯碱工业广泛采用石墨作为阳极材料。石墨阳极采用优质焦炭为骨料、沥青为黏结剂，经混捏、成型、焙烧与石墨化而成，一般要求原料中的灰分含量较低。原料经混捏得到的糊料压制成型，而后在 1100℃左右焙烧，2600~2800℃下石墨化。所得的石墨坯块经机械加工成为最终形状的石墨阳极。用于氯碱电解槽作水平悬挂的石墨阳极，其面积一般为 $0.1 \sim 0.2m^2$，初始厚度为 7~12cm。石墨阳极的缺点主要是析氯过电位高，以及石墨阳极因氧化损耗引起形状不稳定，增大了极距等而引起能耗高。石墨阳极上 Cl_2 析出的过电位高达 500mV，生产 1t Cl_2 引起的阳极碳剥蚀量大于 2kg。电解过程中，阳极析出氯气的同时

也有少量氧析出，氧与石墨作用生成 CO 和 CO_2，使石墨阳极电化学氧化而腐蚀剥落严重，每生产 1t 氯气，石墨消耗量达到 1.8~2.0kg（NaCl 电解制氯）和 3~4kg（KCl 电解制氯）。因此，石墨阳极的寿命仅有 6~24 个月不等。降低石墨阳极使用寿命的因素主要有：电解温度高、阳极液的 H^+ 高、盐水中活性氯浓度高、盐水中存在 SO_4^{2-} 杂质等。石墨阳极的剥落使得生产过程中需不断调整电极位置，生产中通常每天降低一次阳极，以维持稳定的极距，并减少电耗。当石墨阳极的厚度减薄至 2~3cm 时就需要换新阳极，这使得电解槽结构和生产操作复杂化。

由于上述问题，20 世纪 60 年代发明钛基涂层电催化阳极后，石墨阳极逐渐被钛基涂层电催化阳极取代。

2. 钛基涂层电催化阳极

自 1957 年起，人们曾试图以活化的钛电极（一般在 Ti 基体上镀贵金属及其合金）替代石墨材料作为阳极，因为钛在含氯的盐水中有极好的耐蚀性。当时活化试验多用铂，少数试验用了 Pt/Ir。然而，大多数试验的阳极尽管具有活化效果，但因贵金属活化层的寿命短且成本高，因而未获成功。这些尝试尽管未获成功，但为"钛基涂层电催化阳极"的提出奠定了基础，主要表现在：①金属 Ti 是良好的电极基体材料；②采用少量贵金属可达到"电极活化"的作用，"电极活化"这一思路在电化学领域（特别是针对各类气体扩散电极）仍被普遍运用。

H.B.Beer 于 1958 年和 1964 年申请了两项专利，这两项专利使得此后的氯碱工业发生了革命性变化。他的第一项专利描述了一种钛基涂层阳极，涂层为由热分解形成的贵金属涂层，起作用的物质是一种或数种铂族金属氧化物，也可能加有若干非金属氧化物。第二项专利介绍的涂层由阀型金属氧化物和铂族金属氧化物的混合晶体组成。阀型金属（包括钛、钽和锆）氧化物的含量通常在 50%（摩尔分数）以上。此后，O.DeNora 和 V.DeNora 对这种阳极涂层和钛基体做了进一步的改进，并发展成工业生产用的钛基涂层阳极，形成商业化产品，商标名称为 DSA®（Dimensionally Stable Anodes），即为通常所说的形稳阳极。这种阳极在氯碱电解的环境下呈惰性，具有很高的化学与电化学稳定性，使用寿命可达数年，特别是它的电催化活性极佳，析 Cl_2 过电位由原来石墨阳极的 500mV 以上降低到 50mV 以下。在此同期，其他阳极制造商也开发了各种钛基涂层电催化阳极，申请的钛基涂层阳极专利有 1000 多项。与石墨阳极比较，DSA 可在更高的电流密度和更低的槽电压下工作，而且阳极寿命长，因此很快得到工业推广应用。至 20 世纪 80 年代，世界上绝大多数氯碱工厂已改用 DSA。DSA 的发明与应用被认为是 20 世纪电化学领域最伟大的技术突破，其意义不亚于"单晶"和"STM"的发明。

3. DSA 涂层的化学组成

所有工业应用的 DSA 涂层，都是由一种铂族金属氧化物（常用 Ru，有时也用 2~3 种贵金属）和一种非铂族金属氧化物（常为 Ti、S 或 Zr）组成。铂族金属氧化物对非铂族金属氧化物的最优比值（质量比）由 20 : 80 变化至 45 : 55 不等。最初 H.B.Beer 提出的 DSA 涂层中，Ti/Ru 的摩尔比为 2 : 1。当时还有一种三组分涂层，其 Ru/Sn/Ti 摩尔比为 3 : 2 : 11，其中 RuO_2+SnO_2 的涂覆量约为 1.6mg/cm^2。还有一些涂层含有玻璃纤维，有些还含有 $Li_{0.5}Pt_3O_4$ 结晶体或含铑的固体粒子。

已得到商品化应用的以铂族金属为基础的涂层主要有：①IMIMarston 公司的含 Pt-Ir 涂

层；②Diamond Shamrock 公司的含 Ru-Ir-Ti 涂层；③日本旭化成公司的 RuO_2-TiO_2-ZrO_2 涂层，摩尔比为 60：30：10；④TDK 公司的钯氧化物涂层；⑤C.Condratty Niurnberg 公司的铂青铜涂层，化学式为 $M_{0.5}Pt_3O_4$，其中 M 代表 Li、Na、Cu、Ag、Ti 或 Sr；⑥Dow 化学公司的 M：$Co_{3-x}O_4 \cdot yZrO_2$ 涂层，式中 $x \geq 1$，$y \leq 1$，M 为 Mg、Mn、Cu 或 Zn，据称此种涂层的性能与 RuO_2-TiO_2 涂层相当。

8.2.3 析氢阴极电催化

1. 析氢电催化活性阴极

水电解中的析氢活性阴极在氯碱电解槽上的应用历史尽管相对较短，但取得了显著效果。传统隔膜法氯碱电解槽采用低碳钢阴极或镀镍阴极，视电解槽阴极上电流密度和测定技术而定，阴极上的析氢过电位平均约 300mV。采用电催化活性阴极后，阴极过电位可降低 200~250mV，节能效果十分显著。例如，美国 Hooke 公司采用电催化阴极后，在 $0.2A \cdot cm^{-2}$ 的电流密度下，阴极过电位由 0.291V 降低到 0.091V。目前，我国的离子膜电解槽已基本全部采用活性阴极技术，早期的非活性阴极电解槽也大多改造为活性阴极。

在氯碱工业中，主要采用两种基本方法实现析氢阴极的电催化活化：①采用高表面积涂层；②采用强催化性涂层。其中，前者主要是镍基材料，包括镍基合金、镍基复合材料、多孔镍等；后者主要是贵金属或贵金属氧化物。虽然贵金属如 Pt 和 Pd 及含贵金属的复合涂层均有良好的电催化活性，但其成本太高，在实际生产应用中受到限制。镍基合金电极因具有良好的电化学性能、较好的耐蚀性能及成本低、制备方法简单而研究得最多。

采用光亮的镍和铁制作阴极，在电解槽工作之初，其上析氢过电位都较高，而且其表面逐渐粗糙化。采用具有高表面积的铁，利于减小过电位。更普通的办法是采用多孔镍镀层，它不但可增大表面积，而且具有良好的化学耐蚀性。这类镀层由两种或数种组分构成，其中至少有一种可被碱浸蚀而形成多孔的高表面积的镍。这类镀层有 Ni-Zn、Ni-Al、Raney Ni（雷尼镍）、Ni-Al 共混物、Ni-S、Ni-P、Ni-Mo 及 Co-W-P 等。该类阴极的制作过程一般是：先制作合金（Ni-Al、Ni-Zn 等）混合粉末，然后用热喷涂或等离子喷涂的办法把它们涂覆在阴极基材表面，或直接通过电镀或化学镀的方法获得合金镀层，再把极片浸入一定浓度的 NaOH 溶液中，溶解出其中的 Al 或 Zn 从而得到多孔性的 Ni 表面。这种方法制作的阴极表面积增大近千倍，从而大大降低了阴极的电流密度，减小了电极的极化，使得电解过程的槽电压明显降低。

电催化涂层阴极可通过多种方法制备，最普通的办法就是电镀。除电镀外，也采用无电电镀（化学镀），但此法因采用贵金属敏化剂而颇为昂贵。热喷涂方法较为经济，工件质量也好，可用于许多类型的阴极结构。焙烧催化涂层用中等温度，烧结涂层则要较高温度。

氯碱工业中，上述两种类型的析氢活性阴极都有应用。用于隔膜电解槽的阴极涂层一般根据不同的作业条件而有所不同，首先视隔膜槽中碱液浓度而定，11% 碱液的腐蚀性比 35% 碱液的腐蚀性要弱，故可选用较便宜的镀层，如 Ni-Zn 等；其次视电解槽结构而定，主要是阴极的结构，根据结构的复杂程度、面积大小、喷涂施工的难易等确定涂层的种类。

2. 空气去极化阴极

改变阴极反应可以使氯碱电解槽的工作电压大为减小。采用空气去极化阴极后，电解槽工作电压可降低 1.23V，每生产 1t Cl_2 的能耗可降低 900kW·h 以上，如此巨大的节能潜力，使氯碱工业界多年来一直积极开发空气去极化阴极。Eltech 公司曾出售空气阴极，这种空气阴极在 31A·dm^{-2} 的电流密度下工作，对 RHE 的电位为 0.6V，与氯碱电解槽采用析 H_2 阴极相比，槽电压可降低 0.85V。

然而，在现行氯碱电解槽的电流密度下，电解槽工作电压不可能真正降低 1.23V。另外，在氧阴极投入工业应用之前还有许多问题需要解决。例如，电极对过氧化氢的稳定性（过氧化氢是氧还原时的中间产物）；氧在碱液中的溶解度很小，使传质过程受到制约，以及 CO_2 对空气阴极的污染等。为解决上述问题，人们开展了广泛的研究，重点是若干电极材料（例如过渡金属络合物）的氧还原电催化活性及其稳定性研究。

8.3　电沉积与电解

8.3.1　湿法电冶金工业概述

根据矿物资源特点，有色金属冶炼可分为火法冶金和湿法冶金两种工艺方法。其中火法冶金工艺历史悠久且单位设备产能大，但一般需要高品位精矿原料，并且存在高能耗、高排放的弊病。与火法冶金工艺相比，湿法冶金工艺具有生产效率高、操作条件好、能耗与污染较小、可处理低品位复杂矿、有价金属综合回收率高等优点，在有色重金属（Cu、Pb、Zn、Co、Sn、Bi、Cd、As、Sb）、轻金属（Al、Mg、Ti、Bi、Li、Rb、Cs）、稀有高熔点金属（W、Mo、V、Zr、Hf、Nb、Ta）、贵金属（Au、Ag）、稀散金属（In、Ge、Ga、Tl、Re）、铂族金属（Pt、Pd、Ir、Ru、Os）、稀土金属（RE、Sc）及放射性金属（U、Th）的提取中得到广泛应用。随着可利用矿物资源品位的不断降低和环境保护要求的日趋严格，湿法冶金工艺更具优势，越来越成为有色金属冶炼的主流工艺，比如目前 80% 以上的锌锭都采用湿法工艺生产。湿法冶金工艺一般包括矿物预处理（包括选矿、焙烧或活化处理）、浸出（采用酸浸、碱浸、常压或高压浸出方法）、固液分离、净化（还原、置换或沉淀等）、电沉积以及废液废渣处理（伴生金属提取及污染物处理）等工序。

从分离纯化后溶液中提取单质金属的电沉积过程是湿法冶金复杂流程中的一个重要部分，这部分的重大改进常会影响冶金生产的全局。金属的电沉积是一种电解过程，它采用不溶阳极和相应的阴极，使电解液中的金属离子在阴极上放电析出，阳极上则析出相应的气体，如氯气或氧气等。另外，提纯金属时，常采用电解精炼的方法。电解精炼是用待精炼的粗金属作为阳极，同种纯金属板作为阴极，电解液中含有该种金属离子。电解时，阳极发生粗金属的溶解，阴极则析出该纯金属。两极的电化学反应是当量且相反地进行。

工业上用于含硫酸电解液的阳极，多为铅阳极或铅银（1%，质量分数）阳极。这种阳极较能耐酸腐蚀，易于加工成形，成本较低，一般能持续工作数年。但是其缺点也十分明显，主要表现为：①铅阳极（实际上是 PbO_2 表面）具有很高的析氧过电位，在常用电流密度（0.05A·cm^{-2}）下 PbO_2 上的过电位可达到 1V，使得电解电耗比理论电耗高出很多。这样高的析氧过电位会产生无用的热，在锌电极的情况下，还必须安装冷却装置以降低电解液的温度。②这种阳极太软，生产过程中容易弯折变形而引起短路。③这种阳极尽管是不溶性阳极，但电解过程中存在一定的腐蚀，从而使阴极产品遭受铅的污染。因此，采用新型的功能电极材料制作性能更优越的阳极一直是湿法冶金工业关注的热点问题之一。

受氯碱工业应用 DSA 取得巨大成功的启发，湿法冶金中某些氯化物的湿法电冶金中曾研制试用过 DSA。1975 年，日本住友金属矿业公司曾报道，采用工业规模的 DSA 从氯化物电解液中电积 Ni 和 Co，使用效果明显优于石墨阳极；在此期间，挪威 Falcobridge 公司也采用氯化冶金方法提取 Ni 和 Co，在溶剂萃取之后的氯化物溶液中进行金属电沉积。电解槽采用 DSA 阳极，此种阳极是以金属钛为基体，其表面有贵金属氧化物涂层。阳极固定在框架上，可在其上安装隔膜袋。经此改进后，电解槽的产能增加了一倍，而且工作条件大为改善。针对硫酸溶液电沉积金属用 DSA 的研究，虽然自 20 世纪 80 年代以来已有较多报道，但其工业化应用并不多。主要原因是成本过高和使用寿命不长。针对上述问题，相关研究和开发工作仍在继续。

8.3.2　镍钴电沉积

氯化物水溶液中电沉积 Ni 和 Co，以日本三菱金属矿业公司提出的以该公司命名的 SMM 法效果最为显著，本节将予以重点介绍。该公司自 1975 年起从硫化镍和硫化钴混合矿中提取 Ni 和 Co，混合矿经压浸提纯，溶剂萃取分离 Ni 和 Co，然后分别电沉积 Ni 和 Co，得到金属 Ni 和 Co。SMM 法的实质为：用溶剂萃取得到的含氯化镍和氯化钴的溶液作为电解液，这是纯氯化物电解液体系，采用 DSA 型不溶阳极进行电解，阳极产生的氯气加以回收制成 HCl，再返回流程重新使用。该方法中的电极反应分别为：

$$阳极　2Cl^- + 2e^- \longrightarrow Cl_2 \tag{8-5}$$

$$阴极　Ni^{2+} + 2e^- \longrightarrow Ni \tag{8-6}$$

$$或　Co^{2+} + 2e^- \longrightarrow Co \tag{8-7}$$

1. 阳极材料

试验初期，曾采用石墨阳极，虽然在氯化物溶液体系电沉积，但阳极仍有少量氧的析出，使石墨阳极消耗很快，需时常更换。为解决上述问题，之后采用了在氯碱工业中广泛应用的 DSA，即以 Ti 板为电极基体、表面镀覆有贵金属氧化物涂层的阳极，试验效果甚好，如图 8-4 所示。对比以往采用的石墨阳极，这种 DSA 有以下优点：①无需经常更换阳极，而只需定时处理阴极；②由于没有阳极泥，不必清理电解槽，同样，由于阴极没有受阳极泥的污染，阴极产品表面十分光滑；③不必更换电解液；④劳动力费用和维护费用明显降低。实际应用中，阳极外部装有阳极箱，其最重要的作用是捕集和控制氯气，并对电解液有导流作用。阳极箱用聚酯制成，其中加有玻璃纤维以增大强度，此种材料质轻而又能抗氯的腐蚀。箱的两旁有聚酯做的隔膜，具有较好的电解质渗透性。

2. 阴极材料

阴极的始极板在专用电解槽中制作，以 Ti 板为母板，将其上沉积的薄层纯 Ni（或 Co）取下，压平、修边、去毛刺等，制成始极片，其质量为 7.5kg 左右，经氯化物溶液电沉积后，阴极产品质量可达 85kg。

图 8-4 锌电沉积阳极板与生产的锌锭

8.3.3 锌的电沉积

当今锌电沉积工业中仍普遍使用 PbAg（含 Ag 0.5%~1.0%，质量分数）阳极，主要优点是它能经受硫酸溶液电解液的腐蚀，但存在以下缺点：①投入使用之前需进行预电解，使其表面形成 PbO_2 膜，所需时间较长且工况不稳定，耗费电能；②电解时 PbO_2 膜上的析氧过电位高，在工业电流密度下约为 1V，由此增加无用电耗近 1000kW·h·t_{Zn}^{-1}），约占 Zn 电沉积总能耗 3200kW·h·t_{Zn}^{-1} 的 30%；③ Pb 基合金阳极密度大、强度低、易弯曲蠕变而造成短路，降低电流效率，增大能耗；④ Pb 基合金阳极中 PbO_2 钝化膜疏松多孔，电解过程中 Pb 基体的腐蚀及阳极泥的脱落，导致阴极产品 Zn 受到 Pb 的污染，为了保证产品质量需采取额外的措施和花费。为有效降低 Zn 电沉积能耗并提高阴极 Zn 的质量，各国的冶金工作者曾从电极导电性、耐蚀性、电化学活性、强度与加工性能等方面，针对各种电极材料，特别是 Pb 基合金阳极、Ti 基电催化涂层阳极（DSA）等进行过系列研究。同时对新的电沉积工艺，特别是对联合电解法、气体电积法进行了较为系统的研究，取得了不少进展。以下分别介绍几种 Zn 电沉积用电催化阳极的研究与开发进展。

1. DSA

在氯碱工业应用 DSA 取得重大成功的影响下，为了改进金属电沉积工业中的阳极系统，研制节能型 Ti 基 DSA 曾经是湿法炼锌工业中的重要研究课题。早在 20 世纪 80 年代初，美国矿务局曾研究用于 Zn 电沉积的 Ti/PbO_2 阳极。由于阳极本身电阻大，其上析氧过电位高（试验槽电压比 PbAg 阳极槽高出 100~300V），寿命仅 1~7 周，因而未获成功。其后，许多研究也未获满意结果，例如，国际著名的加拿大柯明科有限公司（Cominco Ltd.），曾对用于 Zn 电沉积的多种 DSA 进行了实验室规模的研究，大多都失败了。主要原因是由于涂层开裂或腐蚀导致脱落失效，或者由于贵金属氧化物涂层被杂质（如 Pb 或 M 的氧化物、硫酸盐等）污染而出现很高的阳极过电位。

人们也曾沿用氯碱工业中成功应用的 RuO_2-TiO_2 涂层作为硫酸液中的电极涂层材料，但是 Zn 电沉积过程是在高酸度的 H_2SO_4（160g·L^{-1}）环境下进行，在此环境下的阳极析氧过程对 DSA 提出了严酷的要求。研究表明，RuO_2 在较宽的 pH 值范围内作为析氧阳极是不稳定的，使得 DSA 的使用寿命不长，且使用成本过高而无商业应用价值。于是提出了提高 RuO_2 电极使用寿命的若干措施，较为成功的是在 Ti 基体上使用某种氧化物底层，例如 50% RuO_2 和 50% Ta_2O_5（质量分数）作底层。又如，在 IrO_2 涂层中加入 Ta_2O_5 以稳定前者且提高 IrO_2 涂层电极使用寿命等。

这些电极或由于制造成本高（IrO_2 比 RuO_2 更加昂贵），或由于基体易腐蚀失效，不能商业化应用。特别是 Zn 电沉积电解液中存在有 Mn 离子（溶液除铁引入）时，会在阳极表面沉积一层导电不好的 MnO_2 阳极泥，引起阳极电位升高，而用机械法清刷时又会损伤涂层，因而长期以来尚未有较理想的 DSA 能用于 Zn 电沉积工业。

总结国内外的相关研究，可认为 Zn 电沉积用 DSA 需解决的主要问题是：找到可用于 Zn 电沉积中高浓度硫酸且析氧条件下性能稳定的电催化剂和基体材料，并要求在经济上能被工业界所接受。当前，在 DSA 的研究中，以下两个方面值得关注。

1）廉价析氧电催化剂的开发。为了减少贵金属氧化物催化剂的用量，人们将其与许多贱金属氧化物结合起来制备成复合材料，如 PbO_2-RuO_2、$Ru_{0.8}Co_{0.2}O_2$、$Ru_{0.9}Ni_{0.1}O_2$、RuO_2-PdO_2、$Ir_2Sn_{1-x}O_2$、IrO_2-MnO_2 等，使析氧活性进一步提高；考虑到贵金属氧化物昂贵的价格，部分学者开发了只含贱金属氧化物的单一或复合催化剂，如 MnO_2、PbO_2、Co_3O_4、SnO_2、$M_2Co_{3-x}O_4$（M 为 Ni、Cu、Zn）、$MMoO_4$（M 为 Fe、Co、Ni）、MFe_2-Cr_2O_4（M 为 Ni、Cu、Mn），利用这些活性材料制成的 DSA 也能表现出很好的析氧电催化性能。

2）新型电极结构的出现。主要是指复合电催化电极，它是利用复合电镀技术，在电极基体上电沉积获得由导电、耐蚀的连续相（如 Pb）和具有电催化活性的分散相组成的复合镀层。复合镀层作为有色金属电沉积用阳极材料的研究始于 20 世纪 90 年代末。针对 DSA 类阳极活性涂层与基体结合性差、使用寿命短的问题，人们开发了以在 H_2SO_4 中具有较好耐蚀性能的 Pb 为连续相，RuO_2、Co_3O_4、TiO_2 等活性颗粒为分散相的复合电催化节能阳极。M.Musiani 等人指出 Pb-RuO_2 阳极在 H_2SO_4 溶液中对阳极析氧过程和阴极析氢过程均有较好的电催化作用。A.Hrussanova 等研究了 Pb-Co_3O_4 复合涂层阳极在铜电沉积中的析氧行为，指出含 3% Co（质量分数）的 Pb-Co_3O_4 复合阳极在恒流极化时阳极电位比 Pb-Sb 合金低 50~60mV，腐蚀速率降低 6.7 倍。Y.Stefanov 等人研究得出 Pb-TiO_2 阳极中 Ti 质量分数为 0.5% 时去极化作用最好，并指出该阳极的去极化作用是由于 TiO_2 的嵌入大大地增大了电极表面积；常志文、郭忠诚和潘君益以 WC、ZrO_2、CeO_2 和 Ag 粉等为嵌入颗粒，制备了一系列 Pb-MeO_2 复合电极，并测定了它们新鲜表面的析氧过电位，得出了阳极制备的最优化条件。S.Schmachtel 等人采用热喷涂的方法制备了 Pb-MnO_2 复合阳极，指出当阳极中 MnO_2 质量分数为 5% 时，电解初期析氧电位比 Pb-Ag（0.6%）合金降低 250mV。李渊以 Al/Pb 复合材料为基体，复合电沉积制备了 MnO_2 质量分数为 5% 左右的 Al/Pb/Pb-MnO_2 型轻质复合电催化阳极，并对其进行了 Zn 电沉积模拟实验。结果表明，当电解液中 Mn^{2+} 质量分数为 $0.1g \cdot L^{-1}$ 时，该复合阳极的稳定阳极电位和槽电压比工业 Pb-Ag 阳极降低 50~100mV，电流效率提高 5% 左右，电能消耗明显降低。电解 120h 后，其表面膜层紧密、均匀，电解液中 Pb 溶解减少，其耐蚀性能大大增强。

到目前为止，研究较多且性能较好的 DSA 主要有 RuO_2-TiO_2/SbO_2-SnO_2/Ti、MnO_2/SbO_2-SnO_2/Ti、RuO_2-TiO_2/石墨、RuO_2-TiO_2/陶瓷、Sn-Ru-IrO_x/Sn-Sb-RuO_2/RuO_2-TiO_2/Ti。上述 DSA 的制作过程一般为：选定一定尺寸的 Ti 丝或片，光谱纯石墨棒和化学陶瓷棒作为电极的基体材料，去脂洁净处理而后镀覆一层中间层；为了提高基体的耐蚀性有时先镀覆打底层，再涂中间层，经适当的热处理后在电极表面最后涂覆活性层，经热烧结或专门的热处理，最终获得具有一定功能的 DSA。制作好的 DSA 通常通过在 Zn 电沉积电解液中测定析氧反应的稳态极化曲线来评价电极的电催化活性。实验装置为玻璃电解池及三电极系统，辅助电极为较大面积的铝片或 Pt 片，参比电极为饱和甘汞电极，其 Luggin 毛细管管嘴紧靠待测电极。电位扫描速度一般为 $2.5\text{mV} \cdot \text{s}^{-1}$ 或 $10\text{mV} \cdot \text{s}^{-1}$。电解液选择接近工业电解液的组成，即电解液中含 Zn $50\text{g} \cdot \text{L}^{-1}$，$H_2SO_4$ $160\text{g} \cdot \text{L}^{-1}$，测试过程中由水浴锅保持测试温度为 (35 ± 0.1) ℃。

2. Zn 电沉积用 H_2 扩散阳极

由电化学原理可知，在金属电沉积过程中对析 O_2 阳极用还原性气体（如 H_2）作为去极化剂，可使金属电沉积电解池的总反应中，阳极半电池反应发生变化，可显著降低阳极电位，从而达到节能的目的。Zn 电沉积用 H_2 扩散阳极就是依此原理开发的一类新型电极。

在常规的 Zn 电沉积中，硫酸溶液的 pH 值为 1 左右，温度为 35℃，Zn 沉积在铝阴极上，而 O_2 析出于 Pb-Ag 阳极上，其电化学反应可以表达为

$$\text{阴极反应} \quad Zn^{2+} + 2e^- = Zn \tag{8-8}$$

$$\text{阳极反应} \quad H_2O = 2H^+ + 1/2O_2 + 2e^- \tag{8-9}$$

$$\text{总反应} \quad Zn^{2+} + H_2O = Zn + 2H^+ + 1/2O_2 \tag{8-10}$$

若采用 H_2 扩散阳极，通入 H_2 作为去极化剂，那么阳极反应和总电解反应均发生变化：

$$\text{阳极反应} \quad H_2 = 2H^+ + 2e^- \tag{8-11}$$

$$\text{总反应} \quad Zn^{2+} + H_2 = Zn + 2H^+ \tag{8-12}$$

由上可见，采用 H_2 扩散阳极后阳极电位降低 1.23V，此外还可将电解而损失的水减至最小，并且使电解槽内产生的热量大大减少，生产过程中不必对电解液进行冷却处理。另外，电解槽的槽电压由多部分组成，具体表达为

$$V_{槽} = P_a - P_c + \eta_a + \eta_c + IR \tag{8-13}$$

式中，$V_{槽}$ 为槽电压；P_a 和 P_c 分别为理论半电池的阳极电位和阴极电位；η_a，η_c 为阳极过电位和阴极过电位；IR 为电解槽各导电部分的欧姆压降。

采用 H_2 扩散阳极后，槽电压降低值比上述阳极半电池电位降低值实际要大，因为 H_2 扩散阳极的过电位也低于常规 Pb-Ag 阳极。

与普通阳极相比，氢扩散阳极结构复杂，成功制备性能优良的阳极是该技术的基础。氢扩散阳极一般由五部分组成：基底、送气栅格、气体扩散层、催化涂层和特殊膜层。各层功能与要求分别如下：①基底主要起支撑和输送电流的作用，同时还可以增加阳极使用寿命，它可以是石墨和平板金属，也可以是 Pb-Ag 阳极；②送气栅格是气体顺利通入、同时顺利通过气体扩散层并均匀分布至催化涂层的基础，均匀分布的气膜将为电压的稳定、电沉积过程乃至整个电沉积系统的顺利进行提供保证；③气体扩散层是实现气体均匀分布的保证，必须具有优良的疏水、透气和导电性能；④催化涂层也称为气体反应层，它是 H_2 发生氧化反应的场所，只有在催化剂存在的条件下，H_2 才能有效氧化，要求催化剂催化活性高、性能稳定，催化涂层须具有半疏水的性能，拥有大的三相界面，增大 H_2 氧化反应面积；⑤特殊膜层为一反渗透层，其作用是传递 H^+，要求具有一定的强度、耐酸碱腐蚀能力和抗氧化能力。上述结构中，气体扩散层和气体反应层尤为重要。气体扩散层由疏水炭黑和聚四氟乙烯（PTFE）组成；气体反应层由疏水炭黑、亲水炭黑、PTFE 和催化剂组成；气体扩散层比气体反应层稍厚。在反应层中须保证反应层不因毛细管现象而充满电解液，也不因气压太大而使电解液完全从反应层中排除，与此同时，应尽最大可能缩短气体溶解在电解液中的位置到

催化剂之间的距离，加大气体扩散速度。制备了性能优良的氢扩散阳极后，电沉积过程的关键之处是控制好 H_2 的通入、H_2 的扩散性和均匀分布等影响电沉积的各个因素，使其达到理想的节能效果。

美国 E-TEK 公司曾研制出了 ETEK 型 H_2 扩散阳极，系采用该公司专利的层叠技术，在金属基体上形成通 H_2 的多孔结构。这种 H_2 扩散阳极的结构与带微孔的聚合物涂层相配合，解决了长期存在的技术难题，既可防止 H_2 通过电极失控地流向电解液，又可防止电解液往气体板框内渗漏。在 Zn 电沉积条件下的工业试验结果表明，H_2 扩散阳极的应用可使槽电压降低 1.8~2.0V。此种电极不仅能用于 Zn 电沉积，而且也可用于其他以硫酸溶液为电解液的金属电沉积系统，例如，电沉积 Mn、Cr、Pb、Cu 等。在用于电沉积 Mn 和 Cr 的情况下，槽电压可望由 4.5~5.0V 降为 2.0~2.5V。德国达腾的鲁尔锌厂（Ruhr-Zink）在 1990 年，采用上述 H_2 扩散阳极进行了 Zn 电解试验，试验条件即为 Zn 电沉积的工业条件：即 H_2SO_4 150g·L^{-1}、Zn 60g·L^{-1}、40℃，每个 H_2 扩散阳极的面积为 1.2m^2（每个面为 0.6m^2）。结果表明，在 $100 \sim 1000A \cdot m^{-2}$ 的阳极电流密度范围内，试验电解槽的槽电压要比常规 PbAg 合金阳极电解槽的槽电压低 1.9V，相当于前者比后者节电 1731kW·h·t$_{Zn}^{-1}$，电耗降低了一半以上，可见达到了预期的节电效果。另外，H_2 扩散阳极还可显著减少 Pb 对阴极 Zn 产品的污染，Zn 的含 Pb 质量分数由原先的 0.002% 降为 0.0003%。尽管 H_2 扩散阳极的显著节能潜力十分诱人，但具体设计制造时碰到不少问题，其中需要解决的主要问题如下：①氢气需由管道输至电解槽内的各个阳极；②为使 H_2 有效通向电极/电解液界面，多孔阳极比现行阳极要厚，制造成本增加；③为使电极反应有较低的过电位，需开发阳极表面电催化活性涂层材料；④为使 H_2 损失量最小，需开发合适的隔膜材料；⑤为了防止隔膜或电极的破损导致 H_2 的泄漏，在这类电解槽的结构中应有附加的保护设施；⑥如果要求新型槽与常规槽一样，在相同的电流密度下生产，那么电解槽的尺寸和电解厂房的尺寸，由于上述②和⑤的原因，将增加 10%~ 20%，由此导电母线的电压降损失将变大；⑦在 H_2 的检测设备和庞大的空气处理系统方面都要有附加设施与投资。除上述 H_2 扩散阳极，SO_2 扩散阳极也具有类似效果。SO_2 扩散阳极就是用 SO_2 在阳极放电代替传统的水分解放电，也可以降低槽电压，起节能降耗的作用。其阳极反应和总反应变化为

$$阳极反应 \quad SO_2 + 2H_2O-2e^- === SO_4^{2-} + 4H^+ \quad Pa=0.16V \tag{8-14}$$

$$总反应 \quad Zn^{2+} + SO_2 + 2H_2O === Zn + SO_4^{2-}+ 4H^+ \quad E = 0.98V \tag{8-15}$$

可以看出，采用 SO_2 阳极后，阳极极化电位可减小 1.06V，实验研究表明，锌电沉积通入 SO_2 电解时，节能达 40%。尽管具有上述优点，气体扩散阳极的一个共同难点是电极制作复杂、成本高，加上其本身存在的一些不足，如 SO_2 扩散阳极在热力学上可行，但其动力学反应速度慢、H_2 扩散电极存在安全隐患等。这些都限制了此类电极的大规模应用。此外，H_2 扩散阳极能否推广应用，还待长期运转考核阳极性能稳定性、投资费用、使用寿命、催化剂涂层费用、各易损坏层的重新覆设费用后作出综合评价，另外还要考虑 H_2 的生产、储存及输送成本，在 H_2 价格低的地方才可大量推广应用。

3. Pb-Ag 阳极的功能改进

含 Ag 0.5%~ 1.0%（质量分数）的 Pb-Ag 合金，作为阳极材料在锌电沉积工业中已应用多年。Ag 提高了铅合金的强度，减小了蠕变，提高了阳极的导电率，Ag 还因形成细小的 Ag-Pb 共晶颗粒而有效地增加了阳极上氧析出的能力。Ag 的加入可使 Pb-Ag 阳极上形

成的 PbO$_2$ 层更加均匀致密，从而降低了阳极腐蚀速率。然而，Pb-Ag 阳极仍有许多缺点，主要归纳为：①由于需要 0.5%~1.0%（质量分数）的银，因而阳极的投资费用高；② Pb-Ag 合金仍有一定的腐蚀速率，Pb 进入了 Zn 沉积物中使产品受到污染；③阳极上析氧的过电位很高，导致锌生产因电耗高而成本增加。此外，由此产生的热量需要散发，也增大了费用；④按照惯例，需要清洗阳极和电解槽以除去积累的氧化铅和氧化锰沉积物，给生产造成一定的损失；⑤比较差的导电性导致阳极上的电力分布不均匀，以及阳极与附近电解液局部过热；⑥相对差的力学性能使阳极在使用过程中翘曲，引起极板间短路；⑦电解液中若含有少量氯离子，则易在此阳极上氧化为氯气，使电解槽上方的空气进一步污染恶化。为了克服上述缺点，增加相应的功能，人们提出了用于 Zn 电沉积及其相当环境中的若干新型合金阳极，其功能化的要求为：①强度高，但有延展性，使用时不脆裂、不蠕变；②抗热硫酸的腐蚀性强，能阻止钝化膜的生成，即使生成钝化膜也不应生成细小易脱落的 PbO$_2$，而宜生成粗大片状物，后者不易被带到阴极，从而减少了 Pb 对阴极产品的污染；③导电性好；④对析氧反应电催化活性高，可降低析氧过电位，而对析氯的过电位高以抑制氯气的析出。

经过多年的研究与开发，形成了新型阳极的两种功能化技术路线，一是合金化以提高电极的功能，二是在原 PbAg 阳极基体上复合以形隐阳极的电催化功能。另外，最近开发的 Pb 基多孔节能阳极也取得了较好效果。

多元铅基合金阳极中为了改善 Pb-Ag 合金阳极的不足，研究了添加 Ca、Sn、Co、Sr 和 RE 等合金元素以部分或全部取代贵金属 Ag。较为典型的有以 Pb-Ca、Pb-Ag-Ca、Pb-Ag-Ca-Sr 等为代表的 Ca 系铅基合金阳极，以及以 Pb-Co、Pb-Co$_3$O$_4$、Pb-Ag（0.18%）-Co（0.012%）、Pb-Ag（0.2%）-Sn（0.06%）-Co（0.03%）、Pb-Ag（0.2%）-Sn（0.12%）-Co（0.06%）等为代表的 Co 系铅基合金阳极。杨光棣等研究了 Pb-Ag-Ca 三元合金的电化学行为和力学性能，表明钙的添加有助于提高阳极的耐蚀性和力学性能，降低阳极析氧电位和银含量；张淑兰、王恒章、苏向东等研究了 Pb-Ag-CaSr 四元合金的应用，结果表明：与传统 Pb-Ag 阳极相比，四元合金阳极具有成本低、机械强度好、寿命长和耗电低的特点。国外如 Siegmund A，Takasaki Y 等研究了 Pb-Ag（0.3%~0.4%）-C（0.03%~0.08%）合金的性能，其结果表明 Ag 的质量分数可以降到 0.3% 左右，Ca 作为硬化剂加入，以弥补常规 Pb-Ag（0.8%~1.0%）阳极与新型阳极之间 Ag 的差值。除了在 PbAg-C 阳极上会生成较硬的氧化锰层之外，其电化学行为与 PbAg 合金类似。西德鲁尔有限公司也进行了类似的研究，发现该类阳极材料的腐蚀率可比常规 Pb-Ag（0.8%~1.0%）阳极降低 30%。以保加利亚的 Petrova M 和 Sefanov Y 等为代表的科研工作者对 Pb-Co$_3$O$_4$、Pb-Ag（0.18%）-Co（0.012%）、Pb-Ag（0.2%）-Sn（0.06%）-Co（0.03%）、Pb-Ag（0.2%）-Sn（0.12%）-Co（0.06%）等多元 Co 系铅基合金阳极进行了系统研究，结果表明 Pb-Co$_3$O$_4$ 和 Pb-Ag（0.2%）-Sn（0.12%）-Co（0.06%）合金阳极具有比 Pb-Ag（1.0%）阳极更低的析氧过电位和更强的耐蚀性能，并认为这类阳极有望代替 Pb-Ag（0.5%~1.0%）合金阳极。

尽管 Ca 的添加对改善阳极的力学性能有明显的作用，但是含有 Ca 的 Pb 合金阳极在极化时会产生局部腐蚀，这增大了电极的活性区域，从而使阳极电位有所下降，也就是说加入 Ca 并没有起电化学催化作用，但其带来的负面效应是降低了阳极的耐蚀性，以及阳极使用一段时间后其表面阳极泥结壳坚硬，不易去除而导致槽电压上升，且阳极回收时 Ag、

Ca 损失大限制了该类阳极的大规模应用。虽然 Co 具有良好的电催化效果，但 Co 在铅熔体中的溶解度极微，1550℃时，富铅的液相中含 Co 量仅为 0.33%，导致其制备方法复杂，限制了该类阳极的大规模应用。此外，吉田忠等人曾经研究了几种铸造铅合金阳极，其成分为 1%~30% Ag、5%~30% Sn 或 5%~30% Sb。当阳极成分为 70% Pb、10% Ag 和 20% Sn 时，其结果最佳。但这只有理论上的意义，因为银是一种贵金属，其价格决定了它不可能在电极中大量应用。李鑫研究了稀土在铅基合金中的应用，认为铅基合金中添加稀土，合金硬度虽略有降低，但可满足锌电沉积阳极板对合金材料的硬度要求。其优点在于 Pb-Ca-Sr-Ag（0.27%）合金中添加 0.03% RE，析氧过电位降低约 90V。同时银含量可由 0.27% 降为 0.135%，用该合金作锌电沉积阳极板，可降低阳极板生产成本，同时降低锌电沉积的槽电压，最终降低锌电沉积生产成本。洪波研究了一系列 RE 合金的加入对 Pb 及 Pb-Ag 合金性能的影响，认为部分 RE 的加入可在适当降低合金中贵金属 Ag 含量的基础上，提高 Pb 合金的抗拉强度、耐蚀性能和析氧电催化活性。例如，在合金中 Ag 含量由 0.8% 降至 0.6% 时，加入约 0.1% 的 RE，其极限抗拉强度、稳定阳极电位和腐蚀率分别为传统 Pb-Ag（0.8%）平板阳极的 113.9%、99.7% 和 59.9%。

8.3.4 铝的熔盐电解

1. 熔盐铝电解工业概述

熔盐电解是生产金属 Al、碱金属（Li、Na、K）、碱土金属（Be、Mg、Ca、Sr、Ba）和稀土金属（La、Ce、Pr、Nd、Sm 等）的重要方法，部分稀有金属（W、Ta、Nb、Ti、Zr、U 和 Th）也可采用熔盐电解法生产。熔盐电解过程一般可分为两类：①在碱金属或碱土金属熔融氯化物中电解被提取金属的氯化物；②在碱金属或碱土金属氟化物熔体中电解被提取金属的氧化物。熔盐 Al 电解是后者的典型代表，也是当今最大的电解工业之一。

铝是产量最大的有色金属，但是与其他金属比较，铝的发现和冶炼历史较短，18 世纪末才被发现，19 世纪初分离出单质金属，19 世纪末开始工业生产。铝冶炼工业分为化学法炼铝和熔盐电解法炼铝两个发展时期。1825 年德国人韦勒（F.Wohler）采用钾汞齐还原无水氯化铝制得金属铝，后来分别有人采用 K、Na 和 Mg 等还原含铝化合物制备金属铝，并分别建厂炼铝，历经前后约 30 年总共生产了约 200t 铝。1854 年德国人本生（R.Bunsen）通过电解 $NaAlCl_4$ 熔盐制得了金属铝，1883 年美国人布拉雷（S.Bradley）提出 Na_3AlF_6-Al_2O_3 熔盐铝电解方案，1886 年美国人霍尔（C.M.Hall）和法国人埃鲁特（P.L.T.Héroult）提出了 Na_3AlF_6-Al_2O_3 熔盐电解法炼铝的专利。在此基础上，霍尔于 1888 年在美国匹兹堡建厂，埃鲁特于 1889 年在瑞士建厂，开始了熔盐电解法炼铝的工业化生产。此后，这一方法很快取代了成本高且产量小的化学法炼铝工艺，相继被其他各国采用并一直沿用至今，这就是所谓的霍尔 - 埃鲁特熔盐电解法炼铝工艺。霍尔 - 埃鲁特熔盐电解法发明一百多年以来，铝电解工业历经了小型预焙槽、自焙槽和大型预焙槽三个发展阶段，电解槽电流由最初的 4kA 发展到目前的 500kA；铝的产量也快速增长，1890 年全球原铝的产量只有 180t，1940 年达到 100 万 t，1970 年超过 1000 万 t，1990 年达到 2000 万 t，2007 年达到 3736.2 万 t。2001 年以来，我国原铝产量一直居世界首位，2007 年达到 1256 万 t，占全球总产量（3736 万 t）的 33.6%。

霍尔 - 埃鲁特熔盐铝电解槽采用 Na_3AlF_6 基氟化盐熔体为熔剂，Al_2O_3 原料溶解于氟化盐熔体中，形成含氧络合离子和含铝络合离子；由于氟化盐熔体的高温（950℃左右）强腐蚀性（除贵金属、碳素材料和极少数陶瓷材料，大多材料都有较高的溶解度），自霍尔 - 埃鲁特熔盐铝电解工艺被发明以来，一直只能采用碳素材料作为电解槽的阴极和阳极；在碳素阳极和碳素阴极间通入直流电时，含铝络合离子在阴极（实际为金属铝液）表面放电并析出金属铝，含氧络合离子在浸入电解质熔体中的碳素阳极表面放电，并与阳极中的 C 结合生成 CO_2 而析出，电解过程可用反应方程式简单表示为

$$Al_2O_3 + 3/2C === 2Al + 3/2CO_2 \uparrow \qquad (8-16)$$

电解产生的金属铝液定期由真空抬包从槽中抽吸出来并运往铸造车间，在混合炉内经过除气、除杂等净化作业后进行铸锭，或进行合金成分调配直接得到各类合金铸锭；槽内排出的气体，通过槽上捕集系统送往干式净化器中进行处理，达到环保要求后再排放到大气中。

铝电解工业是当今最大的高耗能产业之一，如图 8-5 所示。铝电解过程理论能耗为 $6330kW \cdot h \cdot t_{Al}^{-1}$，但当前铝电解工业的最低能耗仍高达 $13000kW \cdot h \cdot t_{Al}^{-1}$，其能量利用效率不足 50%。在 1000℃ 下理论分解电压为 1.169V，但是在铝生产条件下，电流密度为 $0.7\sim0.8A \cdot cm^{-2}$ 的实际分解电压达到 $1.65\sim1.80V$。研究表明，在铝电解过程中，阴极过电位通常不大，仅为 $40\sim80mV$，而阳极过电位可达到 $400\sim600mV$，阳极过电位导致的能耗达到 $1280\sim1920kW \cdot h \cdot t_{Al}^{-1}$。可见，在碳素阳极上存在较大的过电位是铝电解过程高能耗的重要原因之一。尽管碳素阳极一直被认为是铝电解槽的"心脏"，历来受到铝业界的高度重视，并针对其开展了大量的研究工作。但是，长期以来人们认为铝电解中碳阳极上的过电位是难以降低的，并且 950℃ 高温、强腐蚀条件下的熔盐电化学研究非常困难，因而一直到 20 世纪 80 年代都还未见熔盐铝电解过程中电催化的研究报道。

图 8-5　熔盐铝电解生产车间及碳素阳极

2. 碳素阳极的掺杂电催化

铝电解过程中碳素阳极上产生过电位的机理存在多种观点，最简单又为众多学者接受的是：电解质熔体中的含氧络合离子在碳素阳极表面上的活性中心上放电，当电流密度较大时，放电的含氧络合离子增多，而碳素阳极表面上的活性中心不足，被迫在非活性点放电，为此需要额外的能量，因而产生了阳极过电位。根据现代电催化原理，电解质溶液中组元的吸附和电极材料的特性在电极过程中起着重要作用。在某一电势下，通过溶液中组元的吸附或改变电极材料的物理化学性质就有可能改变电极反应机理和电极反应速率。刘业翔等最先研究并发现了 Na_3AlF_6-Al_2O_3 熔体中 SnO_2 惰性阳极的析氧过程电催化，并大胆提出设想：将

某种电催化剂加入到碳素阳极中以改变碳素阳极的性质，增加其表面反应活性中心，以加速电极反应，从而降低碳素阳极的过电位。刘业翔等人随后在该领域开展了大量的研究与实践，系统评价了各类掺杂剂在碳素阳极中的电催化功能，并且陆续发现了一批可明显降低碳素阳极过电位的电催化剂，其中掺有 Li_2CO_3 的阳极糊，即"锂盐糊"用于铝电解工业，取得了显著的节能效果和巨大的经济效益。

根据研究和应用的需要，一般采用两种方法制备掺杂碳素阳极。

1）浸渍法。该方法主要用于实验室研究中快速筛选可能的电催化掺杂剂。实验过程中直接以光谱纯石墨棒为碳素阳极材料，以不同金属氯化物或硝酸盐配制一元、二元或多元溶液作为浸渍剂，将石墨棒在其中浸渍一定时间后，取出进行热处理，多次重复浸渍及热处理后就制成了含有不同催化剂的碳素阳极。掺杂剂的组成、含量、浸渍时间与热处理制度等工艺都对电极的电催化活性有重要影响，因此在制备过程中应注意保持工艺的重现性与可比性。

2）机械掺杂法。与浸渍法相比，机械掺杂法更加复杂但更接近铝电解生产实践，主要用于实验室研究中对初步选定的电催化掺杂剂进行综合评价，也是电催化掺杂剂工程化试验和工业化应用的主要方法。碳素阳极分为预焙阳极和自焙阳极两种，不同粒度的碳质骨料（石油焦）经配料、加入黏结剂（沥青）混捏、成型与焙烧后得到预焙阳极；不同粒度的碳质骨料（石油焦）经配料、加入黏结剂（沥青）混捏后得到自焙阳极糊，阳极糊加入自焙铝电解槽上部的阳极框套中，在铝电解过程的高温下自行焙烧而形成自焙阳极。在实验室研究中，模拟碳素阳极制备过程，将选定的电催化剂粉料，以机械混合的方式掺入到石油焦骨料中或掺入到沥青黏结剂中，经过混捏成型与焙烧，制成掺杂的自焙阳极和预焙阳极试样，其中自焙阳极试样的焙烧温度为 900~1000℃（与铝电解槽电解质熔体温度相当），而预焙阳极试样的焙烧温度为 1150~1200℃。在工程化试验和工业化应用中，只需在阳极制备过程中将选定的电催化剂粉料以机械混合的方式掺入到石油焦骨料中或掺入到沥青黏结剂（液态）中，其他工艺与企业生产工艺保持一致就可分别获得掺杂自焙阳极和掺杂预焙阳极。

3. 掺杂碳素阳极的电催化活性评价

铝电解过程中，碳素阳极上有多种含氧络合离子放电，并且形成众多中间化合物，使得阳极反应历程甚为复杂，到目前为止还未形成一致观点。因此，还难以有效测定并运用各种电极过程动力学参数来评价碳素阳极电化学活性的优劣。目前一般从实用角度出发，以一定表观电流密度下不同阳极的过电位大小，作为评价各种掺杂剂电催化活性高低的判据，过电位小者其电催化活性高。因此，稳态极化曲线的测定成为熔盐铝电解过程电催化研究中的主要工作和重要手段。但是，铝电解氟化盐熔体与水溶液体系相比，最大的区别在于，受电解质的高温强腐蚀性条件所限，测定极化曲线时不能采用类似于水溶液中常用的鲁金毛细管来消除熔体的欧姆压降，使得欧姆压降的准确扣除或补偿一直是熔盐铝电解电极过程研究中急需解决的一项关键技术难题；同时，熔盐体系中无通用参比电极，且参比电极的可逆性与稳定性易受实验条件干扰；此外，高温强腐蚀性实验条件的限制，使得稳态极化曲线的测定成为一项复杂而又难度很高的工作。因此，在熔盐铝电解电催化研究中，电化学测试方法的选择、测试设备的性能、实验装置的设计及实验操作过程均会对电化学测试结果的准确性、可靠性与重现性产生重要影响。

在早期的铝电解电催化研究中，一般直接测定模拟电解槽在不同电流密度下的槽电压并以此考察不同掺杂电极的电催化效果；或者在三电极体系中，采用慢速线性电位扫描法测得极化曲线作为评价掺杂电极电催化效果的依据。上述条件下测得的极化电位实际上是非常不准确的，除极化电位，还包括熔体（含气膜）、连线、接头及电极本身的欧姆电阻所引起的压降。为消除欧姆压降的影响，进一步的改进是在测试过程中将参比电极、掺杂阳极及对比阳极捆绑在一起，保持各电极插入熔体时的深度及其对参比电极距离的一致，尽最大可能减少欧姆压降所引起的实验误差。这种测试方法的前提是，必须确保以上所提的各种欧姆电阻误差不能超出一定的范围，但实际上实验的可操作性不高，不管同次测量的两根电极还是不同次测量的电极，都不可能做到实验条件的完全一致，不可避免地要带入较大的误差，而影响电极电催化活性的比较。这也是在以前的铝电解阳极掺杂电催化研究中，产生较大差异和分歧的主要原因之一。

后来，人们对 $Na_3AlF_6\text{-}Al_2O_3$ 熔体中的阳极过电位的测试进行了大量的工作，但是以下因素的一直存在使得所报道的碳素阳极过电位值相差较大，甚至有部分相互矛盾：

1）阳极过电位因所用碳素阳极材料的不同而不同，如石墨、热解石墨、玻璃状碳阳极和焙烧碳阳极等，这主要是因为它们的结构、组分、密度、孔隙率等不同。

2）碳阳极的组成（焙烧阳极中骨料及沥青含量）、焙烧温度、阳极中杂质种类与含量的改变都可能影响阳极过程及其过电位的大小，即使是成分相同的碳阳极，其孔隙率、密度、组成及结构也会因制备过程的差异而发生改变，这就使得电解过程中电极活性表面产生差异，从而导致阳极过电位不同。

3）除非参比电极充分接近工作电极并且电流密度很小，否则必须扣除熔体欧姆压降，但这有较大困难，这势必会影响阳极过电位的测试；在以前的工作中，大多没有或未能较好地解决此问题。从原理上讲，有些方法（如脉冲电流法、断电流法及交流阻抗法）可解决欧姆压降补偿和扣除的问题，但是，这些方法的准确性通常取决于所用设备的质量及试验人员的测试水平。

4）因所用碳素阳极为消耗性阳极，测量过程中阳极表面积及其形状发生改变，电流分布受其影响，从而给电极活性面积的确定带来困难。

5）实验过程中，阳极稳态电位及熔体欧姆压降的确定受阳极气泡析出的干扰，特别是常用阳极的下底面作工作面，使得此问题更加严重。

6）阳极及电解槽几何形状影响电流密度分布及气泡从阳极表面的析出，从而带来实验误差。

另外，也可能产生氧化铝浓度梯度。为更加有效地评价掺杂碳素阳极的电催化活性，杨建红针对上述问题（主要是阳极气体析出困难引起极化电位的严重波动以及无法准确扣除欧姆压降），采用断电流法对铝电解碳素阳极过电位进行测量，特别从下面四个方面提高测试结果的可靠性与重现性：①为了减少恒电流下的电位波动，便于阳极气泡的析出，改变以前常用的阳极底面水平朝下配置，采用了阳极表面竖直配置，使得在恒电流下电位波动值小于 15mV，而以往底面水平朝下配置的阳极在恒电流下，电位波动值达 100mV，甚至更大；②采用具有很快响应速度和采样速率的高频数字式记忆示波器（LS140，200MHz），对断电后数十微秒时间内的整个电位衰减曲线进行记录存储，避免了以往因记录设备响应慢所引起的衰减曲线以及所得欧姆压降值严重失真等问题；③采用快速电流中断器，提高了断电速度（10μs），大大缩短了断电（状态）时间（100μs），保证了电流的快速断开和阳极极化状态不会因为电流的中断而发生较大的改变；④采用计算机程序对断电后的电位衰减曲线进行拟合外推，确定断电零时刻电位，即扣除欧姆压降后的极化电位，大大提高了数据处理速度与精度。选用光谱纯石墨电极重复进行阳极过电位测试，对改进后断电流技术的可靠性与重现性进行验证。结果表明，断电流法经改进后，多次测量的标准偏差仅为 0.011V，可得到准确、可靠重现的结果，这为以后各种不同碳素阳极电化学活性的表征及阳极过程的研究提供了可靠的试验研究手段，该方法已成为国内外高温熔盐电极过程研究的重要手段。

4. 预焙阳极的掺杂电催化与综合改性

铝电解电催化的研究从起步开发到工业应用历经十几年，取得了一系列理论与实际成果（如锂盐阳极糊），但是当时的应用对象主要是自焙槽。在越来越严格的环保政策及生产自动化要求下，侧插自焙槽在国外已被逐步淘汰，上插自焙槽被淘汰或改良。在国内，自焙电解槽已全部被改造为预焙槽或被大型预焙槽所取代，这就要求根据预焙槽的工艺要求与特点，研究各种因素对阳极过电位的影响，找到能适应于经高温焙烧（1150~1250℃）的新型预焙阳极电催化剂及添加方式。另外，在早期铝用碳素阳极掺杂电催化研究中，大多只考察了掺杂剂对阳极过电位的影响，而未全面评价掺杂剂的引入对阳极综合性能的影响。前期研究的大多数电催化掺杂剂（包括 Li、K、Ca、Cr、Ni、Fe 和 Ba 的盐类）都是碳素阳极氧化反应的催化剂。

$$CO_2 + C \longrightarrow 2CO \tag{8-17}$$
$$C + O_2 \longrightarrow CO_2 \tag{8-18}$$

而这些氧化反应又是导致碳素阳极过量消耗的主要原因，电化学反应的理论碳耗为 $333kg \cdot t_{A1}^{-1}$，而实际碳耗一般大于 $400kg \cdot t_{A1}^{-1}$。另外，电催化掺杂剂随着碳素阳极的消耗都将作为灰分进入电解质熔体中，比 Al 更正电性的元素将作为杂质进入阴极铝液中，导致产品铝的品质降低，因而在实际生产中一般要求碳素阳极的灰分应尽可能降低。尽管前面章节中列出了若干可降低预焙阳极过电位的电催化剂（如 BaFe 复合盐），但上述原因使其无法在实际生产中得到应用。因此，在研究掺杂剂电催化效果的同时，应综合考虑电催化剂是否对阳极性能（特别是其空气/CO₂ 反应活性）和产品铝的品质产生不利影响。赖延清等以实现铝电解节能与节碳为目标，系统研究了碳素阳极的电化学活性和空气/CO₂ 的反应活性，发现某些含铝添加剂（如 AlF_3 和 $MgAl_2O_4$）在降低阳极过电位的同时，还可降低阳极的空气/CO₂ 反应活性。

8.4 新能源产业电催化

8.4.1 锂离子二次电池材料

锂离子电池因有高的比容量而引起人们重视，在小型二次电池中独占鳌头。锂离子电池的发展方向为：①发展电动汽车用大容量电池；②提高小型电池的性能；③加速聚合物电池的开发以实现电池的薄型化。这些方向都与所用材料的发展密切相关，特别是与负极材料、正极材料和电解质材料的发展相关，其工作原理如图 8-6 所示。

1. 碳负极材料

最早使用金属锂作为负极，曾投入批量生产，但由于此种电池在对讲机中突发短路，使用户烧伤，因而被迫停产并收回出售的电池，这是由于金属锂在充放电过程中形成树枝状沉积物造成的。现在实用化的电池是用碳作为负极材料，靠锂离子的嵌入或脱嵌而实现充放电，从而避免了上述不安全问题。使用的碳材料有硬碳、天然石墨等。通过对不同碳素材料在电池中的行为研究，使碳负极材料得到优化。

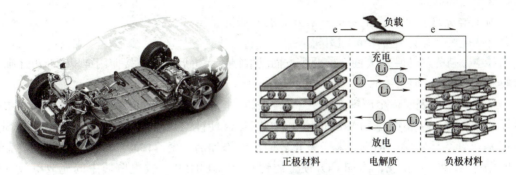

图 8-6　锂离子电池汽车及锂离子电池工作原理示意图

2. 纳米合金材料

为了克服金属锂负极的安全性，曾研究了许多合金体系。虽然一些锂合金可以避免枝晶生长，但多次充放电后，由于体积的变化使负极粉化，造成电池性能变坏，最近发现纳米级的 Sn 及 Sb、Ag 等金属间化合物可使电池的循环性能得到明显改善，有望将来用于电池生产。

3. 正极材料

目前使用的正极材料为 $LiCoO_2$，对其晶体结构、化学组成、粉末粒度及粒度分布等因素对电池性能的影响进行了深入研究，在此基础上使电池性能得到改善。为了降低成本，提高电池的性能，还研究用一些金属取代金属钴。研究较多的是 $LiMn_2O_4$，目前正针对其高温下性能差的缺点进行改进。

4. 电解质材料

研究集中在非水溶剂电解质方面，这样可得到高的电池电压。重点是针对稳定的正负极材料调整电解质溶液的组成，以优化电池的综合性能。还发展了在电解液中添加 SO_2 和 CO_2 等方法以改善碳材料的初始充放电效率。三元或多元混合溶剂的电解质可以提高锂离子电池的低温性能。开发聚合物电解质是锂离子电池的重要方向，它关系到薄型电池的发展。

锂离子电池材料有数种，如电解质溶剂、电解质盐、电解质添加剂、聚合物隔膜、正负极活性物质、正负极导电添加剂、正负极黏结剂、正负极集流片、正负极极耳、正温度系数开关、绝缘垫片、密封环、防爆片和电池壳等，它们对电池性能都有不同程度的影响。本节只对锂离子电池的主要材料，即负极材料、正极材料和电解质材料作简要介绍。

5. 金属锂负极材料

二次锂电池的发展经历了曲折的过程。初期，负极材料是金属锂，它是比容量最高的负极材料。由于金属锂异常活泼，所以能与很多无机物和有机物反应。在锂电池中，锂电极与非水有机电解质容易反应，在表面形成一层钝化膜（固态电解质界面膜，SEI），使金属锂在电解质中稳定存在，这是锂电池得以商品化的基础。对于二次锂电池，充电过程中，锂将重新回到负极，新沉积的锂的表面由于没有钝化膜保护，非常活泼，部分锂将与电解质反应并被反应产物包覆，与负极失去电接触，形成弥散态的锂。与此同时，充电时，在负极表面会形成枝晶，造成电池软短路，使电池局部温度升高，熔化隔膜，软短路变成硬短路，电池被毁，甚至爆炸起火。

为了解决这一问题，主要从三个方面展开研究：①寻找替代金属锂的负极材料；②采用聚合物电解质以避免金属锂与有机溶剂反应；③改进有机电解液的配方，使金属锂在充放电循环中保持光滑均一的表面。前两个方面已取得重大进展，但直接使用金属锂仍处于研究阶段。

已有的工作表明，金属锂在以二甲基四氢呋喃为溶剂、$LiAsF_6$ 为盐的电解质溶液中有较好的循环性。金属锂与 $LiAsF_6$ 反应生成的 Li_3As 使锂的表面均一而光滑。有机添加剂如 4- 甲基二氧杂环环戊二烯围、苯、氟化表面活性添加剂、聚乙稀醇二甲醚，均可改善金属锂的循环性。研究发现，添加 CO_2 使金属锂在 PVDF-HFP 凝胶电解质中的充放电效率达95%。

6. 合金类负极材料

为了克服锂负极高活泼性引起的安全性差和循环性差的缺点，研究了各种锂合金作为新的负极材料。从世界各国申请的锂离子电池负极材料专利看，基本上包括了常见的各种锂合金，如 LiAlFe、LiPb、LiAl、LiSn、LiIn、LiBi、LiZn、LiCd、LiAlB、LiSi 等。

相对于金属锂，锂合金负极避免了枝晶的生长，提高了安全性。然而，在反复循环过程中，锂合金将经历较大的体积变化，电极材料逐渐粉化失效，合金结构遭到破坏。

为了解决维度不稳定的缺点，采用了多种复合体系：①采用混合导体全固态复合体系，即将活性物质（如 Li，S）均匀分散在非活性的锂合金中，其中活性物质与锂反应，非活性物质提供反应通道；②将锂合金与相应金属的金属间化合物混合，如将 LiAl 合金与 Al_3Ni 混合；③将锂合金分散在导电聚合物中，如将 LiAl、LiPb 分散在聚乙炔或聚并苯中，其中，导电聚合物提供了一个弹性、多孔、有较高电子和离子电导率的支撑体；④将小颗粒的锂合金嵌入到一个稳定的网络支撑体中。这些措施在一定程度上提高了锂合金体系的维度稳定性，但仍不能达到实用化的程度。

近年来出现的锂离子电池，锂源是正极材料 $LiMO_2$（M 代表 Co、Ni、Mn），负极材料可以不含金属锂。因而，在合金类材料的制备上有了更多选择。

研究发现，用电沉积的方法制备纳米级（大于 100nm）的 Sn 及 SnSb、SnAg 金属间化合物，其循环性得到明显改善。最近又通过化学沉积的办法制备了尺寸为 300nm 的 $Sn_{0.8}Sb$ 合金，循环 200 次可保持 95% 的初始容量。国外曾用球磨法制备了粒度为 10nm 的 SnFe/SnFeC 复合材料体系，循环 80 次，可逆容量为 200mAh·g^{-1}。制备的 Cu_6Sn_5 合金，可逆容量达到 400mAh·g^{-1}。国内的研究发现，纳米硅基复合材料是一类很好的负极材料，实际质量比容量高达 1700mAh·g^{-1} 以上，是石墨理论比容量的 5 倍，而且循环性能好，可经受高倍率充放电。

8.4.2 燃料电池

1. 电催化剂

电催化是使电极与电解质界面上的电荷转移反应得以加速的催化作用，可视为复相催化的一个分支。它的主要特点是电催化反应速度不仅由电催化剂的活性决定，还与双电层内电场及电解质溶液的本性有关。

由于双电层内的电场强度很高，对参加电化学反应的分子或离子具有明显的活化作用，反应所需的活化能大大降低。所以，大部分电催化反应均可在远比通常化学反应低得多的温度下进行。例如，在铂黑电催化剂上可使丙烷于 150~200℃完全氧化为二氧化碳和水。

由于电化学反应必须在适宜的电解质溶液中进行，在电极与电解质的界面上必然会吸附大量的溶剂分子和电解质，因而使电极过程与溶剂及电解质本性的关系极为密切。不但导致电极过程比复相催化反应更为复杂，而且在电极过程动力学的研究中，复相催化研究行之有效的研究工具的使用也受到了限制。近年来发展了一些研究电极过程较为有效的方法，如电位扫描技术、旋转圆盘电极技术和测试电化反应过程中电极表面状态的光学方法等。

电催化剂与复相催化剂一样，要求对特定的电极反应有良好的催化活性、高选择性，还要求能耐受电解质的腐蚀，并有良好的导电性能。因此，在一段时间内，较为满意的电催化剂仅限于贵金属，如铂、钯及其合金。

在开发与深入研究燃料电池的过程中，曾相继发现并重点研究了雷尼镍、硼化镍、碳化钨、钠钨青铜、尖晶石型与钙钛矿型半导体氧化物，以及各种晶间化合物、过渡金属与卟啉、酞化菁的络合物等电催化剂。电催化剂的种类已大大增加，成本也可能下降。

至今，PEMFC 所用电催化剂均以 Pt 为主催化剂组分。为提高 Pt 的利用率，Pt 均以纳米级高分散地担载到导电、耐蚀的碳载体。所选碳载体以碳黑或乙炔为主，有时它们还要高温处理，以增加石墨特性。最常用的载体为 Vulcan XC-72R 碳，其平均粒径约 30nm，比表面约 $250m^2 \cdot g^{-1}$。

采用化学方法制备 Pt 电催化剂的原料一般用铂氯酸，制备路线分为两大类：①先将铂氯酸转化为铂的络合物，再由络合物制备高分散 Pt/C 电催化剂；②直接从铂氯酸出发，用特定方法制备 Pt 高分散的 Pt/C 电催化剂，为提高电催化剂的活性与稳定性，有时还加入一定量的过渡金属，制成合金型（多为共熔体或晶间化合物）电化剂，为了提高在低温下工作的 PEMFC 阳极电催化剂抗 CO 中毒的性能，多采用 Pt-Ru/C 贵金属合金电催化剂。下面以三个专利为例阐述高分散 Pt/C 电催化剂的制备方法。

Prototech 公司 1977 年申请专利 U.S.P.4044193，提出了先制备 Pt 的亚硫酸根络合物的方法。先用碳酸钠溶液中和铂氯酸溶液，生成橙红色 $Na_2Pt(Cl)_6$ 溶液，再用亚硫酸氢钠调节溶液 pH 值至 4，溶液先转为淡黄色直至无色，再加入碳酸钠调节 pH 值至 7，即生成白色沉淀。此沉淀物中 1 个铂原子与 6 个钠原子、4 个 SO_3^{2-} 基团相结合。将其与水调成溶浆，与氢型离子交换树脂进行两次交换，可制得亚硫酸根络合铂酸化合离子。经分析确认，该络合离子仅含有 H、O、Pt 和 S，无氯存在。其中，Pt、S 原子比为 1 : 2、硫以亚硫酸根形式存在，该络合离子是三价的，二个 H 时表现为强酸，一个时为弱酸。在空气中于 135℃加热这一络合离子，得到黑色、玻璃状态的物质。将它分散在水中，即制得胶体状态 Pt 溶胶、Pt 粒子绝大部分大小为 1.5~2.5nm。将其按一定比例担载在碳担体上制得高分散的 Pt/C 电催化剂。

Johnson Matthey 公司在专利 U.S.P.5068I61 中提出碳载 Pt 合金（合金元素以 Cr、Mn、Co、Ni 为主）的电催化剂制备方法。电催化剂 Pt 含量 20%~60%（质量分数），Pt 与合金元素的比一般在 65∶35 与 35∶65 之间，电化学比表面积大于 $35m^2/g$。该专利制备电催化剂的方法是，先将金属化合物如铂氯酸、金属硝酸盐或氯化物等溶于水中，再加入载体碳的水基溶浆，有时还加入碳酸氢钠，可利用肼、甲醛、甲酸作为还原剂将金属沉在碳载体上，将沉淀物过滤、洗涤、干燥，再在惰性或还原气氛下于 600~1000℃进行热处理，即制得高活性的 Pt 合金电催化剂。Pt-Ni/C 电催化剂制备的一种具体方法是：将 37.0g Shawinigen 乙炔黑加入 2000mL 去离子水中，搅动 15min，制备均匀溶浆，将 34.45g 碳酸氢钠加入溶浆中，搅动 5min，加热至 100℃，并保持沸腾 30min；再将 10g 铂氯酸溶液加至 100ml 去离子水中，5min 内加至碳溶浆中，溶浆煮沸 5min；将溶于 75mL 去离子水中的 3.01g Ni（NO₃）26H₂O 在 10min 内加至上述溶浆中，煮沸 2h；在 10min 内将 75mL 去离子水稀释的 7.8mL 甲酸加入上述溶浆中，煮沸 1h，过滤、洗涤至无氯离子，滤拼于 80℃真空干燥，再在 930℃氮气氛下处理 1h，即制得质量分数为 20% Pt、6% Ni 和 Pt∶Ni 原子比为 50∶50 的 Pt-Ni/C 合金电催化剂。

下面介绍我国专利中的一种 Pt/C 电催化剂制备方法。该方法是以 Vulcan XC-72R 为载体、铂酸为原料、甲醛为还原剂。其特点是以高比例的异丙醇为溶剂，以改善 Pt 分散度，并在惰性气氛下进行还原，防止受氧气影响而产生大晶粒 Pt，并用 CO_2 调整 pH 值，加速沉淀。

2. 电池组技术

下面分别介绍电池组技术中的各项关键技术。

1）电池组的密封技术。PEMFC 的电池组密封技术原则上分为两类。

① 如加拿大 Ballard 公司专利所述。这类密封称为单密封。它的 MEA 组件与双极板一样大，在 MEA 上开有反应气与冷却液流动的孔道，在 MEA 的扩散层上，反应气与冷却液孔道四周和周边冲出（或激光切割）沟槽，以放置橡皮等密封件。将橡皮等密封件放入已热压好的 MEA 组件的上述沟槽内，即制得带密封组件的 MEA 组件。

密封的原则是周边的橡皮密封组件应能防止反应气与冷却液外漏，反应气与冷却液开孔周边的橡皮密封件能防止反应气与冷却液通过公用孔道互串。

这种单密封结构的优点是质子交换膜在电池中起到较好的分隔氢气、氧气的作用，密封相对易于实现；缺点是膜的有效利用率低，千瓦级电池仅能达到 60% 左右。电池工作面积越大，密封边的比例越小，就越能提高膜的利用率。

② 密封是我国申报的专利，称为双密封。采用这种密封方法时，MEA 组件比双极板小，比双极板流场部分稍大，将 MEA 组件四周用平板橡皮密封。对于这种密封结构，不仅要设计好外漏与共用管道的密封，而且要设计好 MEA 周边的密封，否则反应气可通过这一通道互串。双密封结构的突出优点是昂贵的质子交换膜的利用率高，可达 90%~95%；主要缺点是 MEA 的周边密封如控制不好，就易于出现反应气互串。

2）电池组内增湿技术。质子交换膜的电导与含水量密切相关，若每个磺酸根结合的水分子少于 4 时质子交换膜几乎不传导质子。依据 PEMFC 工作原理，按下述反应在氧电极生成水，即 $4H^+ + O_2 + 4e^- = 2H_2O$。若进入电池的反应气没有增湿，尤其用厚的 Nafion 膜时，若在氧电极侧生成的水向氢电极侧的反扩散不足时，氢电极和氧电极入口处容易变干，电池内阻则会大幅度上升，电池甚至不能工作。因此，进入电池组的反应气必须增湿。为简化电池系统，目前均采用内增湿，即在电池组内加入增湿段，在此段内完成反应气的增湿。内增湿是靠膜的阻气特性与水在膜两侧的浓差扩散实现的。增湿池实际上是一个假电池，在膜一侧通入热水，另一侧通入被增湿的气体，如氢气或氧气。

3）电池组排热技术。对于 PEMFC 的电池组，一般选定单池。工作电压为 0.60~0.75V。此条件下电池组的能重转化效率为 50%~60%。若要保持电池工作温度稳定，必须排出 50%~40% 的废热。为确保电池各部分温度均匀，尤其在大电流密度下防止电池局部过热，采用最多的排热技术是在电池组内设置带排热腔的双极板，即排热板，用循环水或水与乙醇混合物的流动来实现电池组排热。还可采用密封组件，靠组装力的压合将两块双极板密封而构成排热板。不过一定要设计好密封组件的压深，以确保每平方厘米的排热板电阻小于 $1m\Omega$。电池组内所有的双极板最好均采用带有排热腔的双极板，以保证电池组内温度均匀。但是为简化电池组结构，当采用金属双极板的电池组选定的电池工作电流密度不太高时，如 $300~500mA \cdot cm^{-2}$，可依据实验结果，每两对单池，甚至有时每三对单池设置一个排热腔。依据电池组废热和拟定的电池组冷却液进出口温度，决定冷却剂的流量。一般而言，为提高电池组内温度分布的均匀性，进出电池组的冷却液温差应小于 10℃，最好小于 5℃。我国的专利中提出一种利用蒸发排热排出电池组内废热的方法，若设定电池工作温度为 78℃左右，则可选乙醇作为蒸发剂，靠重力返回电池组内。用这种方法排出电池内废热，不但省去了冷却液循环泵，而且减少了电池系统内耗，控制部分也大为简化。这种排热方法特别适用于中小功率的 PEMFC 电池组。

8.4.3　新能源领域催化的发展趋势

为了发挥材料的作用，新能源材料面临着艰巨的任务。作为材料科学与工程的重要组成部分，新能源材料的主要研究内容也是材料的组成与结构、制备与加工工艺、材料的性质、材料的使用效能以及它们四者的关系。结合新能源材料的特点，新能源材料研究开发的重点有以下几方面。

（1）研究新材料、新结构、新效应以提高能量的利用效率与转换效率　例如，研究不同的电解质与催化剂以提高燃料电池的转换效率，研究不同的半导体材料及各种结构（包括异质结、量子阱）以提高太阳电池的效率、寿命与耐辐照性能等。

（2）资源的合理利用　新能源的大量应用必然涉及到新材料所需原料的资源问题。例如，太阳电池若能部分地取代常规发电，所需的半导体材料要在百万吨以上，对一些元素（如稼、铟等）而言是无法满足的。因此一方面尽量利用丰度高的元素，如硅等；另一方面实现薄膜化以减少材料的用量。又例如，燃料电池要使用铂作触媒，其取代或节约是大量应用中必须解决的课题。当新能源发展到一定规模，还必须考虑废料中有价元素的回收工艺与循环使用。

（3）安全与环境保护　这是新能源能否大规模应用的关键。例如，锂电池具有优良的性能，但由于锂二次电池在应用中出现过因短路造成的烧伤事件，以及金属锂因性质活泼而易于着火燃烧，因而影响了应用。为此，研究出用碳素体等作为负极载体的锂离子电池，使上述问题得以避免，现已成为发展速度最快的二次电池。另外有些新能源材料在生产过程中也会产生三废而对环境造成污染；还有服务期满后的废弃物，如核能废弃物，会对环境造成污染。这些都是新能源材料科学与工程必须解决的问题。

（4）材料规模生产的制作与加工工艺　在新能源的研究开发阶段，材料组成与结构的优化是研究的重点，而材料的制作和加工常使用现成的工艺与设备。到了工程化阶段，材料的制作和加工工艺与设备就成为关键的因素。在许多情况下，需要开发针对新能源材料的专用工艺与设备以满足材料产业化的要求。这些情况包括：①大的处理量；②高的成品率：③高的劳动生产率；④材料及部件质量参数的一致性、可靠性；⑤环保及劳动防护；⑥低成本。

例如，在金属氧化物镍电池生产中开发多孔态镍材的制作技术、开发锂离子电池的电极膜片制作技术等。在太阳电池方面，为了进一步降低成本，美国能源部拨专款建立称之为"光伏生产工艺"（Photo-voltaic Manufacturing Technology）的项目，力求通过完善大规模生产工艺与设备使太阳电池发电成本能与常规发电相比拟。

（5）延长材料的使用寿命　现代的发电技术、内燃机技术是众多科学家与工程师在几十年到上百年的研究开发成果。用新能源及其装置对这些技术进行取代所遇到的最大问题是成本有无竞争性。从材料的角度考虑，要降低成本，一方面要从上述各研究开发要点方面进行努力；另一方面还要靠延长材料的使用寿命，这方面的潜力是很大的。这要从解决材料性能退化的原理着手，采取相应措施，包括选择材料的合理组成或结构、材料的表面改性等；并要选择合理的使用条件，如降低燃料中的有害杂质含量以提高燃料电池催化剂的寿命就是一个明显的例子。

8.5　新型电催化反应的工业化进展

随着太阳能、风能、潮汐能、地热能等环保型可再生能源的广泛应用，长期以来政府和研究人员对开发用于能量转换和存储的电化学能量转换装置产生了极大的兴趣和努力。如图 8-7 所示，电化学技术一直在朝着建立一个拥有可持续能源系统的社会发展，将太阳能、风能和海洋能的能量转换与高价值化学品的生产联系起来。例如，氢经济被认为是一个有吸引力的解决方案，因为能量（以氢的形式，H_2）主要通过可持续的电化学水分解反应（$2H_2O \longrightarrow O_2 + 2H_2$），也很容易与间歇性风能、太阳能等其他清洁能源结合，提供高效储能。此外，H_2 具有极高的能量密度（$142MJ \cdot kg^{-1}$），可通过氢燃料电池高效、可持续的充放电过程用于储存能量或对外做功。因此，易于分配的氢能，作为传统碳基能源的替代能源载体，其在工业、家庭和车辆能够由氢燃料电池提供动力的愿景，受到了全世界的广泛关注。然而，当前氢经济不受欢迎的关键在于 H_2 的高效清洁生产。以先进的可充电电池为例，进一步提高实际应用的能量密度引起了全世界的关注，其中 ORR 在燃料电池和金属空气电池中发挥着重要作用。可持续的能源储存、转换和消耗总是基于分子燃料的形成和运输。以电解水为例，HER 和 OER 在高效和可持续地产生氢能方面得到了大量研究。作为另一种能量载体，由电化学 N_2 还原反应（eNRR）产生的氨（NH_3）越来越受到人们的关注。为了实现碳中和，二氧化碳的电化学还原反应（eCO2RR）也受到关注，用于生产燃料或增值化学品中的小分子，新型电催化反应的工业化场景如图 8-7 所示。

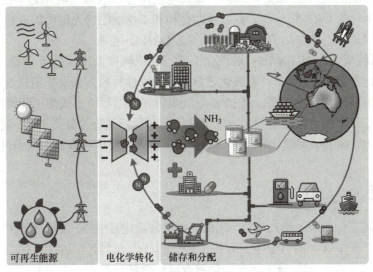

可再生能源　　　电化学转化　　储存和分配

图 8-7　新型电催化反应的工业化场景

因此，具有纳米结构的电催化剂在复杂的能量存储和转换过程的电化学技术中起关键作用，其目的总是旨在加快反应速率、提高选择性和增加耐久性。大量研究证明，非晶微纳米材料在电催化方面具有优异的性能。随着合成技术特别是纳米材料合成技术的进步，大量的电催化剂被开发出来以满足人类促进能量转换过程和降低能源消耗的需要。

8.5.1　水电解反应

如上所述，H_2 是一种理想的化学燃料，具有高能量密度和易用性，电解水是从间歇性能源中高效生产 H_2 的理想方式。Deiman 和 Troostwijk 于 1789 年首次发现水电解，并进行了广泛的研究。在水分解中，主要有两种半电池反应，阴极 HER 和阳极 OER，可描述如下：

$$\text{HER：} 4H^+ + 4e^- \longrightarrow 2H_2 \quad E = 0V \tag{8-19}$$
$$\text{OER：} 2H_2O \longrightarrow O_2 + 4H^+ + 4e^- \quad E = 1.23V \tag{8-20}$$

从技术角度看，电解水制氢装置可分为碱性电解水（AWE）、质子交换膜（PEM）、阴离子交换膜（AEM）和固体氧化物电解水（SOEC）四大类。尽管四种电解技术的体系不同，但商业化的阴极和阳极催化剂大多采用成熟的贵金属催化剂。例如，Pt 通常用作阴极侧的催化剂，而 Ru 和 Ir 基催化剂通常用于阳极侧。

实际上，由于电化学反应期间的动力学限制，总需要额外的电池电压来补偿过电势。电催化剂用于通过动力学促进 HER 或 OER 中的水解反应来最小化额外的过电势。对 HER 和 OER 具有高活性的传统电催化剂，如 Pt 或 IrO_2，既稀缺又昂贵。地球上丰富的催化剂，尤其是 3d 金属（Mn、Fe、Co 和 Ni）化合物，已广泛用于 OER 催化，并且有望替代这些贵金属催化剂。其中，这些元素的无定形纳米材料因其独特的结构而脱颖而出。

8.5.2　氧还原反应

发生在 O_2 电极的 ORR 动力学缓慢，高反应过电势导致显著的热力学损失。因此，需要高活性和稳定性的 ORR 催化剂。具有扭曲结构和丰富缺陷的无定形纳米材料可作为 ORR 的活性位点。因此，一些非晶纳米材料被开发为 ORR 催化剂。

使用 X 射线吸收光谱（XAS）对催化剂进行原位测试发现了过渡金属在 ORR 条件下的还原，尤其是在 ORR 开始时具有氧化还原的高反应性材料。未来使用软 X 射线进行原位测量可以提供更高的化学灵敏度，通过 X 射线吸收评估金属价态或使用环境压力 X 射线光电子能谱（XPS）等技术探测氧形式。电极几何学的最新趋势为分离 ORR 电催化中反应物和 MnO_2 表面的影响、确定氧化物电导率的作用以及区分直接和表观四电子过程提供了巨大希望。

8.5.3　电化学 N_2 还原反应

目前合成氨工业采用的经典哈伯 - 博世法严重依赖化石燃料，是能源消耗大户和碳排放大户。在当前"碳中和"的背景下，寻找可持续的替代方案迫在眉睫。在固氮酶 NH_3 等新兴技术中合成、等离子 NH_3 合成、光催化氨合成、电催化氨合成等电化学方法以其条件温和、与绿色电能耦合、反应体系简单等优点而受到广泛关注。

在电化学氮还原反应（eNRR）中，注入 4 个电子和 4 个质子可生成肼（N_2H_4），注入 6 个电子和 6 个质子可生成氨（NH_3）。一般来说，eNRR 的反应途径包括 N_2 在电催化剂活性位点的吸附，然后是 N≡N 键断裂和逐渐氢化，最后是 NH_3 分子的解吸。质子还原（HER）和氮还原之间的竞争是 eNRR 的主要挑战之一。对于 eNRR 电催化剂的设计，常见策略包括表面调控、形状和尺寸设计、掺杂和缺陷工程等。通过静电纺丝制备的无定形 $Bi_4V_2O_{11}/CeO_2$ 杂化纳米结构也表现出优异的 eNRR 性能，NH_3 生产率为 $23.21\mu gh^{-1}mg^{-1}$，电流效率为 10.16%。

8.5.4　二氧化碳的电化学还原反应

在可再生能源成本下降、碳税上升、基础技术效率提高和其他气候激励措施的推动下，将温室气体电化学回收为液体燃料已成为许多公司和学术界感兴趣的热点领域。电催化二氧化碳减少（eCO_2RR）是有效能量转换的可行方法之一。将微纳米材料电催化的控制设计与电解液体系设计相结合，可以极大地促进该技术的产业化应用。

固碳产物取决于电催化剂的选择性。在 eCO_2RR 过程中，CO 或 HCOOH 等产物可以由两个电子和两个质子产生；而 HCHO、CH_3OH 和 CH_4 则是由四、六、八电子注入相应的质子。此外，当前的研究热点是获得高价值加成的 C_2（如 C_2H_5OH、CH_2CHO、CH_3COOH 等）和 C_{2+} 产物。目前，铜基催化剂和铋基催化剂均表现出良好的 eCO_2RR 性能，研究人员制备了大量非晶纳米结构。例如，Yan 等人报道了一种有效合成无定形 Cu 纳米粒子的方法。无定形纳米结构具有优异的电催化还原 CO_2 制备液体燃料的能力，实现了液体燃料合成的高催化活性和选择性。液体燃料的总法拉第效率最大化，在 –1.4V 时达到 59%，其中 HCOOH 和 C_2H_6O 的法拉第效率分别为 37% 和 22%。在 $1A\cdot cm^{-2}$ 的高电流密度下，使用单原子 Pb_1Cu 电催化剂将 CO_2 转化为甲酸盐，法拉第效率高达 96%。此外，CO_2 还原和 N_2 还原的结合可以选择性地制备尿素，这也是当前的研究热点。相工程和结构工程也被用于高效电化学 eCO$_2$RR 的异质结构构建。已开发用于促进 HCOOH 脱氢的非晶 PdM（M = Cu、Fe、Co、Ni）合金纳米线的一般合成，以有效激活化学稳定的 CH 键，从而显着促进 HCOOH 的解离。包括核 - 壳纳米粒子在内的其他纳米结构被开发为用于 CO$_2$ 还原的电催化剂。

总之，正如大量系统实验结果所证明的那样，非晶纳米材料在电催化方面的表现优于其结晶纳米材料，表现在以下方面：催化剂表面丰富的配位不饱和原子在电催化过程中充当活性位点，以促进活性物质在催化剂上的结合（例如 OER 中的羟基）。不饱和原子结构和相应的调制电子态优化了涉及多个步骤的反应路径，增强了活性位点的本征活性。灵活的原子结构使其更容易转化为真正的活性相，促进电化学过程中的离子扩散，并增强催化剂的长期稳定性。可灵活调整原子比和化学组成，探索不同含量、最佳配比的高效或高选择性催化剂。

8.6　展　　望

催化研究的最终目的是要把催化剂成功地应用于经济上重要的反应之中，任何催化剂的成功应用，都是在实验室和工厂中认真研究和开发之后才实现的。在这些研究过程中，催化工作者主要着重于三个基本信息：催化剂的活性、选择性和稳定性，活性项本身就包含多个内容，催化剂活性的本质因反应条件不同而不同。因此，区分不同条件下催化剂的活性非常重要。然而，人们并不能随时考察催化剂的行为，事实上也没有这个必要。实验工作者只能测定流体体相的组成和温度，但是反应的过程是在实际条件下在催化剂内表面上每一处发生的事件。催化剂颗粒内表面和不同浓度的原料及产物相接触，而不是正常的流体，因此，观察到的行为，实际上（表观的）可以和催化剂的内在（本征）的行为不同。

行为上的这种不同是由依赖于催化剂孔性结构的物理过程相互作用引起的。高孔性催化剂颗粒的活性位，大部分分布于内表面。换句话说，内表面面积比外表面积要重要得多。显然，反应物必须通过催化剂的孔道扩散至内表面才能相互进行反应，而反应形成的产物又必须通过孔道向外扩散才能到达气相，而在这样的扩散过程中，反应物和产物的分子都可以对催化剂的工作状态产生一定的扩散上的阻力，在催化剂颗粒的内外表面之间产生温度和浓度梯度，从而影响到催化剂的活性、选择性和稳定性。

至今一直假定，整个反应器在完全搅拌下，或者在活塞流的无限小的体积元内，组分和温度是均一的，这些假定，对单一相的均相反应来说，常常是正确的。如果反应物，例如在气 - 液反应中多于一个相，或者包含一个多相催化剂时，常会背离这个均一性的假定。确实，存在几个相时反应物就需要在相之间进行相互传输或者传递才能使反应发生。物质和热传输或传递的推动力是由温度和浓度梯度提供的。其结果是反应方程中的物质和热函的生成项并不总是由化学动力学（称为本征的）所决定，还和一些物理传输，或者传递现象有关。

思　考　题

1. 工业电催化在实际生产中需考虑哪些因素？可从哪些方面提升研究成果的转化效率，将最新的电催化体系进行工业化应用？

2. 在氯碱工业中，有哪些方法可以降低生产成本并提升车间运行稳定性？

3. 在工业电催化中，大电流密度意味着高反应速率。而电流密度增大会影响生产的其他方面，比如车间的磁场、线路的排布。那么，为了能够提升高生产速率，还可以采取哪些方法？

4. 如何在新能源产业中，发掘工业电催化生产的经验，用以指导电极材料、电池体系等方面的生产工作？

5. 结合"碳达峰""碳中和"政策，浅谈工业电催化的未来发展趋势。

参 考 文 献

［1］ 孙世刚，陈胜利. 电催化［M］. 北京：化学工业出版社. 2013.

［2］ 吴越. 应用催化基础［M］. 北京：化学工业出版社. 2008.

［3］ 霍兹. 纳米材料电化学［M］. 北京：科学出版社. 2005.

［4］ LI C，LIU Y. Bridging Heterogeneous and Homogeneous Catalysis［M］. New York：Wiley-VCH，2012.

［5］ 韩维屏. 催化化学导论［M］. 北京：科学出版社，2003.

［6］ 李玉敏. 工业催化原理［M］. 天津：天津大学出版社，1992.

［7］ 王文兴. 工业催化［M］. 北京：化学工业出版社，1980.

［8］ 曹茂盛，曹传宝，徐甲强. 纳米材料学［M］. 哈尔滨：哈尔滨工业大学出版社，2002.

［9］ 徐国财，张立德. 纳米复合材料［M］. 北京：化学工业出版社，2002.

［10］ CAO G Z，WANG Y. Nanostructures and Nanomaterials［M］. 2版. 北京：高等教育出版社，2011.

［11］ 闫子峰. 纳米催化技术［M］. 北京：化学工业出版社，2003.

［12］ 雷永泉. 新能源材料［M］. 天津：天津大学出版社，2000.